全国高校应用人才培养规划教材·网络技术系列

计算机网络技术基础项目化教程

主　编　丁喜纲

副主编　刘晓霞　巩晓秋

参　编　安述照　边金良　於肇鹏

内 容 简 介

本书以构建一个小型局域网为主要工作情境，按照网络建设的实际流程展开，采用项目/任务模式，将计算机网络基础知识综合到各项技能中。本书包括9个工作项目和1个拓展项目，工作项目为认识计算机网络、安装与配置用户设备、组建局域网、规划与分配IP地址、实现网际互联、配置常用网络服务、接入Internet、保障网络安全、网络运行维护，拓展项目为使用虚拟软件模拟网络环境。

本书主要面向计算机网络技术的初学者，读者只要具备计算机的基本知识就可以在阅读本书时同步进行实训，从而掌握计算机网络的基础知识和技能。本书可以作为高职高专院校各专业计算机网络技术基础课程的教材，也适合计算机网络技术爱好者参考使用。

图书在版编目（CIP）数据

计算机网络技术基础项目化教程/丁喜纲主编.—北京：北京大学出版社，2011.7
（全国高校应用人才培养规划教材·网络技术系列）
ISBN 978-7-301-18918-4

Ⅰ.①计…　Ⅱ.①丁…　Ⅲ.①计算机网络—高等学校—教材　Ⅳ.①TP393
中国版本图书馆CIP数据核字（2011）第093044号

书　　名：计算机网络技术基础项目化教程
著作责任者：丁喜纲　主编
策 划 编 辑：吴坤娟
责 任 编 辑：吴坤娟
标 准 书 号：ISBN 978-7-301-18918-4/TP·1168
出　版　者：北京大学出版社
地　　址：北京市海淀区成府路205号　100871
网　　址：http://www.pup.cn
电　　话：邮购部62752015　发行部62750672　编辑部62756923　出版部62754962
电 子 信 箱：zyjy@pup.cn
印　刷　者：三河市博文印刷有限公司
发　行　者：北京大学出版社
经　销　者：新华书店
787毫米×1092毫米　16开本　19.5印张　374千字
2011年7月第1版　2016年6月第3次印刷
定　　价：38.00元

前　　言

目前计算机网络对社会生活及社会经济的发展已经产生了不可逆转的影响。作为高等职业院校相关专业的学生，必须掌握计算机网络的基础知识和应用技能。职业教育直接面向社会、面向市场，以就业为导向，因此在计算机网络技术基础课程的教学中，不仅要让学生理解技术原理，更重要的是使学生具备真正的技术应用能力，并为学生今后进行网络工程的设计与实践打下基础。

本书在编写时贯穿了“以职业活动为导向，以职业技能为核心”的理念，结合工程实际，反映岗位需求。本书以构建一个小型局域网为主要工作情境，按照网络建设与管理的实际流程展开，将计算机网络基础知识综合到各项技能中。全书共包括 9 个工作项目和 1 个拓展项目，工作项目为认识计算机网络、安装与配置用户设备、组建局域网、规划与分配 IP 地址、实现网际互联、配置常用网络服务、接入 Internet、保障网络安全以及网络运行维护，拓展项目为使用虚拟软件模拟网络环境。每个项目由需要读者亲自动手完成的工作任务组成，读者只要具备计算机的基本知识就可以在阅读本书时同步进行实训，从而掌握计算机网络规划、建设、管理与维护等方面的基础知识和技能。

本书主要有以下特点。

（1）以工作过程为导向，采用项目/任务模式。本书以构建一个小型局域网为主要工作情境，采用项目/任务模式，力求使读者在做中学、在学中做，真正能够利用所学知识解决实际问题，形成职业能力。

（2）紧密结合教学实际。在计算机网络技术课程的学习中，需要由多台计算机以及交换机、路由器等网络设备构成的网络环境。考虑到读者的实际实验条件，本书选择了具有代表性并且广泛使用的主流技术与产品，另外通过本书提供的拓展项目，读者可以利用虚拟软件在一台计算机上模拟计算机网络环境，完成各种配置和测试。本书每个项目后都附有习题，分为思考问答和技能操作，有利于读者思考并检查学习效果。

（3）紧跟行业技术发展。计算机网络技术发展很快，因此我们吸收了具有丰富实践经验的企业技术人员参与了本书的编写工作，与企业密切联系，使所有内容紧跟技术发展。

（4）参照职业标准。职业标准源自生产一线，源自工作过程，因此本书在编写时参照了《计算机网络管理员国家职业标准》及其他相关职业标准和企业认证中的要求，突出了职业特色和岗位特色。

本书主要面向计算机网络技术的初学者，可以作为高职高专院校各专业计算机网络技术基础课程的教材，也适合计算机网络技术爱好者和相关技术人员参考使用。

本书由丁喜纲任主编，刘晓霞、巩晓秋任副主编，安述照、边金良、於肇鹏也参与了部分内容的编写工作。本书在编写过程中得到了北京大学出版社的大力协助和支持，在此致以衷心的感谢。

编者意在奉献给读者一本实用并具有特色的教材，但由于计算机网络技术日新月异，加之我们水平有限，时间仓促，书中难免有错误和不妥之处，敬请广大读者批评指正。

编　者

2011 年 5 月

目　录

项目1　认识计算机网络

计算机网络技术是计算机技术与通信技术相互融合的产物，是计算机应用中一个空前活跃的领域，人们可以借助计算机网络实现信息的交换和共享。如今，计算机网络技术已经深入到人们日常工作、生活的每个角落。本项目的主要目标是认识计算机网络，掌握计算机网络的基本组成和结构，能够利用相关软件绘制计算机网络拓扑结构图。

任务1.1　初识计算机网络

【任务目的】

（1）了解计算机网络的发展和应用。

（2）理解计算机网络的定义。

（3）理解计算机网络的常用分类方法。

【工作环境与条件】

（1）已经联网并能正常运行的机房和校园网。

（2）已经联网并能正常运行的其他网络。

【相关知识】

1.1.1　计算机网络的产生和发展

计算机网络的发展历史虽然不长，发展速度却是很快，它经历了从简单到复杂、从单机到多机的演变过程，其产生与发展主要包括面向终端的计算机网络、计算机通信网络、计算机互联网络和高速互联网络等4个阶段。

1. 第一代计算机网络

第一代计算机网络是以中心计算机系统为核心的远程联机系统，是面向终端的计算机网络。这类系统除了一台中央计算机外，其余的终端都没有自主处理能力，还不能算作真正的计算机网络，因此也被称为联机系统。但它提供了计算机通信的许多基本技术，是现代计算机网络的雏形。第一代计算机网络的结构如图1－1所示。

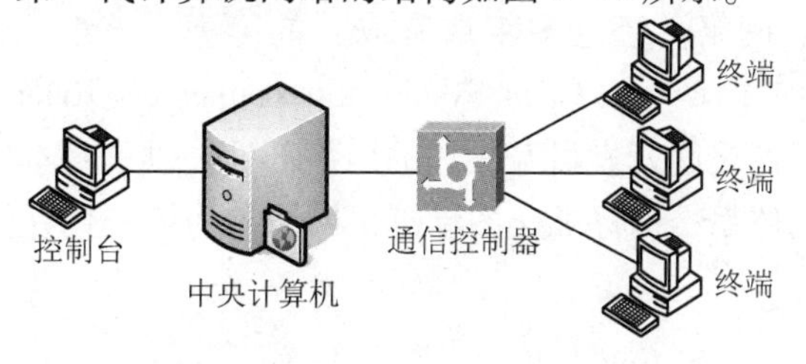

图1－1　第一代计算机网络结构

目前，我国金融系统等领域广泛使用的多用户终端系统就属于面向终端的计算机网络，只不过其软、硬件设备和通信设施都已更新换代，极大提高了网络的运行效率。

2. 第二代计算机网络

面向终端的计算机网络只能在终端和主机之间进行通信，计算机之间无法通信。20世纪60年代中期，出现了由多台主计算机通过通信线路互联构成的“计算机－计算机”通信系统，其结构如图1－2所示。在该网络中每一台计算机都有自主处理能力，彼此之间不存在主从关系，用户通过终端不仅可以共享本主机上的软硬件资源，还可共享通信子网上其他主机的软硬件资源。人们将这种由多台主计算机互联构成的，以共享资源为目的网络系统称为第二代计算机网络。第二代计算机网络在概念、结构和网络设计方面都为后继的计算机网络打下了良好的基础，它也是今天 Internet 的雏形。

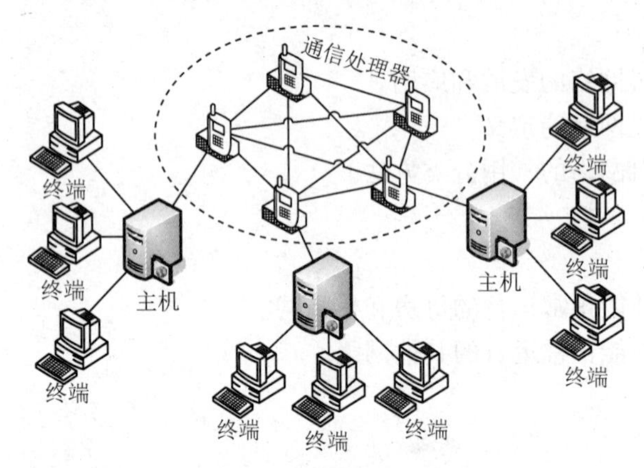

图1－2　第二代计算机网络结构

3. 第三代计算机网络

20世纪70年代，各种商业网络纷纷建立，并提出各自的网络体系结构。其中比较著名的有IBM公司于1974年公布的系统网络体系结构SNA（System Network Architecture），DEC公司于1975年公布的分布式网络体系结构DNA（Distributing Network Architecture）。这些按照不同概念设计的网络，有力地推动了计算机网络的发展和广泛使用。

然而这些网络是由研究单位、大学或计算机公司各自研制开发利用的，如果要在更大的范围内，把这些网络互联起来，实现信息交换和资源共享，就存在着很大困难。为此，国际标准化组织（International Standards Organization，简称ISO）成立了一个专门机构研究和开发新一代的计算机网络。经过多年卓有成效的努力，该组织于1984年正式颁布了“开放系统互联基本参考模型”（Open System Interconnection Reference Model，简称OSI/RM），该模型为不同厂商之间开发可互操作的网络部件提供了基本依据，从此，计算机网络进入了标准化时代。体系结构标准化的计算机网络称为第三代计算机网络，也称为计算机互联网络。

4. 第四代计算机网络

第四代计算机网络又称高速互联网络（或高速 Internet）。随着互联网的迅猛发展，人们对远程教学、远程医疗、视频会议等多媒体应用的需求大幅度增加。基于传统电信网络为信息载体的计算机互联网络已经不能满足人们对网络速度的要求，从而促使网络由低速向高速、由共享到交换、由窄带向宽带迅速发展，即由传统的计算机互联网络向高速互联网络发展。目前对于互联网的主干网来说，各种宽带组网技术日益成熟和完善，以 IP 技术为核心的计算机网络已经成为网络（计算机网络和电信网络）的主体。网格技术、云计算等新兴网络技术可以将整个 Internet 整合成一个巨大的超级计算机，实现计算资源、存储资源、数据资源、信息资源、通信资源、软件资源和知识资源的全面共享。

1.1.2 计算机网络的定义

关于计算机网络这一概念的描述，从不同的角度出发，可以给出不同的定义。简单地说，计算机网络就是由通信线路互相连接的许多独立工作的计算机构成的集合体。这里强调构成网络的计算机是独立工作的，这是为了和多终端分时系统相区别。

从应用的角度来讲，只要将具有独立功能的多台计算机连接起来，能够实现各计算机之间信息的互相交换，并可以共享计算机资源的系统就是计算机网络。

从资源共享的角度来讲，计算机网络就是一组具有独立功能的计算机和其他设备，以允许用户相互通信和共享资源的方式互联在一起的系统。

从技术角度来讲，计算机网络就是由特定类型的传输介质（如双绞线、同轴电缆和光纤等）和网络适配器互联在一起的计算机，并受网络操作系统监控的网络系统。

因此，计算机网络这一概念可以系统地定义为：计算机网络就是将地理位置不同，并具有独立功能的多个计算机系统通过通信设备和通信线路连接起来，并且以功能完善的网络软件（网络协议、信息交换方式以及网络操作系统等）实现网络资源共享的系统。

1.1.3 计算机网络的功能

计算机技术和通信技术结合而产生的计算机网络，不仅使计算机的作用范围超越了地理位置的限制，而且也增大了计算机本身的威力，拓宽了服务，使得它在各领域发挥了重要作用，成为目前计算机应用的主要形式。计算机网络主要具有以下功能。

1. 数据通信

数据通信即实现计算机与终端、计算机与计算机间的数据传输，是计算机网络的最基本的功能，也是实现其他功能的基础，如电子邮件、传真、远程数据交换等。

2. 资源共享

资源共享是计算机网络的主要功能。在计算机网络中有很多昂贵的资源，例如大型数据库、巨型计算机等，并非为每一个用户所拥有，所以必须实现资源共享。网络中可共享的资源有硬件资源、软件资源和数据资源等，其中共享数据资源最为重要。资源共享的结果是避免重复投资和劳动，从而提高资源的利用率，使系统的整体性能价格比得到改善。

3. 提高系统的可靠性

在一个系统内，单个部件或计算机的暂时失效必须通过替换资源的办法来维持系统的继续运行。而在计算机网络中，每种资源（特别是程序和数据）可以存放在多个地点，用户可以通过多种途径来访问网内的某个资源，从而避免了单点失效对用户产生的影响。

4. 进行分布处理

网络技术的发展，使得分布式计算成为可能。当需要处理一个大型作业时，可以将这个作业通过计算机网络分散到多个不同的计算机系统分别处理，提高处理速度，充分发挥设备的利用率。利用这个功能，可以将分散在各地的计算机资源集中起来进行重大科研项目的联合研究和开发。

5. 集中处理

通过计算机网络，可以将某个组织的信息进行分散、分级、集中处理与管理，这是计算机网络最基本的功能。一些大型的计算机网络信息系统正是利用了此项功能，如银行系统、订票系统等。

1.1.4 计算机网络的分类

计算机网络的分类方法很多，从不同的角度出发，会有不同的分类方法，表 1-1 列举了目前计算机网络的主要分类方法。

表 1-1 计算机网络的分类

分类标准	网络名称
覆盖范围	局域网、城域网、广域网
管理方法	基于客户机/服务器的网络、对等网
网络操作系统	Windows 网络、Linux 网络、Unix 网络等
网络协议	NETBEUI 网络、IPX/SPX 网络、TCP/IP 网络等
拓扑结构	总线型网络、星型网络、环型网络等
交换方式	线路交换、报文交换、分组交换
传输介质	有线网络、无线网络
体系结构	以太网、令牌环网、AppleTalk 网络等
通信传播方式	广播式网络、点到点式网络

1. 按覆盖范围分类

计算机网络由于覆盖的范围不同，所采用的传输技术也不同，因此按照覆盖范围进行

分类，可以较好地反映不同类型网络的技术特征。按覆盖的地理范围，计算机网络可以分为局域网、城域网和广域网。

（1）局域网

局域网（Local Area Network，简称 LAN）的通信范围一般被限制在中等规模的地理区域内（如一个实验室、一幢大楼、一个校园）。其主要特点如下。

- 地理范围有限，参加组网的计算机通常处在 1 ~ 2km 的范围内。
- 信道的带宽大，数据传输率高，一般为 4Mb/s ~ 10Gb/s。
- 数据传输可靠，误码率低。
- 局域网大多采用星型、总线型或环型拓扑结构，结构简单，实现容易。
- 通常网络归一个单一组织所拥有和使用，也不受任何公共网络当局的规定约束，容易进行设备的更新和新技术的引用，以不断增强网络功能。

（2）城域网

城域网（Metropolitan Area Network，简称 MAN）是介于局域网与广域网之间的一种高速网络。最初，城域网主要用来互联城市范围内的各个局域网，目前城域网的应用范围已大大拓宽，能用来传输不同类型的业务，包括实时数据、语音和视频等。其主要特点如下。

- 地理覆盖范围可达 100km。
- 数据传输速率为 50kb/s ~ 2.5Gb/s 以上。
- 工作站数大于 500 个。
- 误码率小于 10^{-9}。
- 传输介质主要是光纤。
- 既可用于专用网，又可用于公用网。

（3）广域网

广域网（Wide Area Network，简称 WAN）所涉及的范围可以为市、省、国家，乃至世界范围，其中最著名的就是 Internet。其主要特点如下。

- 分布范围广，一般从几十到几千千米。
- 数据传输率差别较大，从 9.6kb/s ~ 22.5Gb/s 以上。
- 误码率较高，一般在 10^{-3} ~ 10^{-5}左右。
- 采用不规则的网状拓扑结构。
- 属于公用网络。

2. 按网络组建属性分类

根据计算机网络的组建、经营和用户，特别是数据传输和交换系统的拥有性，可以将其分为公用网和专用网。

（1）公用网

公用网由国家电信部门组建并经营管理，面向公众提供服务。任何单位和个人的计算机和终端都可以接入公用网，利用其提供的数据通信服务设施来实现自己的业务。

（2）专用网

专用网往往由一个政府部门或一个公司组建经营，未经许可其他部门和单位不得使用。其组网方式可以由该单位自行架设通信线路，也可利用公用网提供的“虚拟网”功能。

3. 按通信传播方式分类

计算机网络必须通过通信信道完成数据传输，通信信道有广播信道和点到点信道两种类型，因此计算机网络也可以分为广播式网络和点到点式网络。

(1) 广播式网络

在广播式网络中，多个站点共享一条通信信道。发送端在发送消息时，首先在数据的头部加上地址字段，以指明此数据应被哪个站点接收，数据发送到信道上后，所有的站点都将接收到。一旦收到数据，各站点将检查其地址字段，如果是自己的地址，则处理该数据，否则将它丢弃，如图1-3所示。广播式网络通常也允许在它的地址字段中使用一段特殊的代码，以便将数据发送到所有站点。这种操作被称为广播（broadcasting）。有些广播式网络还支持向部分站点发送的功能，这种功能被称为组播（multicasting）。

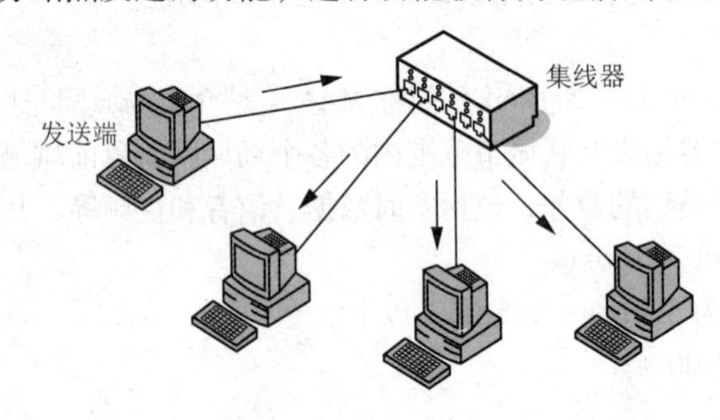

图1-3　广播式网络

(2) 点到点式网络

点到点式网络的主要特点是一条线路连接一对节点，两台计算机之间常常经过几个节点相连接，如图1-4所示。点到点式网络的通信，一般采用存储转发方式，并需要通过多个中间节点进行中转。在中转过程中还可能存在着多条路径，传输成本也可能不同，因此在点到点式网络中路由算法显得特别重要。一般来说，在局域网中多采用广播方式，而在广域网中多采用点到点方式。

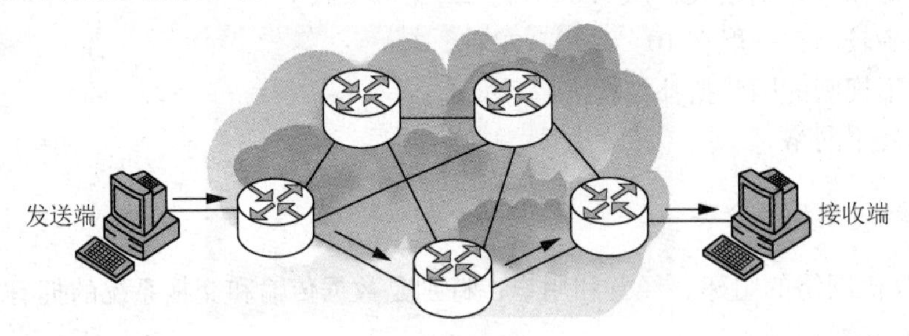

图1-4　点到点式网络

【任务实施】

任务实施1　参观计算机网络实验室或机房

参观所在学校的计算机网络实验室或机房，根据所学的知识，对该网络的基本功能和

类型进行简单分析；了解该网络相关管理人员的岗位和配置情况，了解不同岗位工作人员的岗位职责。

任务实施2　参观校园网

参观所在学校的网络中心和校园网，根据所学的知识，对该网络的基本功能和类型进行简单分析；了解该网络相关管理人员的岗位和配置情况，了解不同岗位工作人员的岗位职责。

任务实施3　参观其他计算机网络

根据具体条件，找出一项计算机网络应用的具体实例，对该网络的基本功能和类型进行简单分析；了解该网络相关管理人员的岗位和配置情况，了解不同岗位工作人员的岗位职责。

任务1.2　认识计算机网络的各组成部分

【任务目的】

（1）了解计算机网络的软硬件组成。
（2）认识计算机网络中的常用设备。
（3）认识计算机网络中的传输介质。
（4）认识计算机网络中的主要软件。

【工作环境与条件】

（1）已经联网并能正常运行的机房和校园网。
（2）已经联网并能正常运行的其他网络。

【相关知识】

整个计算机网络是一个完整的体系，就像一台独立的计算机，既包括硬件系统又包括软件系统。

1.2.1　网络硬件

网络硬件包括网络服务器、网络工作站、传输介质和网络设备等，网络硬件之间采取的搭配方式不同可以实现不同的网络功能。

1. 网络服务器

网络服务器是计算机网络的核心，为使用者提供了主要的网络资源。由于网络需求不是千篇一律，因此服务器也有多种不同的类型，应根据网络服务的类型选择相应性能的服务器。通常对于网络要求不高的场合可以采用性能较好的个人计算机充当服务器，而对于大中型网络应选择专用服务器。按照服务器的外型，可将其分为塔式服务器、机架式服务器和刀片式服务器等类型，图 1－5 所示为塔式服务器，图 1－6 所示为机架式服务器。

图 1－5 塔式服务器

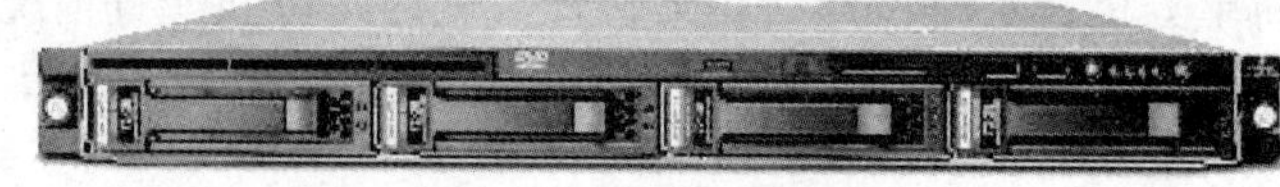

图 1－6 机架式服务器

2. 网络工作站

网络工作站是用户使用网络的窗口，实际上就是一台接入网络的计算机。

3. 传输介质

传输介质是网络通信时信号的载体，用来实现网络中各计算机之间信息的传送。计算机网络中所采用的传输介质分为两类：一类是有线的；一类是无线的。有线传输介质主要有双绞线、同轴电缆和光缆；无线传输介质包括无线电波和红外线等。

（1）双绞线

双绞线由按规则螺旋结构排列的 2 根、4 根或 8 根绝缘导线组成，是局域网布线中最常用的一种传输介质。双绞线分为非屏蔽双绞线（UTP）和屏蔽双绞线（STP）两大类，通常在无特殊要求的计算机网络布线中，应使用非屏蔽双绞线电缆，如图 1－7 所示。

（2）同轴电缆

同轴电缆由内外两种导体构成，内导体是一根铜质导线或多股铜线，外导体是圆柱形铜箔或用细铜丝编织的圆柱形网，内外导体之间用绝缘物充填，最外层是保护性塑料外壳，如图 1－8 所示。与双绞线相比，同轴电缆的抗干扰能力强，但布线施工比较复杂，存在较大的安全隐患，故障的诊断和修复都很麻烦，因此在目前的局域网布线中已很少使用。

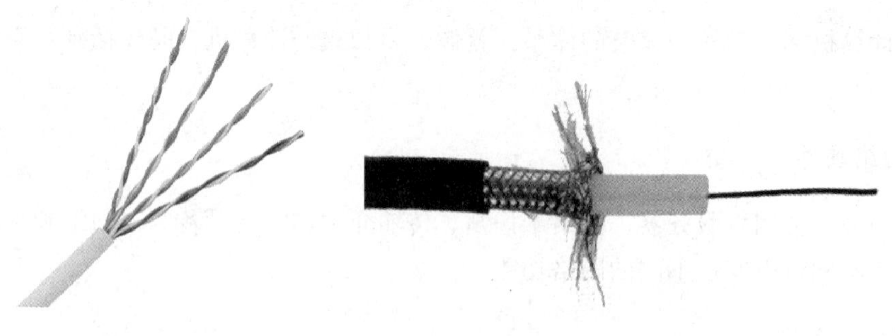

图 1－7 双绞线

图 1－8 同轴电缆

（3）光缆

光纤，即光导纤维，是一种传输光束的细而柔韧的媒质。光导纤维线缆由一捆光导纤维组成，简称为光缆，如图 1－9 所示。与铜缆相比，光缆本身不需要电，虽然其在铺设初期阶段所需的连接器、工具和人工成本很高，但其不受电磁干扰和射频干扰的影响，具有更高的数据传输率和更远的传输距离，并且不用考虑接地问题，对各种环境因素具有更强的抵抗力。这些特点使得光缆在某些应用中更具吸引力，成为目前计算机网络中常用的传输介质之一。

（4）无线传输介质

有线传输介质的应用通常仅限于有限的区域内，线路的铺设安装还要受到地形条件的限制。为了克服有线传输介质的缺陷，有必要在计算机网络中利用空间传输无线信号，如无线电波、红外线、微波、激光等。

4. 网络设备

网络设备是在网络通信过程中完成特定功能的通信部件，常见的网络设备有网卡、交换机、路由器等，不同的网络设备在网络中扮演着不同的角色。网络设备和传输介质共同实现了网络的连接。

（1）网卡

网卡是计算机网络中最基本的连接设备，计算机主要通过网卡接入局域网。网卡存在着多种类型，图1－10所示为一款PCI接口的独立网卡。

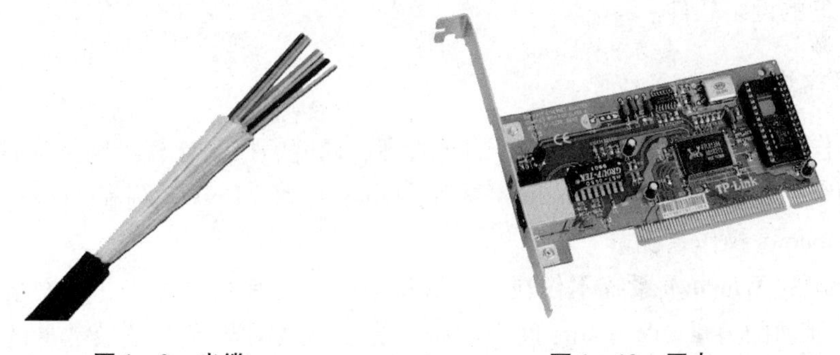

图1－9　光缆　　　　图1－10　网卡

（2）交换机

交换机（Switch）是一种用于信号转发的网络设备。网络中的各个节点可以直接连接到交换机的端口上，它可以为接入交换机的任意两个网络节点提供独享的信号通路。除了与计算机相连的端口之外，交换机还可以连接到其他的交换机以便形成更大的网络。随着计算机网络技术的发展，目前局域网组网主要采用以太网技术，而以太网的核心部件就是以太网交换机。图1－11所示为Cisco 2960以太网交换机。

（3）路由器

路由器（Router）是互联网的主要节点设备，具有判断网络地址和选择路径的功能，它能在多网络互联环境中，建立灵活的连接，可用完全不同的数据分组和介质访问方法连接各种子网。路由器系统构成了基于TCP/IP的Internet的主体脉络，因此，在局域网、城域网乃至整个Internet研究领域中，路由器技术始终处于核心地位。对于局域网来说，路由器主要用来实现与城域网或Internet的连接。图1－12所示为Cisco 2811路由器。

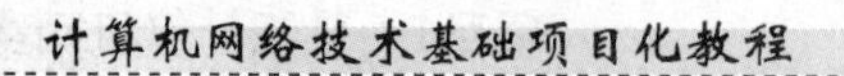

图 1-11　Cisco 2960 以太网交换机

图 1-12　Cisco 2811 路由器

1.2.2　网络软件

网络软件是一种在网络环境下使用和运行或者控制和管理网络工作的计算机软件。根据软件的功能，计算机网络软件可分为网络系统软件和网络应用软件两大类型。网络系统软件是控制和管理网络运行、提供网络通信、分配和管理共享资源的网络软件，它包括网络操作系统、网络协议软件、通信控制软件和管理软件等。网络应用软件是指为某一个应用目的而开发的网络软件。

1. 网络操作系统

网络操作系统是网络软件的核心，用于管理、调度、控制计算机网络的各种资源，目前常用的网络操作系统主要有 Windows 系列、Linux 系列、Unix 系列和 Netware 系列等。

（1）Windows 操作系统

微软公司的 Windows 系统不仅在个人操作系统中占有绝对优势，在网络操作系统中也具有非常强劲的力量。Windows 网络操作系统在局域网配置中是最常见的，但由于它稳定性能不是很高，所以一般只用在中低档服务器中。Windows 网络操作系统主要有 Windows NT 4.0 Server、Windows 2000 Server、Windows Server 2003 以及 Windows Server 2008 等。

（2）Linux 操作系统

Linux 操作系统核心最早是由芬兰的 Linus Torvalds 在 1991 年 8 月发布的，后来经过众多世界顶尖软件工程师的不断修改和完善，广泛应用于服务器领域。Linux 是一个开放源代码的网络操作系统，可以免费得到许多应用程序。目前已经有很多中文版本的 Linux，如 Red Hat（红帽子），红旗 Linux 等，在国内得到了用户充分的肯定。Linux 操作系统最大的特点就是自由性、高效性和灵活性。

（3）Unix 操作系统

自从 1969 年 AT&T Bell 实验室研究人员创造了 UNIX 以后，UNIX 始终是主流的服务器操作系统之一。由于 UNIX 具有技术成熟、可靠性高、网络和数据库功能强、伸缩性突出和开放性好等特色，所以，至今仍然被广泛应用于中高端服务器，在网络中担任着非常重要的角色。

（4）Netware 操作系统

在20世纪80年代末到20世纪90年代初，Novell公司的NetWare一度占据了局域网操作系统的市场。NetWare是一个开放的网络服务器平台，可以方便地对其进行扩充。NetWare系统对不同的工作平台（如DOS、OS/2、Macintosh等），不同的网络协议环境以及各种工作站操作系统提供了一致的服务。

2. 网络协议

网络协议是通信双方关于通信如何进行所达成的协议，常见的网络协议有TCP/IP协议、NetBEUI协议、IPX/SPX协议等。

（1）TCP/IP 协议

TCP/IP是一整套数据通信协议，它是20世纪70年代中期，美国国防部为其ARPANET广域网开发的网络体系结构和协议标准，其名字是由这些协议中的主要两个协议组成，即传输控制协议（Transmission Control Protocol，简称TCP）和网际协议（Internet Protocol，简称IP）。实际上，TCP/IP是多个独立定义的协议的集合，称为TCP/IP协议集。作为Internet/Intranet中的标准协议，TCP/IP协议目前被广泛应用于各种网络。

（2）NetBEUI 协议

NetBEUI（NetBIOS Extended User Interface，即：用户扩展接口）协议由IBM于1985年开发完成，是一种体积小、效率高、速度快的通信协议，但由于不具有路由功能，因此只适用于局域网。

（3）IPX/SPX 协议

IPX/SPX（Internet work Packet Exchange/Sequences Packet Exchange，即：Internet分组交换/顺序分组交换）协议是Novell公司的通信协议集。除了被应用于NetWare构建的服务器/客户端网络外，还被一些网络管理软件所采用。

【任务实施】

任务实施1 认识计算机网络实验室或机房网络的各组成部分

参观所在学校的计算机网络实验室或机房，根据所学的知识，了解并熟悉该网络的软硬件结构，列出该网络所使用的软件和硬件清单。

任务实施2 认识校园网的各组成部分

参观所在学校的网络中心和校园网，根据所学的知识，了解并熟悉该网络的软硬件结构，列出该网络所使用的软件和硬件清单。

任务实施3 认识其他计算机网络的各组成部分

根据具体的条件，找出一项计算机网络应用的具体实例，根据所学的知识，了解并熟悉该网络的软硬件结构，列出该网络所使用的软件和硬件清单。

任务1.3 绘制网络拓扑结构图

【任务目的】

（1）熟悉常见的网络拓扑结构。
（2）能够正确阅读网络拓扑结构图。
（3）能够利用常用绘图软件绘制网络拓扑结构图。

【工作环境与条件】

（1）已经联网并能正常运行的机房和校园网。
（2）安装 Windows XP 或 Windows Server 2003 操作系统的 PC。
（3）Microsoft Office Visio Professional 2003 应用软件。

【相关知识】

拓扑学是几何学的一个分支，它是从图论演变过来的。拓扑学首先把实体抽象成与其大小、形状无关的点，将连接实体的线路抽象成线，进而研究点、线、面之间的关系。计算机网络的拓扑（Topology）结构，是指网络中的通信线路和各节点之间的几何排列，它是解释一个网络物理布局的形式图，主要用来反映各个模块之间的结构关系。它影响着整个网络的设计、功能、可靠性和通信费用等方面，是研究计算机网络的主要环节之一。

计算机网络的拓扑结构主要有总线型、环型、星型、树型、不规则网状等多种类型。拓扑结构的选择往往与传输介质的选择和介质访问控制方法的确定紧密相关，并决定着对网络设备的选择。

1.3.1 总线型结构

总线型结构是用一条电缆作为公共总线，入网的节点通过相应接口连接到总线上，如图1-13所示。在这种结构中，网络中的所有节点处于平等的通信地位，都可以把自己要发送的信息送入总线，使信息在总线上传播，属于分布式传输控制关系。

- 优点：节点的插入或拆卸比较方便，易于网络的扩充。
- 缺点：可靠性不高，如果总线出了问题，整个网络都不能工作，并且查找故障点比较困难。

1.3.2 环型结构

在环型结构中，节点通过点到点通信线路连接成闭合环路，如图1-14所示。环中数据将沿一个方向逐站传送。

- 优点：拓扑结构简单，控制简便，结构对称性好。
- 缺点：环中每个节点与连接节点之间的通信线路都会转为网络可靠性的瓶颈，环中任何一个节点出现线路故障，都可能造成网络瘫痪，环中节点的加入和撤出过程都比较复杂。

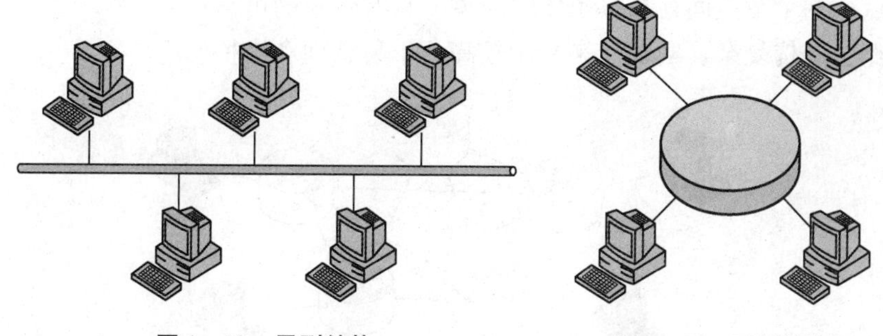

图1－13 星型结构　　图1－14 环型结构

1.3.3 星型结构

在星型结构中，节点通过点到点通信线路与中心节点连接，如图1－15所示。目前在局域网中主要使用交换机充当星型结构的中心节点，控制全网的通信，任何两节点之间的通信都要通过中心节点。

- 优点：结构简单，易于实现，便于管理，是目前局域网中最基本的拓扑结构。
- 缺点：网络的中心节点是全网可靠性的瓶颈，中心节点的故障将造成全网瘫痪。

1.3.4 树型结构

在树型结构中，节点按层次进行连接，如图1－16所示，信息交换主要在上下节点之间进行。树型结构有多个中心节点（通常使用交换机），各个中心节点均能处理业务，但最上面的主节点有统管整个网络的能力。目前的大中型局域网几乎全部采用树型结构。

- 优点：通信线路连接简单，网络管理软件也不复杂，维护方便。
- 缺点：可靠性不高，如中心节点出现故障，则和该中心节点连接的节点均不能工作。

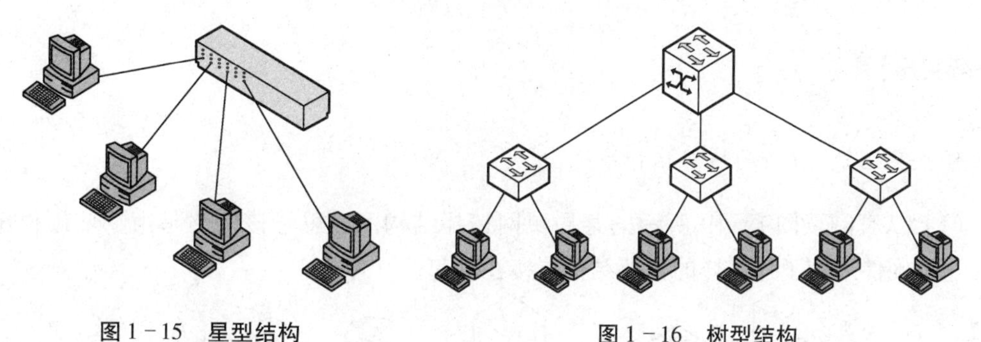

图1－15 星型结构　　图1－16 树型结构

1.3.5 网状结构

在网状结构中，各节点通过冗余复杂的通信线路进行连接，并且每个节点至少与其他两个节点相连，如果有线路或节点发生故障，还有许多其他的通道可供进行两个节点间的通信，如图1－17所示。网状结构是广域网中的基本拓扑结构，不常用于局域网，其网络节点主要使用路由器。

- 优点：两个节点间存在多条传输通道，具有较高的可靠性。
- 缺点：结构复杂，实现起来费用较高，不易管理和维护。

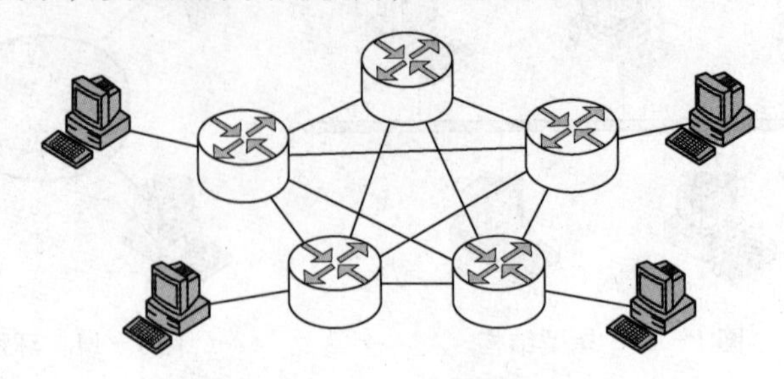

图 1－17　网状结构

1.3.6　混合结构

混合结构是将星型结构、总线型结构和环型结构中的 2 种或 3 种结合在一起的网络结构，这种网络拓扑结构可以同时兼顾各种拓扑结构的优点，在一定程度上弥补了单一拓扑结构的缺陷。图 1－18 所示为一种星型结构和环型结构组成的混合结构。

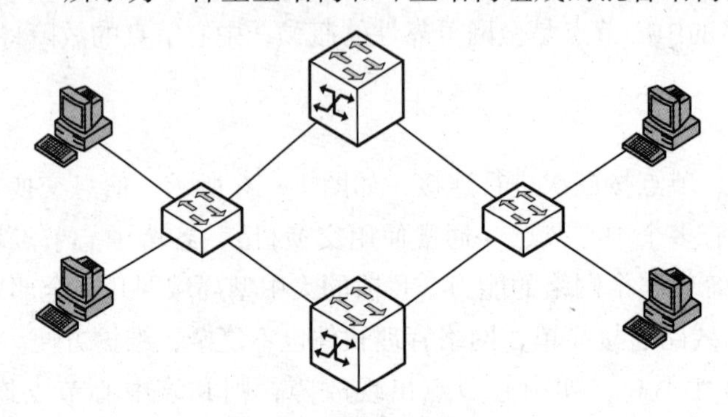

图 1－18　星型结构和环型结构组成的混合结构

【任务实施】

任务实施 1　分析局域网拓扑结构

（1）认真阅读图 1－19 所示的某局域网拓扑结构图，思考该网络是由哪些硬件组成的，这些硬件采用了什么样的拓扑结构连接在一起。

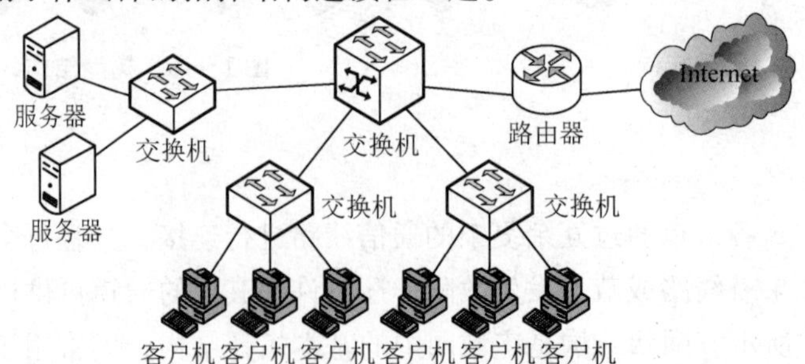

图 1－19　某局域网拓扑结构图

（2）观察所在网络实验室或机房的网络拓扑结构，在纸上画出该网络的拓扑结构图，分析该网络为什么要采用这种拓扑结构。

任务实施2　利用 Visio 软件绘制网络拓扑结构图

Visio 系列软件是微软公司开发的高级绘图软件，属于 Office 系列，可以绘制网络拓扑图、组织结构图、机械工程图、流程图等。下面是使用 Microsoft Office Visio Professional 2003 应用软件绘制网络拓扑结构图的基本步骤。

（1）运行 Microsoft Office Visio Professional 2003 应用软件，打开 Visio 2003 主界面，如图 1－20 所示。

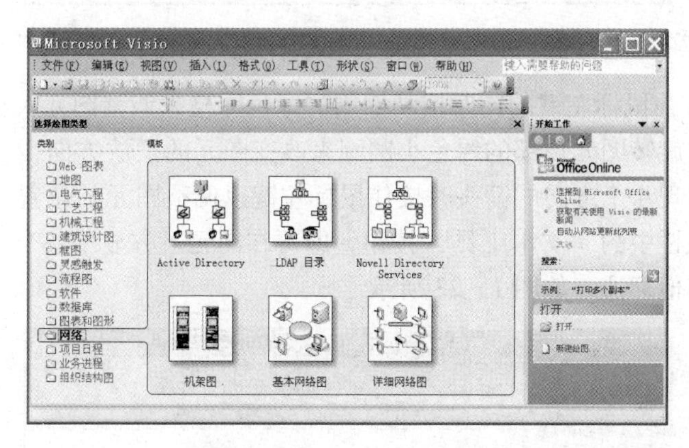

图 1－20　Visio 2003 主界面

（2）在 Visio 2003 主界面左边“类别”列表中选择“网络”选项，然后在中间窗格中选择对应的模板，如“详细网络图”，此时可打开“详细网络图”绘制界面，如图 1－21所示。

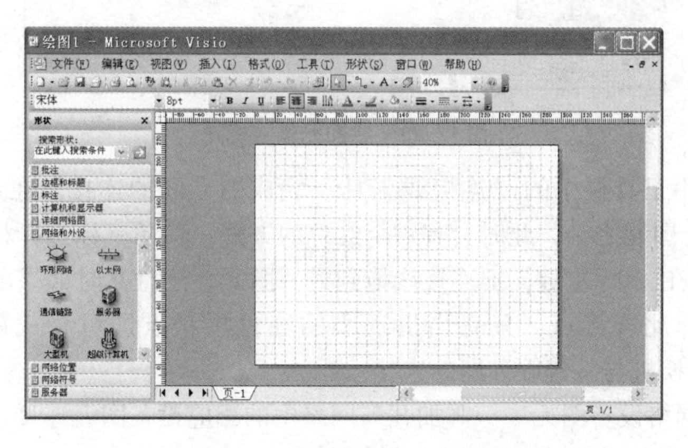

图 1－21　“详细网络图”绘制界面

（3）在“详细网络图”绘制界面左侧的形状列表中选择相应的形状，按住鼠标左键把相应形状拖到右侧窗格中的相应位置，然后释放鼠标左键，即可得到相应的图元。如图 1－22所示，在“网络和外设”形状列表中分别选择“交换机”和“服务器”，并将其拖至右侧窗格中的相应位置。

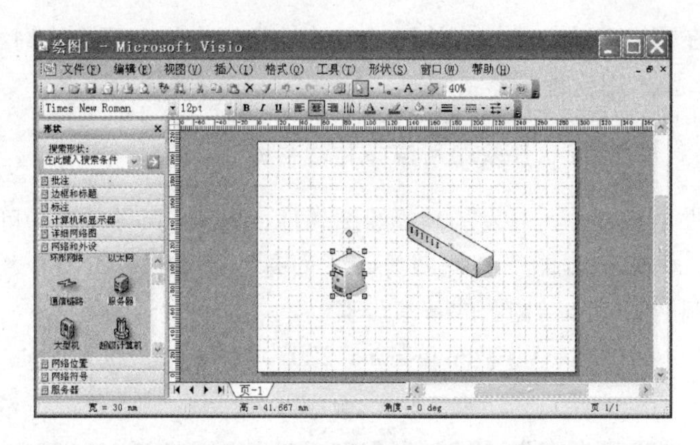

图 1-22　图元拖放到绘制平台后的图示

（4）可以在按住鼠标左键的同时拖动四周的绿色方格来调整图元大小，可以通过在按住鼠标左键的同时旋转图元顶部的绿色小圆圈来改变图元的摆放方向，也可以通过把鼠标放在图元上，在出现 4 个方向的箭头时按住鼠标左键以调整图元的位置。如要为某图元标注型号可单击工具栏中的“文本工具”按钮，即可在图元下方显示一个小的文本框，此时可以输入型号或其他标注，如图 1-23 所示。

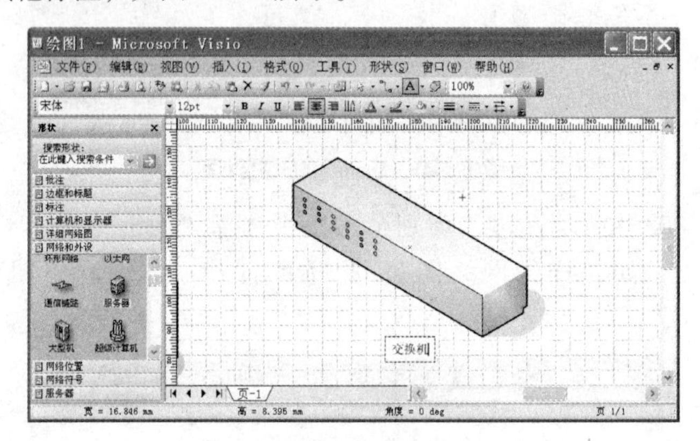

图 1-23　给图元输入标注

（5）可以使用工具栏中的“连接线工具”完成图元间的连接。在选择了该工具后，单击要连接的两个图元之一，此时会有一个红色的方框，移动鼠标选择相应的位置，当出现紫色星状点时按住鼠标左键，把连接线拖到另一图元，注意此时如果出现一个大的红方框则表示不宜选择此连接点，只有当出现小的红色星状点即可释放鼠标，连接成功。图 1-24所示为交换机与一台服务器的连接。

（6）把其他网络设备图元一一添加并与网络中的相应设备图元连接起来，当然这些设备图元可能会在左侧窗格中的不同类别形状选项中。如果在已显示的类别中没有，则可通过单击工具栏中的按钮，打开类别选择列表，从中添加其他类别的形状。

（7）Microsoft Office Visio Professional 2003 应用软件的使用方法比较简单，操作方法与 Word 类似，这里不再赘述。请按照上述方法画出如图 1-19 所示的网络拓扑结构图，并将该图保存为“JPEG 文件交换格式”的图片文件。

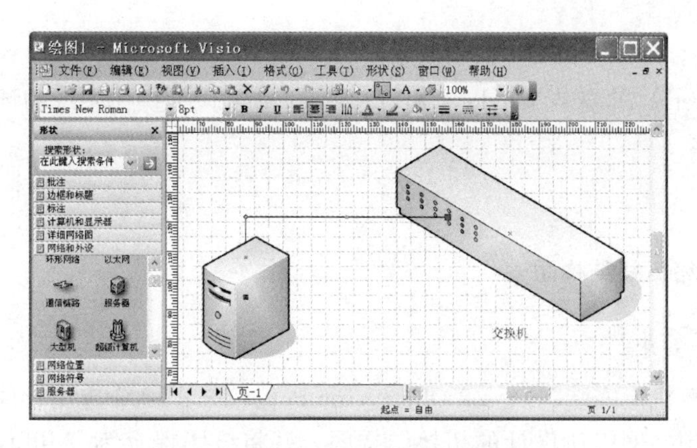

图1-24　交换机与一台服务器的连接

（8）请使用 Microsoft Office Visio Professional 2003 应用软件画出所在网络实验室或机房的网络拓扑结构图，并将该图保存为“JPEG 文件交换格式”的图片文件。

任务实施3　绘制校园网拓扑结构图

参观所在学校的网络中心和校园网，根据所学的知识，分析校园网的拓扑结构，利用 Microsoft Office Visio Professional 2003 应用软件绘制校园网的拓扑结构图，并将该图保存为“JPEG 文件交换格式”的图片文件。

习　题　1

1. 思考问答

（1）计算机网络的发展可划分为几个阶段？每个阶段各有什么特点？
（2）简述计算机网络的常用分类方法。
（3）简述局域网和广域网的区别。
（4）简述计算机网络中使用的主要硬件。
（5）简述计算机网络中使用的主要软件。
（6）常见的网络拓扑结构有哪几种？各有什么特点？

2. 技能操作

（1）规划简单的小型计算机网络

【内容及操作要求】

组建一个包含有50台学生机和1台教师机的独立机房，要求该机房能够满足计算机文化基础、办公软件等专业基础课的教学要求，并且不需要与其他网络连接。请为该机房进行规划，要求为该网络选择合适的软硬件产品，并列出所选择的软件和硬件清单。

【准备工作】

能够接入 Internet 的安装 Windows XP Professional 或以上操作系统的计算机。

【考核时限】

60min。

（2）绘制网络拓扑结构图

【内容及操作要求】

请在当前计算机上安装 Microsoft Office Visio Professional 2003 应用软件，并使用该软件画出为上一题目中的网络所设计的拓扑结构图，并将该图保存为"JPEG 文件交换格式"的图片文件。

【准备工作】

Microsoft Office Visio Professional 2003 应用软件，安装 Windows XP Professional 或以上操作系统的计算机。

【考核时限】

30min。

项目2　安装与配置用户设备

计算机网络中的用户设备主要包括服务器和客户机，网络用户主要通过用户设备实现与计算机网络的连接，实现相关的功能。在目前的中小型局域网中，绝大部分的服务器和客户机都采用了 Windows 操作系统，而在 Windows 操作系统下，无论是服务器还是客户机，如果要接入网络，其基本安装和配置方法是相同的。本项目的主要目标是理解 OSI 参考模型和 TCP/IP 协议的相关知识，完成用户设备接入网络的基本软、硬件安装和配置。

任务2.1　安装操作系统

【任务目的】

（1）理解 OSI 参考模型。

（2）理解局域网的体系结构和工作模式。

（3）掌握在用户设备上安装 Windows 操作系统的方法。

【工作环境与条件】

（1）PC 及相关工具（也可使用 VMware 等虚拟机软件）。

（2）Windows Server 2003 操作系统安装光盘。

（3）Windows XP 操作系统安装光盘。

【相关知识】

2.1.1　网络体系结构

计算机网络是一个非常复杂的系统，需要解决的问题很多并且性质各不相同，所以人们在设计网络时，提出了“分层次”的思想。“分层次”是人们处理复杂问题的基本方法，对于一些难以处理的复杂问题，通常可以分解为若干个较容易处理的小一些的问题。在计算机网络设计中，可以将网络总体要实现的功能分配到不同的模块中，并对每个模块要完成的服务及服务实现过程进行明确的规定，每个模块就叫做一个层次。这种划分可以使不同的网络系统分成相同的层次，不同系统的同等层具有相同的功能，高层使用低层提供的服务时不需知道低层服务的具体实现方法，从而大大降低了网络的设计难度。因此，层次是计算机网络体系结构中的基本概念。

计算机网络采用层次结构，具有如下优点。

- 各层之间相互独立。高层并不需要知道低层是如何实现的，而仅需要知道该层通过层间的接口所提供的服务。
- 灵活性好。当任何一层发生变化时，只要接口保持不变，则其他各层均不受影响。另外，当某层提供的服务不再需要时，甚至可将其取消。

- 各层都可以采用最合适的技术来实现，各层实现技术的改变不影响其他层。
- 易于实现和维护。因为整个的系统已被分解为若干个易于处理的部分，这种结构使得一个庞大而又复杂系统的实现和维护变得容易控制。
- 有利于促进标准化。因为每一层的功能和所提供的服务都有了精确的说明。

在计算机网络层次结构中，各层有各层的协议。网络协议对计算机网络是不可缺少的，一个功能完备的计算机网络需要制定一整套复杂的协议集。计算机网络是由多个互连的节点组成，要做到各节点之间有条不紊地交换数据，每个节点都必须遵守一些事先约定好的规则。这些规则明确地规定了所交换数据的格式和时序。这些为网络数据交换而制定的规则、约定与标准被称为网络协议。对于结构复杂的网络协议来说，最好的组织方式是层次结构模型，图 2-1 说明了一个 n 层协议的层次结构。由图 2-1 可知，协议也是分层的，一台机器上的第 n 层与另一台机器上的第 n 层进行通话时，通话的规则就是第 n 层协议。这种网络层次结构与各层协议的集合被定义为计算机网络体系结构。

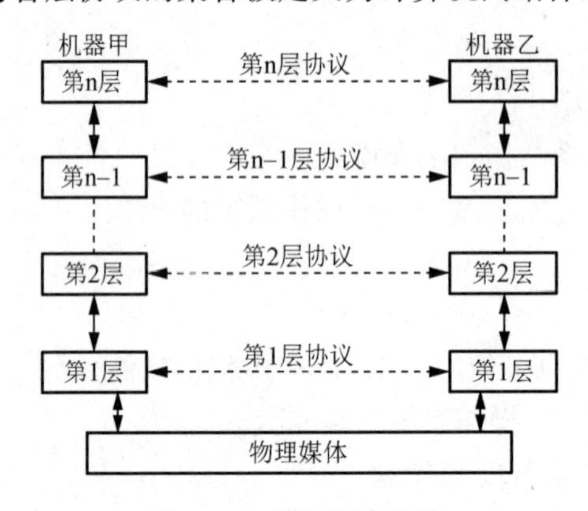

图 2-1　协议层次结构

需要注意的是，在网络层次结构中数据并不是从一台机器的第 n 层直接传送到另一台机器的第 n 层，而是每一层都把数据和控制信息交给其下一层，由底层进行实际的通信。

2.1.2　OSI 参考模型

由于历史原因，计算机和通信工业界的组织机构和厂商，在网络产品方面，制定了不同的协议和标准。为了协调这些协议和标准，提高网络行业的标准化水平，以适应不同网络系统的相互通信，CCITT（国际电报电话咨询委员会）和 ISO（国际标准化组织）认识到有必要使网络体系结构标准化，并组织制订了 OSI（Open System Interconnection，即：开放系统互联）参考模型。它兼容于现有网络标准，为不同网络体系提供参照，将不同机制的计算机系统联合起来，使它们之间可以相互通信。

当今的网络大多是建立在 OSI 参考模型基础上的。在 OSI 参考模型中，网络的各个功能层分别执行特定的网络操作。理解 OSI 参考模型有助于更好地理解网络，选择合适的组网方案，改进网络的性能。

1. OSI 参考模型的层次结构

OSI 参考模型共分 7 层，从低到高的顺序为：物理层、数据链路层、网络层、传输层、

会话层、表示层和应用层。图2-2所示为OSI参考模型层次示意图。

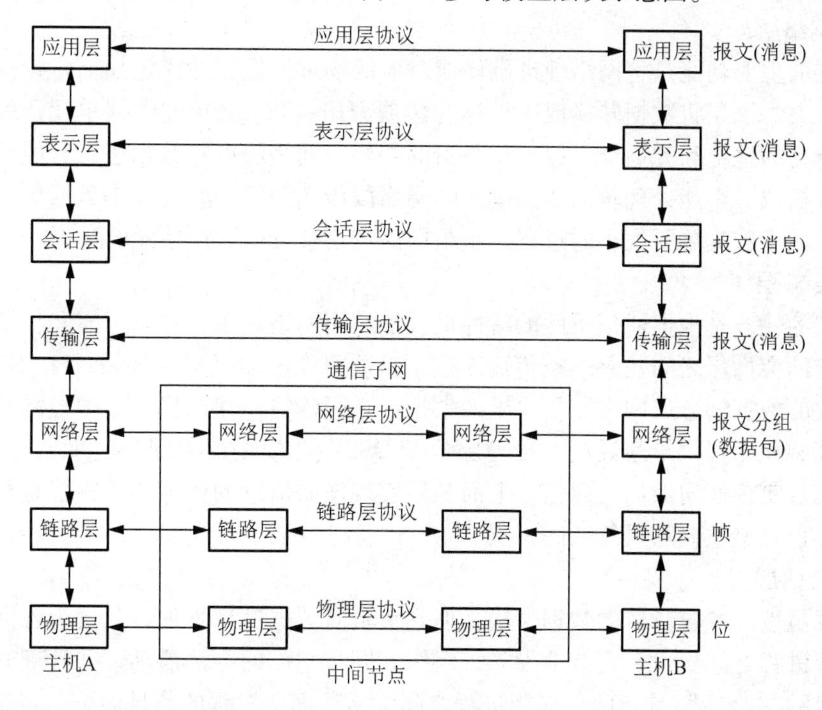

图2-2　OSI参考模型

OSI参考模型各层的基本功能如图2-3所示。

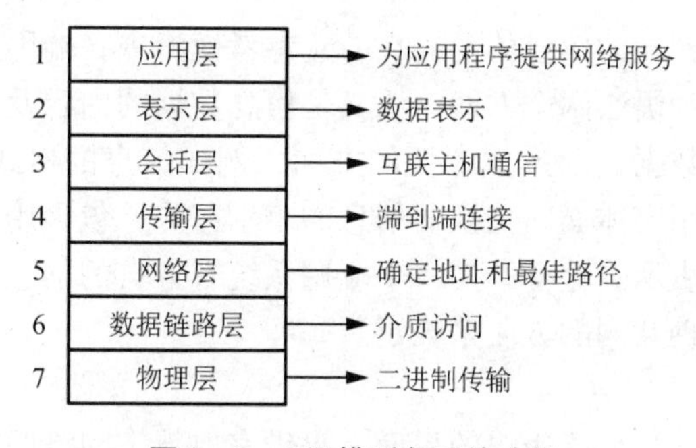

图2-3　OSI模型各层的功能

（1）物理层

物理层主要提供相邻设备间的二进制（bits）传输，即利用物理传输介质为上一层（数据链路层）提供一个物理连接，通过物理连接透明地传输比特流。所谓透明传输是指经实际物理链路传送后的比特流没有变化，任意组合的比特流都可以在该物理链路上传输，物理层并不知道比特流的含义。物理层要考虑的是如何发送“0”和“1”，以及接收端如何识别。

（2）数据链路层

数据链路层主要负责在两个相邻节点间的线路上无差错地传送以帧（Frame）为单位的数据，每一帧包括一定的数据和必要的控制信息，接收节点接收到的数据如果出错要通知发送方重发，直到这一帧无误地到达接收节点。数据链路层就是把一条有可能出错的实际链路变成让网络层看来好像不出错的链路。

（3）网络层

网络层的主要功能是将网络地址翻译成对应的物理地址，并决定如何将数据从发送方路由到接收方。该层将数据转换成一种称为包或分组（Packet）的数据单元，每一个数据包中都含有目的地址和源地址，以满足路由的需要。网络层可对数据进行分段和重组。分段是指当数据从一个能处理较大数据单元的网络段传送到仅能处理较小数据单元的网络段时，网络层减小数据单元大小的过程。重组即为重构被分段数据单元的过程。

（4）传输层

传输层的任务是根据通信子网的特性最佳地利用网络资源，并以可靠和经济的方式为两个端系统的会话层之间建立一条传输连接，以透明地传输报文（Message）。传输层把从会话层接收的数据划分成网络层所要求的数据包进行传输，并在接收端把经网络层传来的数据包重新装配，提供给会话层。传输层位于 OSI 参考模型的中间，起承上启下的作用，它的下面三层实现面向数据的通信，上面三层实现面向信息的处理，传输层是数据传送的最高一层，也是最重要和最复杂的一层。

（5）会话层

会话层虽然不参与具体的数据传输，但它负责对数据进行管理，负责为各网络节点应用程序或者进程之间提供一套会话设施，组织和同步它们的会话活动，并管理其数据交换过程。这里的“会话”是指两个应用进程之间为交换面向进程的信息而按一定规则建立起来的一个暂时联系。

（6）表示层

表示层主要提供端到端的信息传输。在 OSI 参考模型中，端用户（应用进程）之间传送的信息数据包含语义和语法两个方面。语义是信息数据的内容及其含义，它由应用层负责处理。语法是与信息数据表示形式相关的方面，例如信息的格式、编码、数据压缩等。表示层主要用于处理应用实体面向交换的信息的表示方法，包含用户数据的结构和在传输时的比特流或字节流的表示。这样即使每个应用系统有各自的信息表示法，但被交换的信息类型和数值仍能用一种共同的方法来表示。

（7）应用层

应用层是计算机网络与最终用户的界面，提供完成特定网络服务功能所需的各种应用程序协议。应用层主要负责用户信息的语义表示，确定进程之间通信的性质以满足用户的需要，并在两个通信者之间进行语义匹配。

需要注意的是，OSI 参考模型定义的标准框架，只是一种抽象的分层结构，具体的实现则有赖于各种网络体系的具体标准，它们通常是一组可操作的协议集合，对应于网络分层，不同层次有不同的通信协议。

2. OSI 参考模型中信息的流动过程

在 OSI 参考模型中，通信是在系统进程之间进行的。在实际传输过程中，除物理层外，在各对等层之间只有逻辑上的通信，并无直接的通信，较高层间的通信要使用较低层提供的服务。图 2－4 描述了信息在 OSI 参考模型中的流动过程。

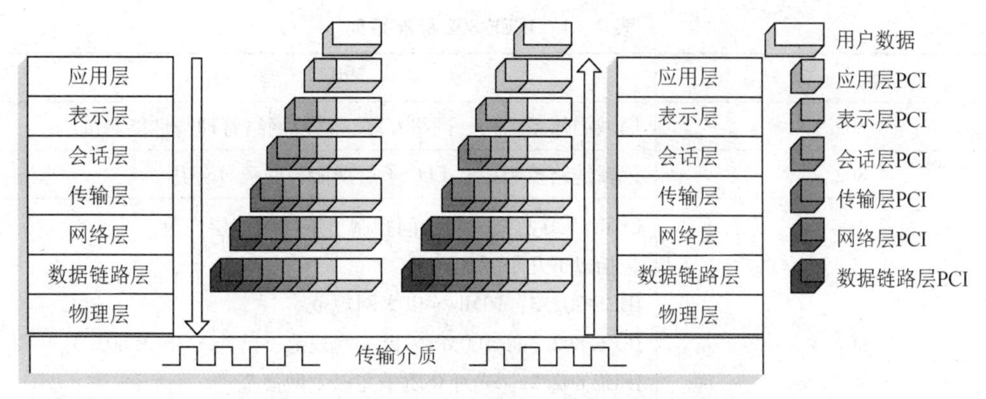

图 2-4　信息在 OSI 参考模型中的流动过程

下面以网络一端的用户 A 向另一端的用户 B 发送电子邮件为例来说明信息的流动过程。其中包括用户 A 向用户 B 的电子邮件服务器发送邮件和用户 B 通过服务器从自己的电子邮箱读取邮件两次通信过程。

用户 A 首先要把电子邮件的内容（用户数据）通过电子邮件应用程序发出，在应用层（电子邮件应用程序的一个进程）把一个报头（PCI，即：协议控制信息）附加于用户数据上，这个控制信息是第 7 层协议所要求的，组成第 7 层的协议数据单元（用户数据和控制信息作为一个单元整体）。然后将其传送给表示层的一个实体。表示层又把这个单元附加上自己的报头组成第 6 层的协议数据单元再向下层传送。重复这一过程直到数据链路层，数据链路层将网络层送来的协议数据单元封装成帧，然后通过物理层传送到传输介质。当这一帧数据被用户 B 所登录的电子邮件系统服务器接收后，逐层进行理解，并执行相应层次协议控制信息的内容，开始相反的过程。数据从较低层向较高层传输，每层都拆掉其最外层的 PCI，而把剩余的部分向上传输，一直到服务器电子邮件系统运行的某个进程（对等的应用层），把用户 A 的邮件存放到服务器上用户 B 的电子邮箱中。

当用户 B 在自己的计算机上运行电子邮件应用程序，从电子邮箱中读取邮件时，执行的是从电子邮箱所在的服务器向用户 B 的计算机传送数据的通信过程。这个过程可能不止传送用户 A 的邮件，同时传送的还有其他用户发送给用户 B 的邮件。这个过程是两台计算机上运行的电子邮件应用系统进程实体相互理解并执行的过程，即应用层功能。但双方的高层都用到了其他各层的服务。

2.1.3　局域网体系结构

局域网发展到 20 世纪 70 年代末，诞生了数十种标准。为了使各种局域网能够很好的互联，不同生产厂家的局域网产品之间具有更好的兼容性，并有利于产品成本的减低，IEEE（Institute of Electrical and Electronics Engineers，即：美国电气和电子工程师协会）专门成立了 IEEE 802 委员会，专门从事局域网标准化工作，经过不断的完善，制定了 IEEE 802 系列标准，如表 2-1 所示，该标准包含了 CSMA/CD、令牌总线、令牌环等多种网络标准。目前常用的局域网技术都遵守 IEEE 802 系列标准。

表 2-1　IEEE 802 标准系列

名　称	内　容
802.1	局域网体系结构、网络互联，以及网络管理与性能测试
802.2	逻辑链路控制控制 LLC 子层功能与服务（停用）
802.3	CSMA/CD 总线介质访问控制子层与物理层规范 包括以下几个标准： IEEE 802.3：10Mb/s 以太网规范 IEEE 802.3u：100Mb/s 以太网规范，已并入 IEEE 802.3 IEEE 802.3z：光纤介质千兆以太网规范 IEEE 802.3ab：基于 UTP 的千兆以太网规范 IEEE 802.3ae：万兆以太网规范
802.4	令牌总线介质访问控制子层与物理层规范（停用）
802.5	令牌环介质访问控制子层与物理层规范
802.6	城域网 MAN 介质访问控制子层与物理层规范
802.7	宽带技术（停用）
802.8	光纤技术（停用）
802.9	综合语音与数据局域网 IVD LAN 技术（停用）
802.10	可互操作的局域网安全性规范 SILS（停用）
802.11	无线局域网技术
802.12	100BaseVG（传输速率 100Mb/s 的局域网标准）（停用）
802.14	交互式电视网（包括 Cable Modem）（停用）
802.15	个人区域网络（蓝牙技术）
802.16	宽带无线

局域网作为计算机网络的一种，应遵循 OSI 参考模型，但在 IEEE 802 标准中只描述了局域网在物理层和数据链路层的功能。对于用户设备来说，网卡将决定其所连接的局域网的类型，而网络的高层功能是由具体的操作系统实现的。IEEE 802 标准所描述的局域网参考模型与 OSI 参考模型的关系如图 2-5 所示，该模型包括了 OSI 参考模型最低两层的功能，并将 OSI 参考模型中数据链路层的功能分为了 LLC（Logical Link Control，即：逻辑链路控制）和 MAC（Media Access Control，即：介质访问控制）两个子层。

（1）物理层

物理层的主要作用是确保二进制信号的正确传输。局域网物理层的标准规范主要有以下内容。

- 局域网传输介质与传输距离。
- 物理接口的机械特性、电气特性、性能特性和规程特性。
- 信号的编码方式。
- 错误校验码以及同步信号的产生和删除。

- 传输速率。
- 网络拓扑结构。

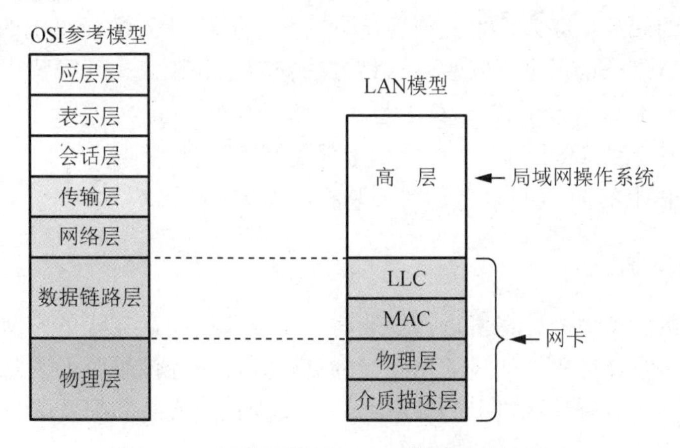

图 2－5　局域网模型与 OSI 模型的对应关系

（2）MAC 子层

MAC 子层是数据链路层的一个功能子层，是数据链路层的下半部分，它直接与物理层相邻。MAC 子层为不同的物理介质定义了介质访问控制标准。其主要功能如下。

- 传送数据时，将传送的数据组装成 MAC 帧，帧中包括地址和差错检测等字段。
- 接收数据时，将接收的数据分解成 MAC 帧，并进行地址识别和差错检测。
- 管理和控制对局域网传输介质的访问。

（3）LLC 子层

LLC 子层在数据链路层的上半部分，在 MAC 层的支持下向网络层提供服务。它可运行于所有 802 局域网和城域网协议之上。LLC 子层与传输介质无关。它独立于介质访问控制方法，隐蔽了各种 IEEE 802 网络之间的差别，并向网络层提供一个统一的格式和接口。

LLC 子层的功能包括差错控制、流量控制和顺序控制，并为网络层提供面向连接和无连接的两类服务。

【任务实施】

对于一台要连入网络的计算机来说，网卡将决定其物理层和数据链路层的功能，而网络的高层功能是由具体的操作系统实现的。目前的中小型局域网中，绝大部分的计算机都使用 Windows 操作系统。在 Windows 操作系统下，无论是服务器还是客户机，其基本安装和设置方法大致相同。下面以 Windows Server 2003 操作系统为例，完成操作系统在用户设备上的安装和基本设置。

任务实施 1　选择操作系统安装方式

Windows Server 2003 操作系统支持多种安装方式，应根据实际情况合理选择。

1. 利用 Windows Server 2003 安装光盘直接安装

从 CD－ROM 或 DVD－ROM 驱动器启动并安装操作系统的方法使用范围广，操作简单，是单个计算机在安装时最常用的方法。

2. 从硬盘的 Windows Server 2003 安装目录下启动安装程序

如果计算机的硬盘足够大，可先将 Windows Server 2003 安装光盘中的所有安装文件复制到硬盘的某个目录下，再进行安装。这种方法安装速度较快，其安装步骤如下。

（1）进入 Windows Server 2003 安装光盘。

（2）将光盘中名为 I386 的安装目录，全部复制到硬盘上。

（3）转入硬盘上的 I386 目录，运行安装程序 Winnt32. exe。

3. 硬盘克隆安装

当需要对大量同类型的计算机进行安装时，可以采用硬盘克隆的方法，即按照上述任一种方法安装好一台计算机，然后使用硬盘的克隆软件克隆该硬盘的映像文件，之后使用该映像文件安装其他所有计算机上的硬盘，从而实现快速安装和配置的目的。

4. 硬盘保护卡安装

在实验室和网吧中，通常会有大量同类型的计算机，其安装和日常管理工作较为复杂，此时可以购置硬盘保护卡，之后即可采用硬盘保护卡来安装和维护网络，采用硬盘保护卡安装操作系统的方法请参考相关的技术说明。

任务实施 2　从光盘启动计算机并安装 Windows Server 2003

目前绝大部分的计算机都可以直接利用 Windows Server 2003 安装光盘启动安装系统。

（1）将计算机的 BIOS 设置为从 CD－ROM 启动，操作方法如下。

- 开启计算机，按 F2 键（有的是按 Del 键）进入 BIOS 设置界面，如图 2－6 所示。
- 选择 BOOT 选项卡，将 CD－ROM Drive 设为第一启动设备，如图 2－7 所示。
- 按 F10 键，保存设置并退出 BIOS 设置窗口，此时计算机将重新启动。

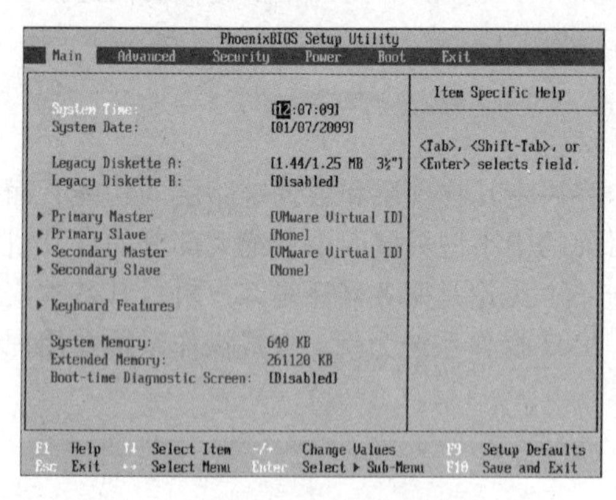

图 2－6　BIOS 设置界面

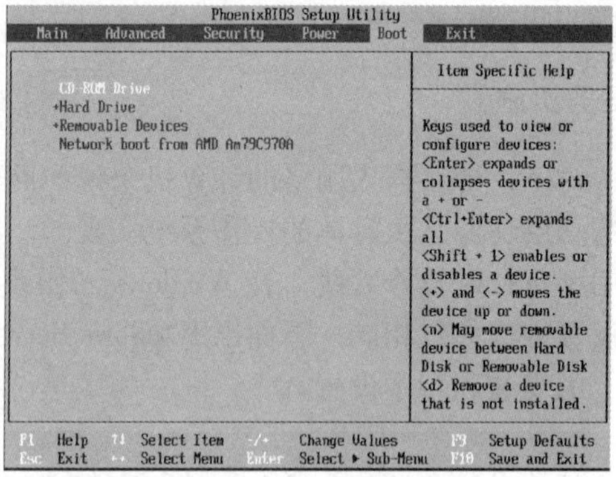

图 2－7　BIOS 中的 BOOT 选项卡

【注意】 不同版本 BIOS 的设置方法不同，设置时应查阅计算机的主板说明书。

（2）将 Windows Server 2003 安装光盘放入光驱，重新启动计算机，按照屏幕的提示从 CD－ROM 引导系统。

（3）若无意外安装程序将正常启动，自动检测计算机的硬件，如键盘、鼠标、COM

端口等，当初始化了 Windows Server 2003 执行环境后，就会出现如图 2－8 所示的“欢迎使用安装程序”界面。

（4）按键盘的 Enter 键，开始安装全新的 Windows Server 2003，随后进入如图 2－9所示的“Windows 授权协议”界面。

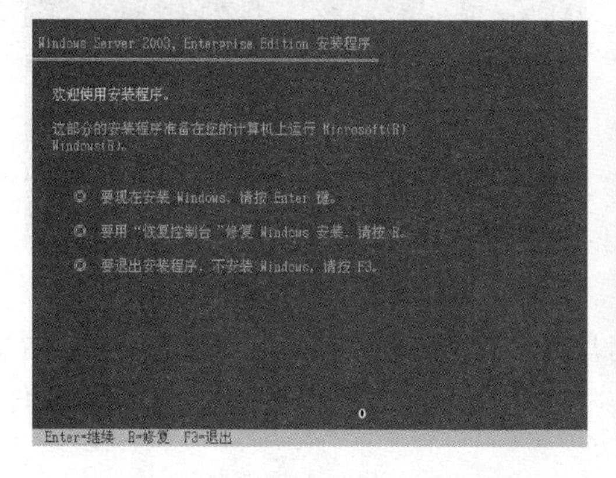

图 2－8 “欢迎使用安装程序”界面

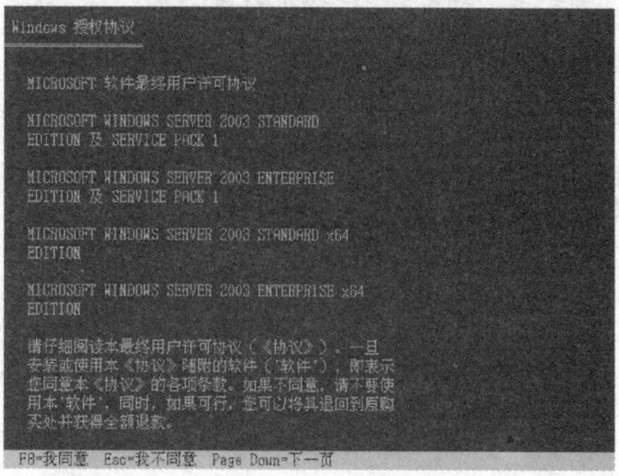

图 2－9 “Windows 授权协议”界面

（5）按键盘的 F8 键，接受该协议，进入如图 2－10 所示的磁盘分区设置的画面。若要在尚未分区的磁盘空间中创建新的磁盘分区，则按 C 键，然后输入新磁盘分区的大小。

（6）选择安装 Windows Server 2003 的磁盘分区，按 Enter 键，进入图 2－11 所示的画面。选择“用 NTFS 文件系统格式化磁盘分区”，按 Enter 键，对驱动器进行格式化，格式化的界面如图 2－12 所示。

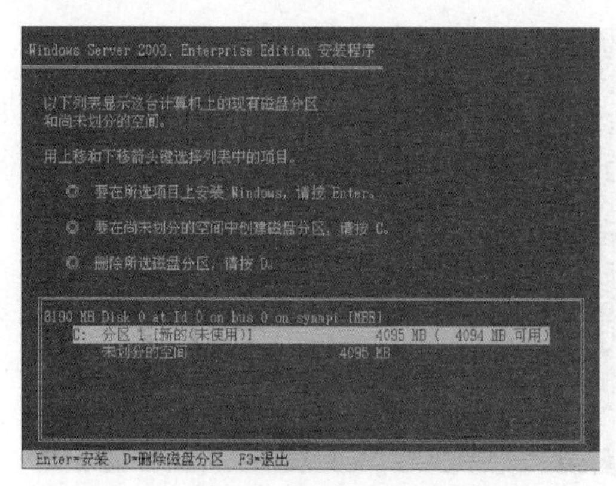

图 2－10 选择安装系统所用的分区

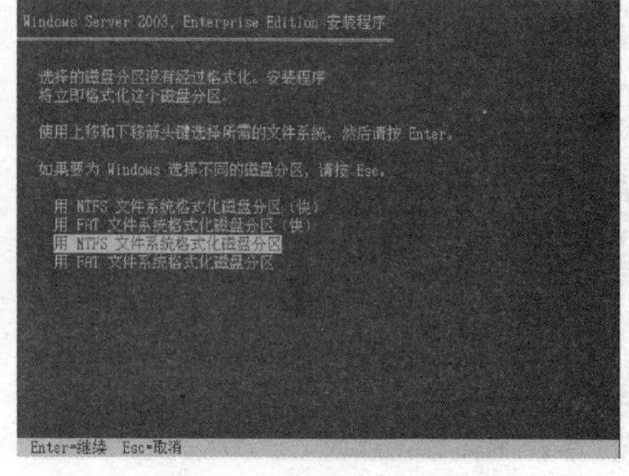

图 2－11 选择文件系统格式

【注意】 对于安装 Windows Server 2003 的磁盘分区，其预留的磁盘空间应在 4GB 以上。任何一个新的磁盘分区都必须被格式化为合适的文件系统后，才可以安装操作系统、存储数据。Windows Server 2003 支持 3 种文件系统：NTFS、FAT 和 FAT32，一般建议采用 NTFS 文件系统。

（7）格式化完成后，安装程序开始复制文件到安装文件夹，如图 2－13 所示。文件复制完毕后，安装程序开始初始化 Windows 配置，然后系统会自动在 12 秒后重新启动。

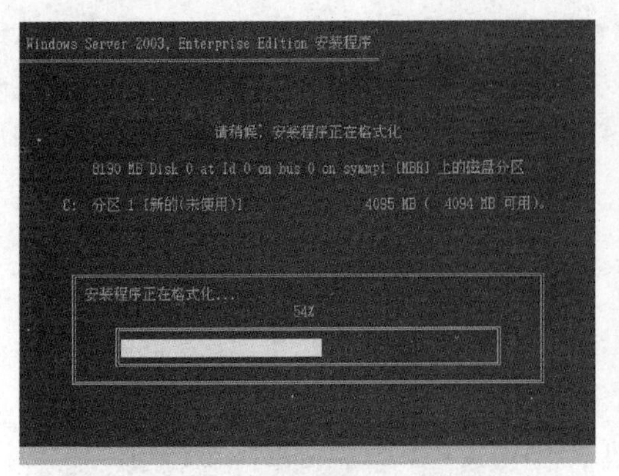

图 2-12　安装程序正在格式化

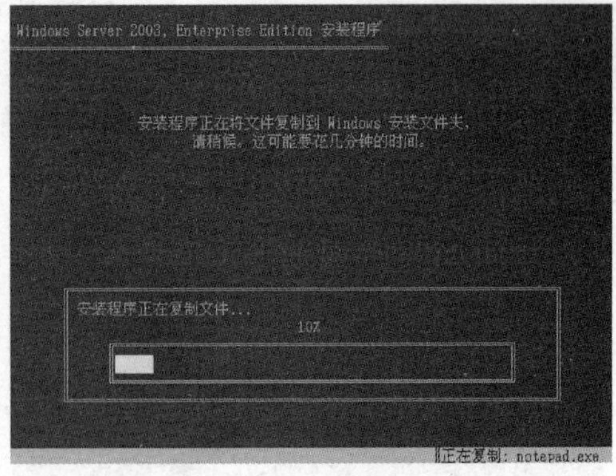

图 2-13　安装程序复制文件

（8）重新启动计算机后，系统开始检测与测试系统的硬件，当出现“区域和语言选项”对话框时，可以进行区域和语言的设置。单击“下一步”按钮，打开“自定义软件”对话框。

（9）在“自定义软件”对话框中，输入个人信息后，单击“下一步”按钮，打开“您的产品密钥”对话框。输入产品密钥后，单击“下一步”按钮，打开“授权模式”对话框，如图 2-14 所示。

（10）在“授权模式”对话框中选择“每服务器”授权，输入允许同时连接服务器的客户数。单击“下一步”按钮，打开“计算机名称和管理员密码”对话框，如图 2-15 所示。

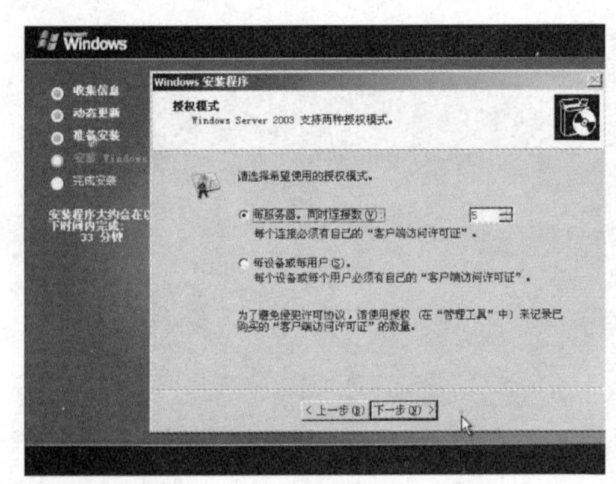

图 2-14　“授权模式”对话框

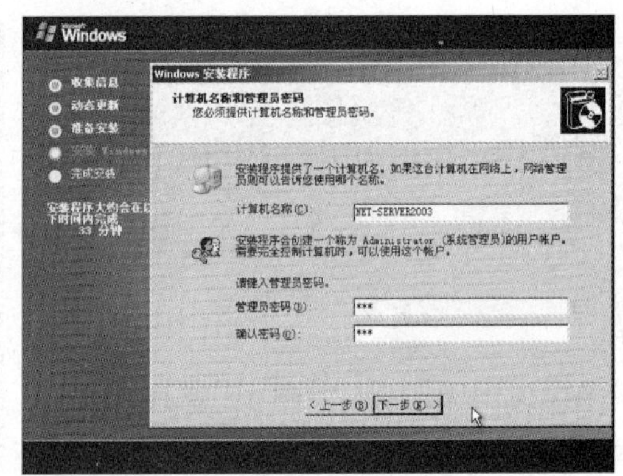

图 2-15　“计算机名称和管理员密码”对话框

（11）在“计算机名称和管理员密码”对话框中为这台计算机设置唯一的计算机名称和管理员密码，注意系统默认管理员账户名称为 Administrator，如果用户的密码设得太简单，就会出现如图 2-16 所示的画面。

（12）单击“下一步”按钮，打开“日期和时间设置”对话框。设置日期和时间后，单击“下一步”按钮，系统将安装网络，出现“网络设置”对话框，如图 2-17 所示。

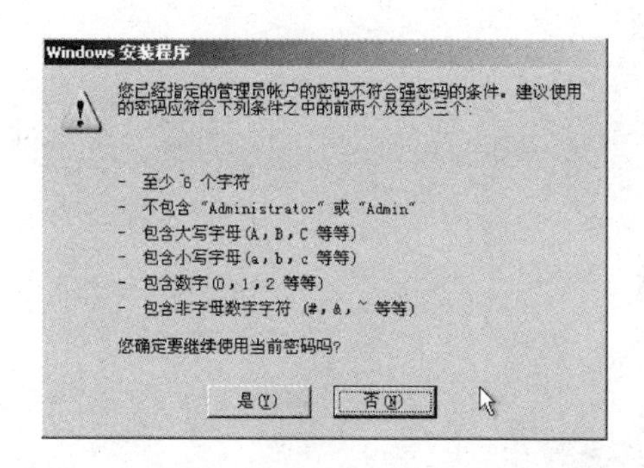

图 2-16　管理员密码不符合强密码要求对话框

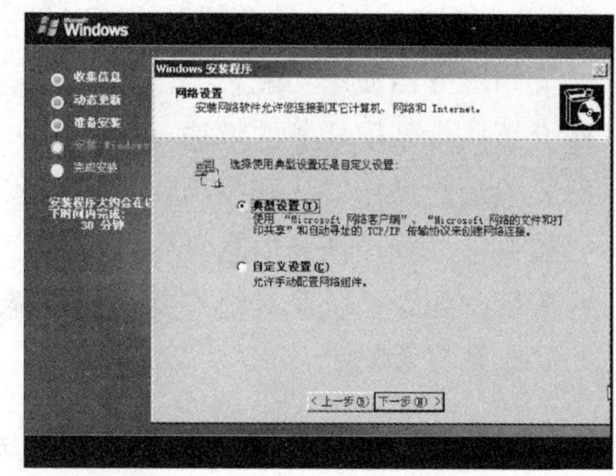

图 2-17　“网络设置”对话框

(13) 在“网络设置”对话框中可选择需要安装的网络组件，一般选择“典型设置”，如果需要安装特殊的网络组件，可选择“自定义设置”。单击“下一步”按钮，打开“工作组或计算机域”对话框，如图 2-18 所示。

(14) 在“工作组或计算机域”对话框中，设置所在的工作组或域，单击“下一步”按钮，此时安装程序将继续完成剩下的安装任务，并在安装完成后自动重新启动计算机。

【注意】 工作组采用分布式的管理模式，适用于小型网络；域采用集中式的管理模式，适用于较大型的网络。通常在安装系统时应先将计算机设为工作组模式。

(15) 如果计算机内只安装了 Windows Server 2003 操作系统，则系统重新启动后会直接登录该系统，打开“登录到 Windows”对话框，如图 2-19 所示。

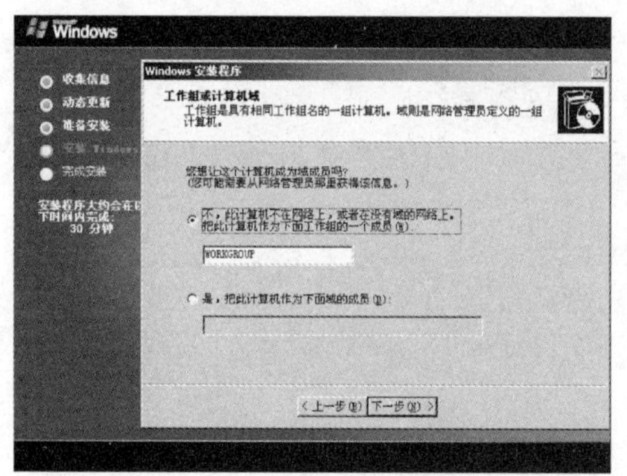

图 2-18　“工作组或计算机域”对话框

图 2-19　“登录到 Windows”对话框

(16) 在“登录到 Windows”对话框中输入管理员账户 Administrator 及其密码后，单击“确定”按钮，成功登录后系统会打开“管理您的服务器”窗口，利用该窗口可以将该计算机配置成相应的网络服务器。

(17) Windows Server 2003 操作系统基本安装完成后，还需要安装和设置显卡、声卡、网卡等各种硬件设备的驱动程序，确保各种硬件设备正常工作。

任务实施 3　使用 Windows Server 2003 帮助和支持

在 Windows Server 2003 系统中提供了完整的帮助文档帮助用户更好地掌握系统的使用，可以选择“开始”→“帮助和支持”菜单命令，打开“帮助和支持中心”窗口，按提示操作即可。Windows 帮助和支持可以提供以下功能。

- 介绍服务器使用功能。
- 介绍执行某项任务的方法。
- 提供最佳操作方法和技巧。
- 提供常见管理任务信息。
- 安装、配置系统及其组件要求的步骤。
- 疑难解答策略。

任务实施 4　安装其他 Windows 操作系统

请在其他计算机上完成 Windows XP Professional 或 Windows 7 操作系统，具体操作方法可参考相关的技术资料，这里不再赘述。

任务 2.2　安装网卡

【任务目的】

（1）理解以太网的基本工作原理。
（2）掌握以太网网卡的安装过程并熟悉网卡的设置。
（3）理解 MAC 地址的概念和作用。
（4）学会查看网卡的 MAC 地址。

【工作环境与条件】

（1）PC 及相关工具。
（2）网卡及相应驱动程序。
（3）Windows Server 2003 操作系统安装光盘。
（4）Windows XP 操作系统安装光盘。

【相关知识】

对于要连入网络的计算机来说，网卡将决定其所连接的局域网类型，目前绝大部分的计算机都使用以太网网卡。以太网（Ethernet）是目前应用最广泛的局域网组网技术，一般情况下可以认为以太网和 IEEE 802.3 是同义词，都是使用 CSMA/CD 协议的局域网标准。

2.2.1　介质访问控制

在总线型、环型拓扑结构的网络中，存在着在同一传输介质上连接多个节点的情况，而局域网中任何一个节点都会要求与其他节点通信，这就需要一种仲裁方式来控制各节点对传输介质的使用，这就是所谓的介质访问控制。介质访问控制是确保对网络中各个节点进行有序通信的方法。局域网中主要采用两种介质访问控制方式：竞争方式和令牌传送方式。

1. 以太网的 CSMA/CD 工作机制

在竞争方式中，允许多个节点对单个通信信道进行访问，每个节点之间互相竞争信道的控制使用权，获得使用权者便可传送数据。局域网中使用的竞争方式包括 CSMA/CD（Carrier Sense Multiple Access/Collision Detect，即：载波监听多路访问/冲突检测方法）和 CSMA/CA（Carrier Sense Multiple Access/Collision Avoidance，即：载波监听多路访问/避免冲突方法），CSMA/CD 是以太网的基本工作机制，而 CSMA/CA 主要用于 Apple 公司的 Apple Talk 和 IEEE 802.11 无线局域网中。

传统的以太网使用总线型拓扑结构，它要求多台计算机共享单一的传输介质。发送计算机传输调制过的载波，载波从发送计算机向电缆的两端传输，如图 2-20 所示，此时连在总线上的所有节点都能“收听”到发送节点发送的信号。由于网络中所有节点都可以利用总线传输介质发送数据，并且网络中没有控制中心，因此冲突的发生将是不可避免的。为了有效地实现分布式多节点访问公共传输介质的控制策略，以太网采用了 CSMA/CD 的管理机制。

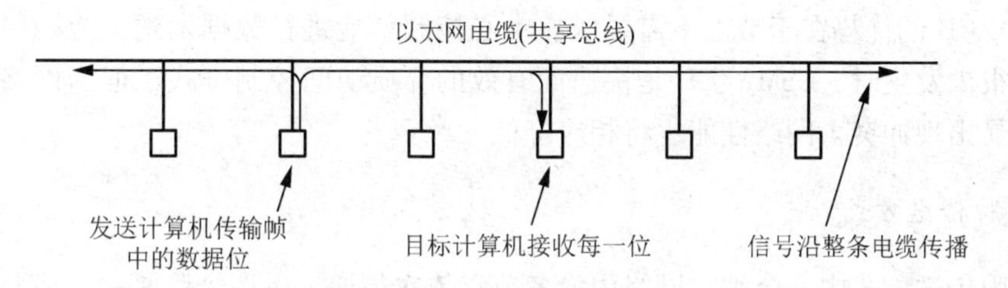

图 2-20　以太网中的数据传输

图 2-21 展示了 CAMA/CD 介质访问控制的流程。实际上 CSMA/CD 与人际间通话非常相似，可以用以下 7 步来说明。

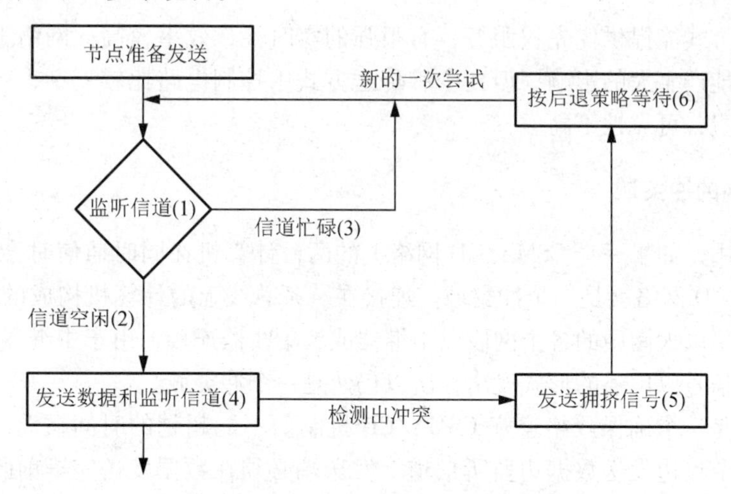

图 2-21　CAMA/CD 介质访问控制的流程

- 载波监听：想发送信息包的节点要确保现在没有其他节点在使用共享介质，所以该节点首先要监听信道上的动静（即先听后说）。

● 如果信道在一定时段内寂静无声（称为帧间缝隙 IFG），则该节点就开始传输数据（即无声则讲）。

● 如果信道一直很忙碌，就一直监视信道，直到出现最小的 IFG 时段时，该节点才开始发送它的数据（即有空就说）。

● 冲突检测：如果两个节点或更多的节点都在监听和等待发送，然后在信道空闲时同时决定立即（几乎同时）开始发送数据，此时就会导致冲突，并使双方数据都受到损坏。因此应在传输过程中不断地监听信道，以检测碰撞冲突（即边听边说）。

● 如果一个节点在传输期间检测出碰撞冲突，则立即停止该次传输，并向信道发出一个“拥挤”信号，以确保其他所有节点也发现该冲突，从而摒弃可能一直在接收的受损的数据（冲突停止，即一次只能一人讲）。

● 要发送数据的节点在等待一段时间（称为后退）后，可尝试进行新的发送。在以太网中会采用一种被称为二进制指数退避策略的算法来决定不同的节点再次发送数据前需等待的时间（即随机延迟）。

● 返回到第一步。

CSMA/CD 的优势在于节点不需要依靠中心控制就能进行数据发送，当网络通信量较小，冲突很少发生时，CSMA/CD 是快速而有效的介质访问控制方式。但当网络负载较重时，就容易出现冲突，网络性能也将相应降低。

2. 令牌传送方式

在令牌传送方式中，令牌在网络中沿各节点依次传递。所谓令牌是一个有特殊目的的数据帧，它的作用是允许节点进行数据发送，一个节点只在持有令牌时才能发送数据。采用令牌传送方式的有 IEEE 802.4（令牌总线）、IEEE 802.5（令牌环）、FDDI（光纤分布式数据接口）等。

令牌传送方式能提供优先权服务，有很强的实时性，效率较高，网络上站点的增加，不会对网络性能产生大的影响。但在令牌传送方式中控制电路比较复杂，令牌容易丢失，网络的价格较贵，可靠性不高。

2.2.2 以太网的冲突域

在以太网中，如果一个 CSMA/CD 网络上的两台计算机在同时通信时会发生冲突，那么这个 CSMA/CD 网络就是一个冲突域。连接在一条总线上的计算机构成的以太网属于一个冲突域。如果以太网中的各个网段以中继器或者集线器连接，由于中继器或者集线器只是将接收到的信号以广播的形式发出，所以仍然是一个冲突域。

冲突域也是一个确保严格遵守 CSMA/CD 机制而不能超越的时间概念。在 CSMA/CD 的机制中要求节点边发送数据边监听信道，发送端必须在数据发送完毕前收到冲突信号，因此冲突域是指以太网上的站点从发送数据开始直至检测到发生冲突的最大时间间隔。组建以太网的一个关键就是网内任何两节点间所有设备的延时总和应小于冲突域。

如图 2-22 所示，A，B 为以太网上相距最远的两个节点，节点 A 发送的信号沿总线传播，在该信号到达节点 B 之前，节点 B 都可以竞发数据。由图 2-22 可知，节点 A 从发

送数据到收到冲突信号的最大时间间隔为节点 A 和节点 B 之间所有设备延时总和的两倍，该时间间隔应小于节点 A 发送最小数据帧所需的时间。以太网规定最小的数据帧为 64 字节，若传输速度为 10Mb/s，则节点 A 发送最小数据帧所需要的时间为 51.2μs，节点 A 和节点 B 之间所有设备的延时总和应小于 25.6μs。也就是说如果以太网的传输速度为 10Mb/s，则其冲突域为 25.6μs。

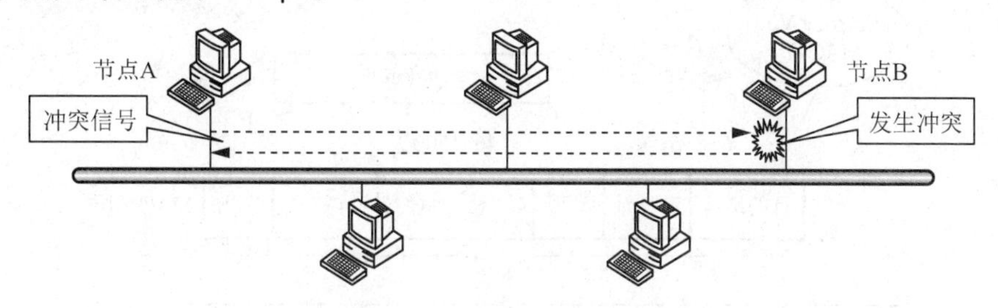

图 2－22　以太网中的冲突域

2.2.3　以太网的 MAC 地址

在 CSMA/CD 的工作机制中，接收数据的计算机必须通过数据帧中的地址来判断此数据帧是否发给自己，因此为了保证网络正常运行，每台计算机必须有一个与其他计算机不同的硬件地址。MAC 地址也称为物理地址，是 IEEE 802 标准为局域网规定的一种 48bit 的全球唯一地址。在生产以太网网卡时，MAC 地址被固化在网卡的 ROM 中，计算机在安装网卡后，就可以利用该网卡的 MAC 地址进行通信。

IEEE 802 标准规定 MAC 地址为 48bit，在计算机和网络设备中一般用 12 个 16 进制数表示，如 00－05－5D－6B－29－F5。MAC 地址中的前 3 个字节由网卡生产厂商向 IEEE 的注册管理委员会申请购买，称为公司标志符。例如 D－Link 网卡的 MAC 地址前 3 个字节为 00－05－5D。MAC 地址中后 3 个字节由厂商指定，不能有重复。

在以太网数据帧传输过程中，当目的地址的最高位为“0”时代表单播地址，即接收端为单一站点，所以网卡 MAC 地址的最高位总为“0”。当目的地址的最高为“1”时代表组播地址，组播地址允许多个站点使用同一地址，当把数据帧送给组播地址时，组内的所有站点都会收到该帧。目的地址全为“1”时代表广播地址，此时数据帧将传送给网上所有站点。

2.2.4　以太网的 MAC 帧格式

以太网有两种帧格式，目前普遍采用的是 DIX Ethernet V2 格式，如图 2－23 所示。

CSMA/CD 规定 MAC 帧的最短长度为 64 字节，具体如下。

- 目的地址：6 字节，为目的计算机的 MAC 地址。
- 源地址：6 字节，为本地计算机的 MAC 地址。
- 类型：2 字节，高层协议标识，说明上层使用何种协议。例如，如果类型值为 0x0800，则上层使用 IP 协议。上层协议不同，以太网的帧的长度范围会有所变化。
- 数据：长度在 0～1500 字节之间，是上层协议传下来的数据。由于 DIX Ethernet V2 没有单独定义 LLC 子层，如果上层使用 TCP/IP 协议，则为 IP 数据包。

- 填充字段：保证 MAC 帧的长度不少于 64 字节，即数据和填充字段的长度和应在 46～1500 之间，当上层数据小于 46 字节时，会自动添加字节。
- FCS：帧校验序列，是一个 32 位的循环冗余码。
- 同步码：MAC 数据帧传给物理层时，还会加上同步码，保证接收方与发送方同步。

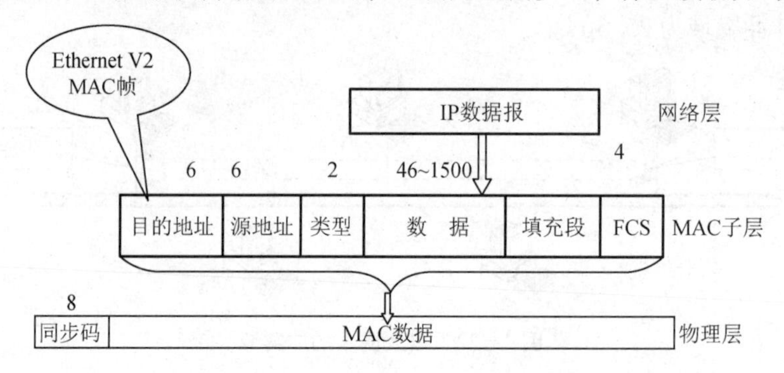

图 2－23　DIX Ethernet V2 MAC 帧格式

2.2.5　以太网网卡

网卡，也称为网络接口卡（Network Interface Card，简称 NIC）、网络适配器，是计算机接入局域网时使用的最基本的连接设备。网卡在网络中的工作是双重的：一方面负责接收网络上传过来的数据，处理后传输给本地计算机；另一方面负责对本地计算机的数据进行处理，并将其送入网络。

1. 以太网网卡的分类

- 按传输速度分类：根据传输速度，以太网网卡可分为 10M 网卡、100M 网卡、10/100M 自适应网卡、1000M 网卡等，分别支持不同类型的以太网组网技术。
- 按总线类型分类：总线类型主要指网卡与计算机主板的连接方式。按总线类型，网卡可分为 ISA 总线网卡、PCI 总线网卡等。目前 PC 使用的独立网卡主要采用 PCI 总线。
- 按接口类型分类：接口类型主要指网卡和传输介质的连接方式。按接口类型，以太网网卡可以分为 RJ－45 双绞线接口、BNC 细缆接口、AUI 粗缆接口、光纤接口和无线网卡。目前市场上绝大部分网卡主要采用 RJ－45 接口，在服务器和高速工作站上会使用具有光纤接口的网卡。图 2－24 所示的是网卡的 RJ－45 接口和光纤接口。

图 2－24　网卡的 RJ－45 接口和光纤接口

2. 网卡的选择

目前，网卡的技术和制造工艺已经非常成熟，选购网卡通常应考虑以下几个方面。

（1）注意技术发展方向

由于局域网普遍采用双绞线作为桌面终端接入的传输介质，并使用结构化综合布线，因此一般客户机只需要选用传输速度在100Mb/s 的 RJ－45 接口的网卡就可以了。而对于网络服务器，通常应采用1000Mb/s 或更高速度的以太网网卡，以提高网络的整体性能。

（2）注意总线接口方式

如没有特殊需要，一般可使用集成网卡或 PCI 总线的网卡，在一些特殊的应用中也可以考虑使用 USB 接口或其他接口网卡。

（3）注意产品附加值

在选购网卡时应注意产品附加值，主要包括以下方面。

- 适用性好的网卡应通过各主流操作系统的认证，至少应具备 Windows、Linux、Unix 等操作系统的驱动程序。
- 有的网卡会自带处理器或专门设计的 AISC 芯片，在网络信息流量很大时，也极少占用计算机的内存和 CPU 资源。
- 如果要组建无盘工作站，则网卡必须配备专用的远程启动芯片。
- 如果网络用户需要实现自动唤醒，可选择具有自动唤醒功能的网卡。

【任务实施】

任务实施1　网卡的硬件安装

不同总线类型的网卡，安装方法有所不同。PCI 总线网卡的硬件安装步骤如下。

（1）关闭主机电源，拔下电源插头。

（2）打开机箱后盖，在主板上找一个空闲 PCI 插槽，卸下相应的防尘片，保留好螺钉。

（3）将网卡对准插槽向下压入插槽中，如2－25 所示。

（4）用卸下的螺钉固定网卡的金属挡板，安装机箱后盖。

（5）将双绞线跳线上的 RJ－45 接头插入到网卡背板上的 RJ－45 接口，如果通电且安装正确，网卡上的相应指示灯会亮。

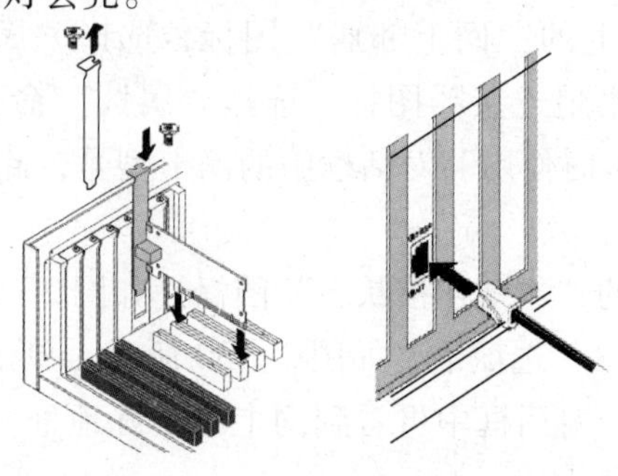

图2－25　网卡硬件安装示意图

任务实施2　安装网卡驱动程序

在完成网卡的硬件安装后，重新启动计算机，Windows 系统会自动检测新增加的硬件（对即插即用的网卡），插入网卡驱动程序光盘（如果是从网络下载到硬盘的安装文件应指明其路径），通过添加新硬件向导即可安装网卡的驱动程序。也可以运行“控制面板”中的“添加硬件”程序，系统将自动搜索即插即用的新硬件并安装其驱动程序。

任务实施3　检测网卡的工作状态

在 Windows Server 2003 操作系统中检测网卡工作状态，可采用以下方法。

（1）用鼠标右击桌面上的“我的电脑”图标，执行“属性”命令，打开“系统属性”对话框。选择“硬件”选项卡，单击“设备管理器”按钮，在“设备管理器”窗口中单击“网络适配器”，可以看到已经安装的网卡，如图2-26所示。

（2）在“设备管理器”窗口中，用鼠标右击网卡，选择“属性”命令，可以查看网卡的工作状态，如图2-27所示。

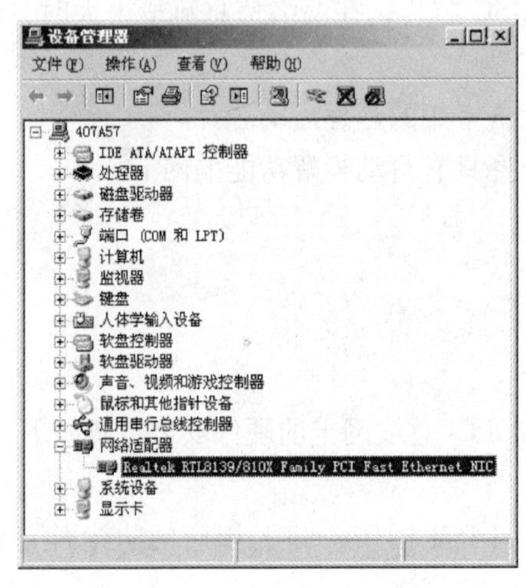

图2-26　“设备管理器”窗口

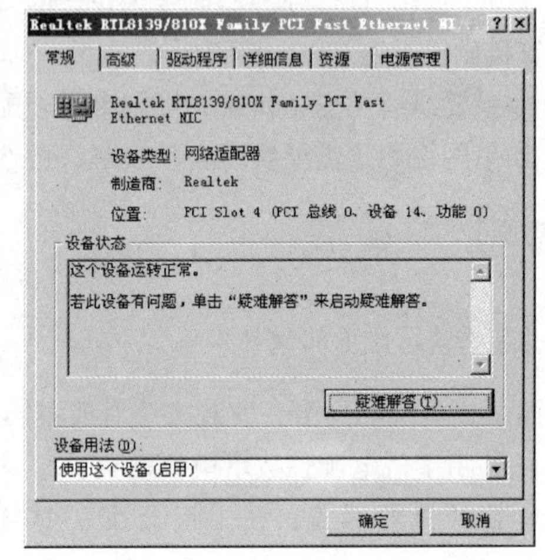

图2-27　网卡属性对话框

任务实施4　查看网卡 MAC 地址

在 Windows Server 2003 操作系统中可以通过以下两种方法查看网卡的 MAC 地址。

（1）用鼠标右击桌面上的“网上邻居”图标，选择“属性”命令，打开“网络连接”窗口。用鼠标右击“本地连接”图标，选择“属性”命令，打开“本地连接属性”对话框。用鼠标指向“连接时使用”对话框中的网卡型号，此时会显示该网卡的 MAC 地址，如图2-28所示。

（2）单击桌面右下角的“本地连接状态”图标（如图2-29所示），打开“本地连接状态”对话框。选择“支持”选项卡，如图2-30所示，单击“详细信息”按钮，在打开的“网络连接详细信息”对话框中可看到网卡的实际地址，即 MAC 地址，如图2-31所示。

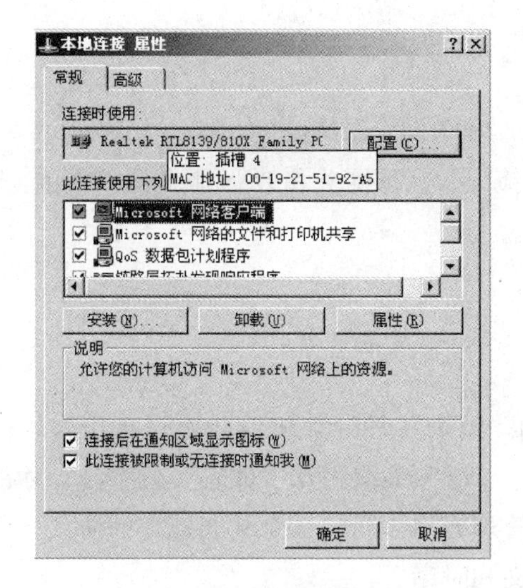

图2-28　查看网卡MAC地址

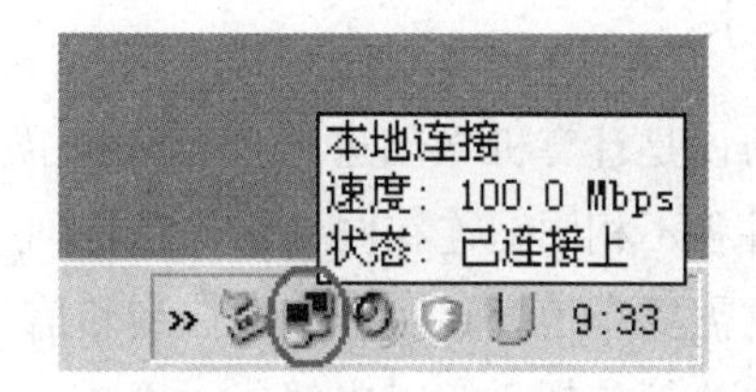

图2-29　屏幕右下角的“本地连接状态”图标

【注意】Windows Server 2003操作系统中的“本地连接”是与网卡对应的，如果在计算机中安装了两块以上的网卡，那么在操作系统中会出现两个以上的“本地连接”，系统会自动以“本地连接”、“本地连接1”、“本地连接2”进行命名，用户可以进行重命名。

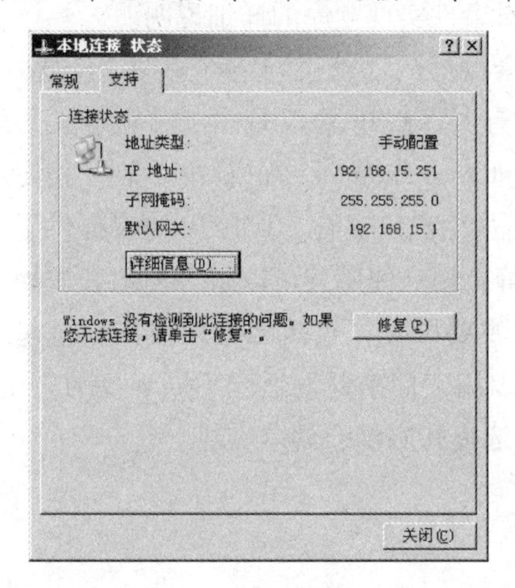

图2-30　“本地连接状态”对话框

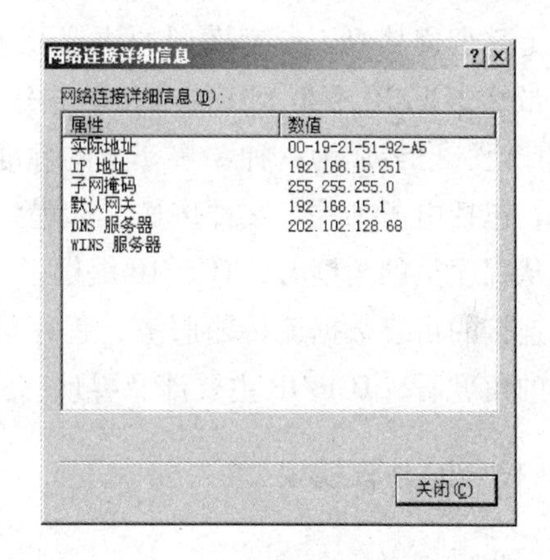

图2-31　“网络连接详细信息”对话框

任务2.3　安装与配置网络协议

【任务目的】

（1）理解TCP/IP模型。

（2）理解TCP/IP主要协议在计算机网络中的作用。

（3）掌握Windows环境下各种网络协议的安装方法。

（4）掌握Windows环境下TCP/IP协议的基本配置。

【工作环境与条件】

（1）能够接入网络的安装有 Windows Server 2003 操作系统的 PC。

（2）能够使 PC 接入网络的 IP 地址、子网掩码、默认网关和 DNS 服务器 IP 地址。

（3）Windows Server 2003 操作系统安装光盘。

（4）能够访问的 Web 站点和 FTP 站点。

【相关知识】

网络协议是计算机之间进行通信所必需的。因为各种计算机或相关设备出自不同厂家，软硬件各不相同，连在同一个计算机网络上，必须采取相互“兼容”的措施，才能互相通信。这需要在信息转换、信息控制和信息管理方面，制定一个共同遵守的协议。任何一种通信协议都包括 3 个组成部分：语法、语义和时序。

- 语法规定了通信双方“如何讲”，即确定用户数据与控制信息的结构与格式。
- 语义规定了通信双方准备“讲什么”，即需要发出何种控制信息，以及完成的动作与响应。
- 时序规定了双方“何时进行通信”，即对事件实现顺序的详细说明。

OSI 参考模型试图达到一种理想境界，即全世界的计算机网络都遵循这个统一标准，但实际上完全遵从 OSI 参考模型的协议几乎没有。TCP/IP 协议是多个独立定义的协议的集合，虽然 TCP/IP 不是 ISO 标准，但它作为 Internet/Intranet 中的标准协议，其使用已经越来越广泛，已经成为一种“事实上的标准”。从用户角度看，TCP/IP 协议提供了一组应用程序，包括电子邮件、文件传送、远程登录等，用户使用其可以很方便地获取相应网络服务；从程序员的角度看，TCP/IP 提供了两种主要服务，包括无连接报文分组递送服务和面向连接的可靠数据流传输服务，程序员可以用它们来开发适合不同环境的应用程序；从设计的角度看，TCP/IP 主要涉及寻址、路由选择和协议的具体实现。

2.3.1 TCP/IP 协议模型

1. TCP/IP 协议的层次结构

TCP/IP 协议模型由 4 个层次组成，其与 OSI 参考模型之间的关系如图 2-32 所示。

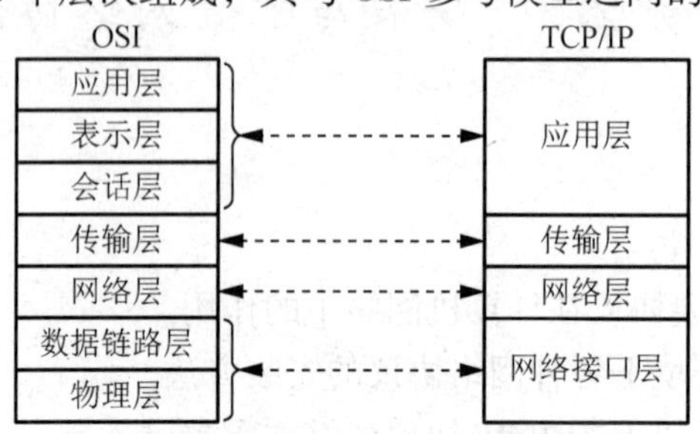

图 2-32 TCP/IP 模型

（1）应用层

应用层为用户提供网络应用，并为这些应用提供网络支撑服务，负责把用户的数据发送到低层，为应用程序提供网络接口。由于TCP/IP将所有与应用相关的内容都归为一层，所以在应用层要处理高层协议、数据表达和对话控制等任务。

（2）传输层

传输层的作用是提供可靠的点到点的数据传输，能够确保源节点传送的数据报正确到达目标节点。为保证数据传输的可靠性，传输层提供了确认、差错控制和流量控制等机制。传输层从应用层接收数据，并且在必要的时候把它分成较小的单元，传递给网络层，并确保到达对方的各段信息正确无误。

（3）网络层

网络层也叫IP层、网际互联层，主要负责通过网络接口层发送IP数据包，或接收来自网络接口层的帧并将其转为IP数据包。为正确地发送数据，网络层还具有路由选择、拥塞控制功能。

（4）网络接口层

在TCP/IP模型中没有真正描述这一部分的内容，网络接口层可以是任何一个能传输数据的通信系统，包括Ethernet 802.3、Token Ring 802.5、X.25、HDLC、PPP等。这些系统大到广域网、小到局域网或点对点连接等，这也正体现了TCP/IP的灵活性，即与网络的物理特性无关。

2. TCP/IP模型的基本工作原理

与OSI参考模型一样，TCP/IP网络上源主机的协议层与目的主机的同层之间，通过下层提供的服务实现对话。TCP/IP目前包含了一百多个协议，各层的一些主要协议如图2-33所示。由图2-33可知，TCP/IP在应用层有很多种协议，而网络层和传输层的协议数量很少，这恰好表明TCP/IP协议可以应用到各式各样的网络，同时也能为各式各样的应用提供服务。

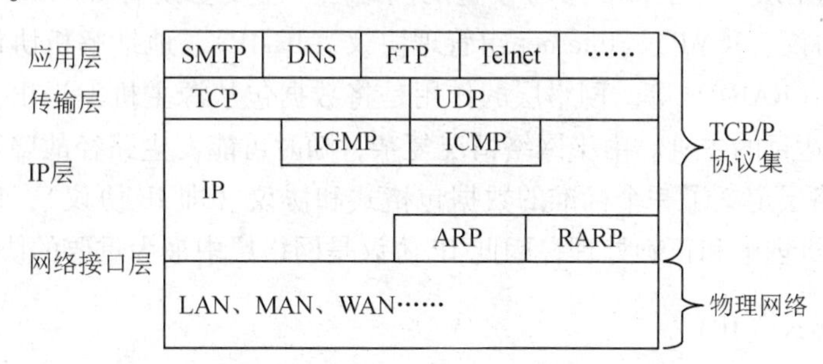

图2-33　TCP/IP协议集

下面以使用TCP协议传送文件（如FTP应用程序）为例，说明TCP/IP的工作原理。

- 在源主机上，应用层将一串字节流传给传输层。
- 传输层将字节流分成TCP段，加上TCP自己的报头信息交给网络层。
- 网络层生成数据包，将TCP段放入其数据域中，并加上源和目的主机的IP包头交给网络接口层。

• 网络接口层将 IP 数据包装入数据帧的数据部分，并加上相应的数据帧头及校验位，发往目的主机或 IP 路由器。

• 在目的主机，网络接口层将相应数据帧头去掉，得到 IP 数据包，送给网络层。

• 网络层检查 IP 包头，如果 IP 包头中的校验和与计算出来的不一致，则丢弃该包。

• 如果检验和一致，网络层去掉 IP 包头，将 TCP 段交给传输层，传输层检查顺序号来判断是否为正确的 TCP 段。

• 传输层验证 TCP 段的头信息和数据，如果不对，传输层丢弃该 TCP 段，否则向源主机发送确认信息。

• 传输层去掉 TCP 头，将字节传送给应用程序。

• 最终，应用程序收到了源主机发来的字节流。

实际上在传输过程中，每往下一层，便多加了一个报头，而这个报头对上层来说是透明的，上层根本感觉不到下层报头的存在。假设物理网络是以太网，上述基于 TCP/IP 的文件传输（FTP）应用加入报头的过程便是一个逐层封装的过程，当到达目的主机时，则是从下而上去掉报头的一个解封装的过程，如图 2－34 所示。

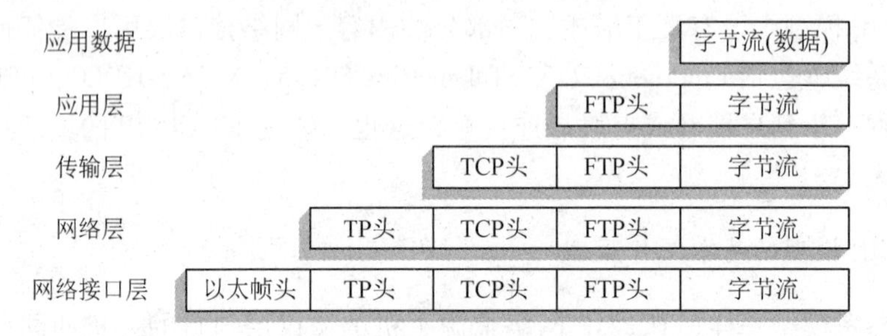

图 2－34　基于 TCP/IP 的逐层封装过程

2.3.2　TCP/IP 网络层协议

TCP/IP 的网络层相当于 OSI 参考模型的网络层，主要协议有 Internet 协议（IP）、Internet 控制报文协议（ICMP）、Internet 组管理协议（IGMP）、地址解析协议（ARP）和反向地址解析协议（RARP）等。网络层的作用是将数据包从源主机发送出去，并且使这些数据包独立地到达目的主机。由于网络情况复杂，随时可能发生路径故障和数据拥塞，因此 TCP/IP 在网络层定义了一个标准的数据包格式和协议（即 IP 协议），以保证数据包能被网上所有的主机理解和正确处理，因此 IP 协议是网络层中最为重要的协议。

1. Internet 协议（IP）

IP 协议是网络层的核心，规定了数据传输时的基本单元和格式，TCP、UDP、ICMP 及 IGMP 等数据都以 IP 数据包格式传输。IP 协议的主要任务是：为 IP 数据包分配一个全网唯一的传送地址（称为 IP 地址），实现 IP 地址的识别与管理；IP 数据包的路由机制；发送或接收时使 IP 数据包的长度与通信子网所允许的长度相匹配等。

IP 数据包与以太网的数据帧有类似的基本格式，也是由头部和数据区组成。IP 数据包格式如图 2-35 所示。

各字段含义如下。

- 版本：标识数据包属于哪一个 IP 版本。目前有 2 种 IP 版本，分别是 IPv4 和 IPv6，当该域值为 4 时，表示 IPv4。
- IHL：标识包头的长度，最小为5，最大为15。该域值变化1，表示包头长度变化4个字节（32bit），IP 数据包的包头最长为 60 个字节。
- 服务类型：标识数据包传输过程中需要什么类型的服务，该请求通常由路由器处理。
- 总长度：标识 IP 数据包的总长度，包括包头和数据部分，最大为 65535 字节。
- 标识：用来让目的主机确定新到达的分段属于哪一个数据包。数据包在传输过程中可以进行分段，同一数据包的所有分段应包含相同的标识值。
- DF：若该位置位，则表示不要分段，即命令路由器不要将数据包分段。
- MF：表示还有更多的分段。除了最后一个分段外，同一数据包的各分段中该位都要置位。
- 分段偏移量：标识本分段在数据包中的位置。
- 生存期（TTL，全称为 Time to Live）：用来限制分组寿命的计数器，该字段在每条链路上必须递减（每过一个路由器减 1），当减为 0 时，该数据包将被丢弃，不再转发。
- 协议：标识该数据包在上一层使用的协议，可能是 TCP、UDP 或其他。
- 头校验和：保证 IP 数据包头的完整性。每过一个路由器该字段都必须重新计算。
- 源地址：标识源主机的 IP 地址。
- 目的地址：标识目标主机的 IP 地址。
- 选项：选项字段的长度是可变的，主要用于网络测试。目前定义的选项主要有记录路由、时间标记、严格的源路由选择、松散的源路由选择和安全性等。

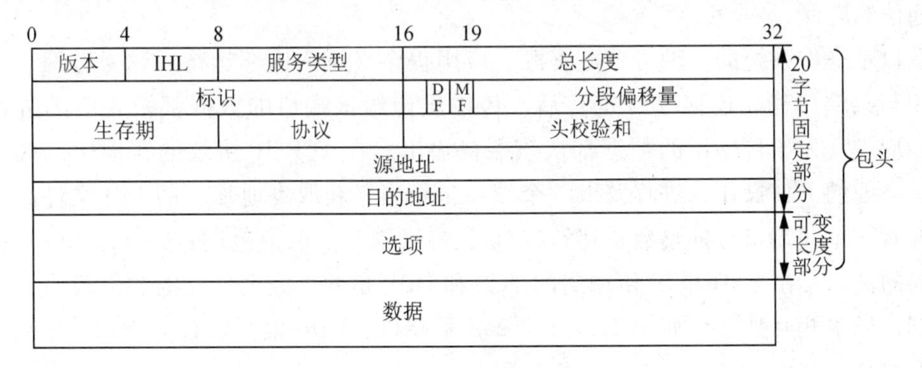

图 2-35　IP 数据包格式

2. Internet 控制报文协议（ICMP）

ICMP（Internet Control Message Protocol）是 TCP/IP 协议族的子协议，用于在 IP 主机、路由器之间传递控制消息。控制消息是指网络通不通、主机是否可达、路由是否可用等网络本身的消息。这些控制消息包含在 IP 数据包中，虽然并不传输用户数据，但是对于用户数据的正确传递起着重要的作用。

3. 地址解析协议（ARP）

在以太网中，一个主机要和另一个主机进行直接通信，必须要知道该主机的 MAC 地址。所谓地址解析就是主机在发送数据帧前将目标 IP 地址转换成目标 MAC 地址的过程。ARP（Address Resolution Protocol）的基本功能就是通过目标设备的 IP 地址，查询其 MAC 地址，以保证通信的顺利进行。

4. 反向地址解析协议（RARP）

在局域网中，网络管理员可以在网关路由器中创建 ARP 表以映射物理地址（MAC）和与其对应的 IP 地址。RARP（Reverse Address Resolution Protocol）允许局域网的计算机从网关路由器的 ARP 表中请求 IP 地址，主要用于无盘工作站。

2.3.3 TCP/IP 传输层协议

传输层的目的是在网络层提供主机数据通信服务的基础上，在主机之间提供可靠的进程通信。在本质上，传输层的功能一方面是加强或弥补网络层提供的服务；另一方面是提供进程通信机制。传输层的协议包括 TCP（Transmission Control Protocol，即：传输控制协议）和 UDP（User Datagram Protocol，即：用户数据报协议）。

1. 传输层端口

传输层的主要功能是提供进程通信能力，因此网络通信的最终地址不仅包括主机地址，还包括可描述进程的某种标识。所以 TCP/IP 协议提出了端口（port）的概念，用于标识通信的进程。

端口是操作系统的一种可分配资源，应用程序（调入内存运行后称为进程）通过系统调用与某端口建立连接（绑定）后，传输层传给该端口的数据都被相应的进程所接收，相应进程发给传输层的数据都从该端口输出。在 TCP/IP 协议的实现中，端口操作类似于一般的 I/O 操作，进程获取一个端口，相当于获取本地唯一的 I/O 文件。每个端口都拥有一个叫端口号的整数描述符（16 位二进制数，取值范围：0 ~ 65535），用来区别不同的端口。由于 TCP/IP 传输层的 TCP 和 UDP 是两个完全独立的软件模块，因此各自的端口号也相互独立。如 TCP 有一个 255 号端口，UDP 也可以有一个 255 号端口，两者并不冲突。

端口有两种基本分配方式：一种是全局分配，即由一个公认权威的中央机构根据用户需要进行统一分配；另一种是本地分配，又称动态连接，即进程需要访问传输层服务时，向本地操作系统提出申请，由操作系统返回本地唯一的端口号，进程再通过合适的系统调用，将自己与该端口连接起来。TCP/IP 的端口分配综合了以上两种方式，TCP 和 UDP 规定 0 ~ 1023 端口为保留端口，以全局方式分配给服务进程；其余为自由端口，采用本地分

配方式。图 2－36 给出了 TCP 和 UDP 规定的部分保留端口，由图可知每一个标准服务器都拥有一个保留端口，即使在不同的计算机上，其端口号也相同。

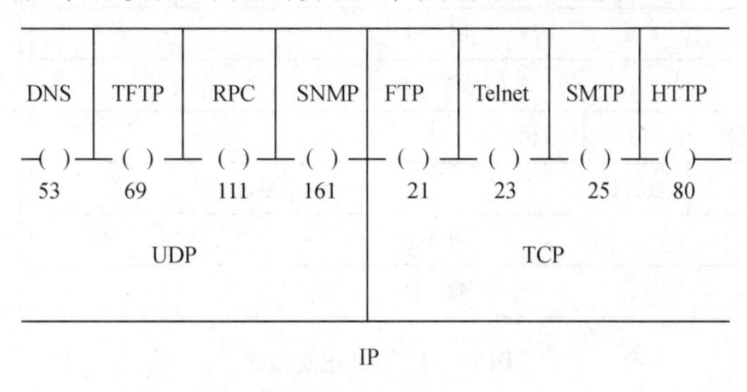

图 2－36　TCP 和 UDP 规定的部分保留端口

2. UDP

UDP 是无连接的通信协议。按照 UDP 处理的报文包括 UDP 报头和高层用户数据两部分，其格式如图 2－37 所示。UDP 报头只包含 4 个字段：源端口、目的端口、长度和 UDP 校验和。源端口是标识源进程的端口号；目的端口是标识目的进程的端口号；长度字段规定了 UDP 报头和数据的长度；校验和字段用来防止 UDP 报文在传输中出错。

UDP 提供了协议端口，可以实现进程通信。UDP 没有复杂的流量控制和差错控制，所以简单高效，但其不需要接收方确认，属于不可靠的传输，可能会出现丢包现象，在实际应用中需要程序员编程验证。目前 UDP 主要面向交互型应用。

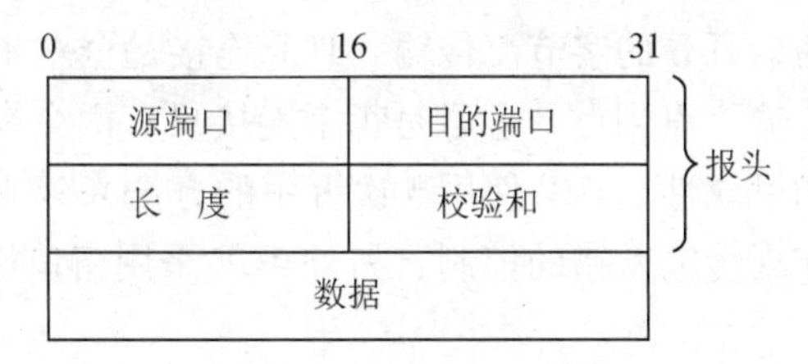

图 2－37　UDP 报文格式

3. TCP

TCP 主要在网络不可靠的时候完成通信，它是面向连接的端到端的可靠协议，支持多种网络应用程序。

（1）TCP 报文格式

TCP 报文包括 TCP 报头和高层用户数据两部分，其格式如图 2－38 所示。

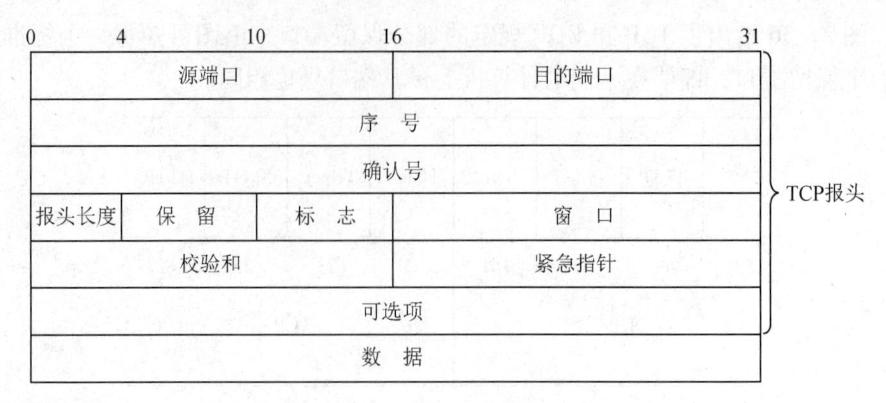

图 2-38 TCP 报文格式

各字段含义如下。

- 源端口：标识源进程的端口号。
- 目的端口：标识目的进程的端口号。
- 序号：发送报文包含的数据的第一个字节的序号。
- 确认号：接收方期望下一次接收的报文中数据的第一个字节的序号。
- 报头长度：TCP 报头的长度。
- 保留：保留为今后使用，目前置 0。
- 标志：用来在 TCP 双方间转发控制信息，包含有 URG、ACK、PSH、RST、SYN 和 FIN 位。
- 窗口：用来控制发送方发送的数据量，单位为字节。
- 校验和：TCP 计算报头、报文数据和伪头部的校验和。
- 紧急指针：指出报文中的紧急数据的最后一个字节的序号。
- 可选项：TCP 只规定了一种选项，即最大报文长度。

（2）TCP 的可靠传输

TCP 提供面向连接的、可靠的字节流传输。TCP 连接是全双工和点到点的。全双工意味着可以同时进行双向传输，点到点的意思是每个连接只有两个端点，TCP 不支持组播或广播。为保证数据传输的可靠性，TCP 使用 3 次握手的方法来建立和释放传输的连接，并使用确认和重传机制来实现传输差错的控制，另外 TCP 采用窗口机制以实现流量控制和拥塞控制。

① TCP 连接的建立和释放

TCP 是面向连接的协议，因此在数据传送之前，它需要先建立连接。为确保连接建立和释放的可靠性，TCP 使用了 3 次握手的方法。所谓 3 次握手就是在连接建立和释放过程中，通信的双方需要交换 3 个报文。

在创建一个新的连接过程中，3 次握手要求每一端产生一个随机的 32 位初始序列号。由于每次请求新连接使用的初始序列号不同，TCP 可以将过时的连接区分开来，避免重复连接的产生。图 2-39 显示了 TCP 利用 3 次握手建立连接的正常过程。

在 3 次握手的第一次握手中，主机 A 向主机 B 发出连接请求，其中包含主机 A 选择的初始序列号 x；第二次握手中，主机 B 收到请求，发回连接确认，其中包含主机 B 选择

的初始序列号 y，以及主机 B 对主机 A 初始序列号 x 的确认；第三次握手中，主机 A 向主机 B 发送数据，其中包含对主机 B 初始序列号 y 的确认。

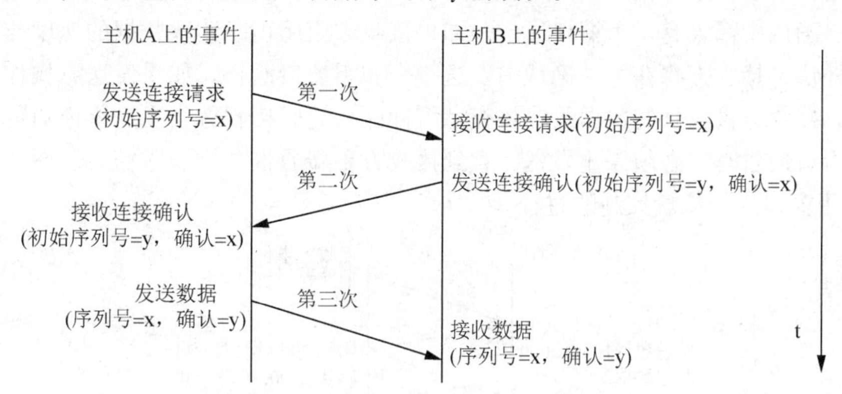

图 2－39　TCP 利用 3 次握手建立连接的正常过程

在 TCP 协议中，连接的双方都可以发起释放连接的操作。为了保证在释放连接之前所有的数据都可靠地到达了目的地，TCP 再次使用了 3 次握手。一方发出释放请求后并不立即释放连接，而是等待对方确认。只有收到对方的确认信息，才能释放连接。

② TCP 差错控制

TCP 是建立在网络层 IP 协议之上的，IP 协议提供不可靠的数据传输服务，因此，数据出错甚至丢失是经常发生的。TCP 使用确认和重传机制实现数据传输的差错控制。

在差错控制中，如果接收方的 TCP 正确地收到一个数据报文，它要回发一个确认信息给发送方；若检测到错误，则丢弃该数据。而发送方在发送数据时，需要启动一个定时器，在定时器到时之前，如果没有收到确认信息（可能因为数据出错或丢失），则发送方重传数据。图 2－40 说明了 TCP 的差错控制机制。

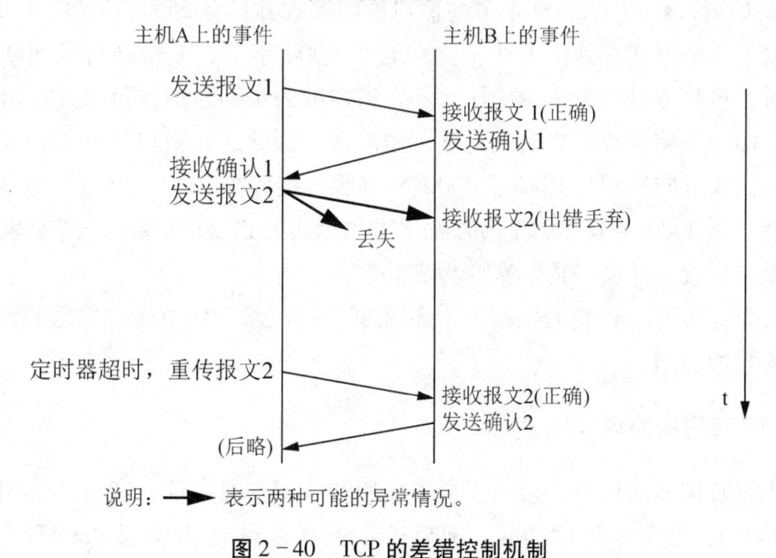

图 2－40　TCP 的差错控制机制

③ TCP 流量控制

TCP 使用窗口机制进行流量控制。当一个连接建立时，连接的每一端分配一块缓冲区来存储接收到的数据，并将缓冲区的大小发送给另一端。当数据到达时，接收方发送确认，其中包含了它剩余的缓冲区大小。这里将剩余缓冲区空间的数量叫做窗口，接收方在发送的每一确认中都含有一个窗口通告。如果接收方应用程序读取数据的速度与数据到达的速度一样快，接收方将在每一确认中发送一个非零窗口通告。如果发送方操作的速度快于接收方，接收方接收到的数据最终将充满缓冲区，此时接收方会发送零窗口通告。发送方收到零窗口通告时，必须停止发送，直到接收方重新通告一个非零窗口。图 2－41 说明了 TCP 利用窗口进行流量控制的过程。

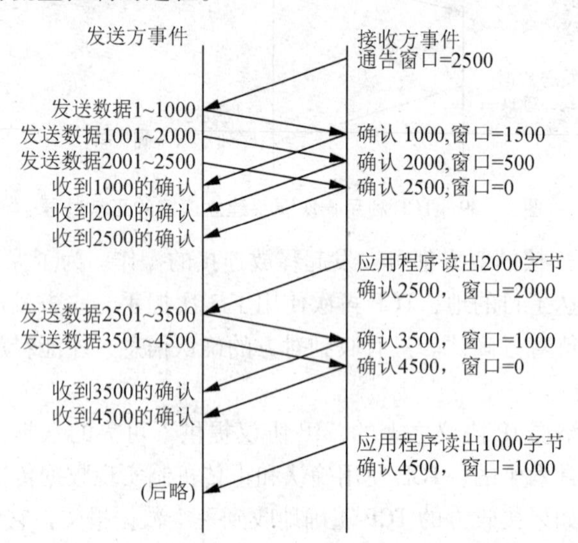

图 2－41　TCP 利用窗口进行流量控制的过程

在图 2－41 中，假设发送方每次最多可以发送 1000 字节，并且接收方通告了一个 2500 字节的初始窗口。由于 2500 字节的窗口说明接收方具有 2500 字节的空闲缓冲区。因此发送方传输了 3 个报文，其中两个报文包含了 1000 字节，一个包含了 500 字节。在每个报文到达时，接收方就产生一个确认，其中窗口减去了到达的数据尺寸。由于前三个报文在接收方应用程序使用数据之前就充满了缓冲区，因此通告窗口达到零，发送方不能再传送数据。在接收方应用程序用掉了 2000 字节后，接收方 TCP 发生了一个额外的确认，其中的窗口通告为 2000 字节，用于通知发送方可以再发送 2000 字节。于是发送方又发送两个报文，致使接收方的窗口再一次变为零。

窗口和窗口通告可以有效地控制 TCP 的数据传输流量，使发送方发送的数据永远不会溢出接收方的缓冲空间。

2.3.4　TCP/IP 应用层协议

应用层协议直接面向用户，包括了众多应用和应用支撑协议，常见的应用协议有文件传输协议（FTP）、超文本传输协议（HTTP）、简单邮件传输协议（SMTP）、虚拟终端（Telnet）等，常见的应用支撑协议包括域名服务（DNS）、简单网络管理协议（SNMP）等。

【任务实施】

任务实施1　安装网络协议

网络中的各台计算机必须添加相同的通信协议才能互相通信。通常 Windows 操作系统在安装时会自动安装 TCP/IP 协议，也可以根据需要添加其他的网络协议。在 Windows Server 2003 操作系统中安装协议的操作步骤如下。

（1）依次选择“开始”→“连接到”→“显示所有连接”命令，打开“网络连接”窗口。

（2）在“网络连接”窗口中，选中要安装协议的网络连接，右击鼠标，在弹出的快捷菜单中选择“属性”命令，打开“本地连接属性”对话框，如图2－42所示。

（3）在“本地连接属性”对话框中，单击“安装”按钮，打开“选择网络组件类型”对话框，如图2－43所示。

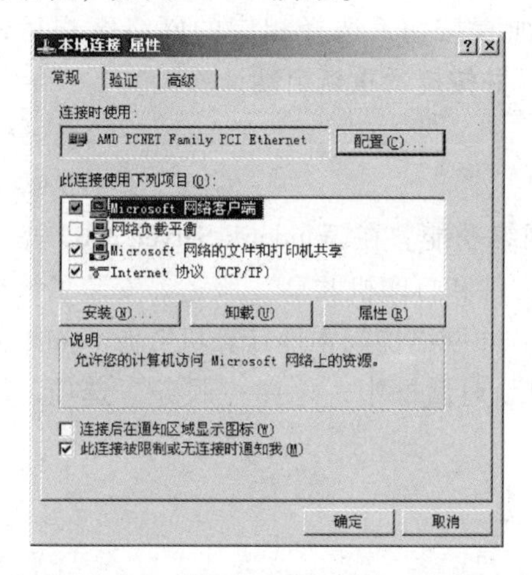

图2－42　“本地连接属性”对话框

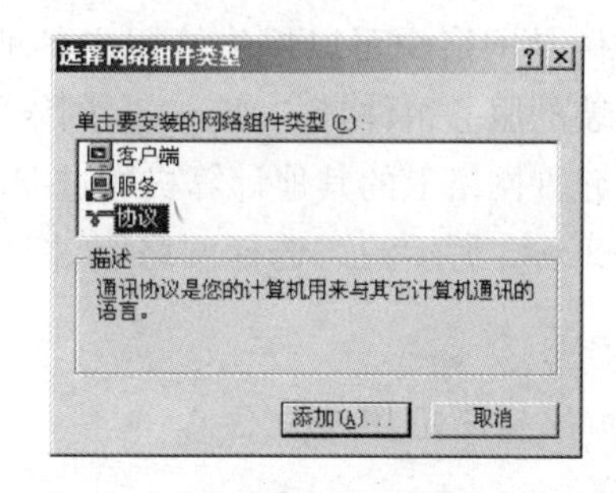

图2－43　“选择网络组件类型”对话框

（4）在“选择网络组件类型”对话框中，选定“协议”类型，单击“添加”按钮，打开“选择网络协议”对话框，如图2－44所示。

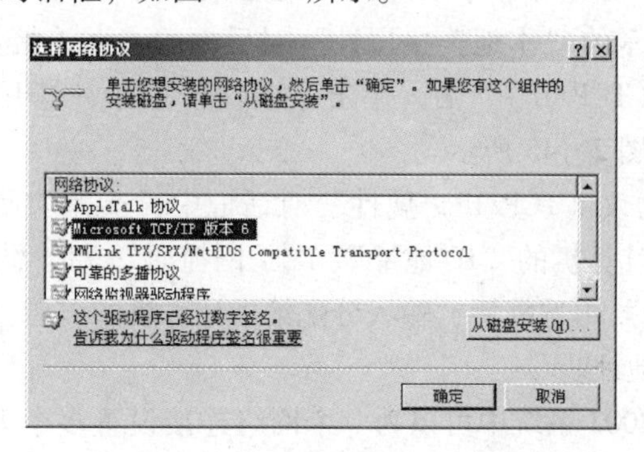

图2－44　“选择网络协议”对话框

（5）在“选择网络协议”对话框中，选择需要添加的网络协议（如 Microsoft TCP/IP 版本6），依次单击“确定”按钮，直至返回“本地连接属性”对话框。

【注意】协议“Microsoft TCP/IP 版本 6”用于兼容 IPv6 设备，Windows Server 2003 还支持 AppleTalk 协议（实现 Apple 计算机与 Microsoft 网络中计算机的通信）和 NWLink IPX/SPX/NetBIOS Compatible Protocol（用于与 Novell 网络中的计算机及安装 Windows 9x 的计算机通信）等协议。

任务实施 2　安装其他网络组件

网络组件是实现网络通信和服务的基本保证。除协议外，网络组件还包括客户和服务。

1. 添加网络客户

客户组件提供了网络资源访问的条件。Windows Server 2003 操作系统默认的网络客户是“Microsoft 网络客户”，如果接入的网络不是 Microsoft 网络，则应当根据实际的需要选择安装其他的网络客户。安装网络客户的方法可在图 2-43 所示的“选择网络组件类型”对话框中，选择“客户端”选项，单击“添加”按钮，选择相应的网络客户后，单击“确定”按钮，返回“本地连接属性”对话框，并按提示重新启动计算机。

2. 添加网络服务

服务组件是网络中可以提供给用户各种网络功能。在 Windows Server 2003 操作系统中，默认安装的服务组件是“Microsoft 网络的文件和打印机共享”服务。安装了该组件的计算机，将允许网络上的其他计算机通过 Microsoft 网络访问本地计算机资源。如果尚未安装，可在图 2-43 所示的“选择网络组件类型”对话框中，选择“服务”选项，添加该项服务。

任务实施 3　设置 IP 地址信息

一台计算机要使用 TCP/IP 协议接入网络，必须具有合法的 IP 地址、子网掩码、默认网关和 DNS 服务器 IP 地址，这些 IP 地址信息通常由网络自动分配或管理员手工配置。在 Windows Server 2003 操作系统中，手工配置 IP 地址信息的步骤如下。

（1）在图 2-42 所示的“本地连接属性”对话框的“此连接使用下列项目”列表框中选择“Internet 协议（TCP/IP）”后，单击“属性”按钮，打开“Internet 协议（TCP/IP）属性”对话框，如图 2-45 所示。

（2）在“Internet 协议（TCP/IP）属性”对话框中，选择“使用下面的 IP 地址”单选框后，输入分配给本计算机的“IP 地址”、“子网掩码”和“默认网关”，选择“使用下面的 DNS 服务器地址”单选框后，输入分配给本计算机的“首选 DNS 服务器”和“备用 DNS 服务器”的 IP 地址。

在 Windows Server 2003 系统中可以为一个网络连接设置多个 IP 地址，其基本操作步骤为：在图 2-45 所示的“Internet 协议（TCP/IP）属性”对话框中，单击“高级”按钮，打开“高级 TCP/IP 设置”对话框，单击“IP 地址”部分的“添加”按钮，即可添加分配给该网络连接的另一个 IP 地址及其相应的子网掩码，如图 2-46 所示。

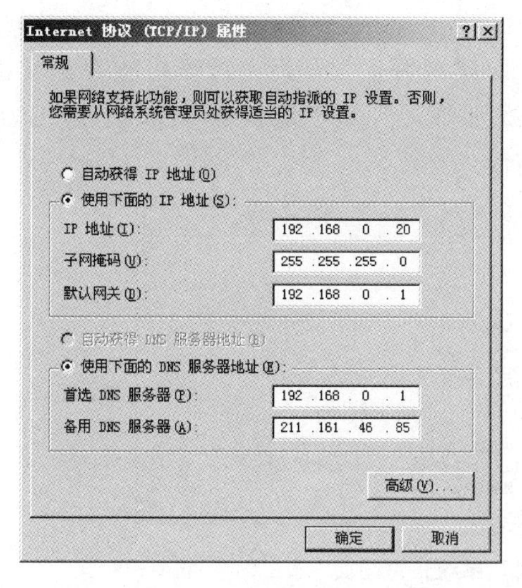

图 2－45 “Internet 协议 (TCP/IP) 属性”对话框

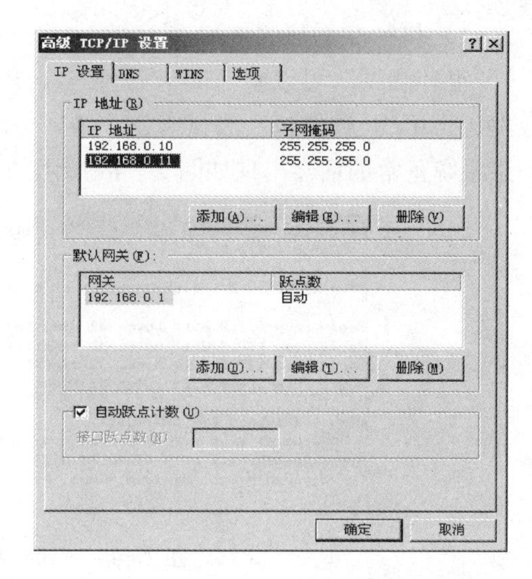

图 2－46 “高级 TCP/IP 设置”对话框

任务实施4 检查 TCP/IP 协议是否安装和配置正确

可以利用 ipconfig 和 ping 这两个工具程序检查 TCP/IP 协议是否安装与设置正确，要运行这两个工具程序要先依次选择“开始”→“程序”→“附件”→“命令提示符”命令，进入“命令提示符”环境。

1. 利用 ipconfig 命令测试

利用 ipconfig 命令可以检查 TCP/IP 协议是否已正常启动，以及 IP 地址是否与其他主机重复。如果正常的话，运行 ipconfig 命令后会出现该计算机的 IP 设置值，如图 2－47 所示。也可以利用 ipconfig/all 进行检查，此时将得到更多的信息。

如果用户计算机的 IP 地址与另一台计算机重复，而且是另一台计算机先启动的话，那么用户计算机将没有 IP 地址可以使用，此时在屏幕右下角会定期出现警告窗口。如果运行 ipconfig 命令，将会看到其 IP 地址与子网掩码都变成 0. 0. 0. 0。

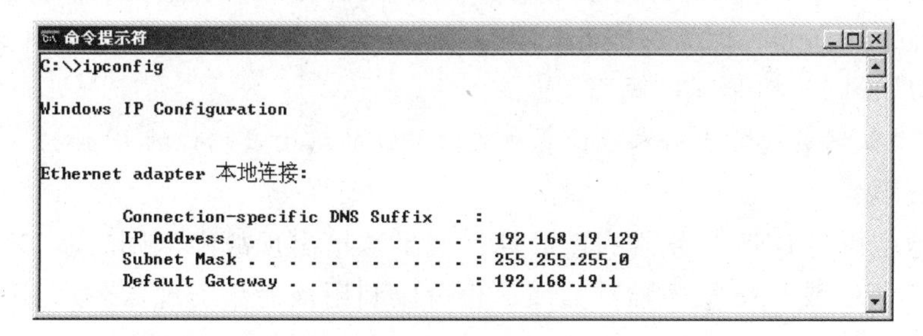

图 2－47 利用 ipconfig 命令测试 TCP/IP 设置

2. 利用 ping 命令测试

利用 ping 命令可以检测用户计算机是否能够正确地与网络中的其他计算机进行通信，从而判断 TCP/IP 协议是否安装与设置正确。在局域网中可按照以下顺序进行测试。

（1）执行“循环测试”

“循环测试”可以验证网卡硬件与 TCP/IP 协议是否正常运行，计算机能否正常接收或发送 TCP/IP 数据包。测试方法是在“命令提示符”环境下输入命令 ping 127.0.0.1，如果系统正常的话会出现如图 2－48 所示的画面。

```
命令提示符
C:\>ping 127.0.0.1

Pinging 127.0.0.1 with 32 bytes of data:

Reply from 127.0.0.1: bytes=32 time<1ms TTL=64
Reply from 127.0.0.1: bytes=32 time<1ms TTL=64
Reply from 127.0.0.1: bytes=32 time<1ms TTL=64
Reply from 127.0.0.1: bytes=32 time<1ms TTL=64

Ping statistics for 127.0.0.1:
    Packets: Sent = 4, Received = 4, Lost = 0 (0% loss),
Approximate round trip times in milli-seconds:
    Minimum = 0ms, Maximum = 0ms, Average = 0ms
```

图 2－48　“循环测试”系统正常画面

（2）ping 自己的 IP 地址

可以检查 IP 地址是否与其他主机重复。如果没有重复的话，应该会出现类似如图 2－48所示的画面。如果其他的计算机已经使用了该 IP 地址，则会出现如图 2－49 所示的画面。

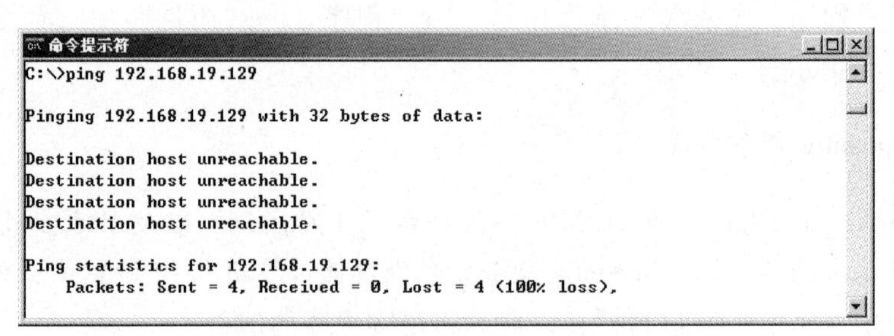

图 2－49　IP 地址重复时显示画面

（3）ping 本网络内其他计算机的 IP 地址

可以检查用户的计算机是否能够与同一个网络内的计算机进行通信，建议可以选择 ping 默认网关的 IP 地址，因为这样可以同时确认默认网关是否正常工作。如果正常的话，也会出现类似如图 2－48 所示的画面。

【注意】默认网关通常为与本地计算机直接相连的路由器端口的 IP 地址。

（4）ping 域名

检验本地主机与 DNS 服务器的连通性，如果这里出现故障，则表示 DNS 服务器的 IP 地址配置不正确或 DNS 服务器有故障，也可以利用该命令实现域名对 IP 地址的转换功能。

【注意】DNS 服务器的作用是把域名转换为 IP 地址，当计算机通过域名访问时首先会通过 DNS 服务器得到域名对应的 IP 地址，然后才能进行访问。在执行“ping 域名”时应主要查看是否得到了域名对应的 IP 地址。

任务实施5　访问Web站点和FTP站点

在Internet中，经常通过浏览器访问Web站点和FTP站点实现资源共享，在访问不同类型站点时需要使用不同的协议。

（1）打开IE浏览器，在IE浏览器的地址栏中输入Web站点的URL，由于Web服务器使用“超文本传输协议（HTTP）”，因此Web站点URL的第一部分应为http：//，例如http：//www. baidu. com。

（2）打开IE浏览器，在IE浏览器的地址栏中输入FTP站点的URL，由于FTP服务器使用“文件传输协议（FTP）”，因此FTP站点URL的第一部分应为ftp：//，例如ftp：//192. 168. 1. 6。

（3）比较HTTP和FTP协议，思考这两种协议的不同。

（4）利用Internet进行电子邮件收发、QQ聊天、视频点播，思考在平时使用Internet时，还见到过哪些协议，这些协议分别处于TCP/IP中的哪一层，支持何种服务。

【注意】 URL（统一资源定位符）是用于完整地描述Internet上网页和其他资源的地址的一种标识方法。

任务实施6　查看其他计算机的MAC地址

当计算机利用ARP协议通过目标设备的IP地址，查询到其MAC地址后，会将目标设备的IP地址与MAC地址的对应关系存放在ARP缓存中。利用arp命令可以查看本地计算机或另一台计算机的ARP缓存中的内容。如果已知对方计算机的IP地址，通过arp命令获取该计算机的MAC地址的操作步骤如下。

（1）打开命令行窗口，输入命令arp -d将ARP高速缓存的信息清除。

（2）输入命令“ping对方主机的IP地址”，如ping 168. 168. 19. 1。

（3）输入命令arp -a查看ARP缓存的信息，可以看到刚才目标主机的MAC地址，如图2-50所示。

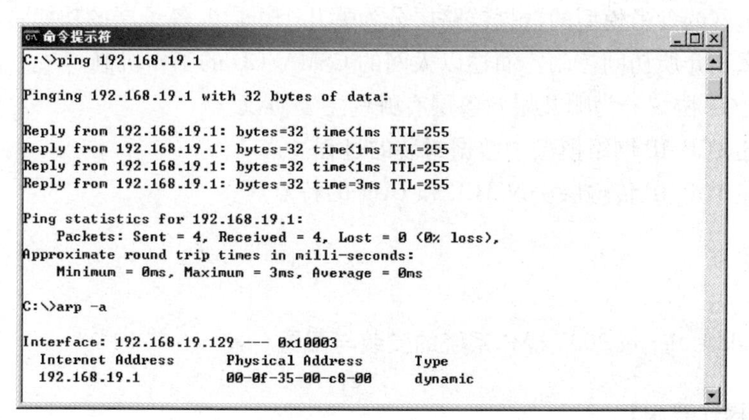

图2-50　利用arp命令查看其他计算机的MAC地址

【注意】 在Windows网络中，ARP高速缓存中的项目是动态的，默认情况下会在2分钟至10分钟内失效。所以需要通过arp命令查看目标计算机的MAC地址时，最好先访问该计算机（如ping目标计算机）。

任务实施7　查看当前计算机的连接信息

可以使用Netstat命令查看当前计算机的连接信息，具体步骤为：打开命令行窗口，输入命令netstat -a -n，此时将以数字形式，显示网卡接口上的所有连接和端口，如图2-51所示。

【注意】在netstat -a -n命令显示的是TCP/IP协议传输层所有的有效连接，这些连接是在发送端某端口和接收端某端口之间遵循TCP或UDP协议建立的。

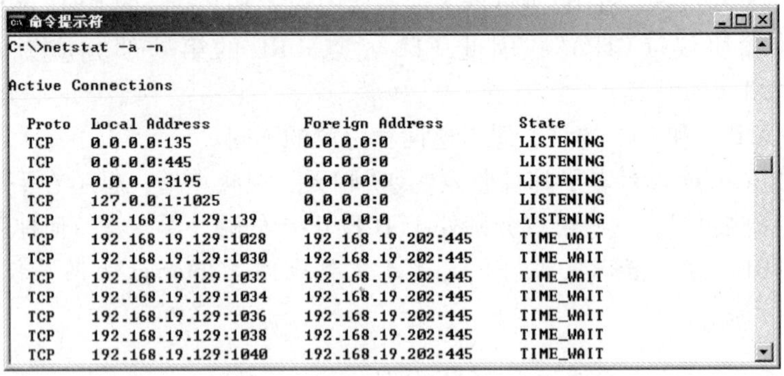

```
命令提示符
C:\>netstat -a -n

Active Connections

  Proto  Local Address          Foreign Address        State
  TCP    0.0.0.0:135            0.0.0.0:0              LISTENING
  TCP    0.0.0.0:445            0.0.0.0:0              LISTENING
  TCP    0.0.0.0:3195           0.0.0.0:0              LISTENING
  TCP    127.0.0.1:1025         0.0.0.0:0              LISTENING
  TCP    192.168.19.129:139     0.0.0.0:0              LISTENING
  TCP    192.168.19.129:1028    192.168.19.202:445     TIME_WAIT
  TCP    192.168.19.129:1030    192.168.19.202:445     TIME_WAIT
  TCP    192.168.19.129:1032    192.168.19.202:445     TIME_WAIT
  TCP    192.168.19.129:1034    192.168.19.202:445     TIME_WAIT
  TCP    192.168.19.129:1036    192.168.19.202:445     TIME_WAIT
  TCP    192.168.19.129:1038    192.168.19.202:445     TIME_WAIT
  TCP    192.168.19.129:1040    192.168.19.202:445     TIME_WAIT
```

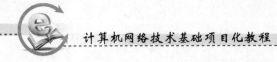

图2-51　查看当前计算机的连接信息

习　题　2

1. 思考问答

（1）简述OSI参考模型各层的功能。

（2）简述在OSI参考模型中发送方和接收方之间信息的流动过程。

（3）局域网的参考模型的数据链路层分为哪几个子层？各子层的功能是什么？

（4）什么是介质访问控制？简述以太网的CSMA/CD的工作机制。

（5）TCP/IP协议分为哪几层？各层有哪些主要协议？

（6）简述TCP/IP网络模型中数据封装的过程。

（7）简述TCP/IP传输层协议TCP和UDP的特点。

2. 技能操作

（1）Windows Server 2003 **操作系统的安装与配置**

【内容及操作要求】

使用光盘安装Windows Server 2003操作系统，并将操作系统安装在C盘根目录下，用户名为student1，单位名称为class1，使该计算机工作在工作组students中，其余按默认设置。

【准备工作】

一台未安装操作系统的计算机；一张 Windows Server 2003 操作系统的安装光盘。

【考核时限】

操作时间视计算机硬件配置而定，一般应不超过 30min。

（2）网卡的安装与配置

【内容及操作要求】

将一块 PCI 总线接口的网卡插在主板上，并安装其驱动程序（在默认路径下），查看其是否与其他设备有冲突，如果有冲突调整至无冲突为止。

为该网卡添加 IPX/SPX 协议。

用手动的方式将其 IP 地址设置为 192. 168. 1. 200，子网掩码为 255. 255. 255. 0，其余均按默认值设置。

利用 ping 命令检查 TCP/IP 协议是否安装正确。

【准备工作】

一台安装 Windows Server 2003 或以上操作系统的计算机；一块 PCI 总线接口的网卡及其驱动程序安装盘；一把十字旋具。

【考核时限】

30min。

项目3 组建局域网

局域网是一种在有限的地理范围内将大量的PC及各种设备互联在一起实现数据传输和资源共享的计算机网络。在当今的计算机网络技术中，局域网技术已经占据了十分重要的地位。局域网的标准繁多，但目前以太网技术已经占据了主流，淘汰了其他的技术。以太网已经成为了局域网的代名词。本项目的主要目标是熟悉常见的局域网组网技术；认识局域网使用的基本设备和器件；实现局域网的连接和连通性测试；了解二层交换机的基本配置和在二层交换机上划分VLAN的基本方法；了解无线局域网的技术标准和组网方法。

任务3.1 选择局域网组网技术

【任务目的】

（1）熟悉传统以太网组网技术及应用。

（2）熟悉快速以太网组网技术及应用。

（3）熟悉千兆位以太网组网技术及应用。

（4）了解万兆位以太网组网技术。

（5）理解选择局域网组网技术的一般方法。

【工作环境与条件】

（1）已经联网并能正常运行的机房和校园网。

（2）已经联网并能正常运行的其他网络。

（3）典型网吧、校园网或企业网的组网案例。

【相关知识】

以太网（Ethernet）是目前使用最为广泛的局域网组网技术，从20世纪70年代末就有了正式的网络产品，其传输速率自20世纪80年代初的10Mb/s发展到90年代的100Mb/s，目前已经出现了10Gb/s的以太网产品。

3.1.1 传统以太网组网技术

传统以太网技术是早期局域网广泛采用的组网技术，采用总线型拓扑结构和广播式的传输方式，可以提供10Mb/s的传输速度。传统以太网存在多种组网方式，曾经广泛使用的有10Base－5、10Base－2、10Base－T和10Base－F这4种，它们的MAC子层和物理层中的编码/译码模块均是相同的，而不同的是物理层中的收发器及传输介质的连接方式。表3－1比较了传统以太网组网技术的物理性能。

表3-1 传统以太网组网技术物理性能的比较

	10Base-5	10Base-2	10Base-T	10Base-F
收发器	外置设备	内置芯片	内置芯片	内置芯片
传输介质	粗缆	细缆	3、4、5类UTP	单模或多模光缆
最长媒体段	500m	185m	100m	500m、1km或2km
拓扑结构	总线型	总线型	星型	星型
中继器/集线器	中继器	中继器	集线器	集线器
最大跨距/媒体段数	2.5km/5	925m/5	500m/5	4km/2
连接器	AUI	BNC	RJ-45	ST

在传统以太网中，10Base-T以太网是现代以太网技术发展的里程碑，它完全取代了10Base-2及10Base-5使用同轴电缆的总线型以太网，是快速以太网、千兆位以太网等组网技术的基础。

1. 组建10Base-T的基本网络设备

10Base-T以太网的拓扑结构如图3-1所示，由图可知组成一个10Base-T以太网需要以下网络设备。

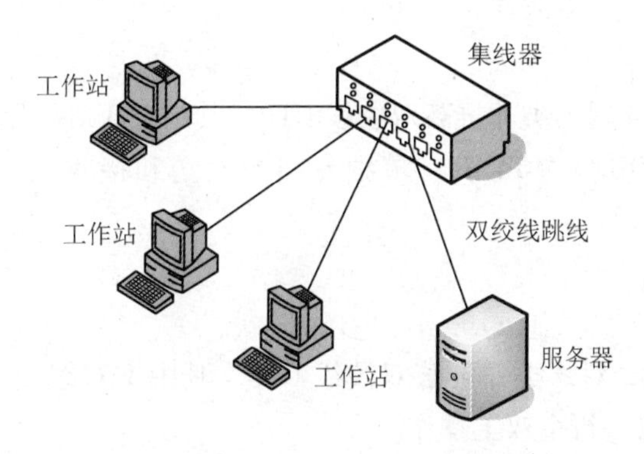

图3-1 10Base-T以太网

- 网卡：10Base-T以太网中的计算机应安装带有RJ-45插座的以太网网卡。
- 集线器（HUB）：是以太网的中心连接设备，各节点通过非屏蔽双绞线（UTP）与集线器实现星型连接，集线器将接收到的数据转发到每一个端口，每个端口的速率为10Mb/s。用在10Base-T中的集线器主要有普通集线器、堆叠式集线器等类型。
- 双绞线：非屏蔽双绞线价格低廉，安装方便，根据网络性能要求可选用3类或5类非屏蔽双绞线。
- RJ-45连接器：双绞线两端必须安装RJ-45连接器，以便插在网卡和集线器中的RJ-45插座上。

2. 10Base-T的主要性能指标

在组建10Base-T以太网时应主要注意以下性能指标。

- 集线器与网卡之间和集线器之间的最长距离均为 100 米。
- 集线器数量最多为 4 个，即任意两节点之间的距离不会超过 500 米。
- 集线器可级联以便扩充也可用同轴电缆相连。
- 集线器可通过同轴电缆或光纤与其他 LAN 相连以形成大型以太网。
- 若不使用网桥，最多可连接 1023 个节点。

3.1.2 快速以太网组网技术

快速以太网（Fast Ethernet）的数据传输率为 100Mb/s。快速以太网保留着传统的 10Mb/s 以太网的所有特征，即相同的帧格式，相同的介质访问控制方法 CSMA/CD，相同的组网方法，不同之处只是把每个比特发送时间由 100ns 降低到 10ns。

快速以太网可支持多种传输介质，制定了 4 种有关传输介质的标准，即 100Base－TX、100Base－T4、100Base－T2 与 100Base－FX。

1. 100Base－TX

100Base－TX 支持 2 对 5 类非屏蔽双绞线 UTP 或 2 对屏蔽双绞线 STP。其中 1 对双绞线用于发送数据，另 1 对双绞线用于接收数据。因此 100Base－TX 是一个全双工系统，每个节点可以同时以 100Mb/s 的速率发送与接收数据。

2. 100Base－T4

100Base－T4 支持 4 对 3 类非屏蔽双绞线 UTP，其中有 3 对线用于数据传输，1 对线用于冲突检测。因为 100Base－T4 没有单独专用的发送和接收线，所以不能进行全双工操作。

3. 100Base－T2

100Base－T2 支持 2 对 3 类非屏蔽双绞线 UTP。其中 1 对线用于发送数据，另 1 对用于接收数据，因而可以进行全双工操作。

4. 100Base－FX

100Base－FX 支持 2 芯的多模（62.5μm 或 125μm）或单模光纤，其中 1 根光纤用于发送数据，另 1 根用于接收数据，因而可以进行全双工操作。

表 3－2 对快速以太网的各种标准进行了比较。

在快速以太网中，100Base－TX 继承了 10Base－T 的 5 类非屏蔽双绞线的环境，在布线不变的情况下，只要将 10Base－T 设备更换成 100Base－TX 的设备即可形成一个 100Mb/s 的以太网系统；同样 100Base－FX 继承了 10Base－F 的布线环境，使其可直接升级成 100Mb/s 的光纤以太网系统；对于较旧的一些只采用 3 类非屏蔽双绞线的布线环境，可采用 100Base－T4 和 100Base－T2 来实现升级。由于目前的局域网布线系统几乎都选用超 5 类、6 类双绞线或光缆，因此 100Base－TX 与 100Base－FX 是使用最为普遍的快速以太网组网技术。

表3-2 快速以太网的各种标准的比较

	100Base-TX	100Base-T2	100Base-T4	100Base-FX
使用电缆	5类UTP或STP	3/4/5类UTP	3/4/5类UTP	单模或多模光缆
要求的线对数	2	2	4	2
发送线对数	1	1	3	1
距离	100米	100米	100米	150/412/2000米
全双工能力	有	有	无	有

3.1.3 千兆位以太网组网技术

尽管快速以太网具有高可靠性、易扩展性、成本低等优点，但随着多媒体通信技术在网络中的应用，如会议电视、视频点播（VOD）、高清晰度电视（HDTV）等，人们对网络带宽提出了更高的要求，因此人们开始寻求更高带宽的局域网。千兆位以太网就是在这种背景下产生的，已经发展成为建设企业局域网时首选的高速网络技术。

千兆位以太网最大的优点在于它对原有以太网的兼容性，同100Mb/s快速以太网一样，千兆位以太网使用与10Mb/s传统以太网相同的帧格式，以及相同的CSMA/CD协议，这意味着可以对原有以太网进行平滑的、无须中断的升级。同时，千兆位以太网还继承了以太网的其他优点，如可靠性较高、易于管理等。千兆位以太网也可支持多种传输介质，目前已经制定的标准主要有以下几种。

（1）1000Base-CX

1000Base-CX的传输介质是一种短距离屏蔽铜缆，最长距离可达25米，这种屏蔽双绞线不是标准的STP，而是一种特殊规格、高质量的、带屏蔽的双绞线。它的特性阻抗为150欧姆，传输速率最高达1.25Gb/s，传输效率为80%。

1000Base-CX的短距离屏蔽铜缆适用于交换机之间的短距离连接，特别适应于千兆主干交换机与主服务器的短距离连接，这种连接往往就在机房的配线架柜上以跨线方式连接即可，不必使用长距离的铜缆或光缆。

（2）1000Base-LX

1000Base-LX是一种收发器上使用长波激光（LWL）作为信号源的媒体技术，这种收发器上配置了激光波长为1270~1355nm（一般为1300nm）的光纤激光传输器，它可以驱动多模光纤，也可驱动单模光纤，使用的光纤规格有62.5μm和50μm的多模光纤，以及9μm的单模光纤。

对于多模光缆，在全双工模式下，最长距离可达550m；对于单模光缆，全双工模式下最长距离达5km。连接光缆所使用的SC型光纤连接器，与100Mb/s快速以太网中100Base-FX使用的型号相同。

（3）1000Base-SX

1000Base-SX是一种在收发器上使用短波激光（SWL）作为信号源的媒体技术，这种收发器上配置了激光波长为770~860nm（一般为800nm）的光纤激光传输器，不支持单模光纤，仅支持多模光纤，包括62.5μm和50μm两种。

对于62.5μm的多模光纤，全双工模式下最长距离为275m；对于50μm多模光缆，全双工模式下最长距离为550m。连接光缆所使用的连接器也为SC型光纤连接器。

（4）1000Base - T4

1000Base - T4是一种使用5类UTP的千兆位以太网技术，最远传输距离与100Base - TX一样为100m。与1000Base - LX、1000Base - SX和1000Base - CX不同，1000Base - T4不支持8B/10B编码/译码方案，需要采用专门的更加先进的编码/译码机制。1000Base - T4采用4对5类双绞线完成1000Mb/s的数据传送，每一对双绞线传送250Mb/s的数据流。

（5）1000Base - TX

1000Base - TX基于6类双绞线电缆，以2对线发送数据，2对线接收数据（类似于100Base - TX）。由于每对线缆本身不进行双向的传输，线缆之间的串扰就大大降低，同时其编码方式也相对简单。这种技术对网络的接口要求比较低，不需要非常复杂的电路设计，降低了网络接口的成本。

3.1.4 万兆位以太网组网技术

以太网主要是在局域网中占绝对优势，在很长的一段时间中，由于带宽以及传输距离等原因，人们普遍认为以太网不能用于城域网。1999年底成立的IEEE 802.3ae工作组，开始进行万兆位以太网技术（10Gb/s）的研究，并于2002年正式发布IEEE 802.3ae标准。万兆位以太网不仅再度扩展了以太网的带宽和传输距离，更重要的是使得以太网从局域网领域向城域网领域渗透。

1. 万兆位以太网技术的特点

万兆位以太网技术同以前的以太网标准相比，有了很多不同之处，主要表现在以下几个方面。

- 万兆位以太网可以提供广域网接口，可以直接在SDH网络上传送，这也意味着以太网技术将可以提供端到端的全程连接。之前的以太网设备与传输设备相连的时候都需要协议转换和速率适配，降低了传输的效率。万兆位以太网则提供了可以与SDH STM - 64相接的接口，不再需要额外的转换设备，保证了以太网在通过SDH链路传送的时候效率不降低。
- 万兆位以太网的MAC层只能以全双工方式工作，不再使用CSMA/CD的机制，只支持点对点全双工的数据传送。
- 采用64B/66B的线路编码，不再使用以前的8B/10B编码。因为8B/10B的编码开销达到25%，如果仍采用这种编码的话，编码后传送速率要达到12.5Gb/s，改为64B/66B后，编码后数据速率只需10.3125Gb/s。
- 主要采用光纤作为传输介质，传送距离从千兆位以太网的5km延伸到10～40km。

【注意】 在各种宽带光纤接入网技术中，采用了SDH（Synchronous Digital Hierarchy，即：同步数字系列）技术的接入网系统是应用最普遍的。

2. 万兆位以太网的标准

目前已经制定的万兆位以太网标准如表3-3所示。其中10GBase-LX4由4种低成本的激光源构成且支持多模和单模光纤。10GBase-S是使用850nm光源的多模光纤标准，最远传输距离为300m，是一种低成本近距离的标准（分为SR和SW两种）。10GBase-L是使用1310nm光源的单模光纤标准，最远传输距离为10km（分为LR、LW两种）。10GBase-E是使用1550nm光源的单模光纤标准，最远传输距离为40km（分为ER、EW两种）。

表3-3 万兆位以太网的标准

标 准	应用范围	传输距离	光源波长	传输介质
10GBase-LX4	局域网	300m	1310nm	多模光纤
10GBase-LX4	局域网	10km	WWDM	单模光纤
10GBase-SR	局域网	300m	850nm	多模光纤
10GBase-LR	局域网	10km	1310nm	单模光纤
10GBase-ER	局域网	40km	1550nm	单模光纤
10GBase-SW	广域网	300m	850nm	多模光纤
10GBase-LW	广域网	10km	1310nm	单模光纤
10GBase-EW	广域网	40km	1550nm	单模光纤
10GBase-CX4	局域网	15m	—	4根Twinax线缆
10GBase-T	局域网	25~100m	—	双绞线

3.1.5 局域网组网技术的选择

无论是局域网还是其他的网络，其组网技术的选择都要根据用户的具体需求，充分考虑到开放性、先进性、可扩充性、可靠性、实用性和安全性的设计原则，应当采用当前比较先进同时又比较成熟和工业标准化程度较高的组网技术。

对于覆盖分布范围不大，信息业务种类单一的小型局域网来说，可以根据用户的实际需求选择单一的组网技术。而大、中型局域网的覆盖范围较大，所处客观环境较为复杂，信息需求多种多样和网络技术性能要求也高，因此在大、中型局域网设计时，需要从整个网络系统的技术性能、网络互联形式、网络系统管理和工程建设造价以及维护管理费用等各方面综合考虑来确定设计方案。

目前在大中型局域网设计中，通常采用由星型结构中心点通过级联扩展形成的树型拓扑结构，如图3-2所示。一般可以把这种树型结构分成3个层次，即核心层、汇聚层和接入层，在不同的层次可以选用不同的组网技术、网络连接设备和传输介质。例如在核心层可以使用1000Base-SX吉比特以太网技术，采用多模光纤光缆作为传输介质；在汇聚层可以使用100Base-TX快速以太网技术，采用双绞线电缆作为传输介质；在接入层可以使用10Base-T传统以太网技术，采用双绞线电缆作为传输介质。这样既保证了网络的整体性能，又将网络的成本控制在一定的范围内，还可以根据用户的不同需求进行灵活的扩展和升级。

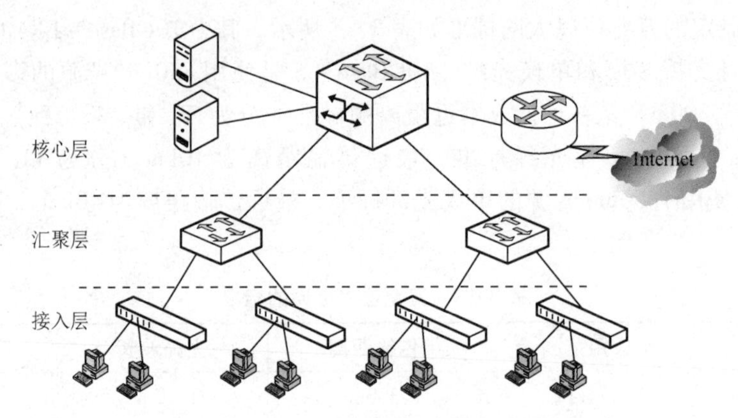

图3-2　大中型局域网的一般结构

【任务实施】

任务实施1　分析计算机网络实验室或机房的组网技术

观察所在学校的计算机网络实验室或机房，分析该网络采用的组网技术。

任务实施2　分析校园网的组网技术

(1) 图3-3给出了某学校局域网的拓扑结构图，试分析该网络采用了什么样的组网技术，列出该网络所使用的硬件清单。

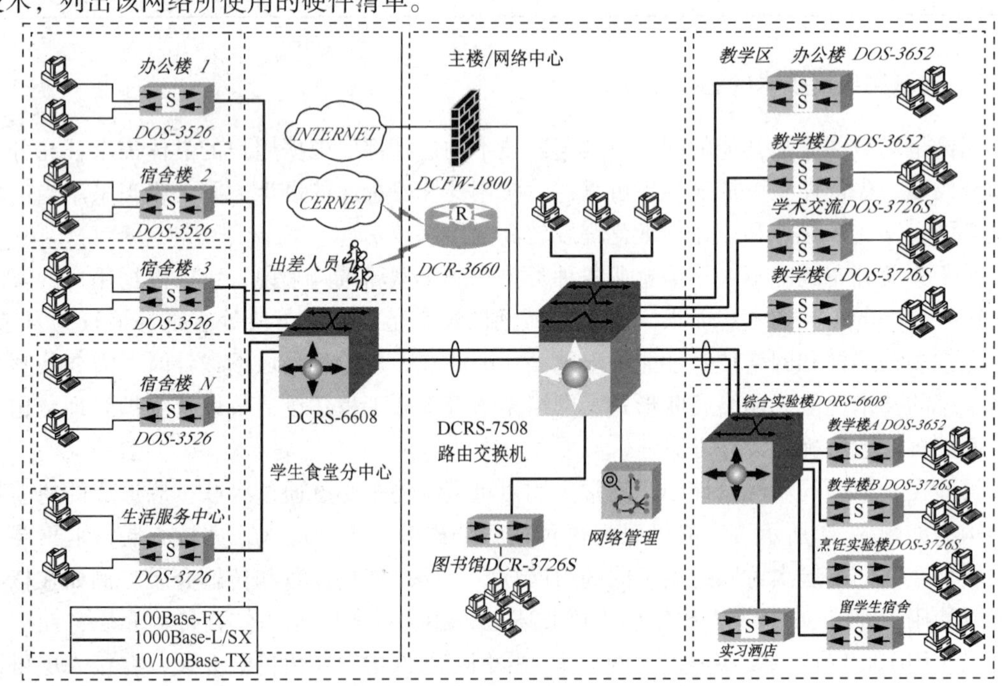

图3-3　某校园网拓扑结构图

（2）观察所在学校的网络中心和校园网，分析该网络采用的组网技术。

任务实施3 分析其他网络组网技术

根据具体的条件，找出一项计算机网络应用的具体实例，根据所学的知识，分析该网络采用的组网技术。

任务3.2 制作双绞线跳线

【任务目的】

（1）熟悉计算机网络中常用的传输介质。
（2）理解局域网通信线路的连接与实现。
（3）理解直通线和交叉线的区别和适用场合。
（4）掌握非屏蔽双绞线与 RJ-45 水晶头的连接方法。
（5）掌握简易线缆测试仪的使用方法。

【工作环境与条件】

非屏蔽双绞线、RJ-45 水晶头、RJ-45 压线钳、简易线缆测试仪。

【相关知识】

传输介质是网络中各节点之间的物理通路或信道，它是信息传递的载体。计算机网络中所采用的传输介质分为两类：一类是有线的；一类是无线的。有线传输介质主要有双绞线、同轴电缆和光缆；无线传输介质包括无线电波和红外线等。

3.2.1 双绞线

双绞线一般由两根遵循 AWG（American Wire Gauge，即：美国线规）标准的绝缘铜导线相互缠绕而成。把两根绝缘的铜导线按一定密度绞在一起，可以降低信号干扰的程度。实际使用时，通常会把多对双绞线包在一个绝缘套管里，称之为双绞线电缆。用于网络传输的典型双绞线是电缆4对的，也有包含更多对双绞线的双绞线电缆。

双绞线电缆分为非屏蔽双绞线电缆（UTP）和屏蔽双绞线电缆（STP）两大类，按照传输带宽又可以分为3类、4类、5类、超5类、6类、超6类以及7类线。目前，局域网中常用的双绞线是非屏蔽的超5类和6类线，市场上出售的超5类和6类双绞线外层绝缘套管上会分别标注 Cat 5e 和 Cat 6 字样。

1. 屏蔽双绞线和非屏蔽双绞线

屏蔽双绞线和非屏蔽双绞线的结构如图3-4所示，由图可知屏蔽双绞线电缆最大的特点在于封装在其中的双绞线与外层绝缘套管之间有一层金属材料。该结构能减小辐射，防止信息被窃听，同时还具有较高的数据传输率。但也使屏蔽双绞线电缆的价格相对较高，安装时要比非屏蔽双绞线困难，必须使用特殊的连接器，技术要求也比非屏蔽双绞线

电缆高。与屏蔽双绞线相比，非屏蔽双绞线电缆外面只有一层绝缘胶皮，因而重量轻、易弯曲、易安装，组网灵活，非常适用于结构化布线。所以，在无特殊要求的计算机网络布线中，常使用非屏蔽双绞线电缆。

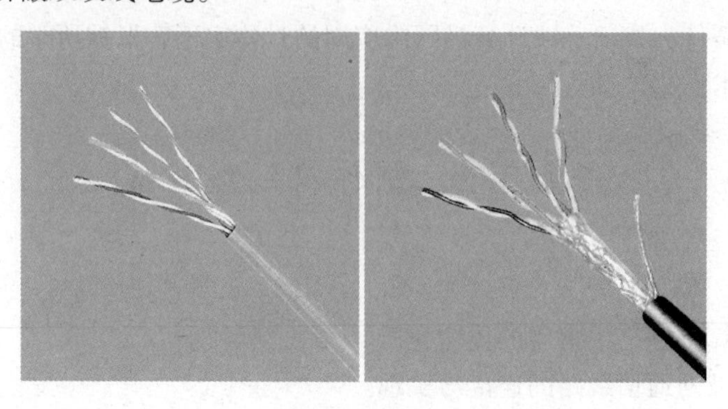

图 3-4　屏蔽双绞线和非屏蔽双绞线

2. 双绞线的电缆等级

类（category）是用来区分双绞线电缆等级的术语，不同的等级对双绞线电缆中的导线数目、导线扭绞数量以及能够达到的数据传输速率等具有不同的要求。

（1）3 类双绞线

3 类双绞线带宽为 16 MHz，传输速率可达 10Mb/s。它被认为是 10Base-T 以太网安装可以接受的最低配置电缆，但现在已不再推荐使用。目前 3 类双绞线电缆仍在电话布线系统中有着一定程度的使用。

（2）4 类双绞线

4 类双绞线电缆用来支持 16Mb/s 的令牌环网，测试通过带宽为 20MHz，传输速率达 16 Mb/s。

（3）5 类双绞线

5 类双绞线电缆是用于快速以太网的双绞线电缆，最初指定带宽为 100MHz，传输速率达 100Mb/s。在一定条件下，5 类双绞线电缆可以用于 1000Base-T 网络，但要达到此目的，必须在电缆中同时使用多对线对以分摊数据流。目前，5 类双绞线电缆仍广泛使用于电话、保安、自动控制等网络中，但在计算机网络布线中已失去市场。

（4）超 5 类双绞线

超 5 类双绞线电缆的传输带宽为 100MHz，传输速率可达到 100Mb/s。与 5 类电缆相比，具有更多的扭绞数目，可以更好地抵抗来自外部和电缆内部其他导线的干扰，从而提升了性能，在近端串扰、相邻线对综合近端串扰、衰减和衰减串扰比 4 个主要指标上都有了较大的改进。因此超 5 类双绞线电缆具有更好的传输性能，更适合支持 1000Base-T 网络，是目前计算机网络布线常用的传输介质。

（5）6 类双绞线电缆

6 类双绞线电缆主要应用于快速以太网和千兆位以太网中，传输带宽为 200～250 MHz，是 5 类线和超 5 类电缆带宽的 2 倍，最大速度可达到 1000Mb/s。6 类双绞线电缆改

善了串扰以及回波损耗方面的性能，更适合于全双工的高速千兆网络的传输需求。

（6）超6类双绞线电缆

超6类双绞线电缆主要应用于千兆位以太网中，传输带宽是500MHz，最大传输速度为1000Mb/s，与6类电缆相比，其在串扰、衰减等方面有了较大改善。

（7）7类双绞线电缆

7类双绞线电缆全部采用屏蔽结构，能有效抵御线对之间的串扰，使得在同一根电缆上实现多个应用成为可能，其传输带宽为600 MHz，是6类线的2倍以上，传输速率可达10Gb/s，主要用来支持万兆位以太网的应用。

3.2.2 同轴电缆

同轴电缆是根据其构造命名的，铜导体位于核心，外面被一层绝缘体环绕，然后是一层屏蔽层，最外面是外护套，所有这些层都是围绕中心轴（铜导体）构造，因此这种电缆被称为同轴电缆。

在一些应用中，同轴电缆仍然优于双绞线电缆。首先双绞线电缆的导线尺寸较小，没有包含在同轴电缆中的铜缆结实，因此同轴电缆可以应用于许多无线电传输领域。另外同轴电缆能传输很宽的频带，从低频到甚高频，因此特别适合传输宽带信号（如有线电视系统、模拟录像等）。同轴电缆也有固有的缺点，例如安装时屏蔽层必须正确接地，否则会造成更大的干扰。另外一些同轴电缆的直径较大，会占用很大的空间。更重要的是同轴电缆支持的数据传输速度只有10Mb/s，无法满足目前局域网的传输速度要求，所以在计算机局域网布线中，已不再使用同轴电缆。

同轴电缆主要有以下类型。

- 50Ω 同轴电缆：也称作基带同轴电缆，特性阻抗为50Ω，主要用于无线电和计算机局域网络。曾经广泛应用于传统以太网的粗缆和细缆就属于基带同轴电缆。
- 75Ω 同轴电缆：也称作宽带同轴电缆，特性阻抗为75Ω，主要用于视频传输，其屏蔽层通常是用铝冲压而成的。

3.2.3 光纤

光纤，即光导纤维，是一种传输光束的细而柔韧的媒质。光导纤维线缆由一捆光导纤维组成，简称为光缆。与铜缆相比，光缆本身不需要电，虽然其在铺设初期阶段所需的连接器、工具和人工成本很高，但其不受电磁干扰和射频干扰的影响，具有更高的数据传输率和更远的传输距离，并且不用考虑接地问题，对各种环境因素具有更强的抵抗力。这些特点使得光缆在某些应用中更具吸引力，成为目前计算机网络中常用的传输介质之一。

1. 光纤的结构

计算机网络中的光纤主要是采用石英玻璃制成的，横截面积较小的双层同心圆柱体。裸光纤由光纤芯、包层和涂覆层组成，如图3－5所示。折射率高的中心部分叫做光纤芯，折射率低的外围部分叫包层。光以不同的角度进入光纤芯，在包层和光纤芯的界面发生反射，进行远距离传输。包层的外面涂覆了一层很薄的涂覆层，涂覆材料为硅酮树脂或聚氨基甲酸乙酯，涂覆层的外面套塑（或称二次涂覆），套塑的原料大都采用尼龙、聚乙烯或聚丙烯等塑料。

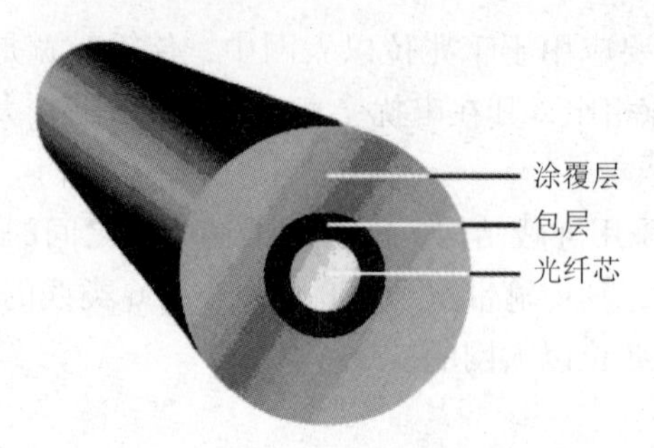

图3-5　裸光纤的结构

2. 光纤通信系统

光纤通信系统是以光波为载体、以光纤为传输介质的通信系统。光纤通信系统的组成如图3-6所示。在光纤发送端，主要采用两种光源：发光二极管LED与注入型激光二极管ILD。在接收端将光信号转换成电信号时，要使用光电二极管PIN检波器。

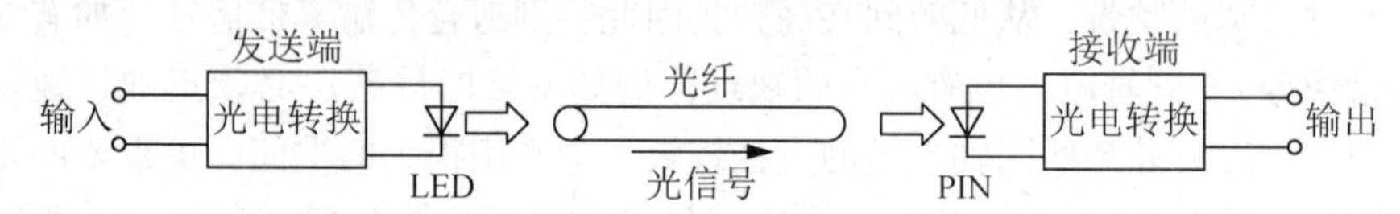

图3-6　光纤通信系统

3. 单模光纤和多模光纤

光纤有两种形式：单模光纤和多模光纤。单模光纤使用光的单一模式传送信号，而多模光纤使用光的多种模式传送信号。光传输中的模式是指一根以特定角度进入光纤芯的光线，因此可以认为模式是指以特定角度进入光纤的具有相同波长的光束。

单模光纤和多模光纤在结构以及布线方式上有很多不同，如图3-7所示。单模光纤只允许一束光传播，没有模分散的特性，光信号损耗很低，离散也很小，传播距离远，单模导入波长为1310nm和1550nm。多模光纤是在给定的工作波长上，以多个模式同时传输的光纤，从而形成模分散，限制了带宽和距离，因此，多模光纤的芯径大，传输速度低、距离短，成本低，多模导入波长为850nm和1300nm。

多模光纤可以使用LED作为光源，而单模光纤必须使用激光光源，从而可以把数据传输到更远的距离。由于这些特性，单模光纤主要用于建筑物之间的网络连接或广域网连接，多模光纤主要用于建筑物内的局域网干线连接。

单模光纤和多模光纤的纤芯和包层具有多种不同的尺寸，尺寸的大小将决定光信号在光纤中的传输质量。目前常见的单模光纤主要有8.3μm/125μm（纤芯直径/包层直径）、9μm/125μm和10μm/125μm等规格；常见的多模光纤主要有50μm/125μm、62.5μm/125μm、100μm/140μm等规格。局域网布线中主要使用62.5μm/125μm的多模光纤；在传输性能要求更高的情况下也可以使用50μm/125μm的多模光纤。

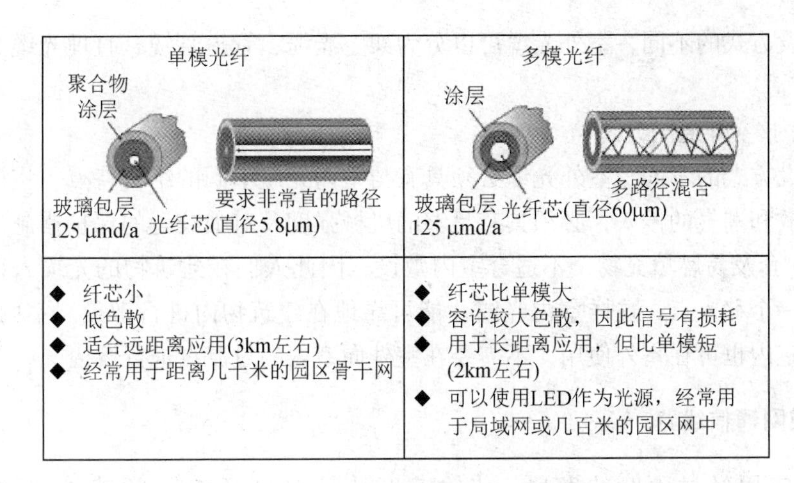

图3－7　单模光纤和多模光纤的比较

4. 光纤通信系统的特点

与铜缆相比，光纤通信系统的主要优点如下所示。

- 传输频带宽，通信容量大。
- 线路损耗低，传输距离远。
- 抗干扰能力强，应用范围广。
- 线径细，重量轻。
- 抗化学腐蚀能力强。
- 光纤制造资源丰富。

与铜缆相比，光纤通信系统的主要缺点如下所示。

- 初始投入成本比铜缆高。
- 更难接受错误的使用。
- 光纤连接器比铜连接器脆弱。
- 端接光纤需要更高级别的训练和技能。
- 相关的安装和测试工具价格高。

5. 光缆的种类

光缆有多种结构，它可以包含单一或多根光纤束，不同类型的绝缘材料、包层甚至铜导体，以适应各种不同环境、不同要求的应用。光缆有多种分类方法，目前在计算机网络中主要按照光缆的使用环境和敷设方式对光缆进行分类。

（1）室内光缆

室内光缆的抗拉强度较小，保护层较差，但也更轻便、更经济。室内光缆主要适用于建筑物内的计算机网络布线。

（2）室外光缆

室外光缆的抗拉强度比较大，保护层厚重，在计算机网络中主要用于建筑物外网络布

线，根据敷设方式的不同，室外光缆可以分为架空光缆、管道管缆、直埋光缆、隧道光缆和水底光缆等。

（3）室内/室外通用光缆

由于敷设方式的不同，室外光缆必须具有与室内光缆不同的结构特点。室外光缆要承受水蒸气扩散和潮气的侵入，必须具有足够的机械强度及对啮咬等的保护措施。室外光缆由于有 PE 护套及易燃填充物，不适合室内敷设，因此人们在建筑物的光缆入口处为室内光缆设置了一个移入点，这样室内光缆才能可靠地在建筑物内进行敷设。室内/室外通用光缆既可在室内也可在室外使用，不需要在室外向室内的过渡点进行熔接。

3.2.4 局域网通信线路

以太网应用经过不断的发展，传输速度从最初的 10Mb/s 逐步扩展到 100Mb/s、1Gb/s、10Gb/s，以太网的价格也跟随摩尔定律以及规模经济而迅速下降。以太网有多种标准，每一种标准所采用的传输介质、传输方式等都有所不同，所以组建局域网时应根据所选择的以太网标准，选择相应的传输介质。表 3－4 列出了部分以太网标准对传输介质的要求。

表 3－4　部分以太网标准对传输介质的要求

标　　准	MAC 子层规范	电缆最大长度	电缆类型	所需线对	拓扑结构
10Base－5	802.3	500m	50 Ω粗缆	－－	总线型
10Base－2	802.3	185m	50 Ω细缆	－－	总线型
10Base－T	802.3	100m	3、4 或 5 类双绞线	2	星型
10Base－FL	802.3	2000m	光纤	1	星型
100Base－TX	802.3u	100m	5 类双绞线	2	星型
100Base－T4	802.3u	100m	3 类双绞线	4	星型
100Base－T2	802.3u	100m	3、4 或 5 类双绞线	2	星型
100Base－FX	802.3u	400/2000m	多模光纤	1	星型
10Base－FX	802.3u	10000m	单模光纤	1	星型
1000Base－SX	802.3z	220～550m	多模光纤	1	星型
1000Base－LX	802.3z	550～3000m	单模或多模光纤	1	星型
1000Base－CX	802.3z	25m	屏蔽铜线	2	星型
1000Base－T4	802.3ab	100m	5 类双绞线	4	星型
1000Base－TX	802.3ab	100m	6 类双绞线	4	星型

另外需要说明的是，目前在大中型的局域网中，广泛采用了结构化综合布线技术。综合布线系统是一种开放结构的布线系统，它利用单一的布线方式，完成话音、数据、图形、图像的传输。综合布线系统由不同系列和规格的部件组成，其中包括传输介质、相关

连接硬件（如配线架、插座、插头和适配器）以及电气保护设备。综合布线一般采用分层星型拓扑结构。该结构下的每个分支子系统都是相对独立的单元。对每个分支子系统的改动都不影响其他子系统，只要改变结点连接方式就可使综合布线在星型、总线型、环型、树型等结构之间进行转换。根据美国国家标准化委员会电气工业协会（TIA）/电子工业协会（EIA）制定的商用建筑布线标准，综合布线系统由以下6个子系统组成，即工作区子系统、水平干线子系统、管理间子系统、垂直干线子系统、设备间子系统和建筑群子系统。各个子系统相互独立，单独设计，单独施工，构成了一个有机的整体，其结构如图3-8所示。

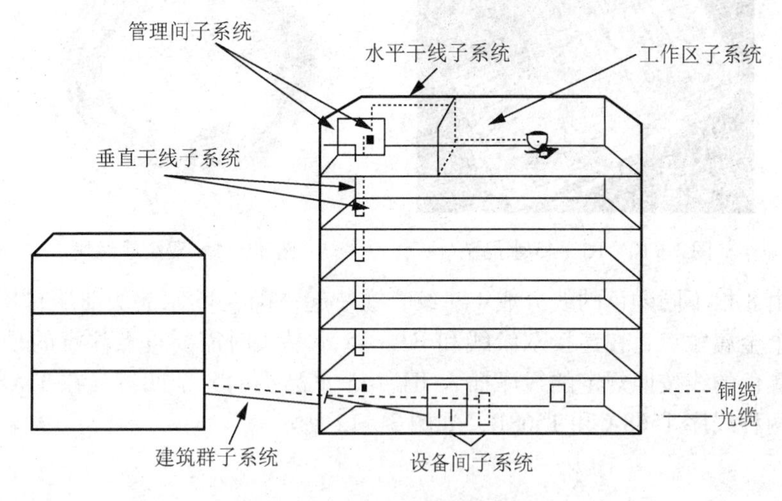

图3-8 综合布线系统结构

在采用综合布线系统的局域网中，计算机和网络设备（如交换机或集线器）并不是直接连接的，图3-9说明了在采用综合布线系统的局域网中计算机和交换机的连接方式。

其中信息插座的外形类似于电源插座，和电源插座一样也是固定于墙壁或地面，其作用是为计算机等终端设备提供一个网络接口，通过双绞线跳线即可将计算机通过信息插座连接到综合布线系统，从而接入主网络。配线架用于终结线缆，为双绞线电缆或光缆与其他设备（如交换机、集线器等）的连接提供接口，在配线架上可进行互连或交接操作，使局域网变得更加易于管理。

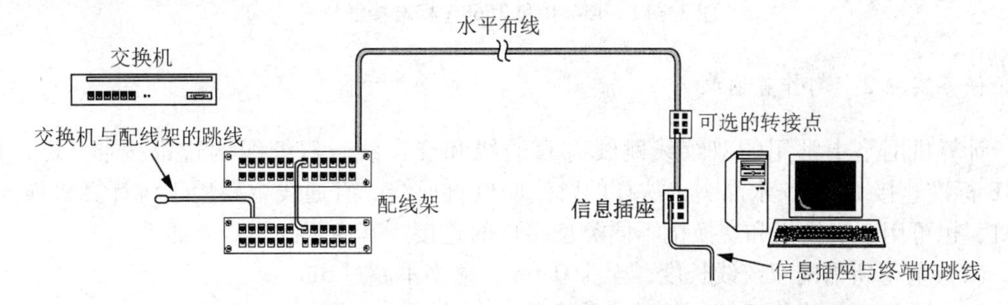

图3-9 在采用综合布线系统的局域网中计算机和交换机的连接方式

【任务实施】

任务实施1 认识双绞线跳线

在使用双绞线线缆布线时，通常要使用双绞线跳线来完成布线系统与相应设备的连接，所谓双绞线跳线是两端带有 RJ-45 水晶头（如图 3-10 所示）的一段线缆，可以很方便地使用和进行管理。双绞线跳线如图 3-11 所示。

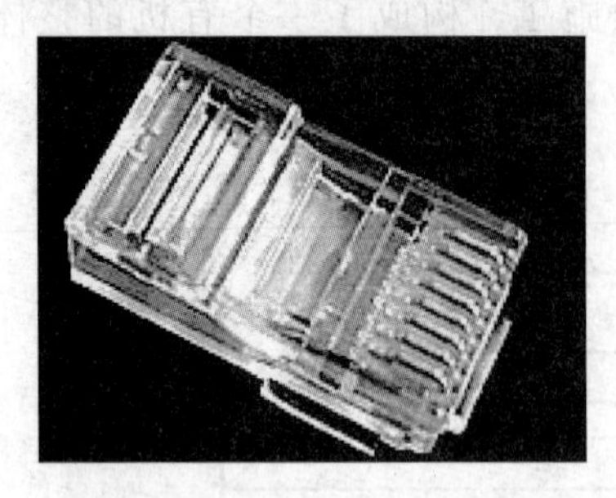

图 3-10 RJ-45 水晶头

图 3-11 双绞线跳线

双绞线由 8 根不同颜色的线分成 4 对绞合在一起，RJ-45 水晶头前端有 8 个凹槽，凹槽内的有 8 个金属触点，在连接双绞线和 RJ-45 水晶头时需要重点注意的是要将双绞线的 8 根不同颜色的线按照规定的线序插入 RJ-45 水晶头的 8 个凹槽。在 TIA/EIA 布线标准中规定了两种线序 T568A 和 T568B，如图 3-12 所示。

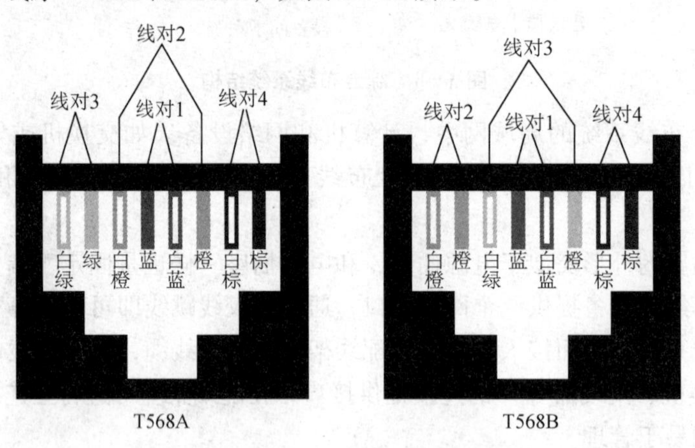

图 3-12 T568B 和 T568A 标准接线模式

任务实施2 制作直通线

计算机网络中常用的双绞线跳线有直通线和交叉线。双绞线两边都按照 EIAT/TIA 568B 标准连接 RJ-45 水晶头，这样的跳线叫做直通线。直通线主要用于将计算机连入交换机，也可用于交换机和交换机不同类型接口的连接。其主要制作步骤如下。

（1）剪下所需的双绞线长度，至少 0.6m，最多不超过 5m。

（2）利用剥线钳将双绞线的外皮除去约 3cm 左右，如图 3-13 所示。

（3）将裸露的双绞线中的橙色对线拨向自己的左方，棕色对线拨向右方向，绿色对线拨向前方，蓝色对线拨向后方，小心地剥开每一对线，按 EIA/TIA 568B 标准（白橙-橙-

白绿-蓝-白蓝-绿-白棕-棕）排列好，如图3－14所示。

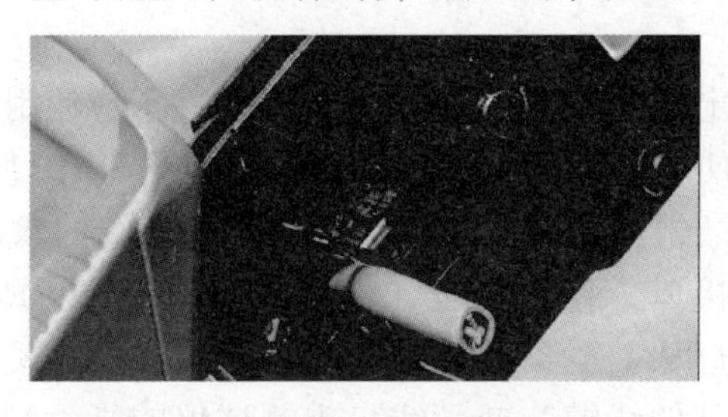

图3－13　利用剥线钳除去双绞线外皮

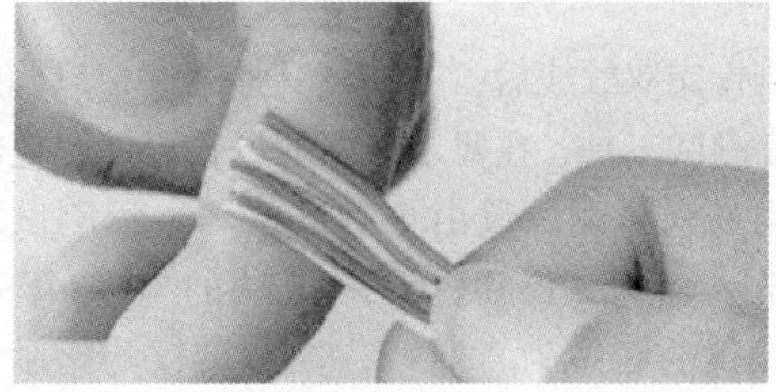

图3－14　剥开每一对线，排好线序

（4）把线排列整齐，将裸露出的双绞线剪下，只剩约14mm的长度，并剪齐线头，如图3－15所示。

（5）将双绞线的每一根线依序放入RJ－45水晶头的引脚内，第一只引脚内应该放白橙色的线，其余类推，如图3－16所示。注意插到底，直到另一端可以看到铜线芯为止，如图3－17所示。

图3－15　剪齐线头

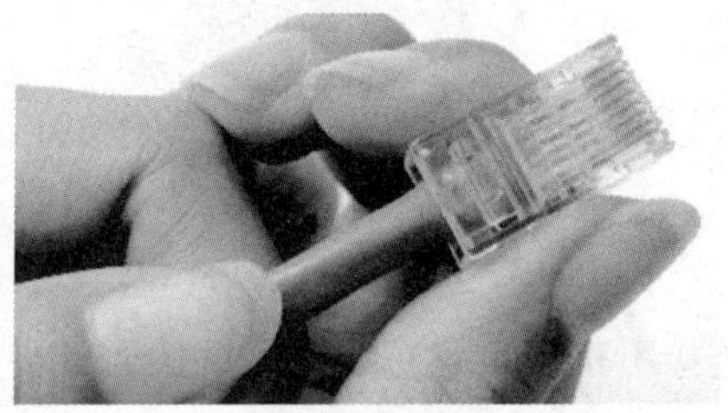

图3－16　将双绞线放入RJ－45水晶头

（6）将RJ－45水晶头从无牙的一侧推入RJ－45压线钳夹槽，用力握紧压线钳，将突出在外的针脚全部压入水晶头内，如图3－18所示。

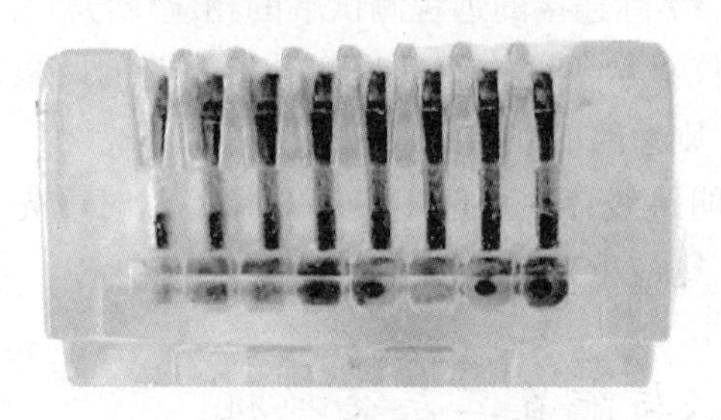

图3－17　插好的双绞线

图3－18　压线

（7）用同样的方法完成另一端的制作。

【注意】 在局域网综合布线工程中使用的双绞线跳线通常应选择原厂的机压跳线，在对传输性能要求不高的工程中或其他特殊的情况下也可以在工程现场手工制作跳线。

任务实施3　制作交叉线

双绞线一边按照TIA/EIA 568A标准，另一边按照TIA/EIA 568B标准连接RJ－45水晶头，这样的跳线叫做交叉线。交叉线主要用于将计算机与计算机直接相连、交换机与交换机相同类型端口的直接相连，也被用于将计算机直接接入路由器的以太网接口。交叉线的制作步骤与直通线基本相同，这里不再赘述。

任务实施4　跳线的测试

制作完双绞线后，应检测其连通性，以确定是否有连接故障。在检测时一般应使用专业的电缆测试工具，在要求不高的场合也一般应使用廉价的简易线缆测试仪，如图3-19所示。

简易线缆测试仪由主测试仪和远程测试端组成，测试时将双绞线跳线两端的水晶头分别插入主测试仪和远程测试端的RJ-45接口，将开关至“ON”，如图3-20所示。如果测试的线缆为直通线，主测试仪的指示灯从1至8逐个顺序闪亮时，远程测试端的指示灯也应从1至8逐个顺序闪亮。如果测试的线缆为交叉线，主测试仪的指示灯从1至8逐个顺序闪亮时，远程测试端的指示灯会按照3、6、1、4、5、2、7、8这样的顺序依次闪亮。

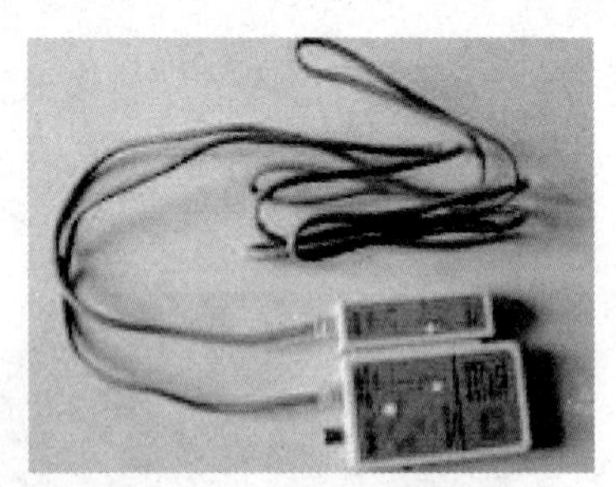

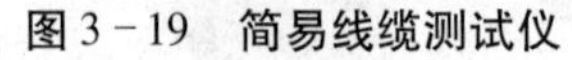

图3-19　简易线缆测试仪　　图3-20　测试双绞线跳线

若连接不正常，简易线缆测试仪通常会出现以下情况。

- 当有一根导线断路，则主测试仪和远程测试端对应的线号灯都不亮。
- 当有几条导线断路，则主测试仪和远程测试端对应的几个线号灯都不亮，当导线少于两条线连通时，所有线号灯都不亮。
- 当两边导线乱序，则与主测试仪端实际连接的远程测试端的相应线号灯亮。
- 当导线有两根短路时，则主测试仪显示不变，而远程测试端短路的两根线号灯都亮；若有3根或3根以上的导线短路时，则短路的几条线对应线号灯都不亮。
- 若测试仪上出现红灯或黄灯，说明跳线存在接触不良等现象，此时可先用压线钳再次压制两端水晶头，如故障依然存在，则应重新制作跳线。

任务3.3　认识与配置二层交换机

【任务目的】

（1）理解二层交换机的功能和工作原理。

（2）了解以太网交换机外观和启动过程。

（3）了解以太网交换机的登录方法。

（4）了解以太网交换机的基本配置命令。

【工作环境与条件】

（1）二层交换机（本部分以Cisco 2960系列交换机为例，也可选用其他品牌型号的交

换机或使用 Cisco Packet Tracer、Boson Netsim 等模拟软件）。

（2）Console 线缆和相应的适配器。

（3）安装 Windows 操作系统的 PC。

【相关知识】

3.3.1　交换机的分类

交换机是目前计算机网络中最主要的网络设备。计算机网络使用的交换机包括广域网交换机和局域网交换机。广域网交换机主要在电信领域用于提供数据通信的基础平台。局域网交换机用于将个人计算机、共享设备和服务器等网络应用设备连接成用户计算机局域网。目前局域网交换机有多种分类方法，包括按照交换机支持的网络类型分类、按照应用规模分类、按照设备结构分类及按照网络体系结构层次分类等。

1. 按照网络类型分类

按照支持的网络类型，局域网交换机可以分为以太网交换机、快速以太网交换机、千兆位以太网交换机、FDDI 交换机和 ATM 交换机等。局域网目前主要使用快速以太网交换机和千兆位以太网交换机。

2. 按照应用规模分类

按照应用规模，可将局域网交换机分为桌面交换机、工作组级交换机、部门级交换机和企业级交换机。

（1）桌面交换机

桌面交换机价格便宜，被广泛用于一般办公室、小型机房和网站管理中心等部门，目前也进入了家庭应用。在传输速度上，桌面型交换机通常提供多个具有 10/100Mb/s 自适应能力的端口。

（2）工作组级交换机

工作组级交换机主要用于大中型局域网的接入层，当使用桌面交换机不能满足应用需求时，大多采用工作组级交换机。工作组级交换机通常具有良好的扩充能力，主要提供 100Mb/s 端口或 10/100Mb/s 自适应能力端口。

（3）部门级交换机

部门级交换机比工作组级交换机支持更多的用户，提供更强的数据交换能力，通常用作小型局域网的核心交换机或中型局域网的汇聚交换机。低端的部门级交换机通常提供 8 至 16 个端口，高端的部门级交换机可以提供多至 48 个端口。

（4）企业级交换机

企业级交换机是交换机家族中的高端产品，是功能最强的交换机，在局域网中作为骨干设备使用，提供高速、高效、稳定和可靠的中心交换服务。企业级交换机除了支持冗余电源供电外，还支持许多不同类型的功能模块，并提供强大的数据交换能力。用户选择企业级交换机时，可以根据需要选择千兆位以太网光纤通信模块、千兆位以太网双绞线通信模块、快速以太网模块、ATM 网模块和路由模块等。企业级交换机通常还有非常强大的管理功能，但是价格比较昂贵。

3. 按照设备结构分类

按照设备结构特点，局域网交换机可分为机架式交换机、带扩展槽固定配置式交换机、不带扩展槽固定配置式交换机和可堆叠交换机等类型。

（1）机架式交换机

机架式交换机是一种插槽式的交换机，用户可以根据需求，选购不同的模块插入到插槽中。这种交换机功能强大，扩展性较好，可支持不同的网络类型。像企业级交换机这样的高端产品大多采用机架式结构。机架式交换机使用灵活，但价格都比较昂贵。

（2）带扩展槽固定配置式交换机

带扩展槽固定配置式交换机是一种配置固定端口数并带有少量扩展槽的交换机。这种交换机可以通过在扩展槽插入相应模块来扩展网络功能，为用户提供了一定的灵活性。这类交换机的产品价格适中。

（3）不带扩展槽固定配置式交换机

不带扩展槽固定配置式交换机仅支持单一的网络功能，产品价格便宜，在小型企业或办公室环境下的局域网中被广泛使用。

（4）可堆叠交换机

可堆叠交换机通常是在固定配置式交换机上扩展了堆叠功能的设备。具备可堆叠功能的交换机可以类似普通交换机那样按常规使用，当需要扩展端口接入能力时，可通过各自专门的堆叠端口，将若干台同样的物理设备“串联”起来作为一台逻辑设备使用。

4. 按照网络体系结构层次分类

按照网络体系的分层结构，交换机可以分为第 2 层交换机、第 3 层交换机和第 4 层交换机，甚至提出了第 7 层交换机。

（1）第 2 层交换机

第 2 层交换机是指工作在 OSI 参考模型数据链路层上的交换机，主要功能包括物理编址、错误校验、数据帧序列重新整理和流量控制，所接入的各网络节点可独享带宽。第 2 层交换机的弱点是不能有效地解决广播风暴、异种网络互连和安全性控制等问题。

（2）第 3 层交换机

第 3 层交换机是带有 OSI 参考模型网络层路由功能的交换机，在保留第 2 层交换机所有功能的基础上，增加了对路由功能和 VLAN 的支持，增加了对链路聚合功能的支持，甚至可以提供防火墙等许多功能。第 3 层交换机在网络分段、安全性、可管理性和抑制广播风暴等方面具有很大的优势。

（3）第 4 层交换机

第 4 层交换机是指工作在 OSI 参考模型传输层的交换机，可以支持安全过滤，支持对网络应用数据流的服务质量管理策略 QoS 和应用层记帐功能，优化了数据传输，被用于实现多台服务器负载均衡。

（4）第 7 层交换机

随着多层交换技术的发展，人们还提出了第 7 层交换机的概念。第 7 层交换机可以提

供基于内容的智能交换，能够根据实际的应用类型做出决策。

3.3.2 二层交换机的功能和工作原理

在计算机网络系统中，交换概念的提出是对于共享工作模式的改进。集线器（HUB）就是一种共享设备，本身不能识别目的地址，当同一局域网内的A主机给B主机传输数据时，数据帧在以集线器为中心节点的网络上是以广播方式传输的，由每一台终端通过验证数据帧的地址信息来确定是否接收。也就是说，在这种工作方式下，同一时刻网络上只能传输一组数据帧，如果发生冲突还要重试。因此用集线器连接的网络属于同一个冲突域，所有的节点共享网络带宽。

二层交换机工作于OSI参考模型的数据链路层，它可以识别数据帧中的MAC地址信息，并将MAC地址与其对应的端口记录在自己内部的MAC地址表中。二层交换机拥有一条很高带宽的背部总线和内部交换矩阵，所有端口都挂接在背部总线上。控制电路在收到数据帧后，会查找内存中的MAC地址表，并通过内部交换矩阵迅速将数据帧传送到目的端口。其具体的工作流程如下。

- 当二层交换机从某个端口收到一个数据帧，将先读取数据帧头中的源MAC地址，这样就可知道源MAC地址的计算机连接在哪个端口。
- 二层交换机读取数据帧头中的目的MAC地址，并在MAC地址表中查找该MAC地址对应的端口。
- 若MAC地址表中有对应的端口，则交换机将把数据帧转发到该端口。
- 若MAC地址表中找不到相应的端口，则交换机将把数据帧广播到所有端口，当目的计算机对源计算机回应时，交换机就可以知道其对应的端口，在下次传送数据时就不需要对所有端口进行广播了。

通过不断地循环上述过程，交换机就可以建立和维护自己的MAC地址表，并将其作为数据交换的依据。图3－21给出了二层交换机的基本工作原理。

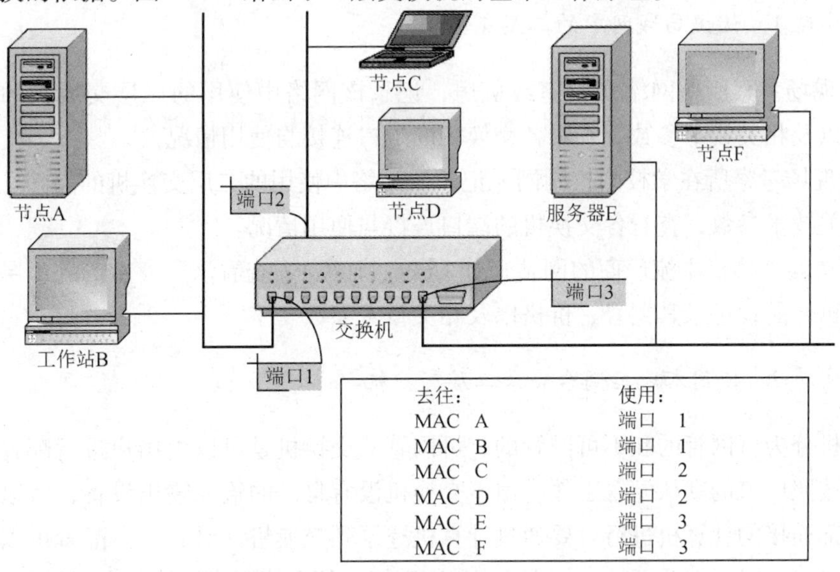

图3－21 二层交换机的基本工作原理

通过对二层交换机工作流程的分析不难看出，二层交换机的每一个端口是一个冲突域，不同的端口属于不同的冲突域。因此二层交换机在同一时刻可进行多个端口对之间的数据传输，连接在每一端口上的设备独自享有全部的带宽，无须同其他设备竞争使用，同时由交换机连接的每个冲突域的数据信息不会在其他端口上广播，也提高了数据的安全性。二层交换机采用全硬件结构，提供了足够的缓冲器并通过流量控制来消除拥塞，具有转发延迟小的特点。当然由于二层交换机只提供最基本的二层数据转发功能，目前一般应用于小型局域网或大中型局域网的接入层。

3.3.3 交换机的组成结构

交换机是一台特殊的计算机，也由硬件和软件两部分组成，其软件部分主要包括操作系统（如 Cisco IOS）和配置文件，硬件部分主要包含 CPU、端口和存储介质。

局域网交换机的端口主要有以太网端口（Ethernet）、快速以太网端口（Fast Ethernet）、千兆位以太网端口（Gigabit Ethernet）和控制台端口（Console）等。

交换机的存储介质主要有 ROM（Read - Only Memory，即：只读储存设备）、FLASH（闪存）、NVRAM（非易失性随机存储器）和 DRAM（动态随机存储器）。其中，ROM 相当于 PC 中的 BIOS，交换机加电启动时，将首先运行 ROM 中的程序，以实现对交换机硬件的自检并引导启动交换机的操作系统，该存储器中的内容在系统掉电时不会丢失。FLASH 是一种可擦写、可编程的 ROM，相当于 PC 中的硬盘，但速度要快得多，可通过写入新版本的操作系统来实现交换机操作系统的升级，FLASH 中的程序，在掉电时不会丢失。NVRAM 用于存贮交换机的配置文件，该存储器中的内容在系统掉电时也不会丢失。DRAM 是一种可读写存储器，相当于 PC 的内存，其内容在系统掉电时将完全丢失。

【任务实施】

任务实施 1　认识局域网中的二层交换机

（1）现场考察所在网络实验室或机房，记录该网络中使用的二层交换机的品牌、型号、价格以及相关技术参数，查看各交换机的端口连接与使用情况。

（2）现场考察所在学校的校园网，记录该网络中使用的二层交换机的品牌、型号、价格以及相关技术参数，查看各交换机的端口连接与使用情况。

（3）访问交换机主流厂商的网站（如 Cisco、H3C），查看该厂商生产的二层交换机和其他交换机产品，记录其型号、价格以及相关技术参数。

任务实施 2　使用本地控制台登录二层交换机

交换机分为可网管的和不可网管的，可网管的交换机是可以由用户进行配置的，如果不配置会按照厂家的默认配置工作。由于交换机没有自己的输入输出设备，所以其配置主要通过外部连接的计算机进行。要通过计算机登录到交换机并对其进行配置可以有多种方式，如通过 Console 端口、Telnet、Web、SNMP 等，其中使用终端控制台通过 Console 端口

登录和配置交换机是最基本、最常用的方法，其他方式必须在通过 Console 端口进行基本配置后才可以实现。通过 Console 端口登录交换机的基本步骤如下。

（1）制作反接线

反接线是双绞线跳线的一种，用于将计算机连到交换机或路由器的 Console 端口。反接线的制作方法与直通线、交叉线的制作方法基本相同，唯一差别是两端的线序完全相反。通常购买交换机时会带一根反接线，不需自己制作。

（2）用反接线通过 RJ－45 到 DB－9 连接器（如图 3－22 所示）与计算机串行口（COM1）相连，另一端与交换机的 Console 端口相连，如图 3－23 所示。

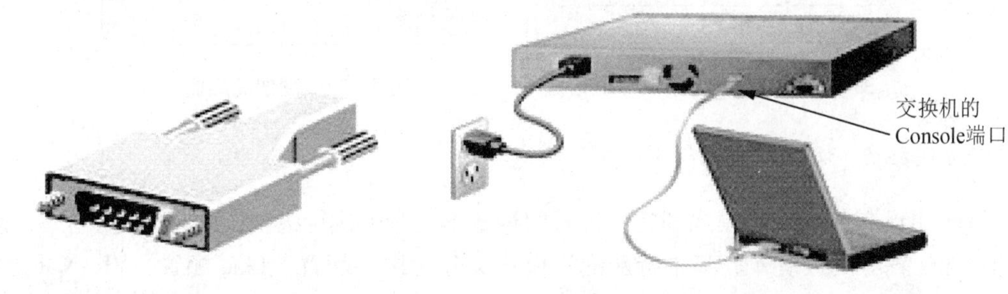

图 3－22　RJ－45 到 DB－9 连接器　　　　**图 3－23　交换机与计算机的连接**

（3）依次选择“开始”→“程序”→“附件”→“通讯”→“超级终端”命令，打开“连接描述”对话框，如图 3－24 所示。

（4）在“连接描述”对话框中，输入名称，单击“确定”按钮，打开“连接到”对话框，如图 3－25 所示。

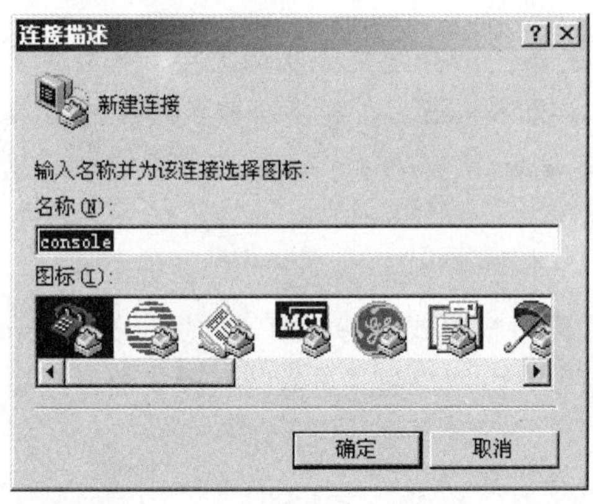

图 3－24　“连接描述”对话框　　　　**图 3－25　“连接到”对话框**

（5）在“连接到”对话框中，选择与 Console 线缆连接的 COM 端口，单击“确定”按钮，打开“COM1 属性”对话框，如图 3－26 所示。

（6）在“COM1 属性”对话框中，对 COM 端口进行设置，单击“确定”按钮，打开超级终端窗口，如图 3－27 所示。

（7）打开交换机电源，连续按回车键，可显示初始界面。交换机启动后，就会进入命令行模式，用户可以通过在超级终端中键入各种命令，对交换机进行配置。

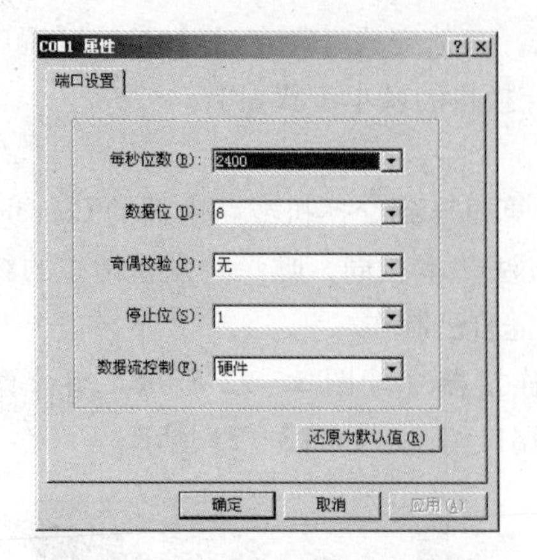

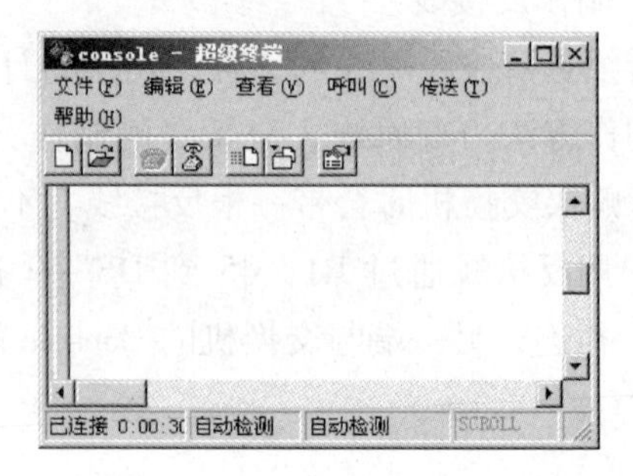

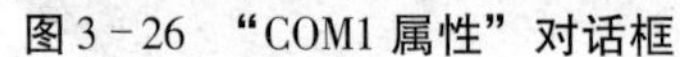

图3-26 “COM1 属性”对话框　　　　图3-27 超级终端窗口

任务实施3　切换交换机命令行工作模式

Cisco IOS 提供了用户模式和特权模式两种基本的命令执行级别，同时还提供了全局配置和特殊配置等配置模式。其中特殊配置模式又分为接口配置、Line 配置、VLAN（虚拟局域网）配置等多种类型，以允许用户对交换机进行全面的配置和管理。

1. 用户模式

当用户通过交换机的 Console 端口或 Telnet 会话连接并登录到交换机时，此时所处的命令执行模式就是用户模式。在用户模式下，用户只能使用很少的命令，且不能对交换机进行配置。用户模式的提示符为 Switch >。

【注意】 不同模式的提示符不同，提示符的第一部分是交换机的名字，如果没有对交换机的名字进行配置，系统默认的交换机名字为 Switch。在每一种模式下，可直接输入“?”并回车，获得在该模式下允许执行的命令帮助。

2. 特权模式

在用户模式下，执行 enable 命令，将进入到特权模式。特权模式的提示符为 Switch#。在该模式下，用户能够执行 IOS 提供的所有命令。由用户模式进入特权模式的过程如下：

```
Switch >enable          //进入特权模式
Switch #                //特权模式提示符
```

3. 全局配置模式

在特权模式下，执行 configure terminal 命令，可进入全局配置模式。全局配置模式的提示符为 Switch（config）#。该模式下的配置命令的作用域是全局性的，是对整个交换机起作用。由特权模式进入全局配置模式的过程如下：

```
Switch# configure terminal          //进入全局配置模式
Enter configurationcommands, one per line. End with CNTL/Z.
Switch(config)#                     //全局配置模式提示符
```

4. 全局配置模式下的配置子模式

在全局配置模式，还可进入接口配置、Line 配置等子模式。例如在全局配置模式下，可以通过 interface 命令，进入接口配置模式，在该模式下，可对选定的接口进行配置。由全局配置模式进入接口配置模式的过程如下：

```
Switch(config)# interface fastethernet 0/3        //对交换机的 0/3 号快速以太网接口进行配置
Switch(config-if)#                                 //接口配置模式提示符
```

5. 模式的退出

从子模式返回全局配置模式，执行 exit 命令；从全局配置模式返回特权模式，执行 exit 命令；若要退出任何配置模式，直接返回特权模式，可执行 end 命令或按 Ctrl + Z 组合键。以下是模式退出的过程。

```
Switch(config-if)#exit              //退出接口配置模式，返回全局配置模式
Switch(config)#exit                 //退出全局配置模式，返回特权模式
Switch # configure terminal         //进入全局配置模式
Enter configurationcommands, one per line. End with CNTL/Z.
Switch(config)#interface fastethernet 0/3   //对交换机的 0/3 号快速以太网接口进行配置
Switch(config-if)#end               //退出接口配置模式，返回特权模式
Switch #disable                     //退出特权模式
Switch >                            //用户模式提示符
```

任务实施4 二层交换机的基本配置

1. 配置交换机主机名

默认情况下，交换机的主机名默认为 Switch。当网络中使用了多个交换机时，为了以示区别，通常应根据交换机的应用场地，为其设置一个具体的主机名。

例如，若要将交换机的主机名设置为 S2960，则设置命令为：

```
Switch >enable                      //进入特权模式
Switch #configure terminal          //进入全局配置模式
Enter configurationcommands, one per line. End with CNTL/Z.
Switch(config)#hostname S2960       //设置主机名为 S2960
S2960(config)#
```

2. 设置特权模式口令

设置进入特权模式口令，可以使用以下两种配置命令：

```
S2960(config)#enable password abcdef        //设置特权模式口令为 abcdef
S2960(config)#enable secret abcdef          //设置特权模式口令为 abcdef
```

两者的区别为：第一种方式所设置的密码是以明文的方式存储的，在 show running - config 命令中可见；第二种方式所设置的密码是以密文的方式存储的，在 show running -

config 命令中不可见。

3. 保存交换机配置信息

在交换机上配置的文件（即当前配置文件 running - config）会被保存在 DRAM 中，当交换机断电后，该配置文件将丢失。因此配置好交换机后，必须把配置文件保存在 NVRAM 中，即保存在配置文件 startup - config 中。保存配置信息的命令为：

```
S2960 #write memory                              //保存配置信息
S2960 #copy running - config startup - config   //保存配置信息
```

任务实施 5　配置二层交换机接口

1. 选择交换机接口

在配置接口前，应先选择所要配置的接口。对于使用 Cisco IOS 的交换机，交换机接口（interface）由接口类型、模块号和接口号共同进行标识。例如 Cisco 2960 - 24 交换机只有一个模块，模块编号为 0，该模块有 24 个快速以太网接口，若要选择其第 8 号接口，则配置命令为：

```
S2960(config)# interface fa 0/8
//选择配置交换机的快速以太网接口 8，Cisco IOS 支持命令缩写
S2960(config - if)#              //交换机接口配置模式提示符
```

2. 启用或禁用接口

对于没有连接的接口，其状态始终是处于 shutdown（禁用）。对于正在工作的接口，可根据需要，进行启用或禁用。比如，若发现连接在某一接口的计算机，因感染病毒，正大量向外发包，此时就可禁用该接口。启用或禁用接口的配置命令为：

```
S2960(config)# interface fa 0/8   //选择配置交换机的快速以太网接口 8
S2960(config - if)#shutdown        //禁用端口
S2960(config - if)# no shutdown    //启用端口
```

3. 配置接口通信模式

默认情况下，交换机的接口通信模式为 auto（自动协商），此时链路的两个端点将协商选择双方都支持的最大速度和单工或双工通信模式。配置接口通信模式的主要命令为：

```
S2960(config)# interface fa 0/8          //选择配置交换机的快速以太网接口 8
S2960(config - if)#duplex full
//将该接口设置为全双工模式，half 为半双工，auto 为自动协商
S2960 (config - if) #speed 100
//将该接口的传输速度设置为 100Mb/s，10 为 10Mb/s，auto 为自动协商
```

任务实施 6　查看交换机的配置信息

1. 查看配置信息

要查看交换机的当前配置信息，可以在特权模式运行 show running - config 命令，此时

将显示当前正在运行的配置，如图 3－28 所示。

```
Switch2960#show running-config
Building configuration...

Current configuration : 987 bytes
!
version 12.2
no service password-encryption
!
hostname Switch2960
!
!
!
interface FastEthernet0/1
!
interface FastEthernet0/2
!
interface FastEthernet0/3
!
interface FastEthernet0/4
!
interface FastEthernet0/5
```

图 3－28　show running－config 命令

如果在特权模式运行 show startup－config 命令，则可以显示保存在 NVRAM 中的交换机启动配置信息。

2. 查看交换机的其他信息

在特权模式下，还可以使用 show 命令查看交换机的其他信息，例如：

```
S2960#show interface FastEthernet0/1      //显示交换机 0 号模块 1 号快速以太网端口信息
S2960#show ip interface brief             //显示接口 IP 信息
S2960#show vlan                           //显示所有 VLAN 信息
S2960#show mac-address-table              //显示 MAC 地址表
```

任务 3.4　连接局域网

【任务目的】

（1）掌握两台计算机直接组网的连接方法。
（2）掌握使用单一交换机（或集线器）组建局域网的方法。
（3）了解使用多交换机（或集线器）组建局域网的方法。
（4）掌握判断局域网连接状况的方法。

【工作环境与条件】

（1）二层交换机（本部分以 Cisco 2960 系列交换机为例，也可选用其他设备）。
（2）双绞线、RJ－45 压线钳及 RJ－45 水晶头若干。
（3）安装 Windows 操作系统的 PC。

【相关知识】

3.4.1　局域网的工作模式

按照建网后选用不同操作系统所提供的不同工作模式，可以将局域网分为对等模式和客户机/服务器模式。

1. 对等模式

对等网络是小型局域网常用的工作模式。它不需要一个专用的服务器，每台工作站都处于同等地位，都有绝对的自主权。通过网络可以相互交换文件，也可以共享打印机、CD-ROM 等硬件资源。对等网络成本低、网络配置和维护简单，但只能提供很少的服务功能，资源分布分散，难以管理，安全性低。

2. 客户机/服务器模式

客户机/服务器（Client/Server）模式是一种基于服务器的网络。在基于服务器的网络中，不需要将工作站的硬盘与他人共享。共享数据全部集中存放在服务器上。

客户机/服务器模式的网络和对等式网络相比具有许多优点。首先，它有助于主机和小型计算机系统配置的规模缩小化；其次，由于在客户机/服务器网络中是由服务器完成主要的数据处理任务，这样在服务器和客户机之间的网络传输就减小了很多。另外，在客户机/服务器网络中把数据都集中起来，能提供更严密的安全保护功能，也有助于数据保护和恢复。它还可以通过分割处理任务由客户机和服务器双方来分担任务，能够充分发挥高档服务器的作用。

3. 综合使用

虽然客户机/服务器模式比对等式网络有更多的优点，但把两者结合起来使用则好处更多。例如，一个由多个 Windows 客户机/服务器操作系统组成的网络就可以为一些 Windows 工作站提供集中存储的解决方法，这样可以动态地形成一些对等模式的工作组，在这些工作组中可以自由地共享文件、打印机等服务，但不会干扰那些由 Windows Server 2003 服务器提供的服务。

3.4.2 对等网络的连接

对等网络的连接比较简单，目前主要使用的传输介质是超 5 类或 6 类非屏蔽双绞线，连接设备则主要是网卡和交换机等。但根据具体的应用环境和需求，对等网络目前主要有以下几种连接方式。

1. 2台计算机的对等网络

这种对等网络的连接方式比较多，在传输介质方面既可以采用双绞线，还可采用串、并行电缆。如果采用串、并行电缆还可省去网卡的投资，显然这是一种最廉价的组网方式。但这种方式传输速率非常低，并且串、并行电缆制作比较麻烦，目前很少使用。

2. 3台计算机的对等网络

这种对等网络的连接必须采用双绞线作为传输介质，而且网卡是不能少的。根据网络结构的不同可有以下两种方式。

(1) 采用双网卡网桥方式，就是在其中一台计算机上安装两块网卡，另外两台计算机各安装一块网卡，然后用双绞线连接起来，再进行有关的系统配置即可。

(2) 添加一台桌面交换机，组建星型对等网，所有计算机都直接与交换机相连。虽然这种方式的网络成本会较前一种高些，但性能要好许多，实现起来也更简单。

3. 3台以上计算机的对等网络

目前这种对等网络的连接必须使用桌面交换机或工作组交换机组成星型拓扑结构的网络。如果当需要联网的计算机超过单一交换机所能提供的端口数量时，应通过级联、堆叠等方式实现交换机间的连接。

3.4.3 客户机/服务器网络的连接

客户机/服务器网络的连接主要采用星型结构或由星型结构中心点通过级联扩展形成的树型拓扑结构，其使用的传输介质除双绞线外还可能使用光缆，连接设备则可能会用到部门级交换机和企业级交换机。在连接客户机/服务器网络时应主要注意服务器的连接，通常服务器应连接至性能最高的交换机上（核心层），以满足客户机的访问需要，图3－29给出了服务器在网络中的典型连接方式。

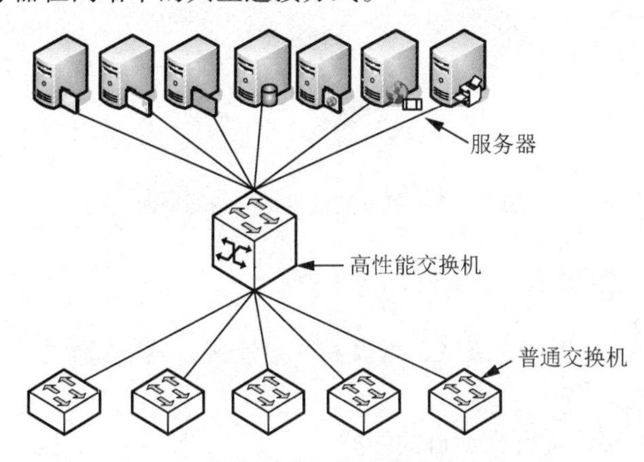

图3－29 服务器在网络中的典型连接方式

【任务实施】

任务实施1 两台计算机直连

如果仅仅是两台计算机之间组网，可以直接使用双绞线跳线将两台计算机的网卡连接在一起，如图3－30所示。

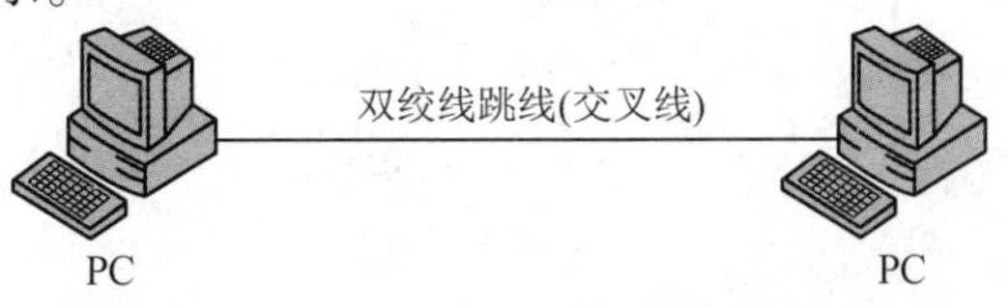

图3－30 两台计算机直连构成的局域网

在使用网卡将两台计算机直连时，双绞线跳线要用交叉线，并且两台计算机最好选用相同品牌和相同传输速度的网卡，以避免可能的连接故障。

任务实施2　单一交换机连接局域网

把所有计算机通过双绞线跳线连接到单一交换机上，可以组成一个小型的局域网，如图3－31所示。在进行网络连接时应主要注意以下问题。

（1）交换机上的RJ－45端口可以分为普通端口（MDI－X端口）和Uplink端口（MDI－II端口），一般来说计算机应该连接到交换机的普通端口上，而Uplink端口主要用于交换机与交换机间的级联。

（2）在将计算机网卡上的RJ－45接口连接到交换机的普通端口时，双绞线跳线应该使用直通线，网卡的速度应与交换机的端口速度相匹配。

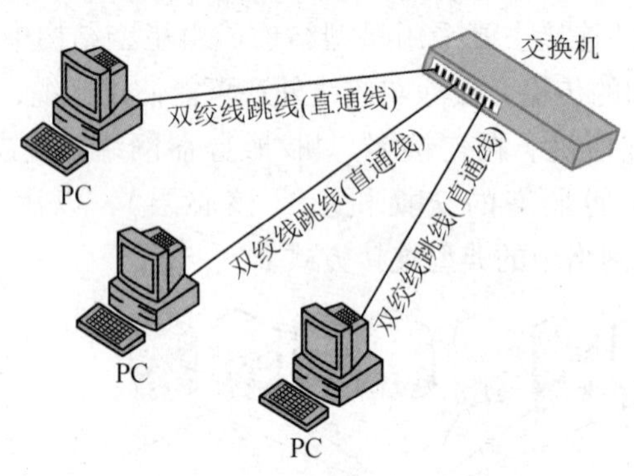

图3－31　单一交换机结构的局域网

任务实施3　多交换机连接局域网

交换机之间的连接有3种：级联、堆叠和冗余连接，其中级联扩展方式是最常规、最直接的一种扩展方式。

（1）通过Uplink端口进行交换机的级联

如果交换机有Uplink端口，则可直接采用这个端口进行级联，在级联时下层交换机使用专门的Uplink端口，通过双绞线跳线连入上一级交换机的普通端口，如图3－32所示。在这种级联方式中使用的级联跳线必须是直通线。

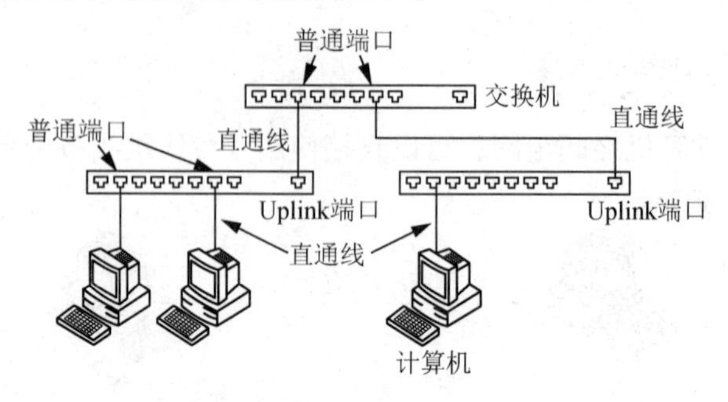

图3－32　交换机通过Uplink端口级联

（2）通过普通端口进行交换机的级联

如果交换机没有 Uplink 端口，可以采用交换机的普通端口进行交换机的级联，这种级联方式的性能稍差，级联方式如图 3－33 所示。

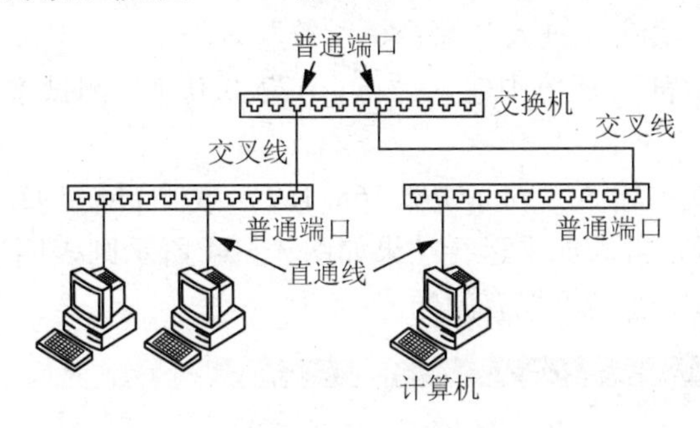

图 3－33　交换机通过普通端口级联

在这种连接方式中所使用的交换机的端口都是普通端口，此时交换机和交换机之间的级联跳线必须是交叉线，不能使用直通线。由于计算机在连接交换机时仍然接入交换机的普通端口，因此计算机和交换机之间的跳线仍然使用直通线。

任务实施 4　利用设备指示灯判断局域网的连通性

在局域网连接完成后，需要判断连接是否成功，无论是网卡还是交换机都提供 LED 指示灯，通过对这些指示灯的观察可以得到一些非常有帮助的信息，并解决一些简单的连通性故障。

（1）观察网卡指示灯

在使用网卡指示灯判断连通性时，一定要先打开交换机的电源，保证交换机处于正常工作状态。网卡有多种类型，不同类型网卡的指示灯数量及其含义并不相同，需注意查看网卡说明书。目前很多计算机的网卡集成在了主板上，通常集成网卡只有两个指示灯，黄色指示灯用于表明连接是否正常，绿色指示灯表明计算机主板是否已经为网卡供电，使其处于待机状态。如果绿色指示灯亮而黄色指示灯没有亮，则表明发生了连通性故障。

（2）观察交换机指示灯

交换机的每个端口都会有一个 LED 指示灯用于指示该端口是否处于工作状态，连通性是否完好。只有该端口所连接的设备处于开机状态，并且链路连通性完好的情况下，指示灯才会被点亮。

【注意】交换机有多种类型，不同类型交换机的指示灯的含义并不相同，在使用时请注意查看交换机的说明书。

任务实施 5　利用 ping 命令测试网络的连通性

ping 是个使用频率极高的实用程序，用于确定本地主机是否能与另一台主机交换数据报，从而判断网络的连通性。利用 ping 命令判断网络连通性的基本步骤如下。

（1）在连入网络中的每台计算机中安装 TCP/IP 协议。

（2）为计算机设置 IP 地址信息，两台计算机的 IP 地址分别设为 192. 168. 1. 1、192. 168. 1. 2；子网掩码均为 255. 255. 255. 0；默认网关和 DNS 服务器为空。

【注意】如果网络中有3台或3台以上的计算机，则第3台计算机IP地址可设为192.168.1.3，依此类推。子网掩码均为255.255.255.0；默认网关和DNS服务器为空。

（3）在IP地址为192.168.1.1的计算机上，依次选择“开始”→“程序”→“附件”→“命令提示符”命令，进入“命令提示符”环境。

（4）在“命令提示符”环境中输入“ping 127.0.0.1”测试本机TCP/IP的安装或运行是否正常。

（5）在命令行模式中输入“ping 192.168.1.2”或“ping 192.168.1.3”测试本机与其他计算机的连接是否正常。如果运行结果如图3-34所示则表明连接正常，如果运行结果如图3-35所示则表明连接可能有问题。

```
命令提示符
C:\>ping 192.168.1.2

Pinging 192.168.1.2 with 32 bytes of data:

Reply from 192.168.1.2: bytes=32 time<1ms TTL=64
Reply from 192.168.1.2: bytes=32 time<1ms TTL=64
Reply from 192.168.1.2: bytes=32 time<1ms TTL=64
Reply from 192.168.1.2: bytes=32 time<1ms TTL=64

Ping statistics for 192.168.1.2:
    Packets: Sent = 4, Received = 4, Lost = 0 (0% loss),
Approximate round trip times in milli-seconds:
    Minimum = 0ms, Maximum = 0ms, Average = 0ms
```

图3-34　用ping命令测试连接正常

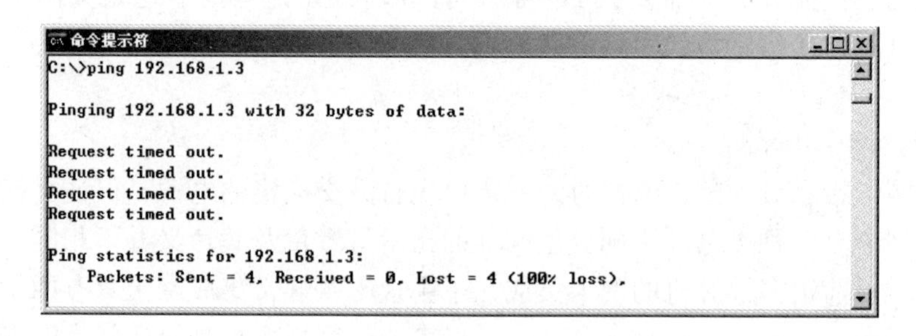

```
命令提示符
C:\>ping 192.168.1.3

Pinging 192.168.1.3 with 32 bytes of data:

Request timed out.
Request timed out.
Request timed out.
Request timed out.

Ping statistics for 192.168.1.3:
    Packets: Sent = 4, Received = 0, Lost = 4 (100% loss),
```

图3-35　用ping命令测试超时错误

【注意】ping命令测试出现错误有多种可能，并不能确定是网络的连通性故障。当前很多的防病毒软件包括操作系统自带的防火墙都有可能屏蔽ping命令，因此在利用ping命令进行连通性测试时需要关闭防病毒软件和防火墙，并对测试结果进行综合考虑。

任务3.5　划分VLAN

【任务目的】

（1）理解VLAN的作用。

（2）了解在二层交换机上划分VLAN的方法。

【工作环境与条件】

（1）二层交换机（本部分以Cisco 2960系列交换机为例，也可选用其他品牌型号的交

换机或使用 Cisco Packet Tracer、Boson Netsim 等模拟软件)。

(2) Console 线缆和相应的适配器。

(3) 安装 Windows 操作系统的 PC。

(4) 其他条件请参照图 3－37 所示。

【相关知识】

3.5.1 广播域

为了让网络中的每一台主机都收到某个数据帧，主机必须采用广播的方式发送该数据帧，这个数据帧被称为广播帧。网络中能接收广播帧的所有设备的集合称为广播域。由于广播域内的所有设备都必须监听所有广播帧，因此如果广播域太大，包含的设备过多，就需要处理太多的广播帧，从而延长网络响应时间。当网络中充斥着大量广播帧时，网络带宽将被耗尽，会导致网络正常业务不能运行，甚至彻底瘫痪，这就发生了广播风暴。

二层交换机可以通过自己的 MAC 地址表转发数据帧，但每台二层交换机的端口都只支持一定数目的 MAC 地址，也就是说二层交换机的 MAC 地址表的容量是有限的。当二层交换机接收到一个数据帧，只要其目的站的 MAC 地址不存在于该交换机的 MAC 地址表中，那么该数据帧会以广播方式发向交换机的每个端口。另外当二层交换机收到的数据帧其目的 MAC 地址为全“1”时，这种数据帧的接收端为广播域内所有的设备，此时二层交换机也会把该数据帧以广播方式发向每个端口。

从上述分析可知，虽然二层交换机的每一个端口是一个冲突域，但在默认情况下，其所有的端口都在同一个广播域，不具有隔离广播帧的能力。因此使用二层交换机连接的网络规模不能太大，否则会大大降低二层交换机的效率，甚至导致广播风暴。为了克服这种广播域的限制，目前很多二层交换机都支持 VLAN 功能，以实现广播帧的隔离。

3.5.2 VLAN 的作用

VLAN（Virtual Local Area Network，即：虚拟局域网）是将局域网从逻辑上划分为一个个的网段（广播域），从而实现虚拟工作组的一种交换技术。通过在局域网中划分 VLAN，可起到以下方面的作用。

- 控制网络的广播，增加广播域的数量，减小广播域的大小。
- 便于对网络进行管理和控制。VLAN 是对端口的逻辑分组，不受任何物理连接的限制，同一 VLAN 中的用户，可以连接在不同的交换机，并且可以位于不同的物理位置，增加了网络连接、组网和管理的灵活性。
- 增加网络的安全性。默认情况下，VLAN 间是相互隔离的，不能直接通信。管理员可以通过应用 VLAN 的访问控制列表，来实现 VLAN 间的安全通信。

3.5.3 VLAN 的实现

从实现方式上看，所有 VLAN 都是通过交换机软件实现的，从实现的机制或策略来划

分，VLAN 可以分为静态 VLAN 和动态 VLAN。

（1）静态 VLAN

静态 VLAN 就是明确指定各端口所属 VLAN 的设定方法，通常也称为基于端口的 VLAN，其特点是将交换机按端口进行分组，每一组定义为一个 VLAN，属于同一个 VLAN 的端口，可来自一台交换机，也可来自多台交换机，即可以跨越多台交换机设置 VLAN。如图 3－36 所示。

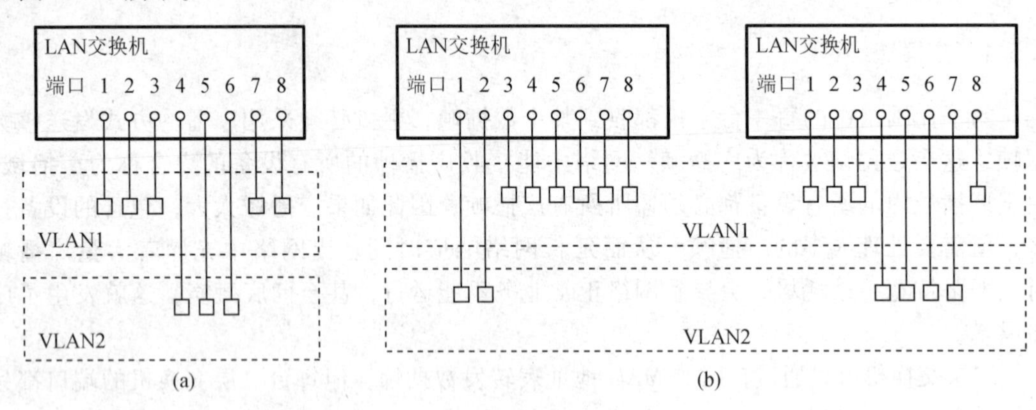

图 3－36　基于端口的 VLAN

静态 VLAN 是目前最常用的一种 VLAN 端口划分方式，配置简单，网络的可监控性较强。但该种方式需要逐个端口进行设置，当要设定的端口数目较多时，工作量会比较大。另外当用户在网络中的位置发生变化时，必须由管理员重新配置交换机的端口。因此静态 VLAN 通常适合于用户或设备位置相对稳定的网络环境。

（2）动态 VLAN

动态 VLAN 是根据每个端口所连的计算机的情况，动态设置端口所属 VLAN 的设定方法。动态 VLAN 通常可分为基于 MAC 地址的 VLAN、基于子网的 VLAN 和基于用户的 VLAN。

- 基于 MAC 地址的 VLAN：根据端口所连计算机的网卡 MAC 地址，来决定该端口所属的 VLAN。
- 基于子网的 VLAN：根据端口所连计算机的 IP 地址，来决定端口所属的 VLAN。
- 基于用户的 VLAN：根据端口所连计算机的当前登录用户，来决定该端口所属的 VLAN。

动态 VLAN 的最大优点在于只要用户的应用性质不变，并且其所使用的主机不变（如网卡不变或 IP 地址不变），则用户在网络中移动时，并不需要对网络进行额外配置或管理。但该种方式需要使用 VLAN 管理软件建立和维护 VLAN 管理数据库，工作量会比较大。

【任务实施】

任务实施 1　单一交换机上划分 VLAN

在如图 3－37 所示的由一台 Cisco 2960－24 交换机组建的局域网中，如要将所有的计

算机划分为4个VLAN，该交换机的1号快速以太网端口属于一个VLAN；2号和3号快速以太网端口属于一个VLAN；4号快速以太网端口属于一个VLAN；其他端口属于另一个VLAN，则配置步骤如下：

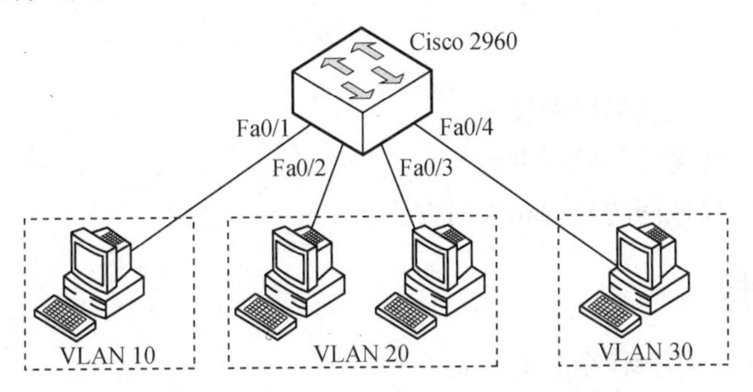

图3-37 单一交换机上划分VLAN实例

```
S2960 >enable
S2960 #vlan database                    //进入VLAN配置模式
S2960(vlan)#vlan 10 name stu1     //创建ID号为10，名称为stu1的VLAN
S2960(vlan)#vlan 20 name stu2     //创建ID号为20，名称为stu2的VLAN
S2960(vlan)#vlan 30 name stu3     //创建ID号为30，名称为stu3的VLAN
S2960(vlan)#exit
S2960 # configure terminal
S2960(config)#interface fa 0/1
S2960(config-if)#switchport access vlan 10     //将Fa0/1端口加入VLAN 10
S2960(config-if)#interface fa 0/2
S2960(config-if)#switchport access vlan 20     //将Fa0/2端口加入VLAN 20
S2960(config-if)#interface fa 0/3
S2960(config-if)#switchport access vlan 20     //将Fa0/3端口加入VLAN 20
S2960(config-if)#interface fa 0/4
S2960(config-if)#switchport access vlan 30     //将Fa0/4端口加入VLAN 30
S2960(config-if)#end
S2960 #show vlan                //查看所有VLAN信息
S2960 #show vlan id 10          //查看VLAN 10信息
S2960 #show vlan id 20          //查看VLAN 20信息
S2960 #show vlan id 30          //查看VLAN 30信息
```

【注意】默认情况下，交换机会自动创建和管理VLAN1，所有交换机端口默认属于VLAN1，用户不能创建和删除VLAN1。用户能够创建的VLAN数量要受到交换机硬件条件的限制，不同型号交换机允许用户创建的VLAN数量有所不同。

任务实施2 测试VLAN的连通性

在每台计算机上运行ping命令测试该计算机与网络其他计算机的连通性，会发现处在不同VLAN中的计算机是不能通信的。

任务 3.6　组建无线局域网

【任务目的】

（1）了解常用的无线局域网技术。
（2）了解常用的无线局域网设备。
（3）熟悉无线局域网的结构和组网方法。

【工作环境与条件】

（1）安装 Windows 操作系统的 PC。
（2）无线网卡。

【相关知识】

无线局域网（Wireless Local Area Network，简称 WLAN）是计算机网络与无线通信技术相结合的产物。简单的说，无线局域网就是在不采用传统线缆的同时，提供传统有线局域网的所有功能。即无线局域网采用的传输介质不是双绞线或者光纤，而是红外线或者无线电波。无线网络是有线网络的补充，适用于不便于架设线缆的网络环境。

3.6.1　无线局域网的技术标准

最早的 WLAN 产品运行在 900MHz 的频段上，速度大约只有 1 ~ 2Mb/s。1992 年，工作在 2.4GHz 频段上的 WLAN 产品问世，之后的大多数 WLAN 产品也都在此频段上运行。目前的 WLAN 产品所采用的技术标准主要包括：IEEE 802.11、HomeRF 和蓝牙等。

1. IEEE 802.11

1997 年 6 月，IEEE 推出了第一代无线局域网标准——IEEE 802.11。该标准定义了物理层和介质访问控制子层（MAC）的协议规范，允许无线局域网及无线设备制造商在一定范围内建立操作网络设备，速度大约有 1 ~ 2Mb/s。任何 LAN 应用、网络操作系统或协议在遵守 IEEE 802.11 标准的无线 LAN 上运行时，就像它们运行在以太网上一样容易。

为了支持更高的数据传输速率，IEEE 于 1999 年 9 月批准了 IEEE 802.11b 标准。IEEE 802.11b 标准对 IEEE 802.11 标准进行了修改和补充，其中最重要的改进就是在 IEEE 802.11 的基础上增加了两种更高的通信速率 5.5Mb/s 和 11Mb/s。由于现行的以太网技术可以实现 10Mb/s、100Mb/s 乃至 1000Mb/s 等不同速率以太网络之间的兼容，因此有了 IEEE 802.11b 标准之后，移动用户将可以得到以太网级的网络性能、速率和可用性，管理者也可以无缝地将多种 LAN 技术集成起来，形成一种能够最大限度地满足用户需求的网络。

IEEE 802.11g 是一种混合标准，兼容 802.11b，其载波的频率为 2.4GHz（跟 802.11b 相同），原始传送速度为 54Mbit/s，净传输速度约为 24.7Mbit/s（跟 802.11a 相同），能满足用户大文件的传输和高清晰视频点播等要求。表 3 - 5 列出了常见的 802.11 标准。

表3-5　802.11常用标准

标　准	物理层数据速率	实际数据速率	最大传输距离	频　率	QoS
802.11b	11Mb/s	6Mb/s	100m	2.4GHz	无
802.11a	54Mb/s	31Mb/s	80m	5GHz	无
802.11g	54Mb/s	12Mb/s	150m	2.4GHz	无
802.11n	500Mb/s 以上	100Mb/s 以上	1000m	2.4GHz 5.8GHz	有

2. HomeRF

HomeRF是专门为家庭用户设计的一种WLAN技术标准。HomeRF利用跳频扩频方式，既可以通过时分复用支持语音通信，又能通过载波监听多重访问/冲突避免（CSMA/CA）协议提供数据通信服务。目前的HomeRF标准集成了语音和数据传送技术，数据传输速率达到100Mbit/s，工作频段为2.4GHz。

3. 蓝牙技术

对IEEE 802.11来说，蓝牙（IEEE 802.15）的出现不是为了竞争而是相互补充。“蓝牙”是一种极其先进的大容量近距离无线数字通信的技术标准，其数据传输速度在1Mb/s（有效传输速率为721Kb/s）以上，传输距离为10cm～10m，通过增加发射功率可达到100m。它的程序是写在一个9×9 mm的微芯片中的，同时配备了这样芯片的两个通信设备之间可以实现方便的无线连接。蓝牙可以同时连接多个设备，最多可达7个，这就可以把用户身边的设备都连接起来，形成一个“个人领域的网络”（Personal Area Network）。

蓝牙比802.11更具移动性，比如，802.11限制在办公室和校园内，而蓝牙却能把一个设备连接到局域网和广域网。此外，蓝牙成本低、体积小，可用于连接更多的设备。

3.6.2　无线局域网的硬件设备

组建无线局域网的硬件设备主要包括：无线网卡、无线访问接入点、无线路由器和天线等，几乎所有的无线网络产品中都自含无线发射/接收功能。

1. 无线网卡

无线网卡在无线局域网中的作用相当于有线网卡在有线局域网中的作用。无线网卡主要包括NIC（网卡）单元、扩频通信机和天线3个功能模块。NIC单元属于数据链路层，由它负责建立主机与物理层之间的连接；扩频通信机与物理层建立了对应关系，它通过天线实现无线电信号的接收与发射。按无线网卡的总线类型可分为适用于台式机的PCI接口的无线网卡（如图3-38所示）和适用于笔记本电脑的PCMCIA接口的无线网卡（如图3-39所示）。另外还有在台式机和笔记本电脑均可采用的USB接口的无线网卡（如图3-40所示）。

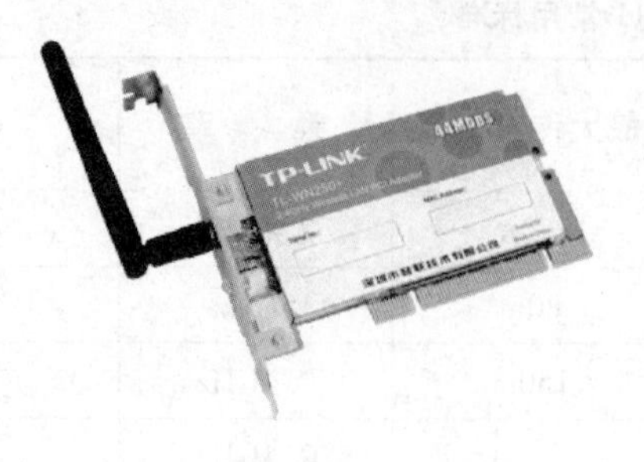

图 3－38　PCI 接口无线网卡

图 3－39　PCMCIA 接口无线网卡

2. 无线访问接入点

无线访问接入点（Access Point，简称 AP）是在无线局域网环境中进行数据发送和接收的集中设备，相当于有线网络中的集线器，如图 3－41 所示。通常，一个 AP 能够在几十至几百米的范围内连接多个无线用户。AP 可以通过标准的以太网电缆与传统的有线网络相连，从而可以作为无线网络和有线网络的连接点。由于无线电波在传播过程中会不断衰减，导致 AP 的通信范围被限定在一定的范围内，这个范围被称作微单元。如果采用多个 AP，并使它们的微单元互相有一定范围的重合，那么当用户在整个无线局域网覆盖区内移动时，无线网卡能够自动发现附近信号强度最大的 AP，并通过这个 AP 收发数据，保持不间断的网络连接，这种方式称为无线漫游。

图 3－40　USB 接口无线网卡

图 3－41　无线访问接入点

3. 无线路由器

无线路由器实际上就是无线 AP 与宽带路由器的结合，如图 3－42 所示。借助于无线路由器，可实现无线网络中的 Internet 连接共享，实现 ADSL、Cable Modem 和小区宽带的无线共享接入。如果不购置无线路由器，就必须在无线网络中设置一台代理服务器才可以实现 Internet 连接共享。

4. 天线

天线（Antenna）的功能是将信号源发送的信号由天线传送至远处。天线一般有定向性和全向性之分，前者较适合于长距离使用，而后者较适合区域性的使用。例如若要将第一栋建筑物内的无线网络的范围扩展到 1km 甚至更远距离以外的第二栋建筑物，可选用的一种方法是在每栋建筑物上安装一个定向天线，天线的方向互相对准，第一栋建筑物的天线经过

AP 连到有线网络上，第二栋建筑物的天线接到第二栋建筑物的 AP 上，如此无线网络就可以接通相距较远的两个或多个建筑物。图 3－43 所示为一款可用于室外的壁挂定向天线。

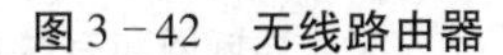
图 3－42　无线路由器

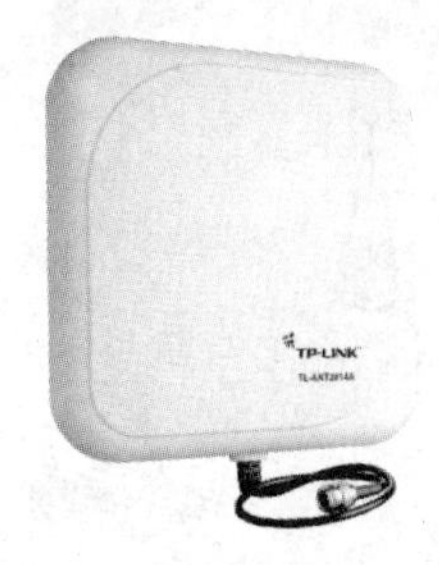

图 3－43　壁挂定向天线

3.6.3　无线局域网的组网模式

将上述几种无线局域网设备结合在一起使用，就可以组建出多层次、无线与有线并存的计算机网络。一般来说，无线局域网有两种组网模式，一种是无固定基站的，另一种是有固定基站的，这两种模式各有特点。无固定基站组成的网络称为自组网络，主要用于在安装无线网卡的计算机之间组成对等状态的网络。有固定基站的网络类似于移动通信的机制，网络用户的安装无线网卡的计算机通过基站（无线访问接入点或无线路由器）接入网络，这种网络应用比较广泛，一般用于有线局域网覆盖范围的延伸或作为宽带无线互联网的接入方式。

1. 无固定基站的无线局域网

无固定基站组成的无线局域网也称无线对等网，是最简单的无线局域网结构，是一种无中心拓扑结构，网络连接的计算机具有平等的通信关系，仅适用于较少数的计算机无线连接方式（通常是在 5 台主机以内），如图 3－44 所示。这种组网模式不需要固定设施，只需要在每台计算机中安装无线网卡就可以实现，因此非常适合组建临时的网络。

图 3－44　无固定基站组成的无线局域网

2. 有固定基站的无线局域网

在具有一定用户数量或需要建立一个稳定的无线网络平台时，一般会采用以 AP 为中心的模式，这种模式也是无线局域网最为普遍的构建模式。在这种模式中，要求有一个 AP 充当中心站，所有站点对网络的访问均由其控制，如图 3－45 所示。另外，通过 AP、无线路由器等无线设备还可以把无线局域网和有线网络连接起来，并允许用户有效地共享网络资源，如图 3－46 所示。

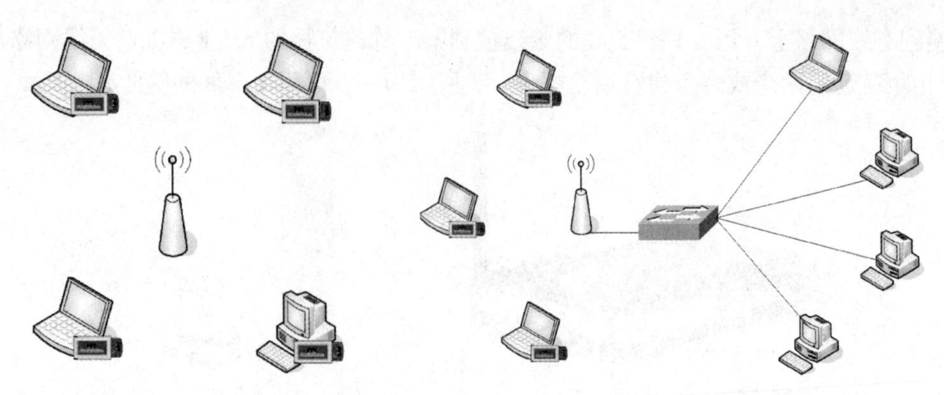

图 3-45　有固定基站的无线局域网　　图 3-46　无线局域网和有线网络的连接

【任务实施】

任务实施 1　安装无线网卡

无线网卡的安装与有线网卡的安装基本相同，包括物理安装和驱动程序安装，请参考有线网卡的安装或无线网卡说明书，这里不再赘述。

任务实施 2　组建无固定基站的无线局域网

几台安装了无线网卡的计算机可以使用无固定基站的模式直接相连。这种网络就像是以太网中的两台计算机通过交叉线直接相连一样，不过以太网中只能实现“双机”互连，而在无线局域网中可以实现多台计算机的互连。在 Windows XP 或 Windows Server 2003 系统下，其基本操作步骤如下。

（1）右击桌面上的“网上邻居”图标，选择“属性”命令。在弹出的窗口中，右击“无线网络连接”图标，选择“属性”命令，打开“无线网络连接属性”对话框，单击“无线网络配置”选项卡，选中“用 Windows 来配置我的无线网络配置”复选框（默认已被选中），启用自动无线网络配置，如图 3-47 所示。

（2）在“无线网络配置”选项卡中，单击“添加”按钮，打开“无线网络属性”对话框，如图 3-48 所示。在“服务名（SSID）”文本框中输入一个网络名称，需要注意的是所有联网的计算机必须设置相同的 SSID。可以在“无线网络密钥”选项组中通过启用“数据加密”和“网络身份验证”功能来保障通信安全，不过一旦网络中的一台计算机启用了加密传输限制，则其他计算机也必须启用并配置相同的密码，否则也无法通信。

（3）单击“确定”按钮，保存设置并返回“无线网络配置”选项卡。单击“高级”按钮，打开“高级”对话框，如图 3-49 所示。选择“任何可用的网络（首选访问点）”选项（系统默认值）或“仅计算机到计算机（特定）”选项，最后单击“关闭”按钮保存设置。

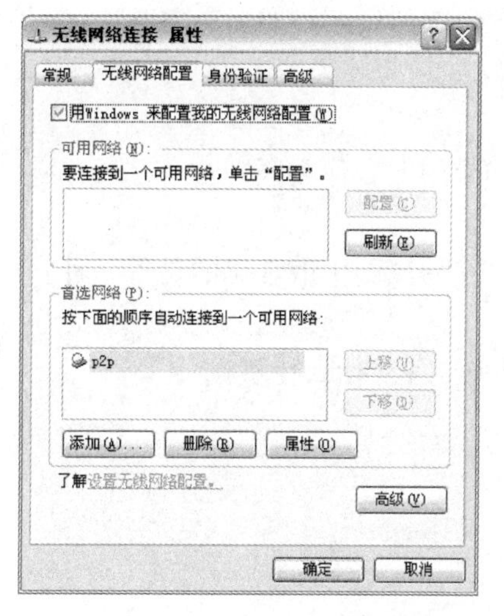

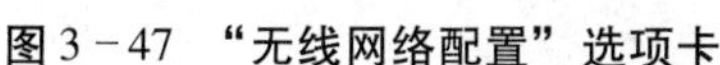
图3-47　“无线网络配置”选项卡

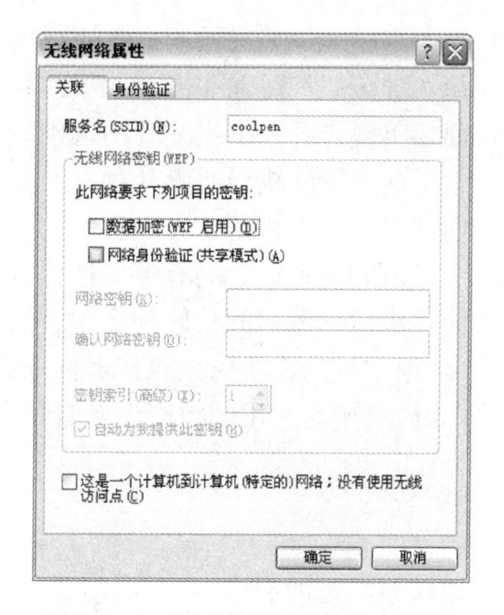

图3-48　“无线网络属性”对话框

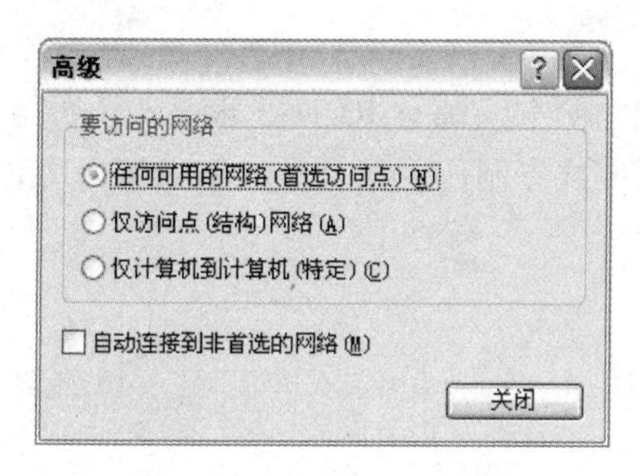

图3-49　“高级”对话框

（4）单击“确定”按钮，回到“无线网络连接属性”对话框，单击“常规”选项卡，选择“Internet 协议”，单击“属性”按钮。在弹出的“Internet 属性”对话框中设置 IP 地址和子网掩码，如有两台计算机，可将其 IP 地址分别设为 192.168.1.1、192.168.1.2；子网掩码均为 255.255.255.0；默认网关和 DNS 服务器为空。

（5）用相同的方法，完成其他计算机的配置。

任务实施3　测试无线网络的连通性

和有线网络一样，可以通过 ping 命令测试无线网络的连通性，ping 命令的使用方法请参考任务 3.4，这里不再赘述。

【注意】 对于有固定基站无线局域网的组建，请查阅相关的书籍和技术手册，限于篇幅，这里不再赘述。

习　题　3

1. 思考问答

（1）快速以太网有哪几种组网方式？各有什么特点？

（2）千兆位以太网有哪几种组网方式？分别使用何种传输介质？

(3) 目前组建大中型局域网通常应如何选择组网技术？一般需要哪些设备？

(4) 简述屏蔽双绞线和非屏蔽双绞线的区别。

(5) 简述单模光纤和多模光纤的区别。

(6) 常见的双绞线跳线有哪几种？在制作和应用上有什么区别？

(7) 简述二层交换机的工作流程。

(8) 交换机和交换机之间有哪些连接方式？在局域网中最常见的是哪一种？

(9) 简述虚拟局域网的功能和实现方法。

(10) 目前常见的无线局域网技术标准有哪些？各有什么特点？

(11) 无线局域网常用的组网设备有哪些？

2. 技能操作

(1) 双绞线跳线的制作

【内容及操作要求】

制作一定长度的双绞线，两端安装有 RJ－45 水晶头，可连接工作站的网卡、集线器或交换机等网络设备。按标准线序制作一条直通线和一条交叉线，并分别使用简易线缆测试仪测试其连通性。

【准备工作】

3～5m 长的双绞线，RJ－45 水晶头 4～6 个，RJ－45 压线钳、尖嘴钳、简易线缆测试仪。

【考核时限】

30min。

(2) 小型办公局域网的组建

【内容及操作要求】

使用交换机组建小型办公局域网，网络节点数在 10 台左右，采用 100Base－TX 组网技术，网络结构如图 3－50 所示。各计算机安装 Windows XP Professional 或以上操作系统，使用 TCP/IP 协议，IP 地址分别设为 192.168.1.1～192.168.1.10；子网掩码均为 255.255.255.0；默认网关和 DNS 服务器为空。要求各计算机之间能够 ping 通，能够相互访问。

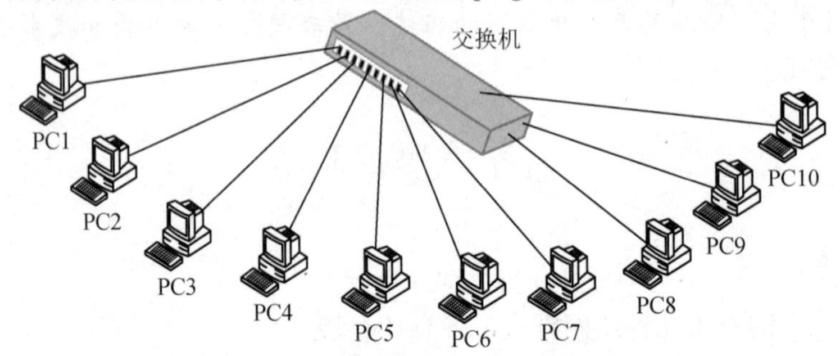

图 3－50　组建小型办公局域网网

【准备工作】

安装 Windows XP Professional 或以上操作系统的计算机 10 台；交换机一台及说明书；一定长度的双绞线；RJ－45 水晶头若干；RJ－45 压线钳；简易线缆测试仪。

【考核时限】

60min。

（3）Cisco 交换机 VLAN 配置

【内容及操作要求】

按照如图 3－51 所示的拓扑图连接网络，按要求划分 3 个 VLAN。

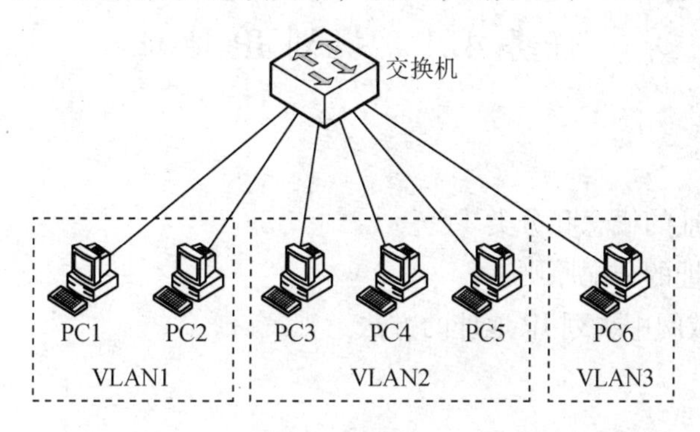

图 3－51 Cisco 交换机 VLAN 配置

【准备工作】

1 台 Cisco 2960 系列交换机；6 台安装 Windows XP Professional 或以上操作系统的计算机；Console 线缆及其适配器若干；制作好的双绞线跳线若干。

【考核时限】

45min。

项目4　规划与分配IP地址

不同类型的局域网之间是不能直接通信的，主要原因是其所传送的数据帧的格式不同。IP协议可以把各种不同格式的数据帧统一转换成IP数据包，从而实现了各种局域网在网络层的互通。IP协议给网络中的每台计算机及相关设备都规定了一个唯一的IP地址，以识别主机，方便通信。本项目的主要目标是理解IP地址的相关知识，掌握规划和分配IP地址的方法，能够利用子网掩码划分子网和构建超网，能够安装和设置IPv6。

任务4.1　规划IP地址

【任务目的】

（1）理解IP地址的概念和分类。
（2）理解IP地址的分配原则。
（3）掌握在局域网中规划IP地址的方法。

【工作环境与条件】

（1）正常联网的几台计算机。
（2）由路由器连接的包含多个网段的网络（也可使用实例）。
（3）划分了VLAN的局域网（也可使用实例）。

【相关知识】

4.1.1　IP地址的概念

连在某个网络上的两台计算机之间在相互通信时，在它们所传送的数据包里都会含有某些附加信息，这些附加信息中会包含发送数据的计算机的地址和接收数据的计算机的地址，从而对网络当中的计算机进行识别，以方便通信。计算机网络中使用的地址包含MAC地址和IP地址。众所周知，MAC地址是数据链路层使用的地址，是固化在网卡上，无法改变的；而且在实际使用过程中，网络中可能会有来自很多厂家的网卡，这些网卡的MAC地址没有任何的规律。因此如果在大型网络中，把MAC地址作为网络的单一寻址依据，则需要建立庞大的MAC地址与计算机所在位置的映射表，这势必影响网络的传输速度。所以，在某一个局域网内，只使用MAC地址进行寻址是可行的，而在大规模网络的寻址中必须使用网络层的IP地址。

IP地址在网络层提供了一种统一的地址格式，在统一管理下进行分配，保证每一个地址对应于网络上的一台主机，屏蔽了MAC地址之间的差异，保证网络的互联互通。根据TCP/IP协议的规定，IP地址是由32位二进制数组成，而且在网络上是唯一的。例如，某

台计算机的 IP 地址为 11001010 01100110 10000110 01000100。很明显，这些数字对于人来说不太好记忆。人们为了方便记忆，就将组成 IP 地址的 32 位二进制数分成 4 段，每段 8 位，中间用小数点隔开，然后将每 8 位二进制转换成十进制数，这样上述计算机的 IP 地址就变成了 202.102.134.68。显然这里每一个十进制数都不会超过 255。

4.1.2 IP 地址的分类

IP 地址与日常生活中的电话号码很相像，例如有一个电话号码为 0532 – 83643624，该号码中的前四位表示该电话是属于哪个地区的，后面的数字表示该地区的某个电话号码。与之类似，IP 地址也可以分成两部分，一部分用以标明具体的网络段，即网络标识（net – id）；另一部分用以标明具体的节点，即主机标识（host – id）。同一个物理网段上的所有主机都使用相同的网络标识，网络上的每个主机（包括工作站、服务器等）都有一个主机标识与其对应。由于网络中包含的主机数量不同，于是人们根据网络规模的大小，把 IP 地址的 32 位地址信息设成 5 种定位的划分方式，分别对应为 A 类、B 类、C 类、D 类、E 类 IP 地址，如图 4 – 1 所示。

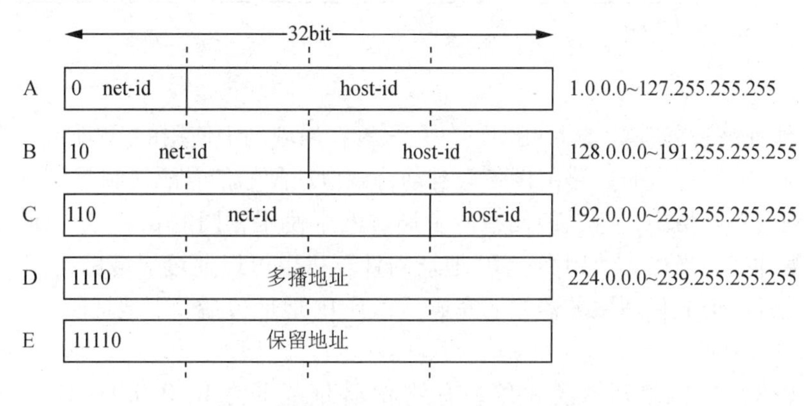

图 4 – 1 IP 地址的分类

（1）A 类 IP 地址

A 类 IP 地址由 1 个字节的网络标识和 3 个字节的主机标识组成，IP 地址的最高位必须是“0”。A 类 IP 地址中的网络标识长度为 7 位，主机标识的长度为 24 位。A 类网络地址数量较少，可以用于主机数达 1600 多万台的大型网络。

（2）B 类 IP 地址

B 类 IP 地址由 2 个字节的网络标识和 2 个字节的主机标识组成，IP 地址的最高位必须是“10”。B 类 IP 地址中的网络标识长度为 14 位，主机标识的长度为 16 位。B 类网络地址适用于中等规模的网络，每个网络所能容纳的计算机数为 6 万多台。

（3）C 类 IP 地址

C 类 IP 地址由 3 个字节的网络标识和 1 个字节的主机标识组成，IP 地址的最高位必须是“110”。C 类 IP 地址中的网络标识长度为 21 位，主机标识的长度为 8 位。C 类网络地址数量较多，适用于小规模的网络，每个网络最多只能包含 254 台计算机。

（4）D 类 IP 地址

D 类 IP 地址第 1 个字节以“1110”开始，它是一个专门保留的地址，并不指向特定的网络，目前这一类地址被用于组播。组播地址用来一次寻址一组计算机，它标识共享同一协议的一组计算机。

（5）E类IP地址

E类IP地址以“11110”开始，为保留地址。

在这5类IP地址中，常用的是A类、B类和C类，A类、B类和C类IP地址空间的情况可参见表4-1。

表4-1　IP地址空间容量

	第一个字节（十进制）	网络地址数	网络主机数	主机总数
A类网络	1~127	126	16 777 214	2 113 928 964
B类网络	128~191	16 382	65 534	1 073 577 988
C类网络	192~223	2 097 152	254	532 676 608
总计		2 113 660	16 843 002	3 720 183 560

4.1.3　私有IP地址

私有IP地址是和公有IP地址相对的，是只能在局域网中使用的IP地址，当局域网通过路由设备与广域网连接时，路由设备会自动将该地址段的信号隔离在局域网内部，而不会将其路由到公有网络中，所以即使在两个局域网中使用相同的私有IP地址段，彼此之间也不会发生冲突。当然，使用私有IP地址的计算机也可以通过局域网访问Internet，不过需要借助地址映射或代理服务器才能完成。私有IP地址包括以下地址段。

（1）10.0.0.0/8

10.0.0.0/8私有网络是A类网络，有效IP地址范围为10.0.0.1~10.255.255.254。10.0.0.0/8私有网络有24位主机标识。

（2）172.16.0.0/12

172.16.0.0/12私有网络可以被认为是B类网络，20位可分配的地址空间（20位主机标识），能够应用于私人组织里的任一子网方案。172.16.0.0/12私有网络允许下列有效的IP地址范围：172.16.0.1~172.31.255.254。

（3）192.168.0.0/16

192.168.0.0/16私有网络可以被认为是C类网络ID，16位可分配的地址空间（16位主机标识），可用于私人组织里的任一子网方案。192.168.0.0/16私有网络允许使用下述有效IP地址范围：192.168.0.1~192.168.255.254。

4.1.4　特殊用途的IP地址

有一些IP地址是具有特殊用途的，通常不能分配给具体的设备，在使用时需要特别注意，表4-2列出了常见的一些具有特殊用途的IP地址。

表4-2　特殊用途的IP地址

net-id	host-id	源地址	目的地址	代表的意思
0	0	可以	不可	本网络的本主机
0	host-id	可以	不可	本网络的某个主机
net-id	0	不可	不可	某网络
全1	全1	不可	可以	本网络内广播（路由器不转发）
net-id	全1	不可	可以	对net-id内的所有主机广播
127	任何数	可以	可以	用作本地软件环回测试

4.1.5　IP地址的分配原则

在局域网中分配IP地址一般应遵循以下原则。

- 通常局域网计算机和路由器的端口需要分配IP地址。
- 处于同一个广播域（网段）的主机或路由器的IP地址的网络标识必须相同。
- 用交换机互联的网络是同一个广播域，如果在交换机上使用了虚拟局域网（VLAN）技术，那么不同的VLAN是不同的广播域。
- 路由器不同的端口连接的是不同的广播域，路由器依靠路由表，连接不同广播域。
- 路由器总是拥有两个或两个以上的IP地址，并且IP地址的网络标识不同。
- 两个路由器直接相连的端口，可以指明也可不指明IP地址。

【任务实施】

任务实施1　为路由器连接的局域网规划IP地址

如图4-2所示，共有3个局域网（LAN1，LAN2和LAN3）通过3个路由器（R1，R2和R3）互连起来所构成的一个网络。图中给出了对该网络IP地址的规划，思考该规划是否符合IP地址的分配原则，应如何对路由器连接的网络进行IP地址规划。

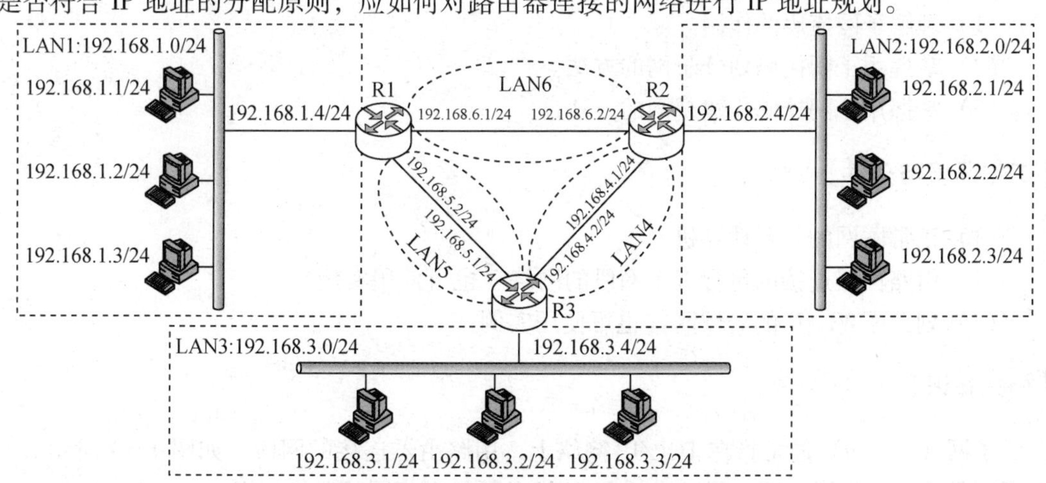

图4-2　为路由器连接的局域网规划IP地址

【注意】 192.168.1.1/24 为 CIDR（无类型域间选路）地址，CIDR 地址中包含标准的 32 位 IP 地址和有关网络标识部分位数的信息，表示方法为：A.B.C.D/n（A.B.C.D 为 IP 地址，n 表示网络标识的位数）。

任务实施 2　为划分了 VLAN 的局域网规划 IP 地址

如图 4－3 所示，6 台计算机连接在一台交换机上，在该交换机上划分了 3 个 VLAN，试根据局域网中分配 IP 地址所遵循的原则，为该网络中的计算机规划 IP 地址，思考应如何对划分了 VLAN 的局域网进行 IP 地址规划。

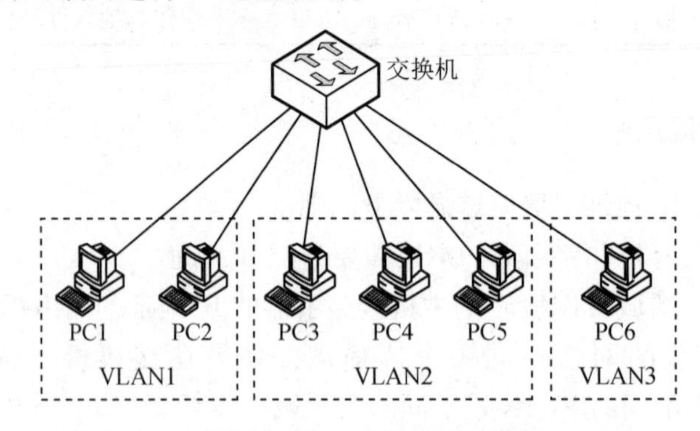

图 4－3　为划分了 VLAN 的局域网规划 IP 地址

任务实施 3　校园网 IP 地址规划

查看所在学校校园网的 IP 地址规划情况，对照校园网的拓扑结构图，思考校园网为什么这样规划 IP 地址。

任务 4.2　划分子网与构建超网

【任务目的】

（1）理解子网掩码的作用。
（2）掌握用子网掩码划分子网的方法。
（3）掌握用子网掩码构建超网的方法。

【工作环境与条件】

（1）正常联网的几台计算机。
（2）由路由器连接的包含多个网段的网络（也可使用实例）。
（3）划分了 VLAN 的局域网（也可使用实例）。

【相关知识】

子网（Subnet）通常指在 TCP/IP 网络上，用路由器连接的网段，如图 4－4 所示。一个子网是一个广播域，同一子网内的 IP 地址必须具有相同的网络标识。

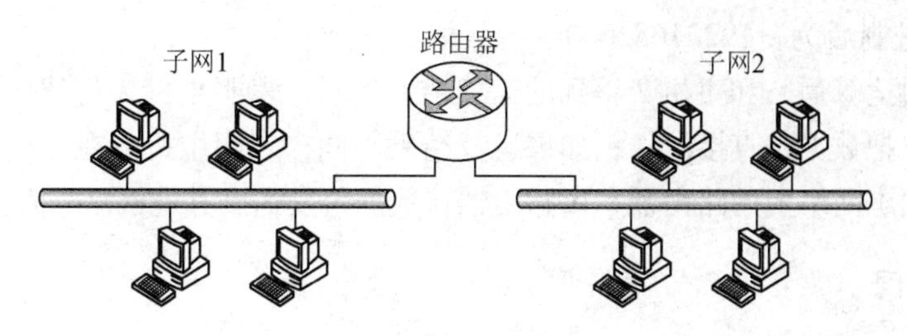

图4－4　子网

4.2.1　子网掩码

通常在设置IP地址的时候，必须同时设置子网掩码，子网掩码不能单独存在，它必须结合IP地址一起使用。子网掩码只有一个作用，就是将某个IP地址划分成网络标识和主机标识两部分。这对于采用TCP/IP协议的网络来说非常重要，只有通过子网掩码，才能表明一台主机所在的子网（广播域）与其他子网的关系，使网络正常工作。

与IP地址相同，子网掩码的长度也是32位，左边是网络位，用二进制数字“1”表示；右边是主机位，用二进制数字“0”表示，图4－5所示为IP地址168.10.20.160与其子网掩码255.255.255.0的二进制对应关系。其中，子网掩码中的“1”有24个，代表与其对应的IP地址左边24位是网络标识；子网掩码中的“0”有8个，代表与其对应的IP地址右边8位是主机标识。默认情况下A类网络的子网掩码为255.0.0.0；B类网络为255.255.0.0；C类网络为255.255.255.0。

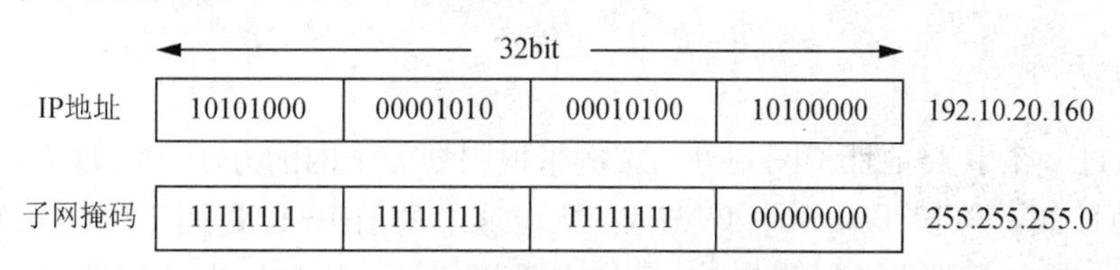

图4－5　IP地址与子网掩码二进制比较

子网掩码是用来判断任意两台计算机的IP地址是否属于同一广播域的根据。最为简单的理解就是两台计算机各自的IP地址与子网掩码进行AND运算后，如果得出的结果是相同的，则说明这两台计算机是处于同一个广播域的，可以进行直接的通信。例如某网络中有两台主机，主机1要把数据包发送给主机2。

主机1的IP地址192.168.0.1，子网掩码255.255.255.0。转化为二进制进行运算：

IP地址　11000000.10101000.00000000.00000001

子网掩码　11111111.11111111.11111111.00000000

AND运算　11000000.10101000.00000000.00000000

转化为十进制后为：192.168.0.0。

主机2的IP地址192.168.0.254，子网掩码255.255.255.0。转化为二进制进行运算：

IP地址　11000000.10101000.00000000.11111110

子网掩码 11111111.11111111.11111111.00000000

AND运算　11000000.10101000.00000000.00000000

转化为十进制后为：192.168.0.0。

主机1通过运算后，和主机2得到的运算结果相同，表明主机2与其在同一广播域，可以通过相关协议把数据包直接发送；如果运算结果不同，表明主机2在远程网络上，那么数据包将会发送给本网络上的路由器，由路由器将数据包发送到其他网络，直至到达目的地。

4.2.2 划分子网

1. IP地址两极结构的局限

标准的IP地址分为两极结构，即每个IP地址都分为网络标识和主机标识两部分，但这种结构在实际网络应用中存在着以下不足。

- IP地址空间的利用率有时很低，如某广播域有10台主机，要分配IP地址，必须选择C类的IP地址，而一个C类的IP地址段一共有254个可以分配的IP地址，这样有244个IP地址就被浪费掉了。
- 给每一个物理网络分配一个网络标识会使路由表变得太大，影响网络性能。
- 两级的IP地址不够灵活，很难针对不同的网络需求进行规划和管理。

解决这些问题的办法是，在IP地址中增加一个"子网标识字段"，使两级的IP地址变成三级的IP地址。这种做法叫做划分子网，或子网路由选择。

也可以使用下面的等式来表示三级IP地址：

IP地址：：={<网络标识>，<子网标识>，<主机标识>}。

2. 划分子网

下面通过一个B类地址子网划分的实例来说明划分子网的方法。例如某区域网络申请到了B类地址如169.12.0.0/16，该32位IP地址中的前16位是固定的，后16位可供用户自己支配。网络管理员可以将这16位分成两部分，一部分作为子网标识，另一部分作为主机标识，作为子网标识的比特数可以从2到14，如果子网标识的位数为m，则该网络一共可以划分为2^m-2个子网（注意子网标识不能全为"1"，也不能全为"0"），与之对应主机标识的位数为16－m，每个子网中可以容纳$2^{16-m}-2$个主机（注意主机标识不能全为"1"，也不能全为"0"）。表4－3列出了B类地址的子网划分选择。

表4－3 B类地址的子网划分选择

子网标识的比特数	子网掩码	子网数	主机数/子网
2	255.255.192.0	2	16382
3	255.255.224.0	6	8190
4	255.255.240.0	14	4094
5	255.255.248.0	30	2046
6	255.255.252.0	62	1022
7	255.255.254.0	126	510

续 表

子网标识的比特数	子网掩码	子网数	主机数/子网
8	255.255.255.0	254	254
9	255.255.255.128	510	126
10	255.255.255.192	1022	62
11	255.255.255.224	2046	30
12	255.255.255.240	4094	14
13	255.255.255.248	8190	6
14	255.255.255.252	16382	2

由表4-3可以看出，当用子网掩码进行了子网划分之后，整个B类网络中可以容纳的主机数量即可以分配给主机的IP地址数量减少了，因此划分子网是以牺牲可用IP地址的数量为代价的。

用子网掩码划分子网的一般步骤如下。

（1）确定子网的数量m，并将m加1后其转换为二进制数，并确定位数n。

（2）按照IP地址的类型写出其默认子网掩码。

（3）将默认子网掩码中主机标识的前n位对应的位置置1，其余位置置0。

（4）写出各子网的子网标识和相应的IP地址。

4.2.3 构建超网

所谓构建超网是一种用子网掩码将若干个相邻的连续的网络地址组合成单个网络地址的方法，它可以把几个规模较小的网络合成一个规模较大的网络。构建超网可看做划分子网的逆过程。划分子网时，是从IP地址主机标识部分借位，将其并入网络标识部分；而构建超网则是将网络标识部分的某些位并入主机标识部分。

【任务实施】

任务实施1 用子网掩码划分子网

【实例】 假设某区域网络取得的IP地址为200.200.200.0，子网掩码为255.255.255.0。现要求在该网络中划分6个子网，每个子网有30台主机。试写出每个子网的子网掩码、网络地址、第一个可分配给主机的IP地址、最后一个可分配给主机的IP地址以及广播地址。

【解决方法】

（1）本题目中要划分6个子网，6加1等于7，7转换为二进制数为111，位数n=3。

（2）网络地址200.200.200.0，是C类IP地址，默认子网掩码为255.255.255.0，二进制形式为：11111111 11111111 11111111 00000000。

（3）将默认子网掩码中主机标识的前n位对应位置置1，其余位置置0。得到划分子网后的子网掩码为 11111111 11111111 11111111 11100000，转换为十进制为 255.255.255.224。每个 IP 地址中后 5 位为主机标识，每个子网中有 $2^5-2=30$ 个主机，符合题目要求。

（4）由子网掩码的确定可以看出，在本网络中原 C 类 IP 地址主机标识的前三位被当作子网标识，子网标识不能全为 0，也不能全为 1，而主机标识全为 0 时，代表一个网络，所以这里得到的第一个子网是：11001000 11001000 11001000 00100000。其中 11001000 11001000 11001000 是网络标识；001 是子网标识；00000 为主机标识，转换为十进制为：200.200.200.32。

子网中主机标识全为 1 为该子网的广播地址，所以得到第一个子网的广播地址为：11001000 11001000 11001000 00111111，转换为十进制为：200.200.200.63。

子网中第一个可分配给主机的 IP 地址为：11001000 11001000 11001000 00100001，转换为十进制为：200.200.200.33；最后一个可分配给主机的 IP 地址为 11001000 11001000 11001000 00111110，转换为十进制为：200.200.200.62。

表 4-4 列出了本例中各子网的子网掩码、网络地址、第一个可分配给主机的 IP 地址、最后一个可分配给主机的 IP 地址、广播地址。

表 4-4　各子网 IP 地址的分配

子　　网	子网掩码	网络地址	第一个主机地址	最后一个主机地址	广播地址
第 1 个子网	255.255.255.224	200.200.200.32	200.200.200.33	200.200.200.62	200.200.200.63
第 2 个子网	255.255.255.224	200.200.200.64	200.200.200.65	200.200.200.94	200.200.200.95
第 3 个子网	255.255.255.224	200.200.200.96	200.200.200.97	200.200.200.126	200.200.200.127
第 4 个子网	255.255.255.224	200.200.200.128	200.200.200.129	200.200.200.158	200.200.200.159
第 5 个子网	255.255.255.224	200.200.200.160	200.200.200.161	200.200.200.190	200.200.200.191
第 6 个子网	255.255.255.224	200.200.200.192	200.200.200.193	200.200.200.222	200.200.200.223

任务实施 2　用子网掩码构建超网

【实例】 某公司网络中共有 400 台主机，这 400 台主机间需要直接通信，应如何为该公司网络分配 IP 地址。

【解决方法】

该公司网络中共有 400 台主机，需要 400 个 IP 地址，而一个 C 类的网络最多有 254 个可以使用的 IP 地址，因此要为该公司网络分配 IP 地址时，一种方法是可以考虑申请 B 类的 IP 地址，另外也可以考虑申请 2 个 C 类的 IP 地址，通过子网掩码构建成一个超网的方法。

假设可以申请到 2 个连续的 C 类 IP 地址段，如 200.200.14.0 和 200.200.15.0，每个地址段中有 254 个可用的 IP 地址，将这两个 IP 地址段转换为二进制为：

11001000 11001000 00001110 00000000

11001000 11001000 00001111 00000000

C类网络的默认子网掩码为255.255.255.0，前24位为网络标识，后8位为主机标识，而在上面两个C类网络中，其网络标识只有最后一位是不同的，前23位是相同的。

如果将子网掩码改为：11111111 11111111 11111110 00000000，即255.255.254.0，此时上面两个C类网络中，IP地址中前23位就成为网络标识，后9位就成为主机标识。这两个C类网络就构成了一个超网，其网络标识为前23位，网络地址为200.200.14.0，第一个可用的IP地址为200.200.14.1，最后一个可用的IP地址为200.200.15.254，共有510个可用的IP地址，广播地址为200.200.15.255。

任务4.3　分配IP地址

【任务目的】

（1）掌握IP地址的分配方法。

（2）掌握静态分配IP地址的方法。

（3）掌握使用DHCP服务器动态分配IP地址的方法。

【工作环境与条件】

（1）正常联网的几台计算机。

（2）至少一台安装Windows Server 2003网络操作系统的计算机。

（3）Windows Server 2003安装光盘。

【相关知识】

在规划好IP地址之后，需要将IP地址分配给网络中的计算机和相关设备，目前IP地址的分配方法主要有以下几种。

4.3.1　静态分配IP地址

静态分配IP地址就是将IP地址及相关信息设置到每台计算机和相关设备中，计算机及相关设备在每次启动时从自己的存储设备获得的IP地址及相关信息始终不变。

4.3.2　使用DHCP分配IP地址

DHCP（动态主机配置协议）专门设计用于使客户机可以从网络服务器接收IP地址和其他相关信息。与静态分配IP地址相比，使用DHCP自动分配IP地址主要有以下优点。

- 可以减轻网络管理的工作，避免IP地址冲突带来的麻烦。
- TCP/IP的相关信息可以在服务器端集中设置更改，不需要修改客户端。
- 客户端计算机有较大的调整空间，用户更换网络时不需重新设置TCP/IP。
- 如果路由器支持DHCP中继代理，则可以有效地降低成本。

DHCP采用客户机/服务器模式，网络中有一台DHCP服务器，每个客户机可以选择“自动获得IP地址”，这样就可以得到DHCP服务器提供的IP地址。通常客户机与服务器

要在同一个广播域中，网络结构如图 4-6 所示。要实现 DHCP 服务，必须分别完成 DHCP 服务器和客户机的设置。

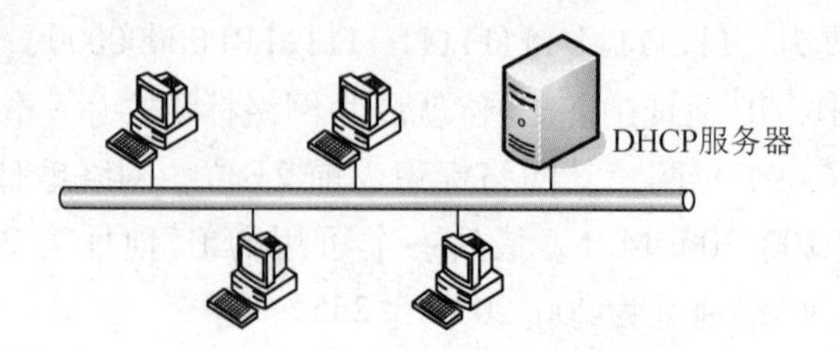

图 4-6　DHCP 服务的网络结构

4.3.3　自动专用 IP 寻址

在 Windows 操作系统中，如果网络中没有 DHCP 服务器，但是客户机还选择了“自动获得 IP 地址”，那么操作系统会代替 DHCP 服务器为客户机分配一个 IP 地址，这个地址是 IP 地址段 169.254.0.0～169.254.255.255 中的一个地址。

【注意】 如果 DHCP 客户机使用自动专用 IP 寻址配置了它的网络接口，客户机会在后台每隔 5 分钟查找一次 DHCP 服务器。如果后来找到了 DHCP 服务器，客户端会放弃它的自动配置信息，然后使用 DHCP 服务器提供的地址来更新 IP 配置。

【任务实施】

为安装 Windows 操作系统的计算机静态设置 IP 地址的方法，请参见任务 2.3，这里不再赘述。本次任务主要使用 DHCP 完成 IP 地址的分配。

任务实施 1　安装 DHCP 服务器

DHCP 服务器的 IP 地址必须是静态设置的。由于在本实训中作为服务器的计算机只有一块内部网卡，所以其作为 DHCP 服务器时，服务器提供给客户机的 IP 地址必须和本机 IP 地址同网段。下面在安装有 Windows Server 20003 网络操作系统的计算机中完成 DHCP 服务器的安装。基本操作步骤如下。

(1) 依次选择“开始”→“程序”→“管理工具”→“管理您的服务器”命令，在“管理您的服务器”窗口中，单击“添加或删除角色”选项。在打开的“预备步骤”对话框中，单击“下一步”按钮。期间，根据向导插入 Windows Server 2003 的安装光盘，此时会出现“服务器角色”对话框。

(2) 在“服务器角色”对话框中，选择安装“DHCP 服务器”选项，单击“下一步”按钮，打开“配置总结”对话框。

(3) 在“配置总结”对话框中，单击“下一步”按钮，系统会安装 DHCP 服务组件，安装完毕后将打开“欢迎使用配置 DHCP 服务器向导”对话框。

(4) 在“欢迎使用配置 DHCP 服务器向导”对话框中，单击“下一步”按钮，打开“作用域名”对话框，如图 4-7 所示。

(5) 在“作用域名”对话框中，输入新建作用域的名称和描述。单击“下一步”按钮，打开“IP 地址范围”对话框，如图 4-8 所示。

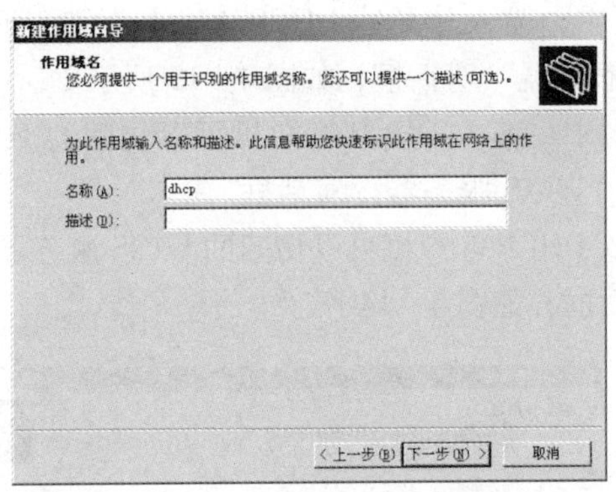

图4-7　“作用域名”对话框

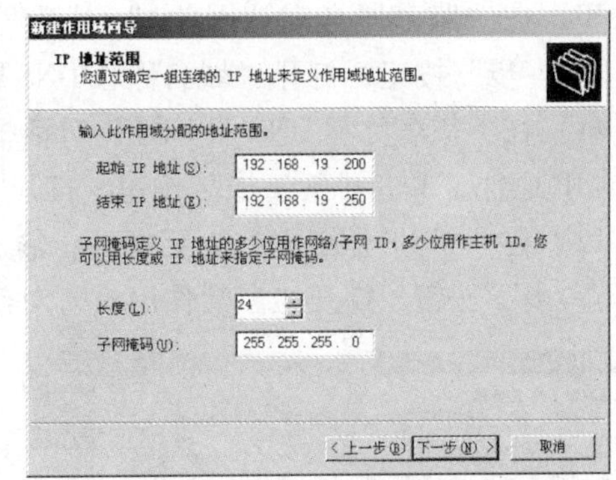

图4-8　“IP地址范围”对话框

（6）在“IP地址范围”对话框中，输入DHCP服务器中可以分配给客户机的IP地址范围和相应的子网掩码。单击“下一步”按钮，打开“添加排除”对话框，如图4-9所示。

（7）在“添加排除”对话框中，可以添加在IP地址范围中不想提供给DHCP客户机使用的IP地址。单击“下一步”按钮，打开“租约期限”对话框，如图4-10所示。

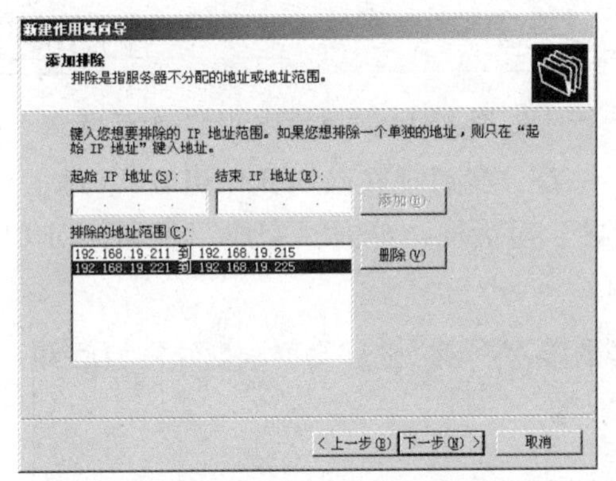

图4-9　“添加排除”对话框

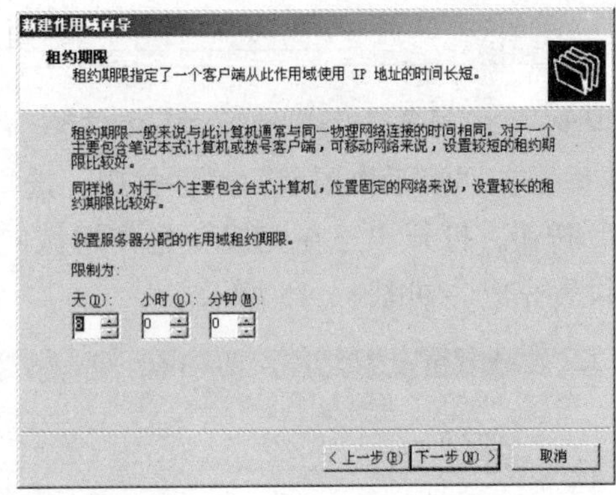

图4-10　“租约期限”对话框

（8）在“租约期限”对话框中，设置客户机可以使用此作用域IP地址的期限。单击“下一步”按钮，打开“配置DHCP选项”对话框，如图4-11所示。

（9）在“配置DHCP选项”对话框中，选择“是，我想现在配置这些选项”。单击“下一步”按钮，打开“路由器（默认网关）”对话框，如图4-12所示。

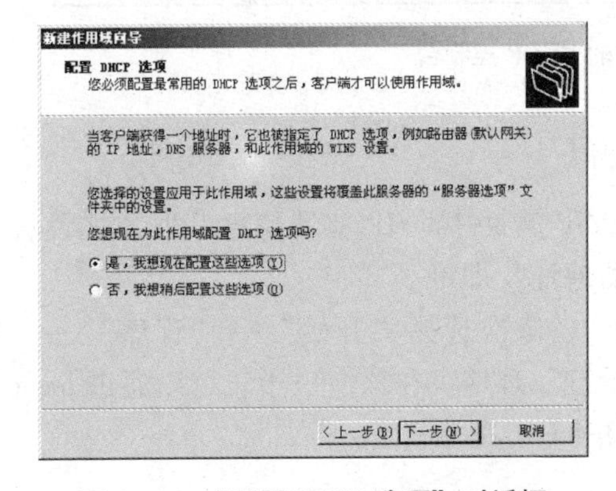

图4-11　“配置DHCP选项”对话框

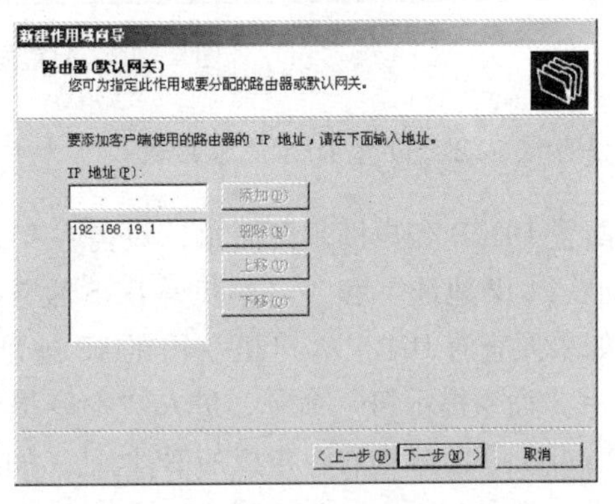

图4-12　“路由器（默认网关）”对话框

（10）在“路由器（默认网关）”对话框中，输入分配给 DHCP 客户机的默认网关。单击“下一步”按钮，打开“域名称和 DNS 服务器”对话框，如图 4－13 所示。

（11）在“域名称和 DNS 服务器”对话框中，输入 DHCP 客户机可以访问的 DNS 服务器的 IP 地址。单击“下一步”按钮，打开“WINS 服务器”对话框。

（12）在“WINS 服务器”对话框中，输入 DHCP 客户机可以访问的 WINS 服务器。单击“下一步”按钮，打开“激活作用域”对话框，如图 4－14 所示。

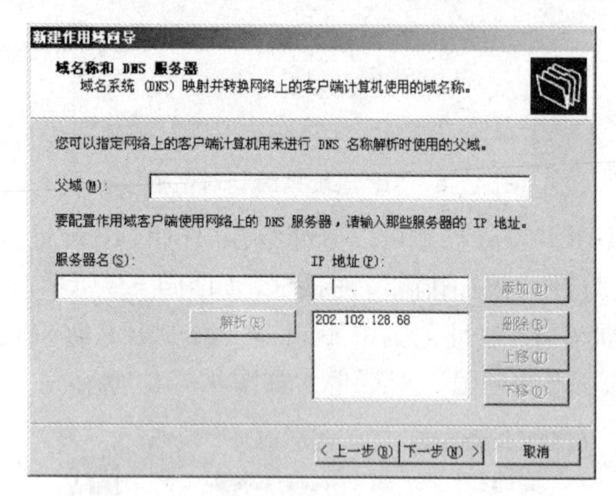

图 4－13 “域名称和 DNS 服务器”对话框

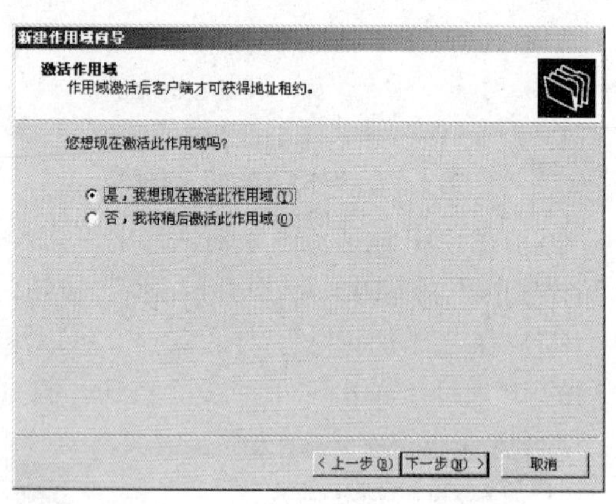

图 4－14 “激活作用域”对话框

（13）在“激活作用域”对话框中，选择“是，我想现在激活此作用域”。单击“下一步”按钮，打开“正在完成新建作用域向导”对话框，单击“完成”按钮，DHCP 服务器设置完成，如图 4－15 所示。

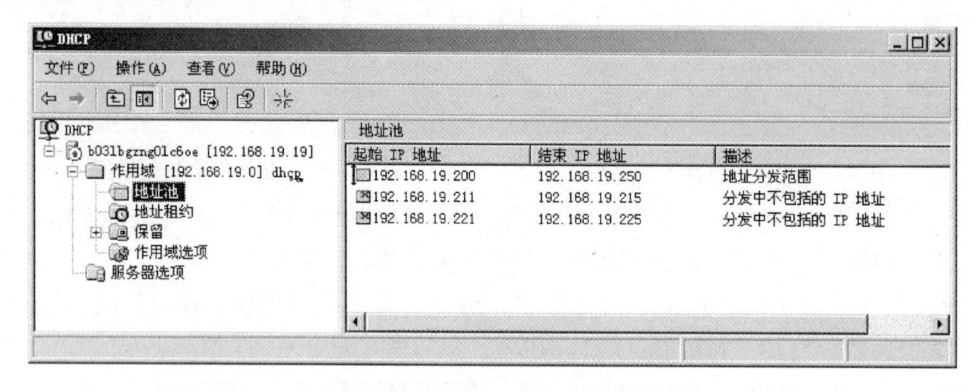

图 4－15 配置好的 DHCP 控制台

任务实施 2 设置 DHCP 客户机

配置 DHCP 客户机非常简单，只需在 TCP/IP 属性中将 IP 地址信息获取方式设置为“自动获得 IP 地址”和“自动获得 DNS 服务器地址”即可。

如果要查看 DHCP 客户机获得的 IP 地址，应依次选择“开始”→“程序”→“附件”→“命令提示符”命令，进入“命令提示符”环境。在该窗口中，可以通过 ipconfig 或 ipconfig/all 命令查看客户机的 IP 地址，如图 4－16 所示。

```
命令提示符
C:\>ipconfig /all

Windows IP Configuration

        Host Name . . . . . . . . . . . . : 409T
        Primary Dns Suffix  . . . . . . . :
        Node Type . . . . . . . . . . . . : Unknown
        IP Routing Enabled. . . . . . . . : No
        WINS Proxy Enabled. . . . . . . . : No

Ethernet adapter 本地连接:

        Connection-specific DNS Suffix  . :
        Description . . . . . . . . . . . : Realtek RTL8139/810X Family PCI Fast
 Ethernet NIC
        Physical Address. . . . . . . . . : 00-19-21-49-34-A0
        Dhcp Enabled. . . . . . . . . . . : Yes
        Autoconfiguration Enabled . . . . : Yes
        IP Address. . . . . . . . . . . . : 192.168.19.200
        Subnet Mask . . . . . . . . . . . : 255.255.255.0
        Default Gateway . . . . . . . . . :
        DHCP Server . . . . . . . . . . . : 192.168.19.47
        Lease Obtained. . . . . . . . . . : 2011年3月23日 14:07:30
        Lease Expires . . . . . . . . . . : 2011年3月31日 14:07:30
```

图4-16　查看客户端IP地址信息

【注意】如果在DHCP客户机的“命令提示符”窗口中输入ipconfig/release命令，可以释放当前的IP地址；如果输入ipconfig/renew命令，客户机将重新向DHCP服务器请求一个新的IP地址。

任务4.4　安装与设置IPv6

【任务目的】

（1）了解IPv6的特点和寻址方式。
（2）掌握IPv6协议的安装方法。
（3）熟悉IPv6网络参数的设置。

【工作环境与条件】

（1）正常联网的几台计算机。
（2）安装Windows XP或Windows Server 2003操作系统。

【相关知识】

4.4.1　IPv6的优势

目前广泛使用的第二代互联网IPv4技术，核心技术属于美国。它的最大问题是网络地址资源有限，从理论上讲，IPv4技术可使用的IP地址有43亿个，其中北美占有3/4，约30亿个，而人口最多的亚洲只有不到4亿个，中国只有3千多万个，只相当于美国麻省理工学院的数量。地址不足，严重地制约了我国及其他国家互联网的应用和发展。

随着电子技术及网络技术的发展，计算机网络已进入人们的日常生活，可能身边的每一样东西都需要连入 Internet。在这样的环境下，IPv6 应运而生。与 IPv4 相比，IPv6 具有以下几个优势。

- IPv6 具有更大的地址空间。IPv4 中规定 IP 地址长度为 32，即有 2^{32} 个地址；而 IPv6 中 IP 地址的长度为 128，即有 2^{128} 个地址。
- IPv6 使用更小的路由表。IPv6 的地址分配一开始就遵循聚类的原则，这使得路由器能在路由表中用一条记录表示一片子网，大大减小了路由器中路由表的长度，提高了路由器转发数据包的速度。
- IPv6 增加了增强的组播支持以及对流的支持，这使得网络上的多媒体应用有了长足发展的机会，为服务质量（QoS）控制提供了良好的网络平台。
- IPv6 加入了对自动配置的支持。这是对 DHCP 协议的改进和扩展，使得网络（尤其是局域网）的管理更加方便和快捷。
- IPv6 具有更高的安全性。在使用 IPv6 的网络中，用户可以对网络层的数据进行加密并对 IP 报文进行校验，极大地增强了网络的安全性。

4.4.2 IPv6 的寻址

在 IPv6 中，地址的长度是 128 位。地址空间如此大的一个原因是将可用地址细分为反映 Internet 的拓扑的路由域的层次结构。另一个原因是映射将设备连接到网络的网络适配器（或接口）的地址。IPv6 提供了内在的功能，可以在其最低层（在网络接口层）解析地址，并且还具有自动配置功能。

1. 文本表示形式

以下是用来将 IPv6 地址表示为文本字符串的 3 种常规形式。

（1）冒号十六进制形式

这是 IPv6 地址的首选形式，格式为 n:n:n:n:n:n:n:n。每个 n 都表示 8 个 16 位地址元素之一的 16 进制值。例如：3FFE:FFFF:7654:FEDA:1245:BA98:3210:4562。

（2）压缩形式

由于地址长度要求，地址包含由零组成的长字符串的情况十分常见。为了简化对这些地址的写入，可以使用压缩形式，在压缩形式中，多个 0 块的单个连续序列由双冒号符号（::）表示。此符号只能在地址中出现一次。例如，多路广播地址 FFED:0:0:0:0:BA 98:3210:4562 的压缩形式为 FFED::BA98:3210:4562；单播地址 3FFE:FFFF:0:0:8:800:20C4:0 的压缩形式为 3FFE:FFFF::8:800:20C4:0；环回地址 0:0:0:0:0:0:0:1 的压缩形式为 ::1；未指定的地址 0:0:0:0:0:0:0:0 的压缩形式为 ::。

（3）混合形式

此形式组合了 IPv4 和 IPv6 地址。在此情况下，地址格式为 n:n:n:n:n:n:d.d.d.d，其中每个 n 都表示 6 个 IPv6 高序位 16 位地址元素之一的 16 进制值，每个 d 都表示 IPv4 地址的 10 进制值。

2. 地址类型

地址中的前导位定义特定的 IPv6 地址类型。包含这些前导位的变长字段称作格式前缀。IPv6 单播地址被划分为两部分。第一部分包含地址前缀，第二部分包含接口标识符。表示 IPv6 地址/前缀组合的简明方式如下所示：IPv6 地址/前缀长度。

以下是具有 64 位前缀的地址的示例：

3FFE:FFFF:0:CD30:0:0:0:0/64

此示例中的前缀是 3FFE:FFFF:0:CD30，以压缩形式写入为 3FFE:FFFF:0:CD30::/64。

IPv6 定义以下地址类型。

（1）单播地址

用于单个接口的标识符。发送到此地址的数据包被传递给标识的接口。通过高序位 8 位字节的值来将单播地址与多路广播地址区分开来。多路广播地址的高序列 8 位字节具有 16 进制值 FF。此 8 位字节的任何其他值都标识单播地址。

以下是不同类型的单播地址。

● 链路－本地地址：用于单个链路，格式为 FE80::InterfaceID。链路－本地地址用在链路上的各节点之间，用于自动地址配置、邻居发现或未提供路由器的情况。链路－本地地址主要用于启动时以及系统尚未获取较大范围的地址之时。

● 站点－本地地址：用于单个站点，格式为 FEC0::SubnetID:InterfaceID。站点－本地地址用于不需要全局前缀的站点内的寻址。

● 全局 IPv6 单播地址：这些地址可用在 Internet 上，格式为 010（FP，3 位）TLA ID（13 位）Reserved（8 位）NLA ID（24 位）SLA ID（16 位）InterfaceID（64 位）。

（2）多路广播地址

用于一组接口的标识符（通常属于不同的节点）。发送到此地址的数据包被传递给该地址标识的所有接口。多路广播地址类型代替 IPv4 广播地址。

（3）任一广播地址

用于一组接口的标识符（通常属于不同的节点）。发送到此地址的数据包被传递给该地址标识的唯一接口。这是按路由标准标识的最近的接口。任一广播地址取自单播地址空间，而且在语法上不能与其他地址区别开来。寻址的接口依据其配置确定单播和任一广播地址之间的差别。通常，节点始终具有链路－本地地址。

【任务实施】

任务实施 1　添加 IPv6 协议

不同的 Windows 操作系统对 IPv6 协议的支持是不同的，从产品的角度来讲，IPv6 协议有正式产品版和非产品版。Windows 95/98 和 Windows Me 不支持 IPv6 协议。Windows 2000（SP1 ~ SP4）支持 IPv6 非产品版本，此版本提供的 IPv6 软件包含预发行代码，不用于商业目的，此软件仅用于研究、开发和测试，不得用于生产环境。Windows 2003 Server、Windows 2008 Server、Windows XP 等操作系统支持 IPv6 协议正式产品版，这些系统中 IPv6

协议的安装和卸载可以通过控制面板中的网络连接进行。在 Windows 2003 Server 操作系统中添加 IPv6 协议的操作步骤请参照任务 2.3，这里不再赘述。

IPv6 协议安装完成后，可依次选择“开始”→“程序”→“附件”→“命令提示符”命令，进入“命令提示符”环境。此时可以利用 ping ::1 命令来验证 IPv6 是否安装正确，当出现如图 4-17 所示的画面时，可以确定 IPv6 协议已经安装正确。

```
命令提示符
C:\>ping ::1

Pinging ::1 with 32 bytes of data:

Reply from ::1: time<1ms
Reply from ::1: time<1ms
Reply from ::1: time<1ms
Reply from ::1: time<1ms

Ping statistics for ::1:
    Packets: Sent = 4, Received = 4, Lost = 0 (0% loss),
Approximate round trip times in milli-seconds:
    Minimum = 0ms, Maximum = 0ms, Average = 0ms
```

图 4-17　用 ping 命令确定 IPv6 协议已经正确安装

【注意】就目前所有的 IPv6 版本来说，在使用 IPv6 的时候，对 IPv4 站点间的通信没有影响，互不干扰。并且 IPv6 工作的时候，在传输层使用的是和 IPv6 版本相对应的 TCP 和 UDP 协议。

任务实施 2　进入系统网络参数设置环境

和 IPv4 一样，在安装 IPv6 后就需要通过设置 IPv6 地址、默认网关等来使用 IPv6。IPv6 的使用和配置与 IPv4 的窗口设置不同，它需要在“命令提示符”环境下，通过命令来配置。配置 IPv6 的命令系统有两种，一种是 IPv6 命令，另一种是 Netsh 命令。

可依次选择“开始”→“运行”命令，在“运行”对话框中输入 netsh，单击“确定”按钮，即可进入系统网络参数设置环境，如图 4-18 所示。

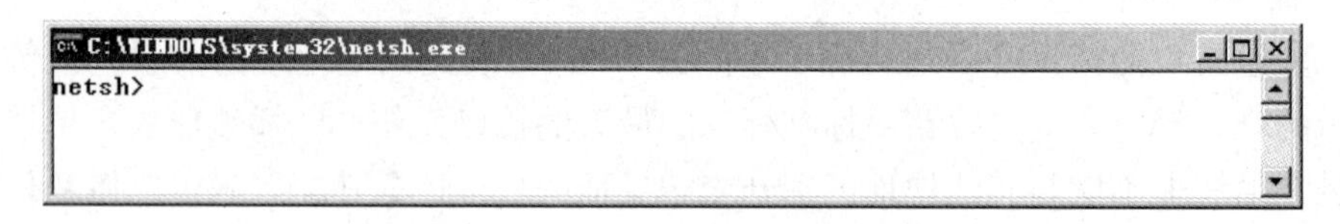

图 4-18　系统网络参数设置环境

任务实施 3　设置 IPv6 地址及默认网关

假如网络管理员分配给客户端的 IPv6 地址为 2001:da8:207::9402，默认网关为2001:da8:207::9401。则在系统网络参数设置环境中输入“interface ipv6 add address" 本地连接" 2001:da8:207::9402”，按 Enter 键即可设置 IPv6 地址；输入“interface ipv6 add route ::/0" 本地连接" 2001:da8:207::9401”，按 Enter 键即可设置 IPv6 默认网关，如图 4-19 所示。

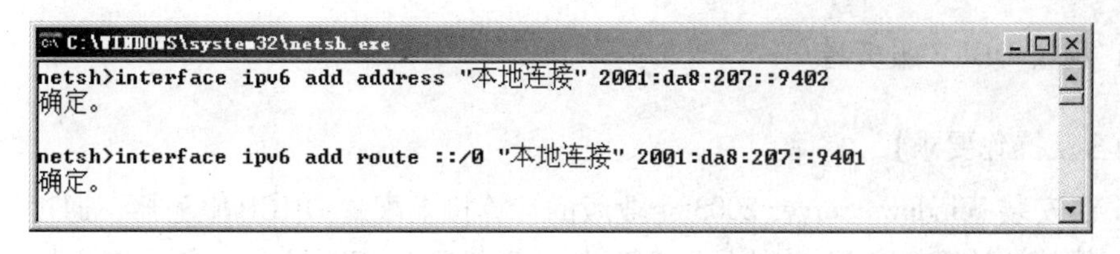

图 4-19 设置 IPv6 地址及默认网关

习 题 4

1. 思考问答

（1）简述 IP 地址和 MAC 地址的区别。
（2）IP 地址如何分类？
（3）网络中为什么会使用私有 IP 地址？私有 IP 地址主要包括哪些地址段？
（4）简述子网掩码的作用。
（5）简述使用 DHCP 分配 IP 地址的优点。
（6）什么是自动专用 IP 地址？
（7）相对于 IPv4，IPv6 有哪些优势？

2. 技能操作

（1）阅读说明后回答问题

【说明】某一网络地址块 192.168.75.0 中有 5 台主机 A、B、C、D 和 E，它们的 IP 地址和子网掩码如表 4-5 所示。

表 4-5 主机的 IP 地址和子网掩码

主 机	IP 地址	子网掩码
A	192.168.75.18	255.255.255.240
B	192.168.75.146	255.255.255.240
C	192.168.75.158	255.255.255.240
D	192.168.75.161	255.255.255.240
E	192.168.75.173	255.255.255.240

【问题 1】5 台主机 A、B、C、D、E 分别属于几个网段？哪些主机位于同一网段？
【问题 2】主机 D 的网络地址是什么？
【问题 3】若要加入第 6 台主机 F，使它能与主机 A 属于同一网段，其 IP 地址范围是什么？

(2) 配置 DHCP 服务器

【内容及操作要求】

在 1 台安装 Windows Server 2003 企业版的计算机上配置 DHCP 服务器，通过该服务器为网络中的其他计算机分配 IP 地址，实现各计算机间的相互访问，并在客户机上查看其从 DHCP 服务器获得的 IP 地址及相关信息。

【准备工作】

4 台安装 Windows XP Professional 的计算机；1 台安装 Windows Server 2003 企业版的计算机；能够连通的局域网。

【考核时限】

30min。

项目 5　实现网际互联

在默认情况下，使用二层交换机连接的所有计算机属于一个广播域，网络规模不能太大。虽然通过 VLAN 技术可以实现广播域的隔离，但不同 VLAN 的主机之间并不能进行通信。随着计算机网络规模的不断扩大，在组建网络时必须实现不同广播域之间的互联。而网际互联必须在 OSI 参考模型的网络层，借助 IP 协议实现。目前常用的可用于实现网际互联的设备主要有路由器和三层交换机。本项目的主要目标是理解 IP 路由的概念，学会查看和阅读路由表；认识路由器和三层交换机并了解其基本配置方法。

任务 5.1　查看计算机路由表

【任务目的】

（1）理解路由的基本原理。
（2）理解路由表的结构和作用。
（3）学会查看和设置计算机路由表。

【工作环境与条件】

（1）正常联网的几台计算机。
（2）安装 Windows XP 或 Windows Server 2003 操作系统。

【相关知识】

在通常的术语中，路由就是在不同广播域（网段）之间转发数据包的过程。对于基于 TCP/IP 的网络，路由是网际协议（IP）与其他网络协议结合使用提供的在不同网段主机之间转发数据包的能力。TCP/IP 网段由 IP 路由器互相连接，这个基于 IP 协议传送数据包的过程叫做 IP 路由。路由选择是 TCP/IP 协议中非常重要的功能，它确定了到达目标主机的最佳路径，是 TCP/IP 协议得到广泛使用的主要原因。

5.1.1　路由的基本原理

当一个网段中的主机发送 IP 数据包给同一网段的另一台主机时，它直接把 IP 数据包送到网络上，对方就能收到。但当要送给不同网段的主机时，发送方要选择一个能够到达目的网段的路由器，把 IP 数据包发送给该路由器，由路由器负责完成数据包的转发。如果没有找到这样的路由器，主机就要把 IP 数据包送给一个被称为默认网关（default gateway）的路由上。默认网关是每台主机上的一个配置参数，它是与主机连接在同一网段上的某路由器端口的 IP 地址。

路由器转发 IP 数据包时，只根据 IP 数据包的目的 IP 地址的网络标识部分，选择合适的转发端口，将 IP 数据包送出去。同主机一样，路由器也要判断该转发端口所连接的是

否是目的网络，如果是，就直接把数据包通过端口送到网络上，否则，也要选择下一个路由器来转发数据包。路由器也有自己的默认网关，用来传送不知道该由哪个端口转发的 IP 数据包。通过这样不断的转发传送，IP 数据包最终将送到目的主机，送不到目的地的 IP 数据包将被网络丢弃。

在图 5－1 中，主机 A 和主机 B 连接在相同的网段中，它们之间可以直接通信。而如果主机 A 要与主机 C 通信的话，那么主机 A 就必须将 IP 数据包传送到最近的路由器或者主机 A 的默认网关上，然后由路由器将 IP 数据包转发给另一台路由器，直到到达与主机 C 连接在同一个网络的路由器，最后由该路由器将 IP 数据包交给主机 C。

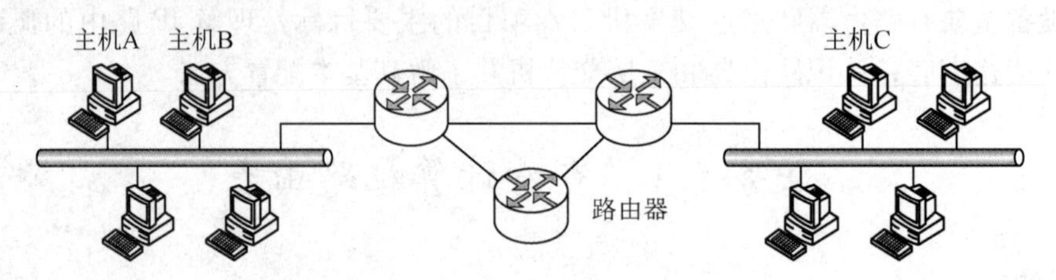

图 5－1　路由器连接的网络

需要注意的是，在路由设置时只需要为一个网段指定一个路由器，而不必为每个主机都指定一个路由器，这是 IP 路由选择机制的另一个基本属性，这样做可以极大地缩小路由表的规模。

5.1.2　路由表

在网络中通过 IP 路由传送数据的过程中，路由表（Routing Table）扮演着极其重要的作用。所谓路由表，指的是路由器或者其他互联网网络设备上存储的表，该表中存有到达特定网络终端的路径，在某些情况下，还有一些与这些路径相关的度量。

路由器的主要工作就是为经过路由器的每个数据包寻找一条最佳传输路径，并将该数据有效地传送到目的站点。由此可见，选择最佳路径的策略即路由算法是路由器的关键所在。为了完成这项工作，在路由器中保存着载有各种传输路径相关数据的路由表，供路由选择时使用，表中包含的信息决定了数据转发的策略。路由表可以是由管理员固定设置好的，也可以由系统动态修改，可以由路由器自动调整，也可以由主机控制。

路由表由多个路由表项组成，路由表中的每一项都被看做是一条路由，路由表项可以分为以下几种类型。

- 网络路由：提供到 IP 网络中特定网络（特定网络标识）的路由。
- 主路由：主路由提供到特定 IP 地址（包括网络标识和主机标识）的路由，通常用于将自定义路由创建到特定主机以控制或优化网络通信。
- 默认路由：如果在路由表中没有找到其他路由，则使用默认路由。从而简化了主机的配置。

路由表中的每个路由表项通常由以下信息字段组成。

- 目的地址：目标网络的网络标识或目的主机的 IP 地址。
- 网络掩码：与目的地址相对应的网络掩码。

• 转发地址：数据包转发的地址，也称为下一跳 IP 地址，即数据包应传送的下一个路由器的 IP 地址。对于主机或路由器直接连接的网络，转发地址字段可能是本主机或路由器连接到该网络的端口地址。

• 接口：将数据包转发到目的地址时所使用的路由器端口，该字段可以是一个端口号或其他类型的逻辑标识符。

• 跃点数：路由首选项的度量。如果对于目的地址存在多个路由，路由器使用跃点数来决定存储在路由表中的路由，最小的跃点数是首选路由。

IP 路由选择主要完成以下功能。

• 搜索路由表，寻找能与目的 IP 完全匹配的表项，如果找到，则把 IP 数据包由该表项指定的接口转发，发送给指定的下一站路由器或直接连接的网络接口。

• 搜索路由表，寻找能与目的 IP 网络标识匹配的表项，如果找到，则把 IP 数据包由该表项指定的接口转发，发送给指定的下一站路由器或直接连接的网络接口。

• 按照路由表的默认路由转发数据。

如图 5－2 所示，路由器 R1、R2、R3 连接了 3 个不同的网段。路由器 R1 的端口 1（IP 地址为 192.168.1.1）与网段 1 直接相连；端口 2（IP 地址为 192.168.4.1）与路由器 R2 的端口（IP 地址为 192.168.4.2）相连；端口 3（IP 地址为 192.168.5.1）与路由器 R3 的端口（IP 地址为 192.168.5.2）相连。由路由器 R1 的路由表可知，当 IP 数据包的接收地址在网络标识为 192.168.1.0/24 的网段时，路由器 R1 将把该数据包从端口 1（IP 地址为 192.168.1.1）转发，而且该网段与路由器直接相连；当 IP 数据包的接收地址在网络标识为 192.168.2.0/24 的网段时，路由器 R1 将把该数据包从端口 2（IP 地址为 192.168.4.1）转发，发送给路由器 R2 的端口（IP 地址为 192.168.4.2），由路由器 R2 负责下一步的转发；当 IP 数据包的接收地址在网络标识为 192.168.3.0/24 的网段时，路由器 R1 将把该数据包从端口 3（IP 地址为 192.168.5.1）转发，发送给路由器 R3 的端口（IP 地址为 192.168.5.2），由路由器 R3 负责下一步的转发。路由表中的最后一项为默认路由，当接收地址不在上述 3 个网段时，路由器 R1 将按该表项转发 IP 数据包。

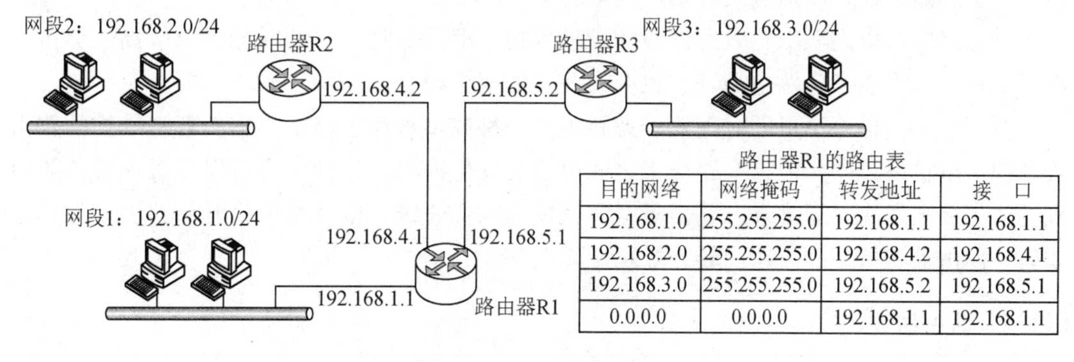

路由器R1的路由表

目的网络	网络掩码	转发地址	接　口
192.168.1.0	255.255.255.0	192.168.1.1	192.168.1.1
192.168.2.0	255.255.255.0	192.168.4.2	192.168.4.1
192.168.3.0	255.255.255.0	192.168.5.2	192.168.5.1
0.0.0.0	0.0.0.0	192.168.1.1	192.168.1.1

图 5－2　IP 路由选择示例

5.1.3　路由的生成方式

根据路由表中路由的生成方式，可以分为直连路由、静态路由和动态路由。

1. 直连路由

直连路由是路由器自动添加的直连网络的路由。由于直连路由反映的是路由器各端口直接连接的网络，因此具有较高的可信度。

2. 静态路由

静态路由是由管理员手工配置的路由信息。当网络的拓扑结构或链路的状态发生变化时，管理员需要手工去修改路由表中相关的静态路由。静态路由在默认情况下是私有的，不会传递给其他的路由器。当然，管理员也可以通过对路由器进行设置使之共享。静态路由一般适用于比较简单的网络环境，在这样的环境中，管理员可以清楚地了解网络的拓扑结构，便于设置正确的路由信息。

使用静态路由的另一个好处是网络安全保密性高。动态路由因为需要路由器之间频繁地交换各自的路由表，而对路由表的分析可以揭示网络的拓扑结构和网络地址等信息。因此，网络出于安全方面的考虑也可以采用静态路由。

大型和复杂的网络环境通常不宜采用静态路由。一方面，管理员很难全面了解整个网络的拓扑结构；另一方面，当网络的拓扑结构和链路状态发生变化时，路由器中的静态路由信息需要大范围地调整，这一工作的难度和复杂程度非常高。

3. 动态路由

动态路由是各个路由器之间通过相互连接的网络，利用路由协议动态地相互交换各自的路由信息，然后按照一定的算法优化出来的路由。而且这些路由信息可以在一定时间间隙里不断更新，以适应不断变化的网络，随时获得最优的路由效果。例如当网络拓扑结构发生变化，或网络某个节点或链路发生故障时，与之相邻的路由器会重新计算路由，并向外发送新的路由更新新息，这些信息会发送至其他的路由器，引发所有路由器重新计算路由，调整其路由表，以适应网络的变化。

动态路由可以大大减轻大型网络的管理负担，但其对路由器的性能要求较高，会占用网络的带宽，可能产生路由循环，也存在一定的安全隐患。

在一个路由器中，可同时配置静态路由和一种或多种动态路由。它们各自维护的路由表都提供给转发程序，但这些路由表之间可能会发生冲突，这种冲突可以通过配置各路由表的优先级来解决。通常静态路由具有默认的最高优先级，也就是说当其他路由表与其矛盾时，路由器将按照静态路由转发数据。

5.1.4 路由协议

为了实现高效动态路由，人们制定了多种路由协议，如路由信息协议（RIP，全称为 Routing Information Protocol）、内部网关路由协议（IGRP，全称为 Interior Gateway Routing Protocol）、开放最短路径优先协议（OSPF，全称为 Open Shortest Path First）等。

1. RIP

RIP是一种分布式的基于距离矢量的路由选择协议，是Internet的标准内部网关协议，最大优点是简单。RIP要求网络中的每个路由器都要维护从它自己到每个目的网络的距离记录。对于距离，RIP有如下定义：路由器到与其直接连接的网络距离定义为1；路由器到与其非直接连接的网络距离定义为所经过的路由器数加1。RIP认为好的路由就是距离最短的路由。RIP允许一条路由最多包含15个路由器，即距离最大值为16，由此可见RIP只适合于小型互联网络。

图5-3～图5-5展示了在一个使用RIP的自治系统内，各路由器是如何完善和更新各自路由表的。

- 路由表的初始状况，如图5-3所示。

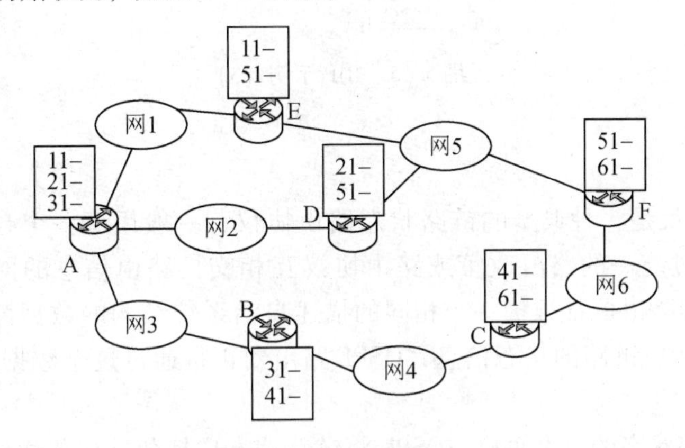

图5-3　RIP示例（1）

- 各路由器收到了相邻路由器的路由表，进行了路由表的更新，如图5-4所示。

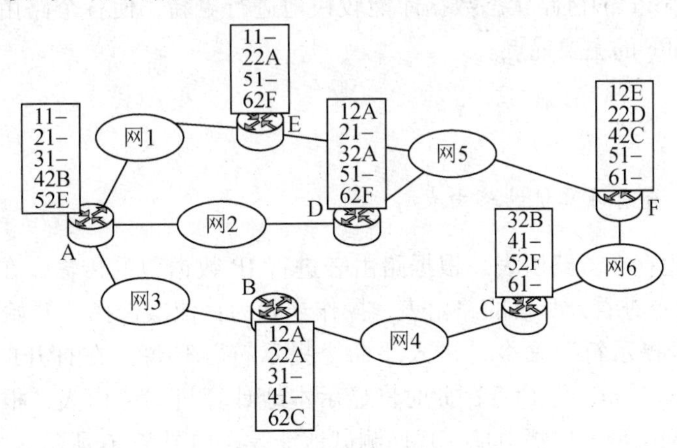

图5-4　RIP示例（2）

- 通过相互连接的路由器之间交换信息，形成各路由器的最终路由表，如图5-5所示。

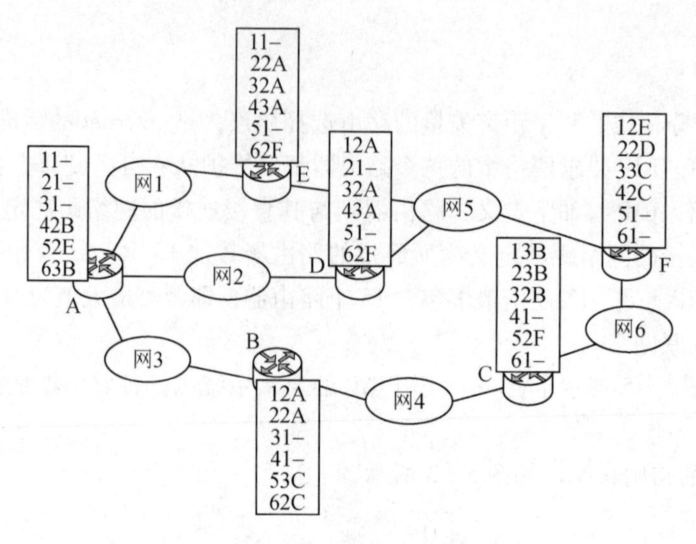

图5-5　RIP示例（3）

2. OSPF

OSPF路由协议是一种典型的链路状态路由协议，一般用于一个自治系统内。自治系统是指一组通过统一的路由政策或路由协议互相交换路由信息的网络。在自治系统内，所有的OSPF路由器都维护一个相同的描述自治系统结构的数据库，该数据库中存放的是自治系统相应链路的状态信息，OSPF路由器正是通过这个数据库计算出其OSPF路由表的。

作为一种链路状态的路由协议，OSPF将链路状态广播数据包传送给在某一区域内的所有路由器，这一点与RIP不同。运行RIP的路由器是将部分或全部的路由表传递给与其相邻的路由器。OSPF的链路状态数据库能较快地进行更新，使各个路由器能及时更新其路由表，这是OSPF的主要优点。

【任务实施】

任务实施1　查看计算机的路由表

计算机本身也存在着路由表，根据路由表进行IP数据包的传输。在Windows系统中可以使用route命令查看计算机的路由表。操作步骤为：依次选择“开始”→“程序”→“附件”→“命令提示符”命令，进入“命令提示符”环境。在打开的“命令提示符”窗口中，输入“route print”命令，此时将显示本地计算机的路由表，根据这些信息可知本机的网关、子网类型、广播地址、环回测试地址等，如图5-6所示。

请尝试根据路由表的内容，写出计算机的IP地址、子网掩码和默认网关，思考一下计算机是如何根据路由表进行IP数据包传输的。

任务实施2　在计算机路由表中添加和删除路由

可以用route add命令在计算机的路由表中添加路由。例如，要添加默认网关地址为

```
命令提示符
C:\>route print
===========================================================================
Interface List
0x1 ........................... MS TCP Loopback interface
0x2 ...00 19 21 49 34 a0 ...... Realtek RTL8139 Family PCI Fast Ethernet NIC -
数据包计划程序微型端口
===========================================================================
===========================================================================
Active Routes:
Network Destination        Netmask          Gateway       Interface  Metric
          0.0.0.0          0.0.0.0     192.168.16.1  192.168.16.251      20
        127.0.0.0        255.0.0.0        127.0.0.1       127.0.0.1       1
      169.254.0.0      255.255.0.0   192.168.16.251  192.168.16.251      30
     192.168.16.0    255.255.255.0   192.168.16.251  192.168.16.251      20
   192.168.16.251  255.255.255.255        127.0.0.1       127.0.0.1      20
   192.168.16.255  255.255.255.255   192.168.16.251  192.168.16.251      20
        224.0.0.0        240.0.0.0   192.168.16.251  192.168.16.251      20
  255.255.255.255  255.255.255.255   192.168.16.251  192.168.16.251       1
Default Gateway:      192.168.16.1
===========================================================================
Persistent Routes:
  None
```

图 5-6 使用 Route 命令查看计算机的路由表

192.168.12.1 的默认路由，可在“命令提示符”窗口中，输入命令 route add 0.0.0.0 mask 0.0.0.0 192.168.12.1；要添加目标地址为 10.41.0.0，网络掩码为 255.255.0.0，下一个跃点地址为 10.27.0.1 的路由，可输入命令 route add 10.41.0.0 mask 255.255.0.0 10.27.0.1；要添加目标地址为 192.168.1.0，网络掩码为 255.255.255.0，下一个跃点地址为 192.168.1.1 的永久路由，可输入命令 route -p add 192.168.1.0 mask 255.255.255.0 192.168.1.1。

可以用 route delete 命令在计算机的路由表中删除路由。例如，要删除目标地址为 10.41.0.0，网络掩码为 255.255.0.0 的路由，可在“命令提示符”窗口中，输入命令 route delete 10.41.0.0 mask 255.255.0.0；要删除 IP 路由表中以 10. 开始的所有路由，可输入命令 route delete 10. * 。

【注意】 以上只列出了 route 命令的部分使用方法，更具体的应用请查阅系统帮助文件或其他相关资料。

任务实施 3 测试计算机之间的路由

在 Windows 系统中可以使用 tracert 命令测试计算机之间的路由。tracert 是路由跟踪实用程序，可以探测显示数据包从计算机传递到目标位置经过了哪些中转路由器，以及经过每个路由器所需的时间。如果数据包不能传递到目标，tracert 命令将显示成功转发数据包的最后一个路由器。

使用 tracert 命令测试计算机之间路由的操作步骤为：依次选择“开始”→“程序”→“附件”→“命令提示符”命令，进入“命令提示符”环境。在打开的“命令提示符”窗口中，输入“tracert 目标 IP 地址或域名”命令。图 5-7 显示了 tracert 命令的运行过程。

请查看从本地计算机到局域网某计算机、学校主页所在主机以及外网某主机之间的路由，结合本地计算机路由表，思考数据的传输过程。

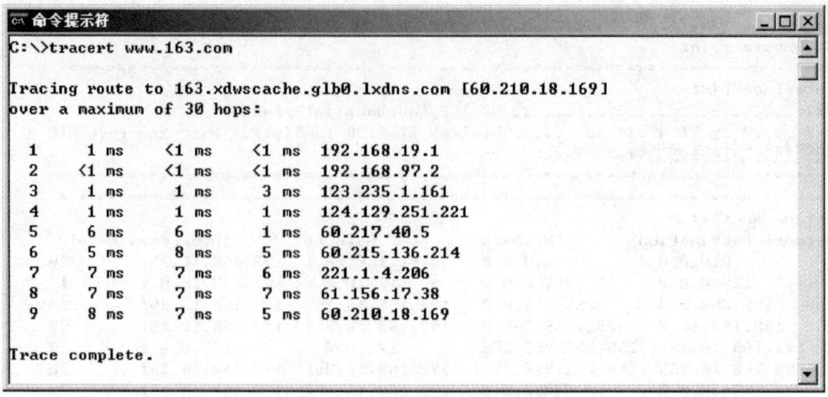

```
命令提示符
C:\>tracert www.163.com

Tracing route to 163.xdwscache.glb0.lxdns.com [60.210.18.169]
over a maximum of 30 hops:

  1     1 ms    <1 ms    <1 ms  192.168.19.1
  2    <1 ms    <1 ms    <1 ms  192.168.97.2
  3     1 ms     1 ms     3 ms  123.235.1.161
  4     1 ms     1 ms     1 ms  124.129.251.221
  5     6 ms     6 ms     1 ms  60.217.40.5
  6     5 ms     8 ms     5 ms  60.215.136.214
  7     7 ms     7 ms     6 ms  221.1.4.206
  8     7 ms     7 ms     7 ms  61.156.17.38
  9     8 ms     7 ms     5 ms  60.210.18.169

Trace complete.
```

图 5-7　tracert 命令的运行过程

任务 5.2　认识与配置路由器

【任务目的】

（1）理解路由器的作用。

（2）熟悉路由器的类型和用途。

（3）认识路由器的端口和端口模块。

（4）了解路由器的基本配置操作与相关的配置命令。

（5）了解使用路由器连接 VLAN 的方法。

【工作环境与条件】

（1）路由器（本部分以 Cisco 2800 系列路由器为例，也可选用其他品牌型号的路由器或使用 Cisco Packet Tracer、Boson Netsim 等模拟软件）。

（2）Console 线缆和相应的适配器。

（3）安装 Windows 操作系统的 PC。

（4）其他条件请参照图 5-12、图 5-13 所示。

【相关知识】

5.2.1　路由器的作用

路由器（Router）工作于网络层，是互联网的主要节点设备，具有判断网络地址和选择路径的功能，它能在多网络互联环境中，建立灵活的连接，可用完全不同的数据分组和介质访问方法连接各种子网。路由器的主要作用有以下几个方面。

1. 网络的互联

路由器可以真正实现网络（广播域）互联，它不仅可以实现不同类型局域网的互联，

而且可以实现局域网与广域网的互联以及广域网间的互联。一般异种网络互联与多个子网互联都应采用路由器来完成。

在多网络互联环境中，路由器只接收源站或其他路由器的信息，不关心各网段使用的硬件设备，但要求运行与网络层协议相一致的软件。

2. 路径选择

路由器的主要工作就是为经过路由器的每个数据包寻找一条最佳传输路径，并将该数据有效地传送到目的站点。由此可见，选择最佳路径的策略即路由算法是路由器的关键所在。为了完成这项工作，在路由器中保存着载有各种传输路径相关数据的路由表，供路由选择时使用。路由表可以是由管理员固定设置好的，也可以由系统动态修改，可以由路由器自动调整，也可以由主机控制。

3. 转发验证

路由器在转发数据包之前，路由器可以有选择地进行一些验证工作：当检测到不合法的 IP 源地址或目的地址时，这个数据包将被丢弃；非法的广播和组播数据包也将被丢弃；通过设置包过滤和访问列表功能，限制在某些方向上数据包的转发，就可以提供一种安全措施，使得外部系统不能与内部系统在某种特定协议上进行通信，也可以限制只能是某些系统之间进行通信。这有助于防止一些安全隐患，如防止外部的主机伪装作内部主机通过路由器建立对话。

4. 拆包/打包

路由器在转发数据包的过程中，为了便于在网络间传送数据包，可按照预定的规则把大的数据包分解成适当大小的数据包，到达目的地后再把分解的数据包封装成原有形式。

5. 网络的隔离

路由器不仅可以根据局域网的地址和协议类型，而且可以根据网络标识、主机的网络地址、数据类型等来监控、拦截和过滤信息，因此路由器具有更强的网络隔离能力。这种隔离能力不仅可以避免广播风暴，提高整个网络的性能，更主要的是有利于提高网络的安全和保密性，克服了交换机作为互联设备的最大缺点。因此目前许多网络安全和管理工作是在路由器上实现的，如在路由器上实现的防火墙技术。

6. 流量控制

路由器有很强的流量控制能力，可以采用优化的路由算法来均衡网络负载，从而有效地控制拥塞，避免因拥塞而使网络性能下降。

5.2.2 路由器的组成结构

路由器的组成结构与交换机类似，由硬件和软件两部分组成。其软件部分主要包括操作系统（如 IOS）和配置文件，硬件部分主要包含 CPU、端口和存储介质。

1. CPU

负责执行处理数据包所需的工作，比如维护路由和桥接所需的各种表格以及做出路由决定等。路由器处理数据包的速度很大程度上取决于处理器的类型。

2. 内存

路由器的存储介质主要有 ROM（只读存储器）、FLASH（闪存）、NVROM（非易失性随机存储器）和 DRAM（动态随机存储器）。

- ROM：主要保存路由器的引导软件，相当于 PC 中的 BIOS，其内容在系统掉电时不丢失。
- FLASH：主要保存路由器的操作系统和路由器管理程序，维持路由器的正常工作，相当于 PC 中的硬盘，其内容在系统掉电时不丢失。
- NVRAM：主要用于保存路由器的启动配置文件，即操作系统在路由器启动时读入的配置数据，其内容在系统掉电时不丢失。
- DRAM：主要用于在系统运行期间暂时保存操作系统、存储运行过程中产生的中间数据以及正在运行的配置或活动配置文件，相当于 PC 中的内存，其内容在系统掉电时完全丢失。

3. 端口

路由器的端口类型较多，除控制台端口和辅助端口外，其余物理端口可分为局域网端口和广域网端口两种类型。常见的局域网端口包括以太网端口、快速以太网端口、千兆位以太网端口等；常见的广域网端口包括异步串口、ISDN、BRI（Basic Rate Interface，即：基本速率接口）、xDSL 等。

5.2.3 路由器的分类

1. 按功能分类

路由器从功能上可以分为通用路由器和专用路由器。通用路由器在网络系统中最为常见，以实现一般的路由和转发功能为主，通过选配相应的模块和软件，也可以实现专用路由器的功能。专用路由器为了实现某些特定的功能而对其软件、硬件、接口等作了专门设计。其中较常用的如 VPN 路由器，它通过强化加密、隧道等特性，实现虚拟专用网的功能；访问路由器是另一种专用路由器，用于通过 PSTN 或 ISDN 实现拨号接入，此类路由器会在 ISP 中使用；另外还有语音网关路由器，是专为 VoIP 而设计的。

2. 按结构分类

从结构上，路由器可以分为模块化和固定配置两类。模块化路由器的特点是功能强大、支持的模块多样、配置灵活，可以通过配置不同的模块满足不同规模的要求，此类产品价格较贵。模块化路由器又分为 3 种，一种是处理器和网络接口均设计为模块化；第二种是处理器是固定配置（随机箱一起提供），网络接口为模块设计；第三种是处理器和部

分常用接口为固定配置，其他接口为模块化。固定配置的路由器常见于低端产品，其特点是体积小、性能一般、价格低、易于安装调试。

3. 按在网络中所处的位置分类

从路由器在网络中所处的位置上，可以把它分为接入路由器、企业级路由器和电信骨干路由器3种。

- 接入路由器也称宽带路由器，是指处于分支机构处的路由器，用于连接家庭或ISP内的小型企业客户。接入路由器目前已不只是提供SLIP或PPP连接，还支持诸如PPTP和IPSec等虚拟专用网络协议。

- 企业级路由器处于用户的网络中心位置，对外接入电信网络，对下连接各分支机构。企业级路由器能够提供大量的端口且配置容易，支持QoS。另外企业级路由器能有效地支持广播和组播，支持IP、IPX等多种协议，还支持防火墙、包过滤、VLAN以及大量的管理和安全策略。

- 电信骨干路由器一般常见于城域网中，承担大吞吐量的网络服务。骨干路由器必须保证其速度和可靠性，都支持热备份、双电源、双数据通路等技术。

5.2.4 路由器的端口

路由器的端口是指路由器系统与网络中其他设备进行连接并相互作用的部分，其功能是完成路由器与其他网络设备的数据交换。为了连接不同类型的网络设备，路由器的端口也有很多种类型。

1. 路由器的端口模块

为了让用户可以根据需要灵活选择端口，目前的企业级路由器主要采用模块化结构，用户只要在路由器插槽中插入不同的端口模块，就可以实现端口的变更。同一厂商生产的端口模块可以在其多个系列的路由器产品上使用，但不同厂商的端口模块由于物理接口不一致，通常是不能通用的。

在Cisco中低端模块化路由器中，主要适用NM网络模块（包括NME模块）和WIC广域网接口卡（包括HWIC高速广域网接口卡）两类模块。Cisco模块的命名规范为“模块类型-端口数量端口类型”，例如型号为NM-4A/S的模块，其模块类型为NM模块，A/S代表端口类型为同/异步串口，4代表该模块共有4个同/异步串口。又如型号为WIC-1ENET的模块，其端口类型为WIC，1ENET代表该模块有1个10Mb/s以太网端口。另外有的NM模块会带有WIC扩展槽，为WIC广域网接口卡提供物理接口，例如型号为NM-1FE2W的模块，1FE代表该模块提供1个使用双绞线的快速以太网端口，2W代表该模块提供2个WIC广域网接口卡扩展槽。图5-8所示为Cisco NM-8A/S模块。

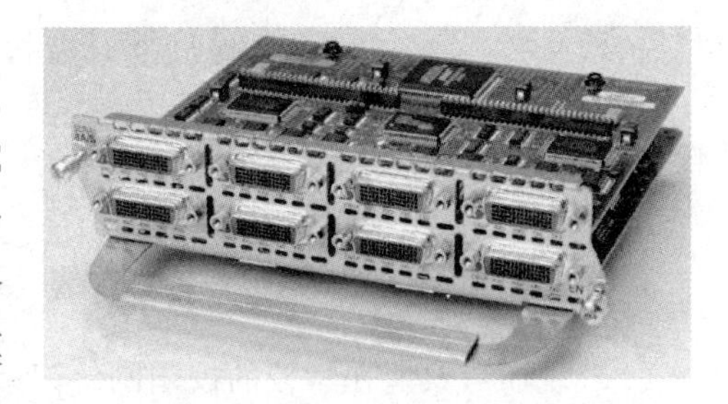

图5-8 Cisco NM-8A/S模块

2. 路由器端口的编号

路由器的端口繁多，为了便于配置和管理，
每个端口都要有一个端口名称。路由器端口的命名规则与交换机类似，也采用“端口类型名编号”这种格式，其中“端口类型名”是端口类型的英文名称，如 Ethernet（以太网）、FastEthernet（快速以太网）、Serial（串行口）等；“编号”为从 0 开始的阿拉伯数字。在 Cisco 系列路由器中，其端口编号主要有以下几种形式。

- 固定端口的路由器或采用部分模块接口的路由器（如 Cisco 1700 系列和 2500 系列）在端口命名中只采用一个数字，并根据它们在路由器中的物理顺序进行编号，例如 Ethernet 0 表示第 1 个以太网端口，FastEthernet 0 代表第 1 个快速以太网端口，Serial 1 代表第 2 个串口。
- 能够动态更改物理端口配置的模块化路由器（如 Cisco 2600 系列和 3600 系列）在端口命名中至少包含两个数字，中间用“/”分割，第 1 个数字代表的是插槽的编号，第 2 个数字代表的是端口模块内的端口编号。例如 Serial 1/0 代表位于 1 号插槽上的第 1 个串口。
- Cisco 集成多业务路由器（如 Cisco 2800 系列和 3800 系列）对于固定端口和模块化端口采用从小到大，自右向左的命名方式。对固定端口采用“接口类型 0/端口号”的方式，例如 FastEthernet 0/0 代表位于主机上的第 1 个快速以太网端口。对 NM 模块上的端口采用“接口类型 NM 模块号/端口号”的形式，例如 FastEthernet 1/0 代表 1 号 NM 模块上的第 1 个快速以太网端口。而对于安装在 NM 模块上的 WIC 广域网接口卡上的端口采用“接口类型 NM 模块号/WIC 插槽号/端口号”的形式，例如 Serial 1/1/0，代表了 1 号 NM 模块上 1 号 WIC 接口卡上的 0 号串口。

例如在 Cisco 2811 路由器的 NM 插槽上，安装了 1 个 NM－2FE2W 模块（2 个快速以太网端口和 2 个 WIC 插槽），在这个 NM 模块上又安装了 2 个 WIC－1T 模块（1 个串口）。在 Cisco 2811 路由器的第 1 个 WIC 插槽上安装了 1 个 WIC－2T 模块（2 个串口），在其他模块上安装了 3 个 WIC－1T 模块。Cisco 2811 路由器上还有 2 个固定的快速以太网端口。该路由器的所有端口编号如图 5－9 所示。

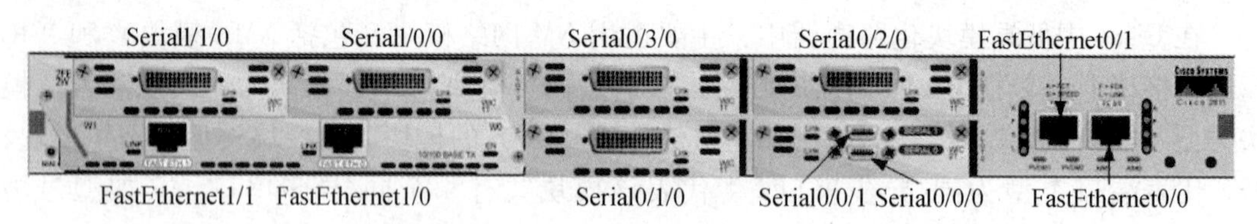

图 5－9　Cisco 2811 路由器端口编号

【任务实施】

任务实施 1　认识局域网中的路由器

（1）现场考察所在学校的校园网，记录校园网中使用的路由器的品牌、型号、价格以及相关技术参数，查看路由器的端口连接与使用情况。

（2）现场考察某企业网，记录该网络中使用的路由器的品牌、型号、价格以及相关技术参数，查看路由器的端口连接与使用情况。

（3）访问路由器主流厂商的网站（如 Cisco、H3C），查看该厂商生产的接入路由器与企业级路由器产品，记录其型号、价格以及相关技术参数。

任务实施2　使用本地控制台登录路由器

在初始状态下，路由器还没有配置管理地址，所以只有采用本地控制台登录方式来实现路由器的配置。通过 Console 端口登录路由器的基本步骤与交换机相同，这里不再赘述。

【注意】 与交换机不同，通常刚刚出厂的路由器必须通过配置后才能正常使用。

任务实施3　通过 Setup 模式进行路由器最小配置

Cisco 路由器开机后，首先执行一个加电自检过程，在确认 CPU、内存及各个端口工作正常后，路由器将进入软件初始化过程，其基本过程如下。

- 从 ROM 中加载 BootStrap 引导程序。
- 查找并加载 IOS 映像。
- IOS 运行后，将查找硬件和软件部分，并通过控制台终端显示查找的结果。
- 在 NVRAM 中查找启动配置文件，并将其所有配置加载到 DRAM 中。

如果在 NVRAM 中没有找到启动配置文件（如刚刚出厂的路由器），而且没有配置为在网络上进行查找，此时系统会提示用户选择进入 Setup 模式，也称为系统配置对话（System Configuration Dialog）模式，如图 5－10 所示。

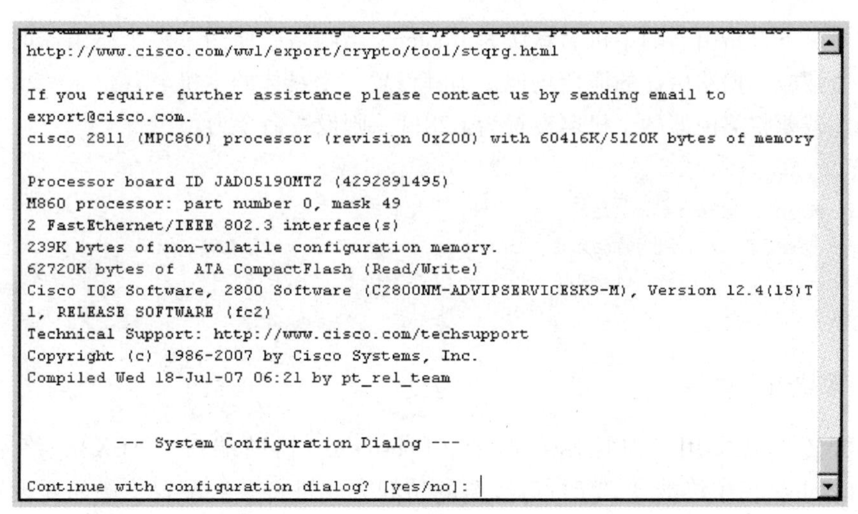

图 5－10　选择进入 Setup 模式

在 Setup 模式下，系统会显示配置对话的提示问题，并在很多问题后面的方括号内显示默认的答案，用户按回车键就能使用这些默认值。通过 Setup 模式可以为无法从其他途径找到配置文件的路由器快速建立一个最小配置。图 5－11 给出了利用 Setup 模式对路由器进行配置的部分过程。

```
Continue with configuration dialog? [yes/no]: yes

At any point you may enter a question mark '?' for help.
Use ctrl-c to abort configuration dialog at any prompt.
Default settings are in square brackets '[]'.


Basic management setup configures only enough connectivity
for management of the system, extended setup will ask you
to configure each interface on the system

Would you like to enter basic management setup? [yes/no]: yes
Configuring global parameters:

  Enter host name [Router]: router2811        //设置主机名为Router2811

  The enable secret is a password used to protect access to
  privileged EXEC and configuration modes. This password, after
  entered, becomes encrypted in the configuration.
  Enter enable secret: 123                    //设置特权模式口令为123
```

图5-11　利用Setup模式对路由器进行配置

任务实施4　通过命令行方式进行路由器基本配置

1. 切换路由器命令行工作模式

Cisco路由器与Cisco交换机采用相同的操作系统，因此Cisco路由器命令行工作模式的切换方法与Cisco交换机相同，这里不再赘述，请参考任务3.3。

2. 配置路由器主机名

默认情况下，路由器的主机名默认为Router。当网络中使用了多个路由器时，为了以示区别，通常应根据路由器的应用场地，为其设置一个具体的主机名。

例如，若要将路由器的主机名设置为R2811，则设置命令为：

```
Router>enable                          //进入特权模式
Router#configure terminal              //进入全局配置模式
Enter configurationcommands, one per line. End with CNTL/Z.
Router(config)#hostname R2811          //设置主机名为R2811
R2811(config)#
```

3. 配置控制台口令

线路配置模式常用于对控制台端口（Console）、辅助端口（AUX）、终端控制器（TTY）和Telnet虚拟终端（VTY）等线路的访问方式进行参数配置。例如要设置用户利用控制台端口登录路由器的口令，则配置过程为：

```
R2811(config)#line console 0                  //选择配置Console线路
R2811(config-line)#password con123456 //设置Console线路口令为con123456
R2811(config-line)#login                      //打开登录口令检查
```

4. 配置路由器以太网端口

在全局配置模式中输入 interface 命令可以进入相应的端口配置模式，通常可对路由器以太网端口进行如下配置：

```
R2811(config)#interface FastEthernet0/0
R2811(config-if)#ip address 192.168.1.1 255.255.255.0
//配置 FastEthernet0/0 端口的 IP 地址为 192.168.1.1，子网掩码为 255.255.255.0
R2811(config-if)#no shutdown
//启动端口，关闭端口命令为 shutdown，Cisco 路由器的端口在默认情况下是不启动的
R2811(config-if)# duplex full
//将该端口设置为全双工模式，half 为半双工，auto 为自动检测
R2811(config-if)# speed 100
//将该端口的传输速度设置为 100Mb/s，10 为 10Mb/s，auto 为自动检测
```

【注意】Cisco 路由器与 Cisco 交换机采用了相同的操作系统，这里只给出了 Cisco 路由器的部分配置过程，更具体的操作可参考路由器的说明书或其他技术资料。

任务实施 5　利用路由器实现网络连接

在如图 5-12 所示的网络中，一台 Cisco 2811 路由器将两个由 Cisco 2960-24 交换机组建的星型结构网络连接了起来。如果要实现网络的连通，则具体配置过程如下。

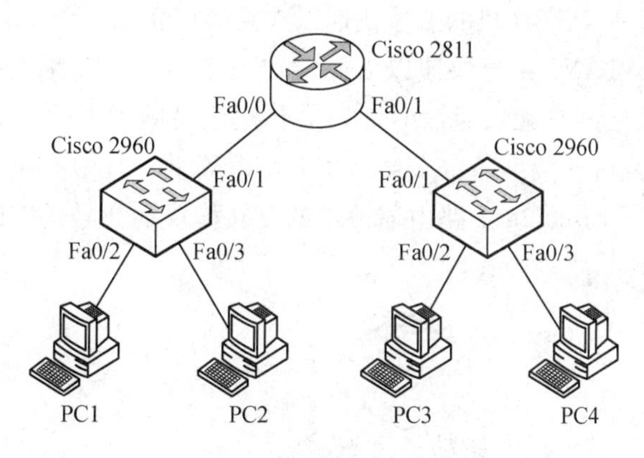

图 5-12　利用路由器实现网络连接实例

1. 为各计算机分配 IP 地址

因为路由器的每一个端口连接的是一个广播域，因此连接在路由器同一端口的计算机的 IP 地址应具有相同的网络标识，连接在路由器不同端口的计算机应具有不同的网络标识。可以把 PC1 和 PC2 的 IP 地址分别设为 192.168.1.2 和 192.168.1.3，PC3 和 PC4 的 IP 地址分别设为 192.168.2.2 和 192.168.2.3，子网掩码均为 255.255.255.0。此时连接在路由器不同端口的计算机是不能通信的。

2. 配置 Cisco 2811 路由器

在 Cisco 2811 路由器上的配置过程为：

```
R2811 >enable
R2811#configure terminal
Enter configurationcommands, one per line. End with CNTL/Z.
R2811(config)#interface fa 0/0
R2811(config-if) #ip address 192.168.1.1 255.255.255.0
R2811(config-if)#no shutdown
R2811(config)# interface fa 0/1
R2811(config-if)#ip address 192.168.2.1 255.255.255.0
R2811(config-if)#no shutdown
```

3. 为各计算机设置默认网关

路由器端口的 IP 地址是其对应广播域的默认网关，因此 PC1 和 PC2 的默认网关应设为 192.168.1.1，PC3 和 PC4 的默认网关应设为 192.168.2.1，此时连接在路由器不同端口的计算机就可以通信了。

任务实施 6　利用路由器实现 VLAN 间的路由

在如图 5-13 所示的由一台 Cisco 2960-24 交换机组建的局域网中，已经将所有的计算机划分为 4 个 VLAN，该交换机的 1 号快速以太网端口属于一个 VLAN；2 号和 3 号快速以太网端口属于一个 VLAN；4 号快速以太网端口属于一个 VLAN；其他端口属于另一个 VLAN。此时各 VLAN 之间是无法通信的。如果要把该局域网中的 VLAN 连接起来，则可将 Cisco 2960-24 交换机连接到一台 Cisco 2811 路由器上，其中 Cisco 2960-24 使用的是 12 号快速以太网端口，Cisco 2811 路由器使用的是 0 模块的 0 号快速以太网端口。具体配置过程如下。

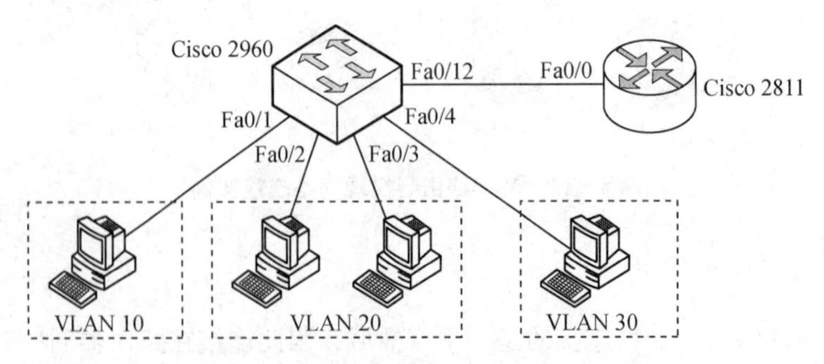

图 5-13　利用路由器实现 VLAN 间路由实例

1. 配置 Cisco 2960 交换机

在 Cisco 2960 交换机上的配置过程为：

```
S2960 >enable
S2960 # vlan database    //进入 VLAN 配置模式
S2960 (vlan)) #vlan 10 name stu1    //创建 ID 号为 10, 名称为 stu1 的 VLAN
S2960 (vlan)) #vlan 20 name stu2    //创建 ID 号为 20, 名称为 stu2 的 VLAN
S2960 (vlan)) #vlan 30 name stu3    //创建 ID 号为 30, 名称为 stu3 的 VLAN
S2960 (vlan)) #exit
S2960 #) configure terminal
S2960(config)#) interface fa 0/1
S2960(config-if)#switchport access vlan 10    //将 Fa0/1 端口加入 VLAN 10
S2960(config-if)#interface fa 0/2
S2960(config-if)#switchport access vlan 20    //将 Fa0/2 端口加入 VLAN 20
S2960(config-if)#interface fa 0/3
S2960(config-if)#switchport access vlan 20    //将 Fa0/3 端口加入 VLAN 20
S2960(config-if)#interface fa 0/4
S2960(config-if)#switchport access vlan 30    //将 Fa0/4 端口加入 VLAN 30
S2960(config)#interface fa 0/12
S2960(config-if)#swithport mode trunk         //将 Fa0/12 配置成 Trunk 模式
S2960(config-if)# switchport trunk allowed vlan all
//允许所有 VLAN 的数据包通过本通道传输, 此处也可指明 VLAN 具体的 ID 号
```

2. 为各计算机分配 IP 地址

因为每个 VLAN 是一个广播域，因此同一个 VLAN 中计算机的 IP 地址应具有相同的网络标识，不同 VLAN 中的计算机应具有不同的网络标识。例如可以把 VLAN 10 中的计算机 IP 地址设为 192.168.10.2，VLAN 20 中的计算机 IP 地址设为 192.168.20.2 和 192.168.20.3，VLAN 30 中的计算机 IP 地址设为 192.168.30.2，子网掩码均为 255.255.255.0。此时处在不同 VLAN 中的计算机是不能通信的。

3. 配置 Cisco 2811 路由器

在 Cisco 2811 路由器上的配置过程为：

```
R2811 >enable
R2811#configure terminal
Enter configurationcommands, one per line. End with CNTL/Z.
R2811(config)#interface fa 0/0            //选择配置路由器的 Fa0/0 端口
R2811(config-if)#no shutdown              //启用端口
R2811(config-if)# interface fa 0/0.1      //创建子端口
R2811 (config-subif) # encapsulation dot1q 10
//指明子端口承载 VLAN 10 的流量, 并定义封装类型
R2811 (config-subif) #ip address 192.168.10.1 255.255.255.0
//配置子端口的 IP 地址为 192.168.10.1/24, 该子端口为 VLAN 10 的网关
R2811 (config-subif) #interface fa 0/0.2
R2811 (config-subif) # encapsulation dot1q 20
R2811 (config-subif) #ip address 192.168.20.1 255.255.255.0
//配置子端口的 IP 地址为 192.168.20.1/24, 该子端口为 VLAN 20 的网关
```

```
R2811 (config-subif) #interface fa 0/0.3
R2811 (config-subif) #encapsulation dot1q 30
R2811 (config-subif) #ip address 192.168.30.1 255.255.255.0
//配置子端口的 IP 地址为 192.168.30.1/24，该子端口为 VLAN 30 的网关
```

4. 为各计算机设置默认网关

路由器的子端口是其对应 VLAN 的默认网关，因此 VLAN 10 中的计算机的默认网关应设为 192.168.10.1，VLAN 20 中的计算机的默认网关应设为 192.168.20.1，VLAN 30 中的计算机的默认网关应设为 192.168.30.1。此时处在不同 VLAN 中的计算机就可以通信了。

任务 5.3　认识与配置三层交换机

【任务目的】

（1）理解三层交换机的作用。
（2）了解三层交换机的配置方法。
（3）了解使用三层交换机连接 VLAN 的方法。

【工作环境与条件】

（1）交换机（本部分以 Cisco 3560 系列交换机为例，也可选用其他品牌型号的设备或使用 Cisco Packet Tracer、Boson Netsim 等模拟软件）。
（2）Console 线缆和相应的适配器。
（3）安装 Windows 操作系统的 PC。
（4）其他条件请参照图 5-14、图 5-15 所示。

【相关知识】

出于安全和管理方面的考虑，特别是为了减少广播风暴的危害，必须把大型局域网按功能或地域等因素划分为一个个小的广播域，这就使 VLAN 技术在网络中得以大量应用。由于不同的 VLAN 属于不同的广播域，因此各 VLAN 间的通信需要经过路由器，在网络层完成转发。然而由于路由器的端口数量有限，而且路由速度较慢，因此如果单纯使用路由器来实现 VLAN 间的访问，必将使网络的规模和访问速度受到限制。

正是基于上述情况三层交换机应运而生，三层交换机是指具备网络层路由功能的交换机，其端口（接口）可以实现基于网络层寻址的分组转发，每个网络层接口都定义了一个单独的广播域，在为接口配置好 IP 协议后，该接口就成为连接该接口的同一个广播域内其他设备和主机的网关。

三层交换机的主要作用是加快大型局域网内部的数据交换，其所具有的路由功能也是为这一目的服务的，能够做到一次路由，多次转发。三层交换机接口类型简单，拥有很强的数据包处理能力，对于数据包转发等规律性的过程由硬件高速实现，而对于路由信息更新、路由表维护、路由计算、路由确定等功能，则由软件实现。

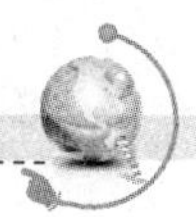

为了执行三层交换，交换机必须具备三层交换处理器，并运行三层 IOS 操作系统。交换机的三层交换处理器可以是一个独立的模块或功能卡，也可以直接集成到交换机的硬件中。对于高档三层交换机一般采用模块或卡，比如 RSM（Route Switch Module，即：路由交换模块）、RSFC（Route Switch Feature Card，即：多层交换特性卡）等。

【任务实施】

任务实施1 认识局域网中的三层交换机

（1）现场考察所在学校的校园网，记录该网络中使用的三层交换机的品牌、型号、价格以及相关技术参数，查看各交换机的端口连接与使用情况。

（2）现场考察某企业网，记录该网络中使用的三层交换机的品牌、型号、价格以及相关技术参数，查看各交换机的端口连接与使用情况。

（3）访问交换机主流厂商的网站（如 Cisco、H3C），查看该厂商生产的三层交换机产品，记录其型号、价格以及相关技术参数。

任务实施2 三层交换机的基本配置

通过 Console 端口登录三层交换机的基本步骤与基本配置方法与二层交换机相同。对于三层交换机应重点注意以下配置。

1. 启动路由协议

为了使交换机进行三层交换，应启动要使用的协议的路由选择功能，配置命令为：

```
Switch 3560(config)#ip routing //启用 IP 路由协议，默认情况下该路由协议自动启用
```

【注意】对于使用 TCP/IP 协议通信的网络，启用 IP 协议的路由选择功能即可。通常对于 IP 协议的路由选择功能，三层交换机是默认启用的，对其他协议则默认为禁用。

2. 配置三层交换机端口

三层交换机的端口，既可用作二层的交换端口，也可用作三层的路由端口。如果作为二层的交换端口，则其功能与配置方法与二层交换机的端口相同。Cisco 3560 的所有端口默认情况下都用作二层交换端口。选择交换机的端口层次的配置命令为：

```
S3560(config)#interface fa 0/6       //选择配置交换机的快速以太网端口 6
S3560(config-if)#no switchport      //将端口设置为三层的路由端口
S3560(config-if)#switchport         //将端口设置为二层的交换端口
```

（1）为三层端口配置 IP 地址

对于 IP 网络，应为三层端口指定 IP 地址，该地址将成为所连广播域内其他二层接入交换机和客户机的网关地址。配置命令为：

```
S3560(config)# interface fa 0/6      //选择配置交换机的快速以太网端口 6
S3560(config-if)#no switchport      //将端口设置为三层的路由端口
S3560(config-if)# ip address 192.168.1.1 255.255.255.0
//设置三层端口的 IP 地址为 192.168.1.1，子网掩码为 255.255.255.0
S3560(config-if)#no shutdown        //启用该端口
```

删除端口 IP 地址的命令为：

```
S3560(config-if)# no ip address
```

（2）显示端口配置

在三层端口上配置好 IP 地址后，可以使用以下命令来显示配置：

```
S3560 #show ip interface fa 0/6 //查看 6 号端口的 IP 可用性状态
S3560 #show interfaces fa 0/1 switchport
//显示二层端口的状态，可以用来确定此口是二层或三层口
```

任务实施 3　利用三层交换机实现网络连接

在如图 5－14 所示的网络中，一台 Cisco 3560 交换机将两个由 Cisco 2960－24 交换机组建的星型结构网络连接了起来。如果要实现网络的连通，则具体配置过程如下。

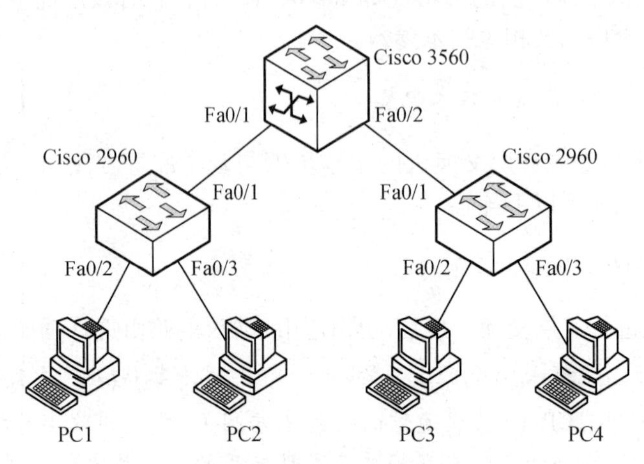

图 5－14　利用三层交换机实现网络连接实例

1. 为各计算机分配 IP 地址

如果三层交换机的端口用作三层的路由端口，则其功能与路由器的端口相同。连接在三层交换机同一个路由端口的计算机的 IP 地址应具有相同的网络标识，连接在不同路由端口的计算机应具有不同的网络标识。因此可以把 PC1 和 PC2 的 IP 地址分别设为 192.168.1.2 和 192.168.1.3，PC3 和 PC4 的 IP 地址分别设为 192.168.2.2 和 192.168.2.3，子网掩码均为 255.255.255.0。此时连接在不同路由端口的计算机是不能通信的。

【注意】如果三层交换机的端口用作交换端口，那么整个网络将是一个广播域，此时只要 PC1～PC4 的 IP 地址网络标识相同，即可相互通信。

2. 配置 Cisco 3560 交换机

在 Cisco 3560 交换机上的配置过程为：

```
S3560 >enable
S3560 # configure terminal
Enter configurationcommands, one per line. End with CNTL/Z.
S3560(config)#interface fa 0/1
S3560(config-if)#no switchport
S3560(config-if)#ip address 192.168.1.1 255.255.255.0
S3560(config-if)#no shutdown
S3560(config-if)#interface fa 0/2
S3560(config-if)#no switchport
S3560(config-if)#ip address 192.168.2.1 255.255.255.0
S3560(config-if)#no shutdown
```

3. 为各计算机设置默认网关

三层交换机路由端口的 IP 地址是其对应广播域的默认网关，因此 PC1 和 PC2 的默认网关应设为 192.168.1.1，PC3 和 PC4 的默认网关应设为 192.168.2.1，此时连接在不同路由端口的计算机就可以通信了。

任务实施4 利用三层交换机实现 VLAN 间的路由

在如图 5-15 所示的由 Cisco 2960-24 交换机组建的局域网中，已经将所有的计算机划分为 4 个 VLAN，该交换机的 1 号快速以太网端口属于一个 VLAN；2 号和 3 号快速以太网端口属于一个 VLAN；4 号快速以太网端口属于一个 VLAN；其他端口属于另一个 VLAN。此时各 VLAN 之间是无法通信的。如果要把该局域网中的 VLAN 连接起来，也可将 Cisco 2960-24 交换机连接到 Cisco 3560 交换机上，其中 Cisco 2960-24 和 Cisco 3560 交换机使用的都是 12 号快速以太网端口。具体配置过程如下。

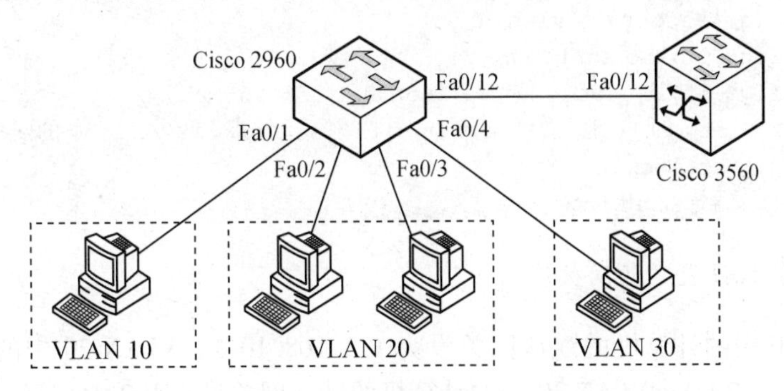

图 5-15 利用三层交换机实现 VLAN 间路由实例

1. 配置 Cisco 2960 交换机

在 Cisco 2960 交换机上的配置过程与任务 5.2 中图 5-13 实例相同，这里不再赘述。

2. 为各计算机分配 IP 地址

与任务 5.2 中图 5-13 实例相同，也可以把 VLAN 10 中的计算机 IP 地址设为 192.168.10.2，VLAN 20 中的计算机 IP 地址设为 192.168.20.2 和 192.168.20.3，VLAN

30 中的计算机 IP 地址设为 192. 168. 30. 2，子网掩码均为 255. 255. 255. 0。此时处在不同 VLAN 中的计算机是不能通信的。

3. 配置 Cisco 3560 交换机

在 Cisco 3560 交换机上的配置过程为：

```
S3560 >enable
S3560 #vlan database
S3560(vlan)#vlan 10 name stu1
S3560(vlan)# vlan 20 name stu2
S3560(vlan)# vlan 30 name stu3
S3560(vlan)#exit
S3560 #configure terminal
S3560(config)#interface fa 0/12
S3560(config-if)#switchport   //设置为二层交换端口
S3560(config-if)#swithport trunk encapsulation dotlq   //创建 Trunk
S3560(config-if)#swithport mode trunk
S3560(config-if)#exit
S3560(config)#interface vlan 10
S3560(config-if)#no shutdown
S3560(config-if) ip address 192.168.10.1 255.255.255.0
//配置 VLAN 10 接口的 IP 地址为 192.168.10.1/24, 该接口为 VLAN 10 的网关
S3560(config-if)#exit
S3560(config)#interface vlan 20
S3560(config-if)#no shutdown
S3560(config-if)#ip address 192.168.20.1 255.255.255.0
//配置 VLAN 20 接口的 IP 地址为 192.168.20.1/24, 该接口为 VLAN 20 的网关
S3560(config-if)#exit
S3560(config)#interface vlan 30
S3560(config-if)#no shutdown
S3560(config-if) ip address 192.168.30.1 255.255.255.0
//配置 VLAN 30 接口的 IP 地址为 192.168.30.1/24, 该接口为 VLAN 30 的网关
S3560(config-if)#exit
S3560(config)#ip routing
```

4. 为各计算机设置默认网关

将 VLAN 10 中的计算机的默认网关设为 192. 168. 10. 1，VLAN 20 中的计算机的默认网关设为 192. 168. 20. 1，VLAN 30 中的计算机的默认网关设为 192. 168. 30. 1。此时处在不同 VLAN 中的计算机就可以通信了。

习　题　5

1. 思考问答

（1）简述路由表的结构和作用。
（2）简述静态路由与动态路由的区别。

（3）简述默认路由的作用。

（4）简述路由器的主要作用。

（5）路由器有哪些分类方法？按照不同的分类方法可将路由器分为哪些类型？

（6）简述三层交换机的作用。

2. 技能操作

（1）查看计算机路由表及两台计算机之间的路由

【内容及操作要求】

- 查看本地计算机路由表，根据路由表写出计算机的IP地址、子网掩码和默认网关。
- 查看本地计算机到局域网另一台计算机之间的路由，结合路由表说明数据的传输过程。
- 查看本地计算机到学校网站所在主机的路由，结合路由表说明数据的传输过程。
- 查看本地计算机到Internet某主机的路由，结合路由表说明数据的传输过程。

【准备工作】

安装Windows XP Professional或以上操作系统的计算机；能接入Internet的局域网。

【考核时限】

30min。

（2）Cisco交换机的VLAN连接

【内容及操作要求】

按照如图5-16所示的拓扑图连接网络，按要求划分3个VLAN。要求分别使用路由器和三层交换机实现VLAN之间的连接，为网络中的计算机设置IP地址信息，并对网络的连通情况进行验证。

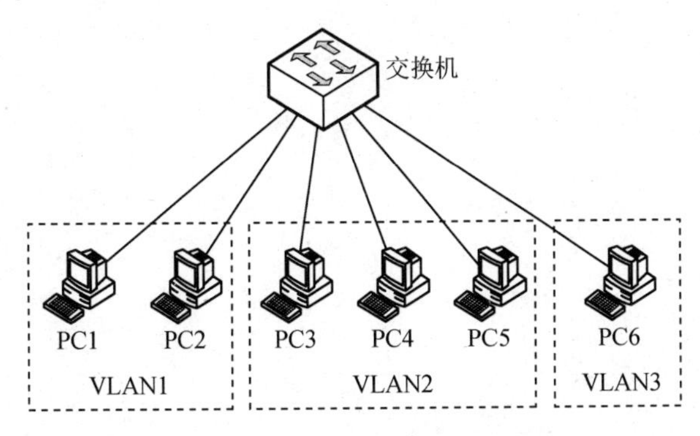

图5-16 Cisco交换机VLAN配置

【准备工作】

1 台 Cisco 2960 系列交换机；1 台 Cisco 3560 系列交换机；1 台 Cisco 2811 系列路由器；6 台安装有 Windows XP Professional 或以上操作系统的计算机；Console 线缆及其适配器若干；制作好的双绞线跳线若干。

【考核时限】

60min。

项目6　配置常用网络服务

组建计算机网络的主要目的是实现网络资源的共享，满足用户的各种应用需求。因此在实现了计算机网络的互联互通之后，必须通过网络操作系统和相应软件，配置各种网络服务，以满足用户的不同应用需求。本项目的主要目标是熟悉在 Windows Server 2003 系统环境下，设置文件和打印机共享、DNS 服务器、Web 服务器和 FTP 服务器的基本方法，能够独立完成常用网络服务的搭建并满足不同用户的需求。

任务6.1　设置文件共享

【任务目的】

（1）理解工作组网络的结构和特点。
（2）掌握本地用户账户的设置方法。
（3）掌握共享文件夹的创建和访问方法。

【工作环境与条件】

（1）安装好 Windows Server 2003 操作系统的计算机。
（2）安装好 Windows XP Professional 或其他 Windows 操作系统的计算机。
（3）能够正常运行的网络环境（也可使用 VMware 等虚拟机软件）。

【相关知识】

6.1.1　工作组网络

Windows Server 2003 操作系统支持以下两种网络管理模式。

- 工作组：分布式的管理模式，适用于小型的网络。
- 域：集中式的管理模式，适用于较大型的网络。

工作组是由一群用网络连接在一起的计算机组成，如图 6－1 所示。在工作组网络中，每台计算机的地位平等，各自管理自己的资源。工作组结构的网络具备以下特性。

- 网络上的每台计算机都有自己的本地安全数据库，称为“SAM（Security Accounts Manager，即：安全账户管理器）数据库”。如果用户要访问每台计算机的资源，那么必须在每台计算机的 SAM 数据库内创建该用户的账户，并获取相应的权限。
- 工作组内不一定要有服务器级的计算机，也就是说所有计算机都安装 Windows XP 系统，也可以构建一个工作组结构的网络。
- 在工作组网络中，每台计算机都可以方便地将自己的本地资源共享给他人使用。工作组网络中的资源管理是分散的，通常可以通过启用目的计算机上的 Guest 账户或为使用资源的用户创建一个专用账户的方式来实现对资源的管理。

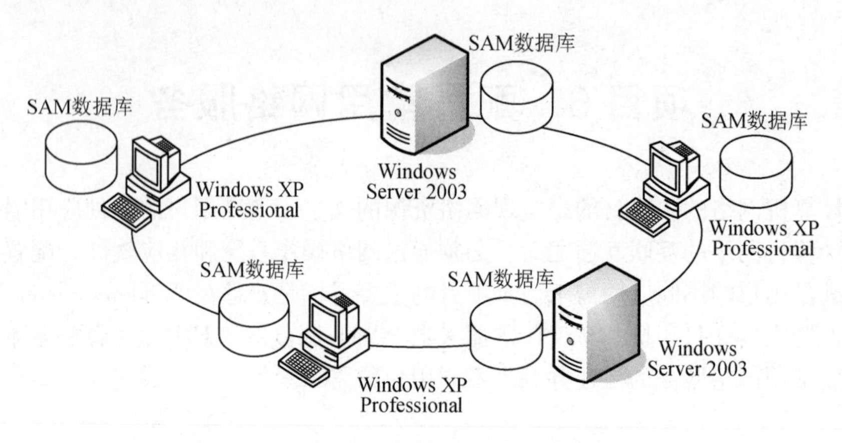

图6-1　工作组结构的网络

6.1.2　计算机名称与工作组名

1. 计算机名称

计算机名称用于识别网络上的计算机。要连接到网络，每台计算机都应有唯一的名称，计算机名称最多为15个字符，不能含有空格或下述的任意专用字符：

```
; : " < > *  + = \\ | ?,
```

2. NetBIOS 名称

NetBIOS名称是用于标识网络上的NetBIOS资源的地址，该地址包含16个字符，前15个字符代表计算机的名字，第16个字符表示服务；对于不满15个字符的计算机名称，系统会补上空格。系统启动时，系统将根据用户的计算机名称，注册一个唯一的NetBIOS名称。当用户通过NetBIOS名称访问本地计算机时，系统可将NetBIOS名称解析为IP地址，之后计算机之间使用IP地址相互访问。

3. 工作组名

工作组名用于标识网络上的工作组，同一工作组的计算机应当具有相同的工作组名。

6.1.3　本地用户账户

用户账户定义了用户可以在Windows中执行的操作。在独立计算机或作为工作组成员的计算机上，用户账户存储在本地计算机的SAM中，这种用户账户称为本地用户账户。本地用户账户只能登录到本地计算机。

作为工作组成员的计算机或独立计算机上有两种类型的可用用户账户：计算机管理员账户和受限制账户，在计算机上没有账户的用户可以使用来宾账户。

1. 计算机管理员账户

计算机管理员账户是专门为可以对计算机进行全系统更改、安装程序和访问计算机上

所有文件的用户而设置的。在系统安装期间将自动创建名为 Administrator 的计算机管理员账户。计算机管理员账户具有以下特征。

- 可以创建和删除计算机上的用户账户。
- 可以更改其他用户账户的账户名、密码和账户类型。
- 无法将自己的账户类型更改为受限制账户类型，除非在该计算机上有其他的计算机管理员账户，这样可以确保计算机上总是至少有一个计算机管理员账户。

2. 受限制账户

如果需要禁止某些用户更改大多数计算机设置和删除重要文件，则需要为其设置受限制账户。受限制账户具有以下特征。

- 无法安装软件或硬件，但可以访问已经安装在计算机上的程序。
- 可以创建、更改或删除本账户的密码。
- 无法更改其账户名或者账户类型。
- 对于使用受限制账户的用户，某些程序可能无法正确工作。

3. 来宾账户

来宾账户是为了用于那些在计算机上没有用户账户的用户。系统安装时会自动创建名为 Guest 的来宾账户，并将其设置为禁用。来宾账户具有以下特征。

- 无法安装软件或硬件，但可以访问已经安装在计算机上的程序。
- 无法更改来宾账户类型。

6.1.4 本地组账户

组账户通常简称为组，一般指同类用户账户的集合。一个用户账户可以同时加入多个组，当用户账户加入到一个组以后，该用户会继承该组所拥有的权限。因此使用组账户可以简化网络的管理工作。在独立计算机或作为工作组成员的计算机上创建的组都是本地组，使用本地组可以实现对本地计算机资源的访问控制。在 Windows Server 2003 操作系统安装过程中会自动创建一些本地组账户，这些组账户称为内置组，不同的内置组会有不同的默认访问权限。表 6－1 列出了 Windows Server 2003 操作系统的部分内置组。

表 6－1 Windows Server 2003 操作系统的部分内置组

组　名	描述信息
Administrators	具有完全控制权限，并且可以向其他用户分配用户权利和访问控制权限
Backup Operators	加入该组的成员可以备份和还原服务器上的所有文件
Guests	拥有一个在登录时创建的临时配置文件，在注销时该配置文件将被删除
Network Configuration Operators	可以更改 TCP/IP 设置并更新和发布 TCP/IP 地址

续 表

组　名	描述信息
Power Users	具有创建用户账户和组账户的权利，可以在 Power Users 组、Users 组和 Guests 组中添加或删除用户，但是不能管理 Administrators 组成员，可以创建和管理共享资源
Print Operators	可以管理打印机
Users	可以执行一些常见任务，例如运行应用程序、使用本地和网络打印机以及锁定服务器用户，不能共享目录或创建本地打印机

6.1.5　共享文件夹

共享资源是指可以由其他设备或程序使用的任何设备、数据或程序。对于 Windows 操作系统，共享资源指所有可用于用户通过网络访问的资源，包括文件夹、文件、打印机、命名管道等。文件共享是一个典型的客户机/服务器工作模式，Windows 操作系统在实现文件共享之前，必须在网络连接属性中添加网络组件“Microsoft 网络的文件和打印共享”以及“Microsoft 网络客户端”，其中网络组件“Microsoft 网络的文件和打印共享”提供服务器功能，“Microsoft 网络客户端”提供客户机功能。

1. 共享文件夹的访问过程

在 Windows 网络中主要通过“网上邻居”实现文件共享，其基本访问过程如下。

（1）取得网络资源列表

要实现文件共享，首先要知道当前网络上可以访问的服务器列表。如果是一个有域的 Windows 网络环境下，可以通过活动目录服务来取得这个列表；而在工作组环境中则主要依靠 Windows 的浏览服务。浏览服务为各客户机提供的资源列表并不是实时的，也不一定是全局一致的，它依靠每 12 分钟一次的轮询来刷新和同步这个列表，因此，这个列表经常与实际情况不一致。

（2）名称解析

当访问工作组中的某台服务器时，首先会发生一个名称解析过程。网上邻居的名称解析是可以使用 DNS 系统的。不过前提是要架设局域网 DNS 服务器对局域网的各计算机名进行解析。如果没有安装局域网 DNS，可以使用 NetBIOS 的名字服务对计算机名进行解析。

（3）访问服务器

在对服务器进行了正确的名称解析后，可登录共享服务器。登录前，客户机首先要确定目标服务器上的协议，端口，组件是否齐备，服务是否启动，在一切都合乎要求后，开始用户的身份验证过程，如果顺利通过身份验证，服务器会检查本地的安全策略与授权，看本次访问是否允许，如果允许，会进一步检查用户希望访问的共享资源的权限设置是否允许用户进行想要的操作，在通过这一系列检查后，客户机才能最终访问到目标资源。

2. 共享权限

(1) 共享权限的类型

当用户将计算机内的文件夹设为“共享文件夹”后，拥有适当共享权限的用户就可以通过网络访问该文件夹内的文件、子文件夹等数据。表6-2列出共享权限的类型与其所具备的访问能力，系统默认设置为所有用户具有“读取”权限。

表6-2　共享权限的类型与其所具备的访问能力

共享权限	具备的访问能力
读取（默认权限，被分配给Everyone组）	• 查看该共享文件夹内的文件名称、子文件夹名称 • 查看文件内的数据，运行程序 • 遍历子文件夹
更改（包括读取权限）	• 向该共享文件夹内添加文件、子文件夹 • 修改文件内的数据 • 删除文件与子文件夹
完全控制（包括更改权限）	• 修改权限（只适用于NTFS卷的文件或文件夹） • 取得所有权（只适用于NTFS卷的文件或文件夹）

【注意】 共享文件夹权限仅对通过网络访问的用户有约束力，如果用户是从本地登录，则不会受该权限的约束。

(2) 用户的有效权限

如果用户同时属于多个组，而每个组分别对某个共享资源拥有不同的权限，此时用户的有效权限将遵循以下规则。

- 权限具有累加性：用户对共享文件夹的有效权限是其所有共享权限来源的总和。
- “拒绝”权限会覆盖其他权限：虽然用户对某个共享文件夹的有效权限是其所有权限来源的总和，但是只要有一个权限被设为拒绝访问，则用户最后的权限将是“拒绝访问”。

【任务实施】

任务实施1　将计算机加入到工作组

要组建工作组网络，只要将局域网中的计算机加入到工作组即可，同一工作组的计算机应当具有相同的工作组名。将计算机加入到工作组的操作步骤如下。

(1) 依次选择“开始”→“管理您的服务器”命令，打开“管理您的服务器”窗口。

(2) 在“管理您的服务器”窗口中，选择“计算机和域名称信息”选项，打开“系统属性”对话框，选择“计算机名”选项卡，如图6-2所示。

(3) 在“计算机名”选项卡中，单击“更改”按钮，打开“计算机名称更改”对话框，如图6-3所示。

(4) 在“计算机名称更改”对话框中，输入相应的计算机名和工作组名后，依次单击“确定”按钮，完成计算机名和工作组名的设置。

（5）按提示信息重新启动计算机后，设置信息生效。

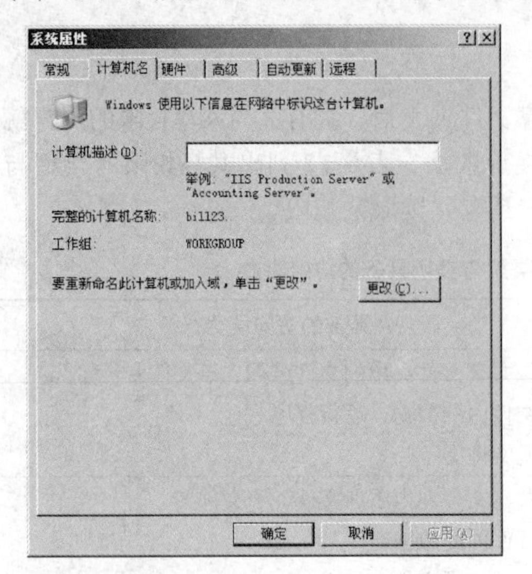

图6-2 “系统属性”对话框

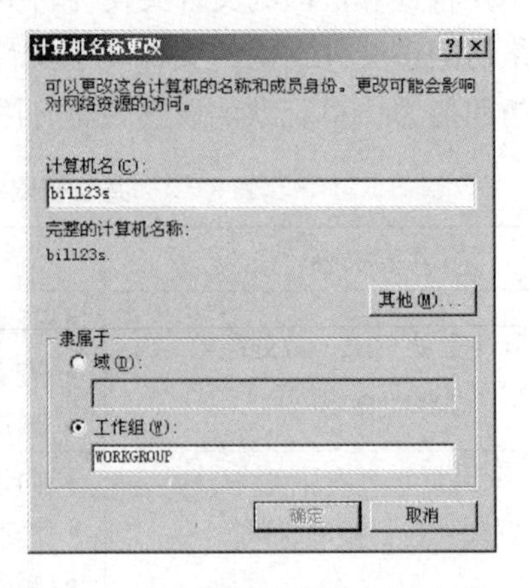

图6-3 “计算机名称更改”对话框

任务实施2　设置本地用户账户

1. 创建本地用户账户

创建本地用户账户的基本操作步骤如下。

（1）依次选择“开始”→“管理工具”→“计算机管理”命令，打开“计算机管理”窗口，如图6-4所示。

（2）在“计算机管理”窗口的左侧窗格中，依次选择“本地用户和组”→“用户”选项，右击鼠标，在弹出的快捷菜单中选择“新用户”命令，打开“新用户”对话框，如图6-5所示。

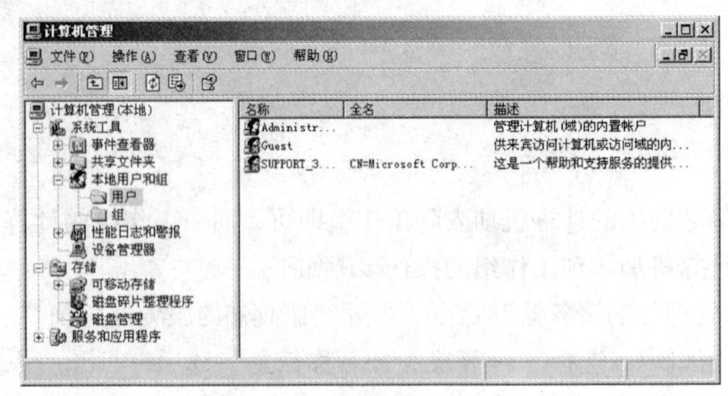

图6-4 “计算机管理”窗口

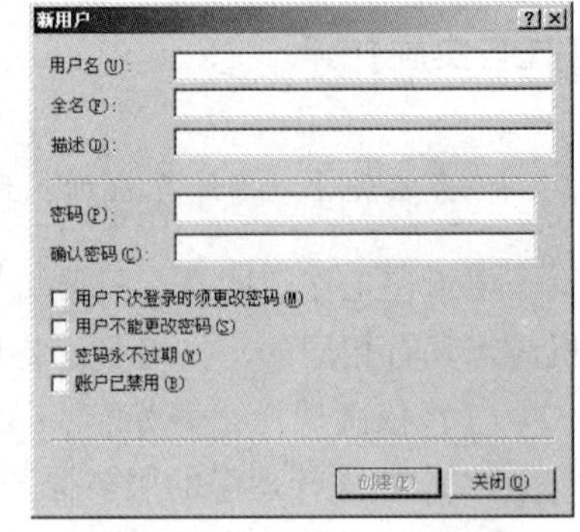

图6-5 “新用户”对话框

（3）在“新用户”对话框中，输入用户名称、描述、密码等相关信息，密码相关选项的描述如表6-3所示。单击“创建”按钮，即可完成对本地用户账户的创建。

表6-3　密码相关选项描述

选　　项	描　　述
用户下次登录时须更改密码	要求用户下次登录计算机时必须修改该密码
用户不能更改密码	不允许用户修改密码，通常用于多个用户共同使用一个用户账户的情况，如 Guest 账户
密码永不过期	密码永久有效，通常用于 Windows Server 2003 的服务账户或应用程序所使用的用户账户
账户已禁用	禁用用户账户

2. 设置用户账户的属性

在“本地用户和组”的右侧窗格中，双击一个用户账户，将显示“用户属性”对话框，如图6-6所示。

(1) 设置“常规”选项卡

可以设置与用户账户相关的基本信息，如全名、描述、密码选项等。如果用户账户被禁用或被系统锁定，管理员可以在此解除禁用或解除锁定。

(2) 设置“隶属于”选项卡

在“隶属于”选项卡中，可以查看该用户账户所属的本地组，也可以将该账户加入到其他的本地组当中，如图6-7所示。

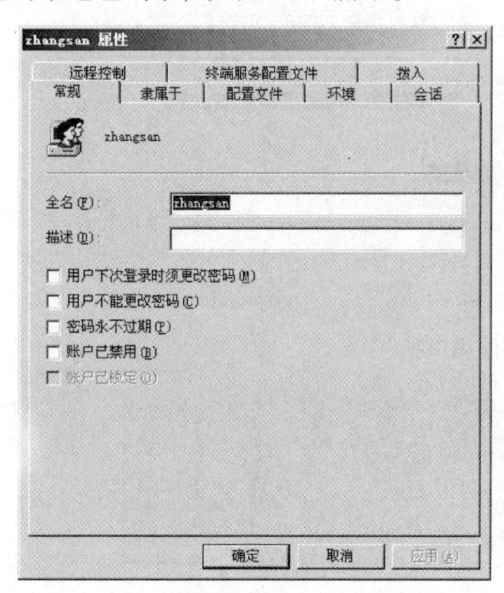

图6-6　“用户属性”对话框

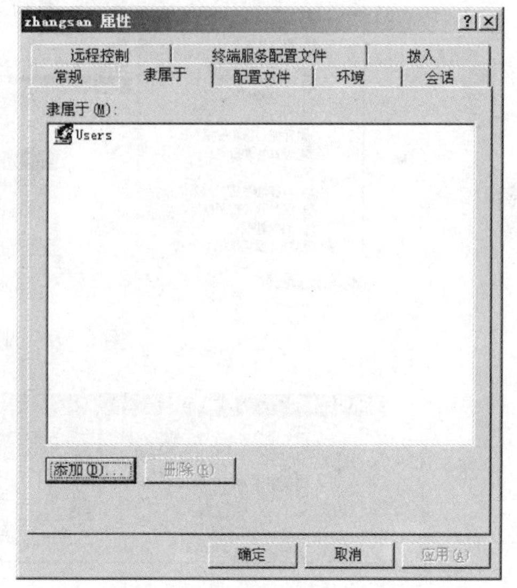

图6-7　“隶属于”选项卡

对于新增的用户账户，在默认情况下将被加入到 Users 组中，如果要使用户具有其他组的权限，可以将其加到相应的组中。例如，如果要使用户 zhangsan 具有管理员的权限，可以将其加入本地组 Administrators 中，操作步骤为：单击“隶属于”选项卡中的“添加”按钮，打开“选择组”对话框，如图6-8所示。在“输入对象名称来选择”文本框中直接输入名称 Administrators，如需要检查输入的名称是否正确，可单击“检查名称”按钮。

如果不希望手动输入组名称，也可以单击“高级”按钮，再单击“立即查找”按钮，在“搜索结果”列表中选择要加入的组即可。

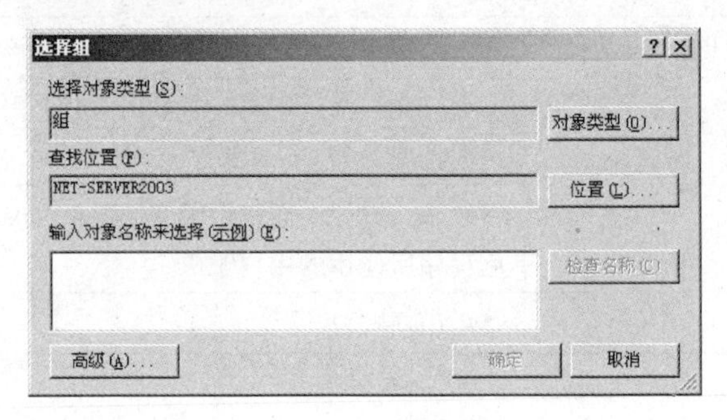

图 6-8 “选择组”对话框

3. 删除和重命名用户账户

当用户不需要使用某个用户账户时，可以将其删除，删除账户时会导致所有与其相关信息的丢失。要删除某用户账户只需在“本地用户和组”的右侧窗格中，右击该用户账户，在弹出的快捷菜单中，选择“删除”命令即可，如图 6-9 所示。此时会弹出如图 6-10 所示的对话框，单击“是”按钮，删除用户账户。

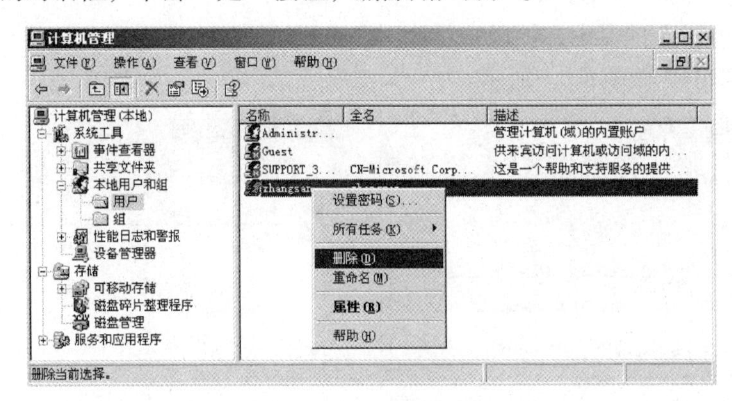

图 6-9 删除用户账户

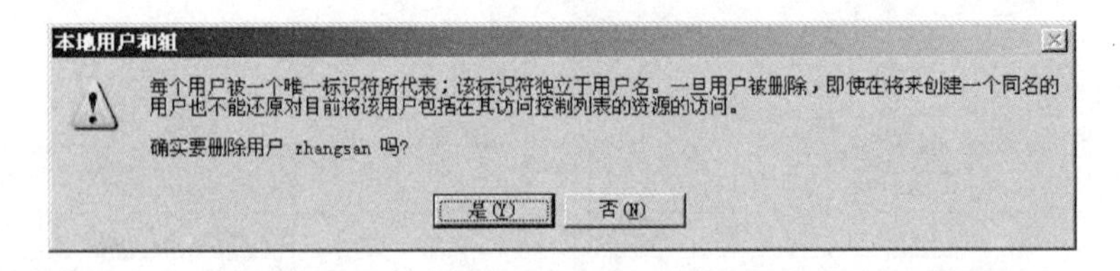

图 6-10 删除用户账户时的对话框

【注意】由于每个用户账户都有唯一标识符 SID 号，SID 号在新增账户时由系统自动产生，不同账户的 SID 不会相同。而系统在设置用户权限和资源访问能力时，是以 SID 为标识的，因此一旦用户账户被删除，这些信息也将随之消失，即使重新创建一个相同名称的用户账户，也不能获得原账户的权限。

如果要重命名用户账户，则只需在图 6-9 所示的窗口中选择“重命名”命令，输入

新的用户名即可，该用户账户已有的权限不变。

任务实施3 创建共享文件夹

在 Windows 工作组网络中，通常只有 Administrators 组和 Power Users 组的成员具备创建共享文件夹的权限。创建共享文件夹的主要方法有以下几种。

1. 在“我的电脑”或“Windows 资源管理器”中创建共享文件夹

在“我的电脑”或“Windows 资源管理器”中创建共享文件夹的操作步骤如下。

（1）在“我的电脑”或“Windows 资源管理器”中，选中要共享的文件夹，右击鼠标，在弹出的快捷菜单中选择“共享和安全”命令，打开该文件夹属性中的“共享”选项卡，如图 6－11 所示。

（2）在“共享”选项卡中，选中“共享该文件夹”单选框，输入共享名、描述，设定用户数量限制后，单击“权限”按钮，打开“文件夹的权限”对话框，如图 6－12 所示。

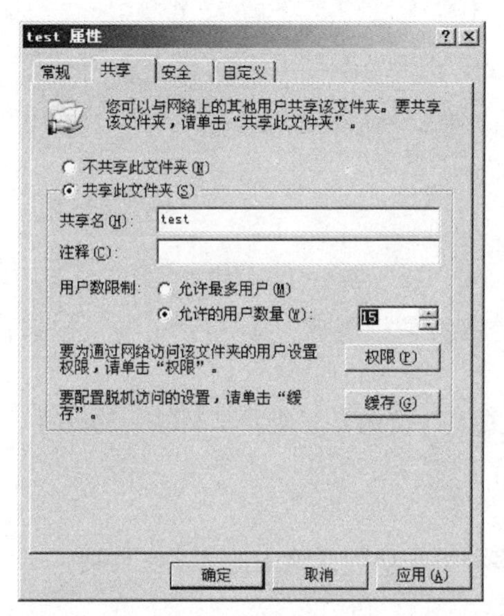

图 6－11 “共享”选项卡

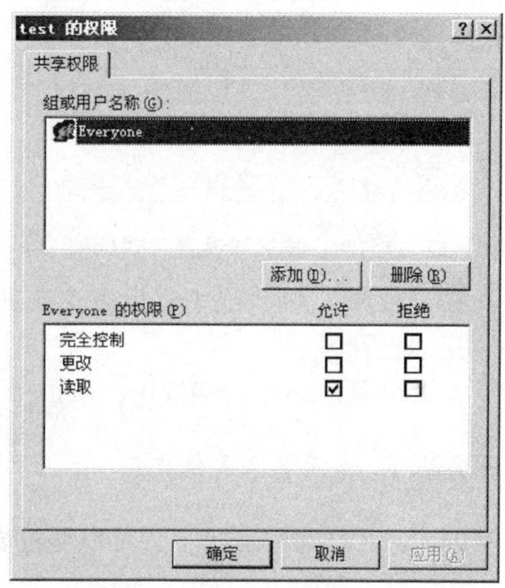

图 6－12 “文件夹的权限”对话框

（3）文件夹的默认共享权限为用户组 everyone 具有“读取”权限。可以在“权限”对话框中通过单击“添加”和“删除”按钮增加或减少用户账户或组账户，选中某账户后即可为其设置共享权限。设置权限后，单击“确定”按钮，返回“共享”选项卡。

【注意】用户组 everyone 代表当前所有用户，无论用户何时登录，它都将被自动添加到该组。该组只在设置权限时出现，在“计算机管理”内无法管理。

（4）单击“确定”按钮，该文件夹已经设为共享文件夹，网络中的其他计算机可以通过网上邻居访问该文件夹。

2. 利用“共享文件夹向导”创建共享文件夹

利用“共享文件夹向导”创建共享文件夹的操作步骤如下。

(1) 依次选择“开始”→“程序”→“管理工具”→“管理您的服务器”命令，打开“管理您的服务器”窗口。

(2) 在“管理您的服务器”窗口中，单击“添加共享文件夹”选项，打开“欢迎使用共享文件夹向导”对话框。

(3) 在“欢迎使用共享文件夹向导”对话框中，单击“下一步”按钮，打开“文件夹路径”对话框。

(4) 在“文件夹路径”对话框中，输入要共享的文件夹的路径，单击“下一步”按钮，打开“名称、描述和设置”对话框，如图6-13所示。

(5) 在“名称、描述和设置”对话框中，输入共享名、描述，更改脱机位置，单击“下一步”按钮，打开“权限”对话框，如图6-14所示。

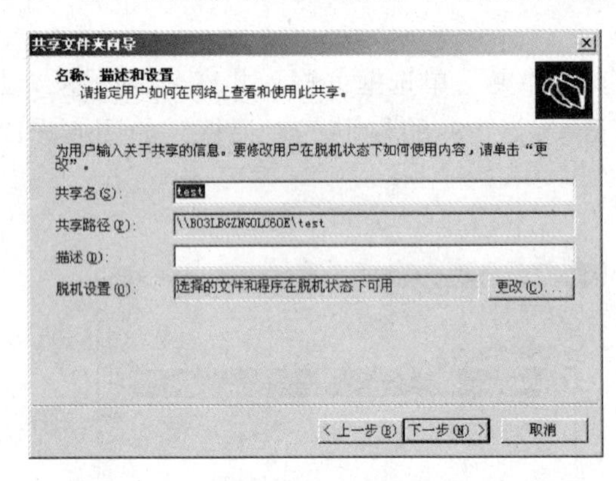

图6-13 “名称、描述和设置”对话框

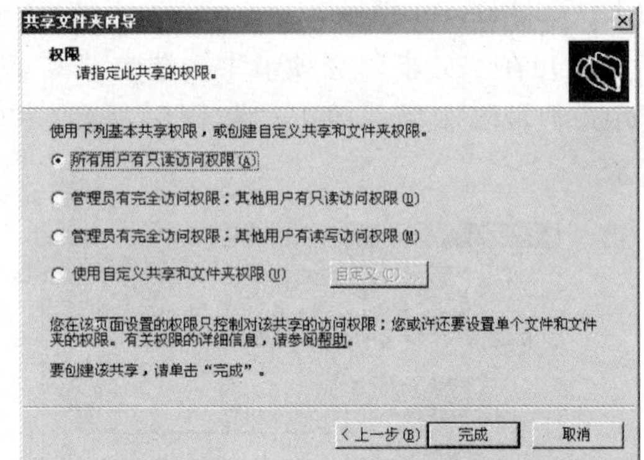

图6-14 “权限”对话框

(6) 在“权限”对话框中，设置文件夹的共享权限后，单击“完成”按钮，打开“共享成功”对话框。

(7) 在“共享成功”对话框中，单击“关闭”按钮，完成共享文件夹的设置。

任务实施4 访问共享文件夹

在Windows工作组计算机上，可以通过多种方法访问网络中的共享文件夹。

1. 通过“网上邻居”访问

双击桌面上的“网上邻居”图标，可以直接浏览工作组中已发布的共享文件夹，如果用户具有相应的访问权限即可访问该共享文件夹。通过“网上邻居”访问的方法适用于访问未隐藏的显式共享文件夹，但访问速度较慢。

2. 映射网络驱动器

为了使用方便，可以将网络驱动器号映射到计算机或共享文件夹上，其具体方法如下。

(1) 右击“我的电脑”，在弹出的快捷菜单中选择“映射网络驱动器”，打开“映射网络驱动器”对话框，如图6-15所示。

(2) 在“映射网络驱动器”对话框中，指定驱动器的盘符，单击“浏览”按钮，打开“浏览文件夹”对话框，如图6-16所示。

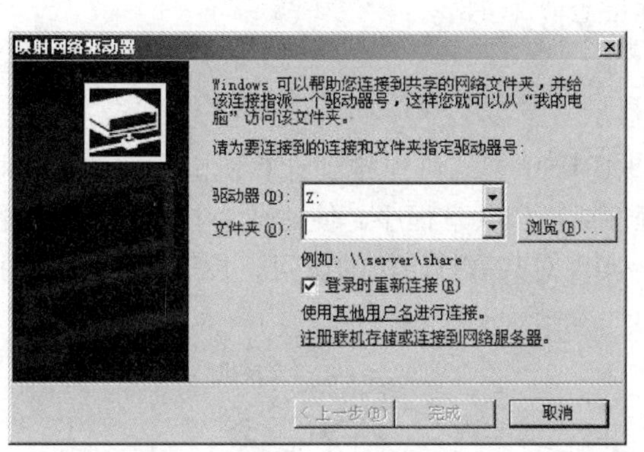

图6-15　"映射网络驱动器"对话框

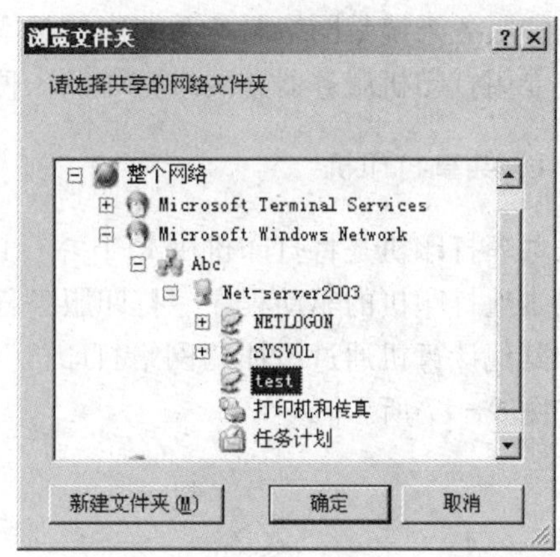

图6-16　"浏览文件夹"对话框

（3）在"浏览文件夹"对话框中，选择要映射的共享文件夹，单击"确定"按钮，返回"映射网络驱动器"对话框，单击"完成"按钮，完成映射任务。

（4）在"我的电脑"窗口中双击相应网络驱动器的盘符即可访问该共享文件夹。

3. 利用 UNC 直接访问

如果已知发布共享文件夹的计算机及其共享名，则可利用该共享文件夹的 UNC 直接访问。UNC（Universal Naming Convention，即：通用命名标准）的定义格式为"\\计算机名称\共享名"。具体操作方法如下。

（1）依次选择"开始"→"运行"命令，在运行对话框中，输入要访问的共享文件夹的 UNC（\\计算机名称\共享名），单击"确定"按钮，即可访问相应的共享资源。

（2）在浏览器的地址栏中，输入要访问的共享文件夹的 UNC（\\计算机名称\共享名），也可完成相应资源的访问。

任务6.2　设置共享打印机

【任务目的】

（1）了解打印系统的各种类型。

（2）掌握共享打印机的设置方法。

【工作环境与条件】

（1）安装好 Windows Server 2003 或其他 Windows 操作系统的计算机。

（2）安装好 Windows XP Professional 或其他 Windows 操作系统的计算机。

（3）能够正常运行的网络环境（也可使用 VMware 等虚拟机软件）。

（4）打印机及相关配件。

【相关知识】

自从计算机网络问世以来，打印机就作为基本的共享资源提供给网络的用户使用，因此打印服务系统是网络服务系统中的基本系统。目前打印服务与管理系统主要有共享打印机、专用打印机服务器和网络打印机 3 种主要形式。

6.2.1 共享打印机

共享打印机是将打印机用 LPT 并行口或 USB 等端口连接到计算机上，在该计算机上安装本地打印机的驱动程序、打印服务程序或打印共享程序，使之成为打印服务器；网络中的其他计算机通过添加“网络打印机”实现对共享打印机的访问。共享打印机的拓扑结构如图 6 – 17 所示。

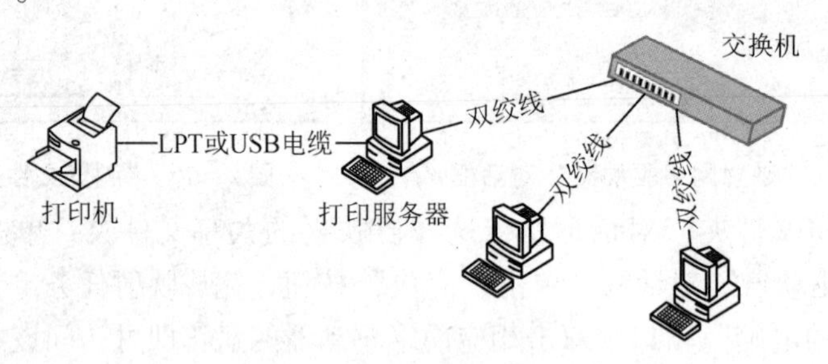

图 6 – 17 共享打印机的拓扑结构

共享打印机的优点是连接简单，操作方便，成本低廉；其缺点是对于充当打印服务器的计算机要求较高，无法满足高效打印的需求，因此一旦网络打印任务集中，就会造成打印服务器性能下降，打印的速度和质量也受到影响。

6.2.2 专用打印服务器

专用打印服务器方式可以弥补共享打印机方式的不足，其与共享打印机不同之处在于使用了专用的打印服务器硬件装置，该装置固化了网络打印软件，并包括 RJ – 45 以太网接口，以及 LPT 或 USB 打印机接口。

专用打印服务器方式的连接方法是将专用打印服务器用双绞线接入网络，并将打印机通过 LPT 或 USB 等端口连接到专用服务器上。在每台计算机上通过添加“网络打印机”实现对共享打印机的访问。专用打印服务器方式的拓扑结构如图 6 – 18 所示。

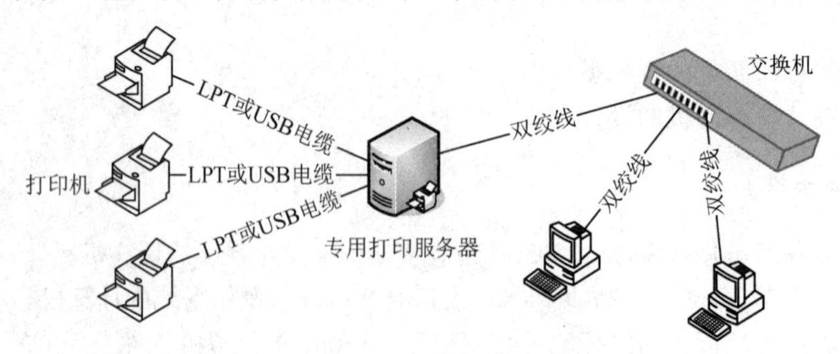

图 6 – 18 专用打印服务器方式的拓扑结构

专用打印服务器方式的优点是连接和设置简单，容易实现多台打印机的并行操作和管理，不会影响计算机的性能，性价比较高；其缺点是需要购买专用设备，维护管理的费用高，另外和共享打印机相似，发往打印机的数据使用 LPT 或 USB 接口，与目前局域网的

吞吐能力相比，传输速率是该种网络打印方式的瓶颈。专用打印服务器方式适用于具有多台打印机的中小型办公网络。

6.2.3　网络打印机

就硬件角度而言，网络打印机是指具有网卡的打印机。网络打印机方式的连接方法是将网络打印机用双绞线直接接入网络，并通过网络打印服务器对网络中的各台网络打印机进行管理。在每台打印客户机上通过添加“网络打印机”实现对共享打印机的访问。网络打印机方式的拓扑结构如图6－19所示。

网络打印机方式是真正意义上的网络打印，网络打印机直接连接网络，因此可以以网络本身的速度处理和传输打印任务，使得单台网络打印机的性能发挥到了极限。网络打印机方式的优点是连接和设置简单，容易实现多台打印机的并行操作和管理，不会影响计算机的性能，性价比较高，较好地解决了网络打印的瓶颈；其缺点是需要购置网络打印机，维护管理的费用高。网络打印机方式非常适合大中型公司的办公网络，可以较快地处理高密度的打印业务。

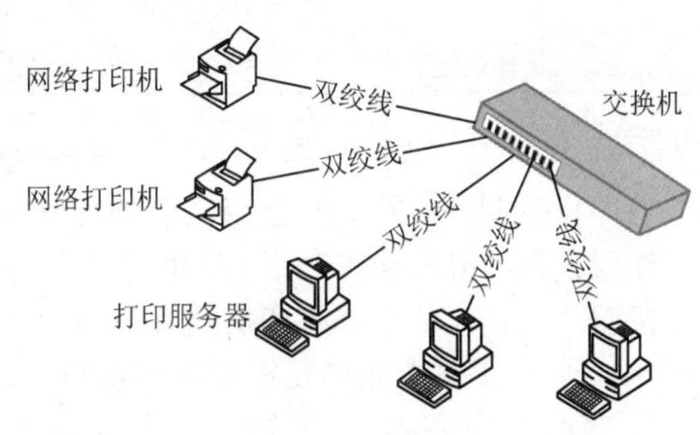

图6－19　网络打印机方式的拓扑结构

【任务实施】

不同的打印服务与管理系统有不同的设置方式，下面主要在Windows工作组网络中完成共享打印机的设置。

任务实施1　打印机的物理连接

在Windows工作组网络中共享打印机网络的连接请参考图6－17所示的拓扑结构。在设置共享打印机之前，必须保证打印服务器与打印机之间以及整个网络的正确连接和互访，必须保证与共享打印机相关的网络组件和服务的安装和启动。

任务实施2　安装和共享本地打印机

本地打印机就是直接与计算机连接的打印机。打印机除了与计算机进行硬件连接外，还需要进行软件安装，只有这样打印机才能使用。本地打印机安装也就是在本地计算机上安装打印机软件，实现本地计算机对本地打印的管理，这是实现网络打印的前提。安装和共享本地打印机的基本操作步骤如下。

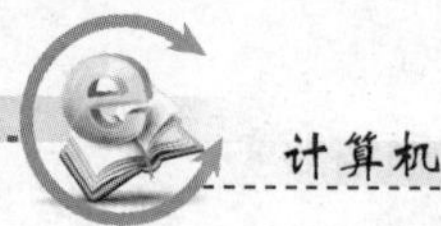

（1）依次选择“开始”→“设置”→“打印机和传真”命令，打开“打印机和传真”窗口。

（2）在“打印机和传真”窗口的“打印机任务”中，单击“添加打印机”命令，打开“欢迎使用添加打印机向导”对话框，如图6-20所示。

（3）在“欢迎使用添加打印机向导”对话框中，单击“下一步”按钮，打开“本地或网络打印机”对话框，如图6-21所示。用户可选择添加本地打印机或者是网络打印机。在此选择“连接到此计算机的本地打印机”选项，即可开始添加本机打印机。

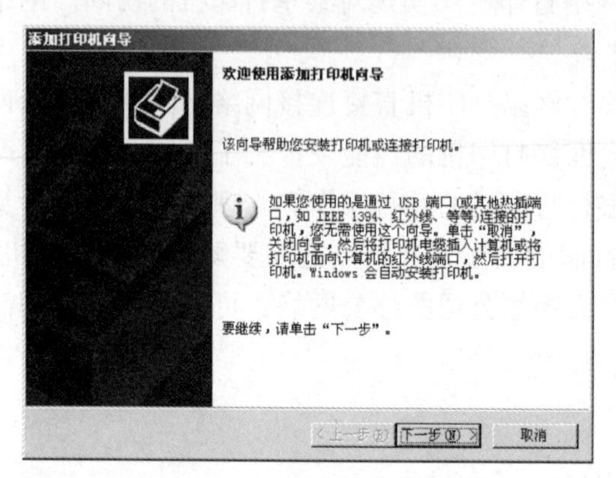

图6-20 “欢迎使用添加打印机向导”对话框

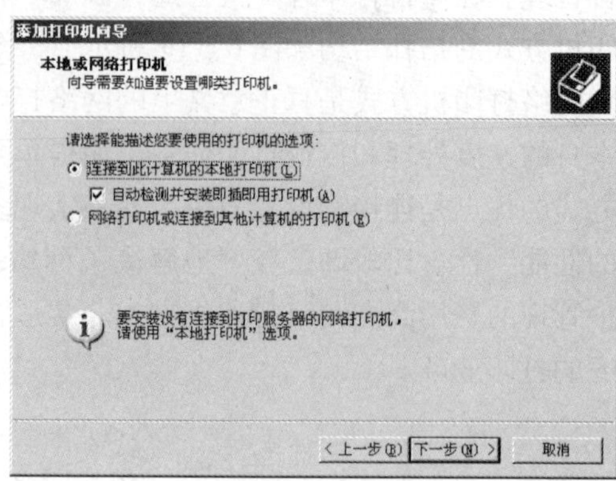

图6-21 “选择本地或网络打印机”对话框

（4）在“本地或网络打印机”对话框中，若选择“自动检测并安装即插即用打印机”复选框，单击“下一步”按钮，系统将自动搜索要安装的即插即用打印机。若不选择该复选框，则单击“下一步”按钮，会打开“选择打印机端口”对话框，如图6-22所示。

（5）在“选择打印机端口”对话框中选择要添加打印机所在的端口。如果要使用计算机原有的端口，可以选择“使用以下端口”单选框，一般情况下，用户的打印机都安装在计算机的LTP1打印机端口上。单击“下一步”按钮，打开“安装打印机软件”对话框，如图6-23所示。

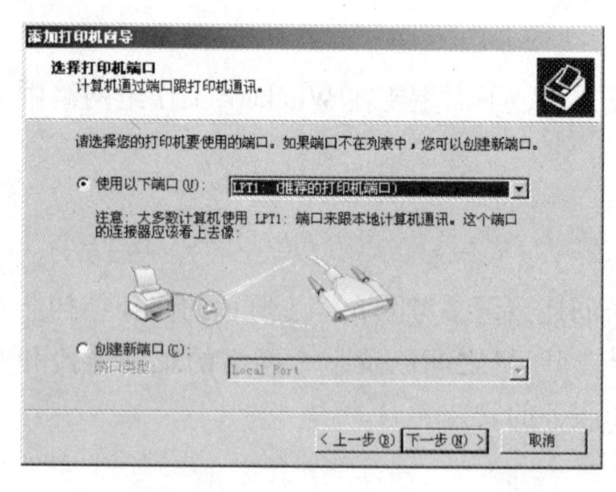

图6-22 “选择打印机端口”对话框

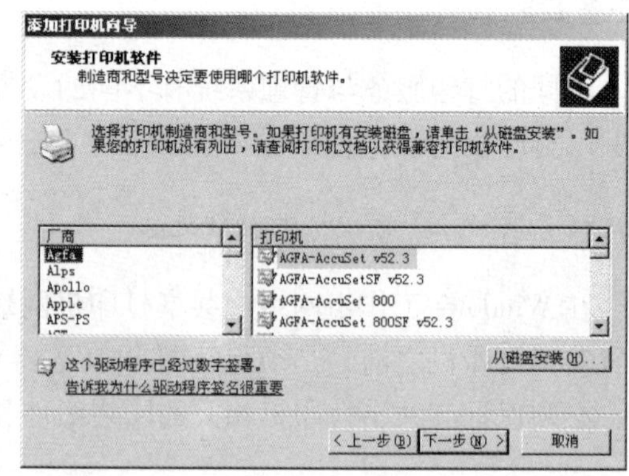

图6-23 “安装打印机软件”对话框

（6）在“安装打印机软件”对话框中选择打印机的生产厂商和型号，也可选择“从磁盘安装”。单击“下一步”按钮，打开“命名打印机”对话框，如图6-24所示。

（7）在“命名打印机”对话框中，为打印机输入名称。单击“下一步”按钮，打开“打印机共享”对话框，如图6-25所示。

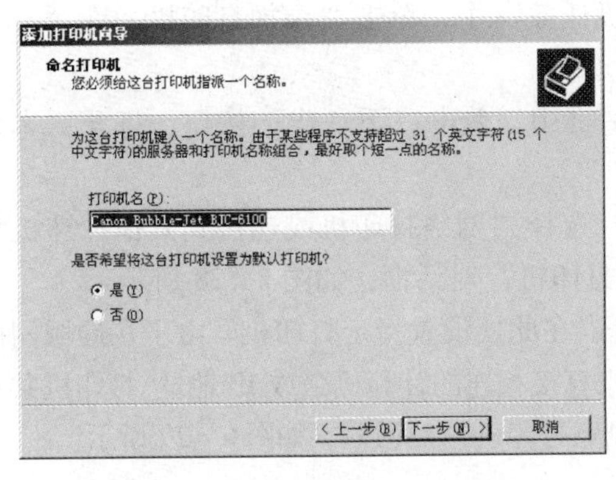

图 6-24　“命名打印机”对话框

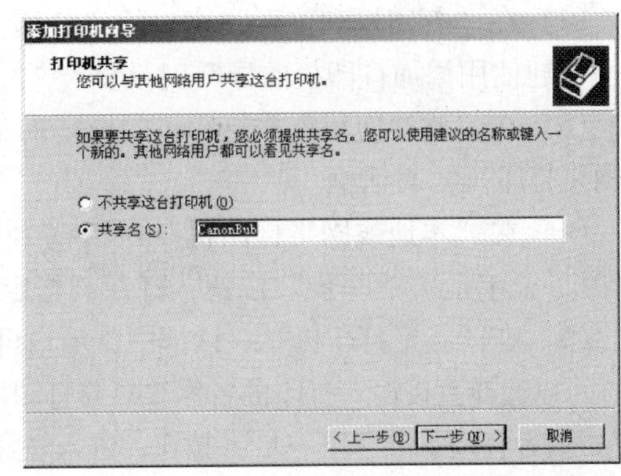

图 6-25　“打印机共享”对话框

(8) 如果希望其他计算机用户使用该打印机，在“打印机共享”对话框中，选择“共享名”单选按钮，并在后面的文本框中输入共享时该打印机的名称。单击“下一步”按钮，打开“位置和注解”对话框，如图 6-26 所示。

(9) 在“位置和注解”对话框中，输入共享打印机的位置和注释信息，以方便其他用户查看。单击“下一步”按钮，打开“打印测试页”对话框，如图 6-27 所示。

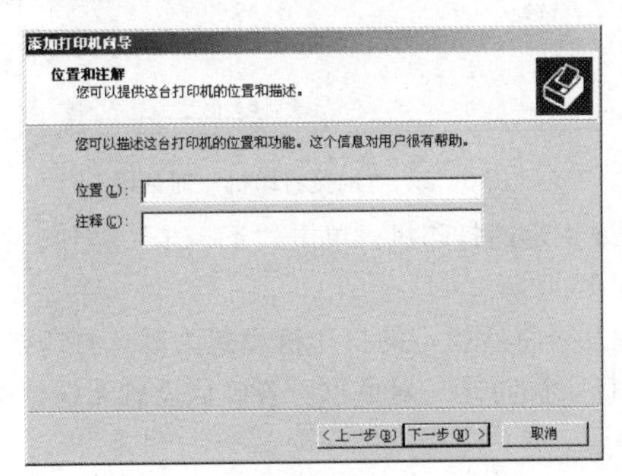

图 6-26　“位置和注释”对话框

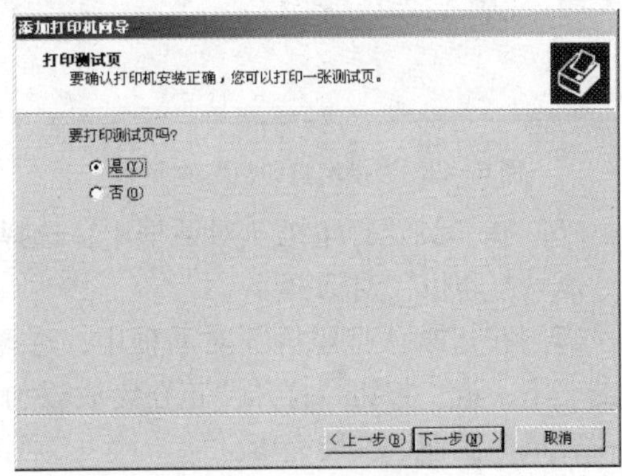

图 6-27　“打印测试页”对话框

(10) 在“打印测试页”对话框中，选择“是”单选按钮，对打印机进行测试，检测是否已经正确安装了打印机。单击“下一步”按钮，打开“正在完成添加打印机向导”对话框。

(11) 在“正在完成添加打印机向导”对话框中会显示前面设置的所有信息。如果需要修改，可单击“上一步”回到相应位置；若确认设置无误，单击“完成”按钮，安装完毕。

任务实施 3　设置客户机

在连有打印机的计算机上安装好本地打印机后，接下来需要在没有连接打印机的计算机上安装网络打印机，以便没有连接打印机的计算机能够把要打印的文件传输给连有打印机的计算机，并由该计算机统一管理打印，实现网络打印。具体操作步骤如下。

(1) 依次选择“开始”→“设置”→“打印机和传真”命令，打开“打印机和传真”窗口。

（2）在“打印机和传真”窗口的“打印机任务”中，单击“添加打印机”命令，打开“欢迎使用添加打印机向导”对话框。

（3）在“欢迎使用添加打印机向导”对话框中，单击“下一步”按钮，打开“本地或网络打印机”对话框。

（4）在“本地或网络打印机”对话框中，选择“网络打印机或连接到其他计算机的打印机”，单击“下一步”按钮，打开“指定打印机”对话框，如图6-28所示。

（5）在“指定打印机”对话框中，用户可以在此处设置指定打印机。由于在局域网内部，可以选择直接输入打印机名称“\\与打印机直接相连的计算机名或IP地址\打印机共享名”，或者直接单击“下一步”按钮，进入“浏览打印机”对话框，如图6-29所示。

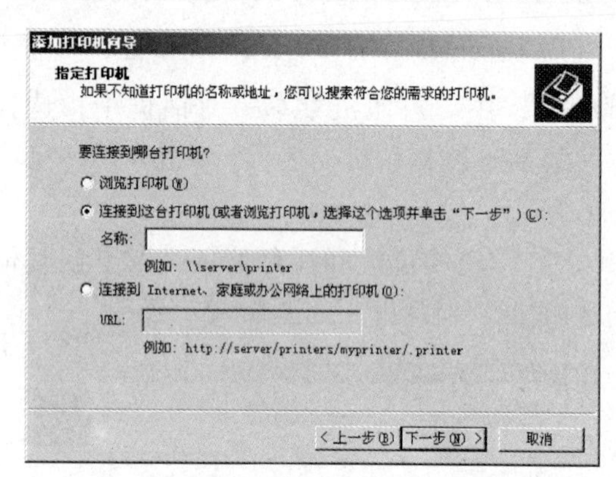

图6-28 “指定打印机”对话框

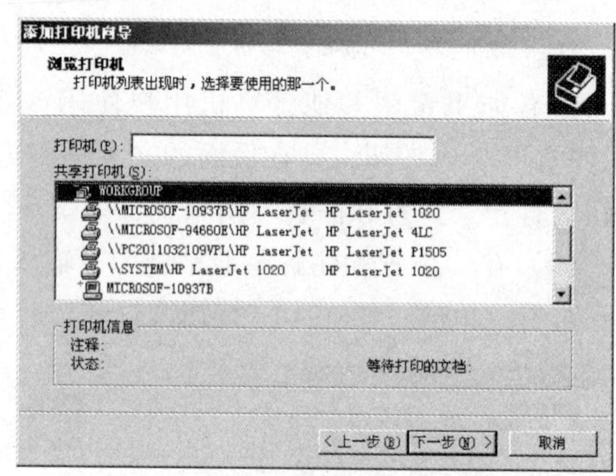

图6-29 “浏览打印机”对话框

（6）在“浏览打印机”对话框中，选择要指定的打印机，单击“下一步”按钮，打开“默认打印机”对话框。

（7）在“默认打印机”对话框中，选择是否将所指定的打印机设置为默认打印机。单击“下一步”按钮，打开“正在完成添加打印机向导”对话框。若确认设置无误，单击“完成”按钮，安装完毕。

任务6.3 配置DNS服务器

【任务目的】

（1）理解DNS服务器的作用。

（2）理解DNS查询过程。

（3）掌握DNS服务器的基本配置方法。

（4）掌握DNS客户机的配置方法。

【工作环境与条件】

（1）安装好Windows Server 2003操作系统的计算机。

（2）安装好Windows XP Professional或其他Windows操作系统的计算机。

（3）能够正常运行的网络环境（也可使用VMware等虚拟机软件）。

【相关知识】

域名是与 IP 地址相对应的一串容易记忆的字符，按一定的层次和逻辑排列。域名不仅便于记忆，而且即使在 IP 地址发生变化的情况下，通过改变其对应关系，域名仍可保持不变。在 TCP/IP 网络环境中，使用域名系统（Domain Name System，简称 DNS）解析域名与 IP 地址的映射关系。

6.3.1　域名称空间

整个 DNS 的结构是一个如图 6－30 所示的分层式树型结构，这个树状结构称为“DNS 域名空间”。图 6－30 中位于树型结构最顶层的是 DNS 域名空间的根（root），一般是用句点（.）来表示。root 内有多台 DNS 服务器。目前 root 由多个机构进行管理，其中最著名的是 Internet 网络信息中心，负责整个域名空间和域名登录的授权管理。

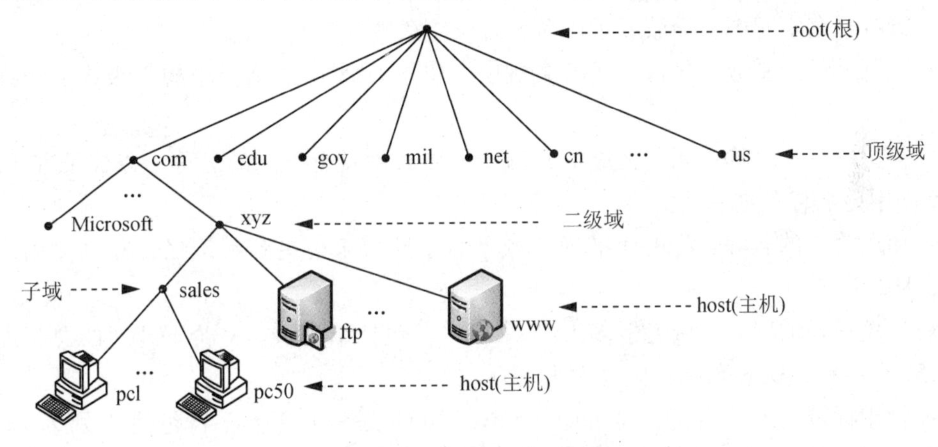

图 6－30　DNS 域名称空间

root 之下为“顶级域”，每一个“顶级域”内都有数台 DNS 服务器。顶级域用来将组织分类，常见的顶级域名如表 6－4 所示。

表 6－4　Internet 顶级域名及说明

域　　名	说　　明
com	商业组织
edu	教育机构
gov	政府部门
mil	军事部门
net	主要网络支持中心
org	其他组织
arpa	临时 ARPAnet（未用）
int	国际组织
占 2 字符的地区及国家码	例如 cn 表示中国，us 表示美国

“顶级域”之下为“二级域”，供公司和组织来申请、注册使用，例如 microsoft. com 是由 Microsoft 所注册的。如果某公司的网络要连接到 Internet，则其域名必须经过申请核准后才可使用。

公司、组织等可以在其“二级域”下，再细分多层的子域，例如图 6－30 中，可以在公司二级域 xyz. com 下为业务部建立一个子域，其域名为 sales. xyz. com，子域域名的最后必须附加其父域的域名（xyz. com），也就是说域名空间是有连续性的。

图 6－30 下方的主机 www 与 ftp 是位于公司二级域 xyz. com 的主机，www 与 ftp 是其“主机名称（host name）”。它们的完整名称为 www. xyz. com 与 ftp. xyz. com，这个完整的名称也叫做 FQDN（完全合格域名）。而 pc1、pc2、…、pc50 等主机位于子域 sales. xyz. com 内，其 FQDN 分别是 pc1. sales. xyz. com、pc2. sales. xyz. com、…、pc50. sales. xyz. com。

6.3.2　域命名规则

在 DNS 域名空间中，为域或子域命名时应注意遵循以下规则。

- 限制域的级别数：通常，DNS 主机项应位于 DNS 层次结构中的 3 级或 4 级，不应多于 5 级。
- 使用唯一的名称：同一父域中的每个子域必须具有唯一的名称，以保证在 DNS 域名称空间中该名称是唯一的。
- 使用简单的名称：简单而准确的域名对于用户来说更容易记忆，并且使用户可以直观地搜索并访问。
- 避免很长的域名：域名最多为 63 个字符，包括结束点。一个 FQDN 的总长度不能超过 255 个字符，DNS 名称不区分大小写。
- 使用标准的 DNS 字符：Windows Server 2003 支持的 DNS 字符包括 A 到 Z、a 到 z、0 到 9、以及连字符“－”。

6.3.3　DNS 服务器

DNS 服务器内存储着域名称空间内部分区域的信息，也就是说 DNS 服务器的管辖范围可以涵盖域名称空间内的一个或多个区域，此时就称此 DNS 服务器为这些区域的“授权服务器。授权服务器负责提供 DNS 客户端所要查找的记录。

区域（zone）是指域名空间树型结构的一部分，它能够将域名空间分割为较小的区段，以方便管理。一个区域内的主机信息，将存放在 DNS 服务器内的区域文件或是活动目录数据库内。一台 DNS 服务器内可以存储一个或多个区域的信息，同时一个区域的信息也可以被存储到多台 DNS 服务器内。区域文件内的每一项信息被称为是一项资源记录（resource record，简称 RR）。

如果在一台 DNS 服务器上建立一个区域后，这个区域内的所有记录都建立在这台 DNS 服务器内，而且可以新建、删除、修改这个区域内的记录，那么这台 DNS 服务器就被称为该区域的主服务器。如果在一台 DNS 服务器内建立一个区域后，这个区域内的所有记录都是从另外一台 DNS 服务器复制过来的，也就是说这个区域内的记录只是一个副本，这些记录是无法修改的，那么这台 DNS 服务器就被称为该区域的辅助服务器。可以

为一个区域设置多台辅助服务器，以提供容错能力，分担主服务器负担并加快查找的速度。

6.3.4 域名解析过程

DNS 服务器可以执行正向查找和反向查找。正向查找可将域名解析为 IP 地址，而反向查找则将 IP 地址解析为域名。例如某 Web 服务器使用的域名是 www. xyz. com，客户机在向该服务器发送信息之前，必须通过 DNS 服务器将域名 www. xyz. com 解析为它所关联的 IP 地址。利用 DNS 服务器进行域名解析的基本过程如图 6-31 所示。

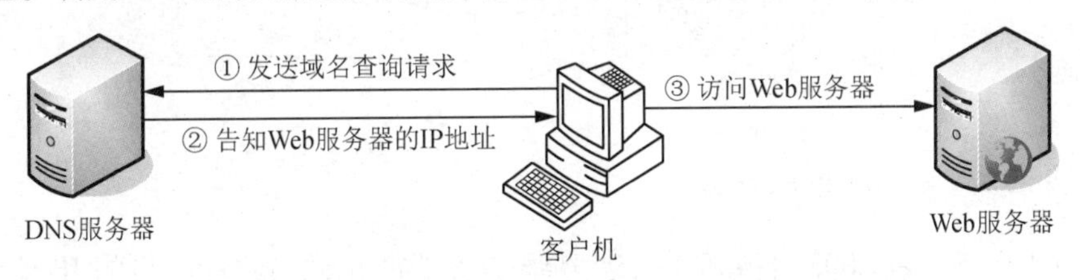

图 6-31 利用 DNS 服务器进行域名解析的基本过程

若 DNS 服务器内没有客户机所需的记录，则 DNS 服务器会代替客户机向其他 DNS 服务器进行查找。当第 1 台 DNS 服务器向第 2 台 DNS 服务器提出查找请求后，若第 2 台 DNS 服务器内也没有所需要的记录，则它会提供第 3 台 DNS 服务器的 IP 地址给第 1 台 DNS 服务器，让第 1 台 DNS 服务器自行向第 3 台 DNS 服务器进行查找。下面以图 6-32 所示的客户机向 DNS 服务器 Server1 查询 www. xyz. com 的 IP 地址为例说明 DNS 查询的过程。

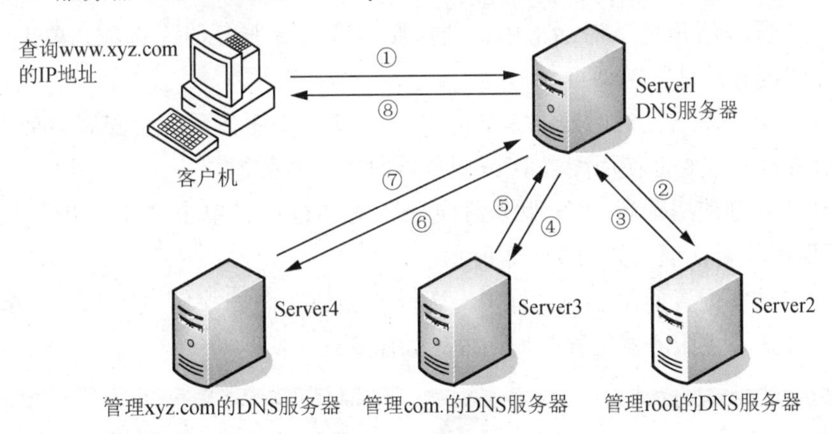

图 6-32 DNS 查询过程

（1）DNS 客户端向指定的 DNS 服务器 Server1 查找 www. xyz. com 的 IP 地址。

（2）若 Server1 内没有所要查找的记录，则 Server1 会将此查找请求转发到 root 的 DNS 服务器 Server2。

（3）Server2 根据要查找的主机名称（www. xyz. com）得知此主机位于顶级域 . com 下，它会将负责管辖 . com 的 DNS 服务器（Server3）的 IP 地址传送给 Server1。

（4）Server1 得到 Server3 的 IP 地址后，会直接向 Server3 查找 www. xyz. com 的 IP 地址。

（5）Server3 根据要查找的主机名称（www. xyz. com）得知此主机位于 xyz. com 域内，它会将负责管辖 xyz. com 的 DNS 服务器（Server4）的 IP 地址传送给 Server1。

（6）Server1 得到 Server4 的 IP 地址后，会直接向 Server4 查找 www. xyz. com 的 IP 地址。

（7）管辖 xyz. com 的 DNS 服务器（Server4）将 www. xyz. com 的 IP 地址传送给 Server1。

（8）Server1 再将 www. xyz. com 的 IP 地址传送给 DNS 客户机。客户机得到 www. xyz. com 的 IP 地址后，就可以跟 www. xyz. com 通信了。

【任务实施】

任务实施 1　安装 DNS 服务器

在 Windows Server 2003 计算机上安装 DNS 服务器前，建议此计算机的 IP 地址最好是静态的，不要向 DHCP 索取，因为向 DHCP 服务器租到的 IP 地址可能会不相同，将造成 DNS 客户端设置上的困扰。安装 DNS 服务器的基本操作步骤如下。

（1）依次选择“开始”→“程序”→“管理工具”→“管理您的服务器”命令，在“管理您的服务器”窗口中，单击“添加或删除角色”选项；在打开的“预备步骤”对话框中，单击“下一步”按钮。期间，根据向导插入 Windows Server 2003 的安装光盘，此时会出现“服务器角色”对话框。

（2）在“服务器角色”对话框中，选择安装“DNS 服务器”选项，单击“下一步”按钮，打开“配置总结”对话框。

（3）在“配置总结”对话框中，单击“下一步”按钮，系统会安装 DNS 服务组件，安装完毕后将打开“欢迎使用配置 DNS 服务器向导”对话框。

（4）在“欢迎使用配置 DNS 服务器向导”对话框中，单击“下一步”按钮，打开“选择配置操作”对话框，如图 6－33 所示。

（5）在“选择配置操作”对话框中，选择“创建正向查找区域”选项，单击“下一步”按钮，打开“主服务器位置”对话框，如图 6－34 所示。

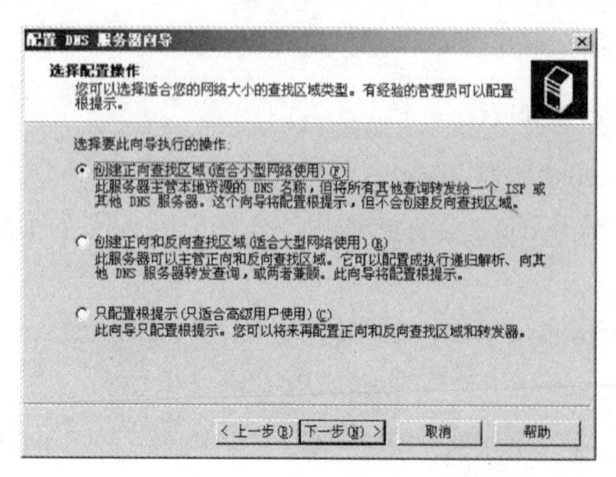

图 6－33　“选择配置操作”对话框

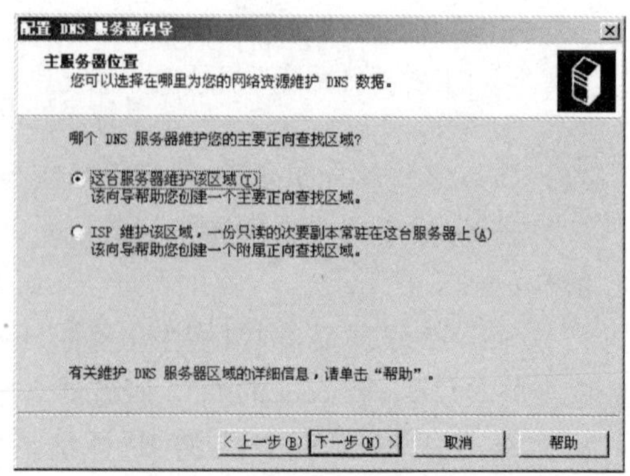

图 6－34　“主服务器位置”对话框

（6）在“主服务器位置”对话框中，由于是创建一个新的区域中的服务器，所以选择“这台服务器维护该区域”单选按钮，单击“下一步”按钮，打开“区域名称”对话框，如图6－35所示。

（7）在“区域名称”对话框中，输入区域名称，单击“下一步”按钮，打开“区域文件”对话框，如图6－36所示。

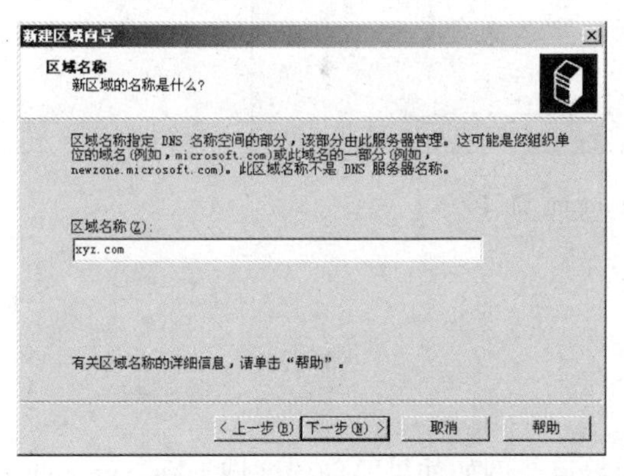

图6－35　“区域名称”对话框

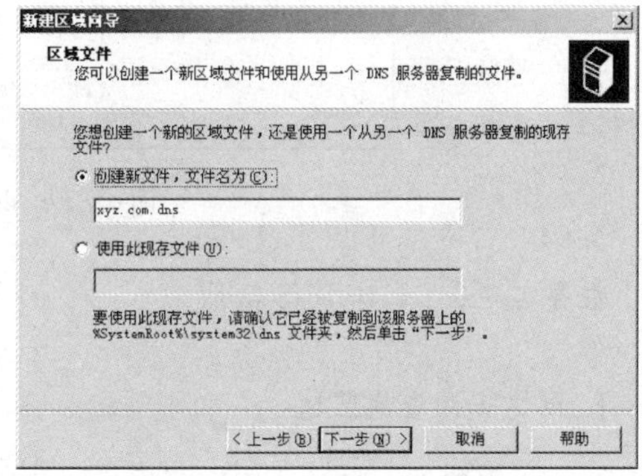

图6－36　“区域文件”对话框

（8）在“区域文件”对话框中，单击“下一步”按钮，打开“动态更新”对话框，如图6－37所示。

（9）在“动态更新”对话框中，单击“下一步”按钮，打开“转发器”对话框，如图6－38所示。

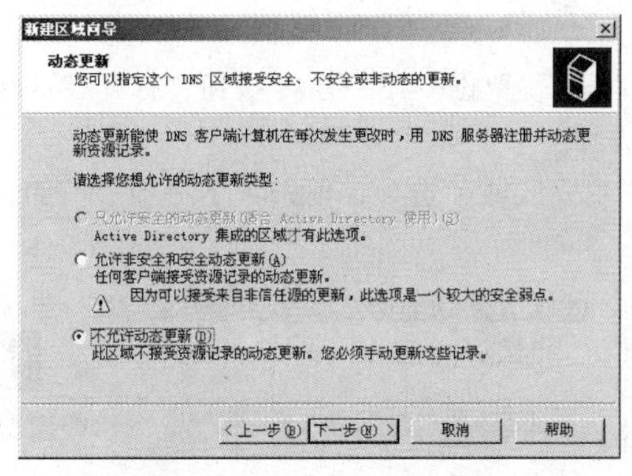

图6－37　“动态更新”对话框

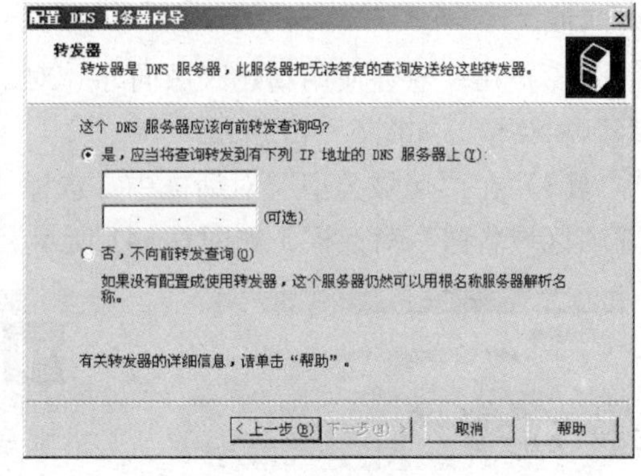

图6－38　“转发器”对话框

（10）在“转发器”对话框中，通常会输入在Internet上有效的DNS服务器的IP地址作为转发器地址，单击“下一步”按钮，打开“正在完成配置DNS服务器向导”对话框。

（11）在“正在完成配置DNS服务器向导”对话框中，单击“完成”按钮，打开“此服务器现在是DNS服务器”对话框。单击“完成”按钮，完成DNS服务器的安装。

此时依次选择“开始”→“程序”→“管理工具”→DNS命令，可以打开已经建立了一个正向查找区域的dnsmgmt窗口，如图6－39所示。

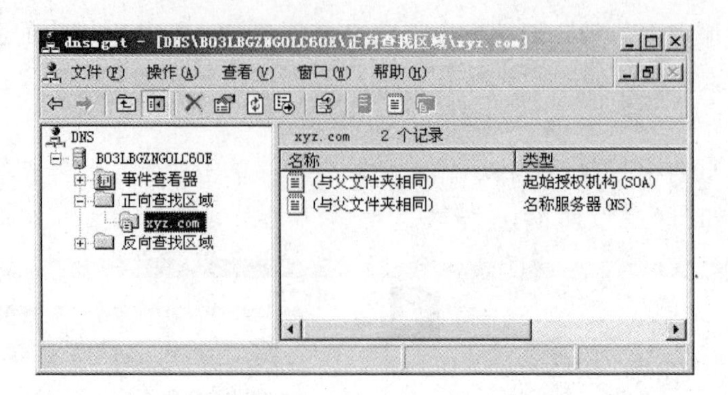

图 6－39　dnsmgmt 窗口

任务实施 2　创建 DNS 区域

1. 创建正向查找区域

用户应当根据自身的需要划分创建区域的数目，例如如果要创建区域 sales. xyz. com 和 mkt. xyz. com，可在 DNS 服务器中分别创建 2 个区域 sales. xyz. com 和 mkt. xyz. com；也可以先创建一个区域 xyz. com，然后在该区域下创建 2 个子域 sales 和 mkt。在 DNS 服务器中创建正向查找区域的操作步骤如下。

（1）在 dnsmgmt 窗口的右侧窗格中，选中相应 DNS 服务器的“正向查找区域”选项，右击鼠标，在弹出的快捷菜单中选择“新建区域”命令，打开“欢迎使用新建区域向导”对话框。

（2）在“欢迎使用新建区域向导”对话框中，单击“下一步”按钮，打开“区域类型”对话框，如图 6－40 所示。

（3）在“区域类型”对话框中，选择“主要区域”选项，单击“下一步”按钮，打开“区域名称”对话框，如图 6－41 所示。

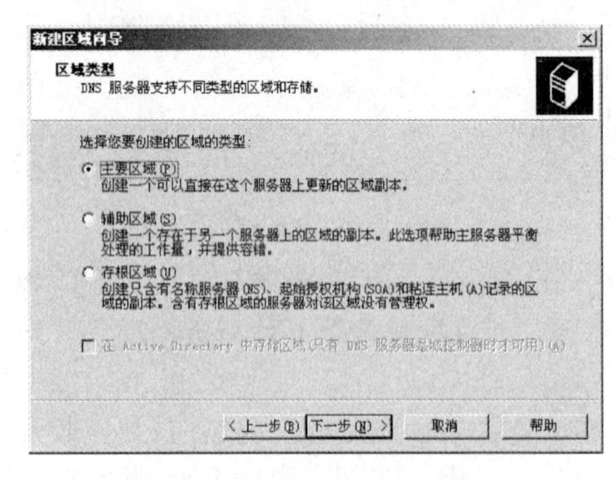

图 6－40　“区域类型”对话框

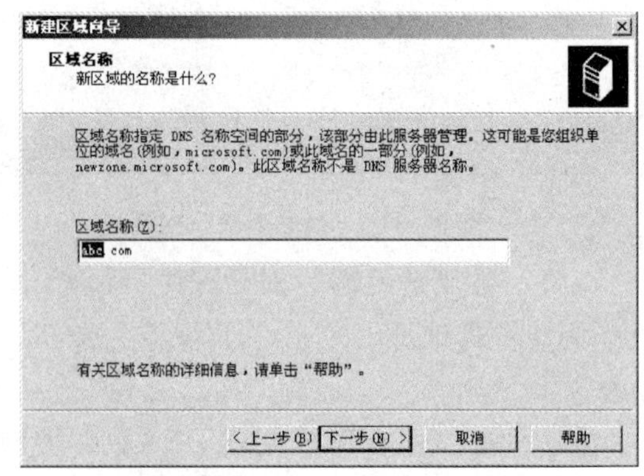

图 6－41　“区域名称”对话框

（4）在“区域名称”对话框中，输入区域名称，单击“下一步”按钮，打开“区域文件”对话框。

（5）在“区域文件”对话框中，单击“下一步”按钮，打开“动态更新”对话框。

（6）在“动态更新”对话框中，单击“下一步”按钮，打开“正在完成新建区域向导”对话框。单击“完成”按钮，完成正向查找区域的创建，此时在dnsmgmt窗口中可以看到刚才所创建的区域。

2. 创建子域

在正向查找区域中创建子域的操作步骤如下。

（1）在dnsmgmt窗口的右侧窗格中，选中要创建子域的区域，右击鼠标，在弹出的快捷菜单中选择“新建域”命令，打开“新建DNS域”对话框，如图6－42所示。

图6－42　“新建DNS域”对话框

（2）在“新建DNS域”对话框中，输入子域的名称，单击“确定”按钮，完成创建。

3. 创建反向查找区域

在DNS服务器中创建反向查找区域的操作步骤如下。

（1）在dnsmgmt窗口的右侧窗格中，选中相应DNS服务器的“反向查找区域”选项，右击鼠标，在弹出的快捷菜单中选择“新建区域”命令，打开“欢迎使用新建区域向导”对话框。

（2）在“欢迎使用新建区域向导”对话框中，单击“下一步”按钮，打开“区域类型”对话框。

（3）在“区域类型”对话框中，选择“主要区域”，单击“下一步”按钮，打开“反向查找区域名称”对话框，如图6－43所示。

（4）在“反向查找区域名称”对话框中，输入本机IP地址中的网络标识，单击“下一步”按钮，打开“区域文件”对话框，如图6－44所示。

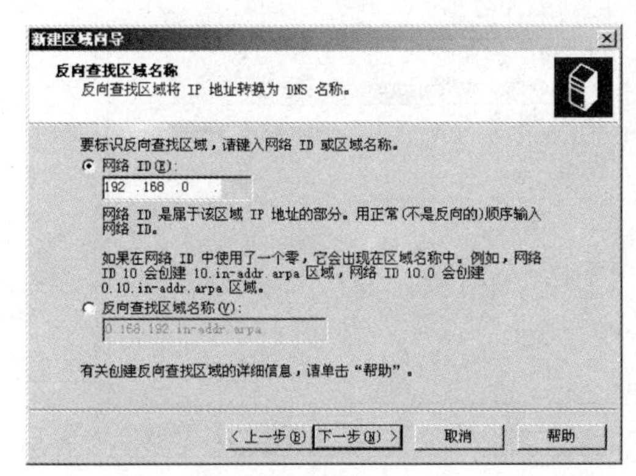

图6－43　“反向查找区域名称”对话框

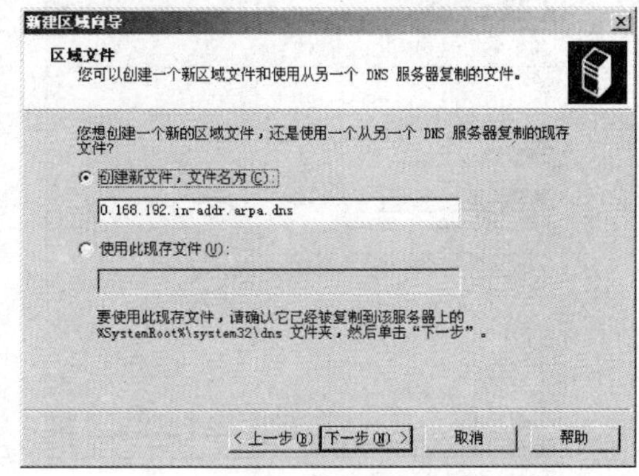

图6－44　“区域文件”对话框

(5) 在“区域文件”对话框中，单击“下一步”按钮，打开“动态更新”对话框。

(6) 在“动态更新”对话框中，单击“下一步”按钮，打开“正在完成新建区域向导”对话框。单击“完成”按钮，完成反向查找区域的创建，此时在dnsmgmt窗口中可以看到刚才所创建的区域。

任务实施3　创建资源记录

DNS服务器支持多种类型的资源记录，下面完成几种常用资源记录的创建。

1. 创建主机（A）记录

主机记录用来在正向查找区域内建立主机名与IP地址的映射关系，从而使DNS服务器能够实现从主机域名、主机名到IP地址的查询。其创建步骤如下。

(1) 在dnsmgmt窗口的右侧窗格中，选中要添加资源记录的区域，右击鼠标，在弹出的快捷菜单中选择“新建主机”命令，打开“新建主机”对话框，如图6－45所示。

(2) 在“新建主机”对话框中，输入主机名称和其对应的IP地址，单击“添加主机”按钮，在随后出现的提示框中，单击“确定”按钮，完成主机记录的创建。

【注意】 如果在“新建主机”对话框中，选择了“创建相关的指针（PTR）记录”复选框，则在反向查找区域刷新后，会自动生成相应的指针记录，供反向查找时使用。

2. 创建别名（CNAME）记录

别名记录用来为一台主机创建不同的域全名。通过建立主机的别名记录，可以实现将多个完整的域名映射到一台计算机上。其创建步骤如下。

(1) 在dnsmgmt窗口的右侧窗格中，选中要添加资源记录的区域，右击鼠标，在弹出的快捷菜单中选择“新建别名”命令，打开“新建资源记录”对话框，如图6－46所示。

(2) 在“新建资源记录”对话框中，输入别名，然后通过单击“浏览”按钮，选择别名所对应的主机记录。单击“确定”按钮，完成别名记录的创建。

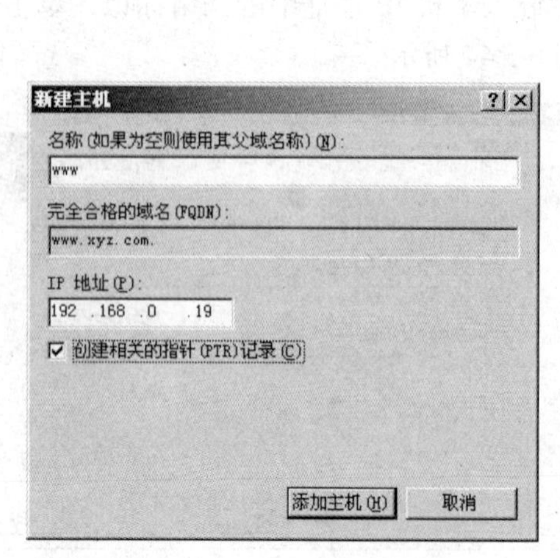

图6－45　“新建主机”对话框

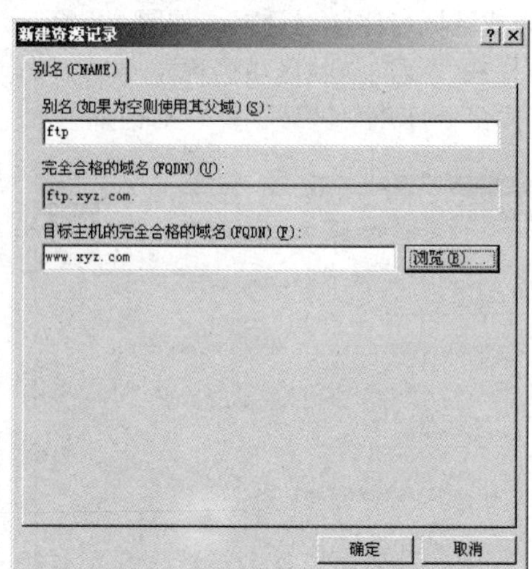

图6－46　创建别名（CNAME）记录

3. 创建指针（PTR）记录

指针记录用来在反向查找区域内建立 IP 地址与主机名的映射关系，其创建步骤如下。

（1）在 dnsmgmt 窗口的右侧窗格中，选中要添加资源记录的区域，右击鼠标，在弹出的快捷菜单中选择“新建指针（PTR）”命令，打开“新建资源记录”对话框。

（2）在“新建资源记录”对话框中，输入主机 IP 与其对应的主机名，单击“确定”按钮，完成指针记录的创建。

任务实施4 配置 DNS 客户机

1. 指定 DNS 服务器的 IP 地址

DNS 客户机必须指定 DNS 服务器的 IP 地址，以便对这台 DNS 服务器提出域名解析请求。对于使用静态 IP 地址的 DNS 客户机，指定 DNS 服务器 IP 地址的操作步骤如下。

（1）在“本地连接属性”对话框中，选中“Internet 协议（TCP/IP）”选项，单击“属性”按钮，打开“Internet 协议属性（TCP/IP）”对话框。

（2）在“Internet 协议属性（TCP/IP）”对话框中，选中“使用下面的 DNS 服务器地址”单选按钮后，在“首选 DNS 服务器”和“备用 DNS 服务器”文本框中输入要指定客户机访问的 DNS 服务器的 IP 地址。

2. 域名解析的测试

要测试 DNS 客户机是否能够通过指定的 DNS 服务器进行域名解析，可以在打开的“命令提示符”窗口中，输入“nslookup FQDN（DNS 服务器中设置的完全合格域名）”，该命令将显示当前计算机访问的 DNS 服务器及该服务器对相应域名的解析情况，如图 6-47所示。

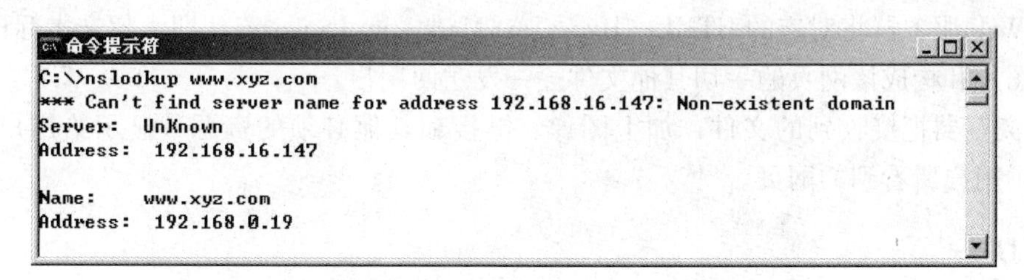

图 6-47 客户机的域名解析工作正常

任务 6.4 配置 Web 站点

【任务目的】

（1）理解 URL 和 IIS 包含的主要服务。

（2）掌握利用默认网站发布 Web 站点的方法。

（3）掌握虚拟目录的配置方法。

(4) 掌握通过新建网站发布 Web 站点的方法。

【工作环境与条件】

(1) 安装好 Windows Server 2003 操作系统的计算机。

(2) 安装好 Windows XP Professional 或其他 Windows 操作系统的计算机。

(3) 能够正常运行的网络环境（也可使用 VMware 等虚拟机软件）。

【相关知识】

6.4.1 WWW 的工作过程

WWW（World Wide Web，即：万维网）常被当成 Internet 的同义词。实际上 WWW 是在 Internet/Intranet 上发布的，并可以通过浏览器观看图形化页面的服务。

WWW 服务采用客户/服务器模式，客户机即浏览器，服务器即 Web 服务器，各种资源将以 Web 页面的形式存储在 Web 服务器上（也称为 Web 站点），这些页面采用超文本方式对信息进行组织，页面之间通过超链接连接起来，超链接采用 URL 的形式。这些使用超链接连接在一起的页面信息可以放置在同一主机上，也可以放置在不同的主机上。

当用户要访问 WWW 上的一个网页或其他网络资源的时候，其基本工作过程如下。

- 客户机启动浏览器。
- 在浏览器键入以 URL 形式表示的、待查询的 Web 页面地址。
- 在 URL 中将包含 Web 服务器的 IP 地址或域名，如果是域名的话，需要将该域名传送给 DNS 服务器解析其对应的 IP 地址。
- 客户机浏览器与该地址的 Web 服务器连通，发送一个 HTTP 请求，告知其需要浏览的 Web 页面。
- Web 服务器将对应的 HTML（HyperText Mark - up Language，即：超文本标记语言）文本、图片和构成该网页的一切其他文件逐一发送回用户。
- 浏览器把接收到的文件，加上图像、链接和其他必须的资源，显示给用户，这些就构成了用户所看到的网页。

6.4.2 URL

URL（统一资源定位符）也称为网页地址，是用于完整地描述 Internet 上 Web 页面和其他资源的地址的一种标识方法。在实际应用中，URL 可以是本地磁盘，可以是局域网上的计算机，当然更多的是 Internet 上的站点。URL 的一般格式为（带方括号“[ ]”的为可选项）：

```
protocol :// hostname[:port]/ path/[;parameters][? query]#fragment
```

对 URL 的格式说明如下。

(1) protocol（协议）：用于指定使用的传输协议，表 6 - 5 列出 protocol 属性的部分有效方案名称，其中最常用的是 HTTP 协议，它也是目前应用最广泛的协议。

表6-5 protocol属性的部分有效方案名称

协议	说明	格式
file	资源是本地计算机上的文件	file：//
ftp	通过FTP访问资源	ftp：//
http	通过HTTP访问该资源	http：//
https	通过安全的HTTPS访问该资源	https：//
mms	通过支持MMS（流媒体）协议的播放软件（如Windows Media Player）播放该资源	mms：//
ed2k	通过支持ed2k（专用下载链接）协议的P2P软件（如emule）访问该资源	ed2k：//
thunder	通过支持thunder（专用下载链接）协议的P2P软件（如迅雷）访问该资源	thunder：//
news	通过NNTP访问该资源	news：//

（2）hostname（主机名）：用于指定存放资源的服务器的域名或IP地址。有时在主机名前也可以包含连接到服务器所需的用户名和密码（格式：username@ password）。

（3）:port（端口号）：用于指定存放资源的服务器的端口号，省略时使用传输协议的默认端口。各种传输协议都有默认的端口号，如HTTP协议的默认端口为80。若在服务器上采用非标准端口号，则在URL中就不能省略端口号这一项。

（4）path（路径）：由零或多个“/”符号隔开的字符串，一般用于表示主机上的一个目录或文件地址。

（5）;parameters（参数）：这是用于指定特殊参数的可选项。

（6）?query（查询）：用于给动态网页（如使用CGI、ISAPI、PHP/JSP/ASP/ASP. NET等技术制作的网页）传递参数，可有多个参数，用“&”符号隔开，每个参数的名和值用“=”符号隔开。

（7）fragment（信息片断）：用于指定网络资源中的片断，例如一个网页中有多个名词解释，可使用fragment直接定位到某一名词解释。

【注意】 Windows主机不区分URL大小写，但Unix/Linux主机区分大小写。另外由于HTTP协议允许服务器将浏览器重定向到另一个URL，因此许多服务器允许用户省略URL中的部分内容，比如www。但从技术上来说，省略后的URL实际上是一个不同的URL，服务器必须完成重定向的任务。

6.4.3 Internet信息服务器

Internet信息服务是Internet中最基本的服务。常见的网络操作系统都提供了实现Internet信息服务的功能，在Linux操作系统中主要使用Apache，而在Windows Server 2003操作系统中，实现Internet信息服务的是IIS 6.0。

IIS是Internet Information Server的缩写，其中文名称是Internet信息服务。IIS 6.0提供了一整套为Internet/Intranet量身定做的系统管理工具以及建立Web应用程序的基本工具，是 Windows Server 2003 操作系统应用程序服务器的重要支撑平台，IIS 也是动态网络应用程序开发和创建的通信平台和工具。IIS 6.0 所包含的组件及相关功能如表 6-6 所示。

表 6-6 IIS 6.0 所包含的组件及相关功能

组件名称	功 能
万维网（WWW）服务	使用 HTTP 协议向客户提供信息浏览服务
文件传输协议（FTP）服务	使用 FTP 协议向客户提供上传和下载文件的服务
SMTP 服务	简单邮件传输协议服务，支持电子邮件的传输
NNTP 服务	网络新闻传输协议服务
Internet 信息服务管理器	IIS 的管理界面的 Microsoft 管理控制台管理单元
Internet 打印	提供基于 Web 的打印机管理，并能够通过 HTTP 打印到共享打印机

6.4.4 主目录与虚拟目录

任何一个 Web 站点或 FTP 站点都是通过树型目录结构的方式来存储信息的，每个站点可以包括一个主目录和若干个真实子目录或虚拟目录。

1. 主目录

主目录是 Web 或 FTP 发布树的顶点，也是站点访问的起点，因此它不仅包括网站的首页及其指向其他网页的链接，还应包括该网站的所有目录和文件。每个 Web 或 FTP 站点必须拥有一个主目录，对该站点的访问，实际上就是对站点主目录的访问。由于主目录已经被映射为“域名”，因此访问者可以使用域名直接进行访问。例如，若站点域名是 www.xyz.com，主目录是 D：\Website\abc，则在客户机浏览器中使用 URL“http：//www.xyz.com/”即可访问 D：\Website\abc 中的文件。

IIS 默认的 Web 站点主目录为 X：\Inetpub\wwwroot，默认的 FTP 站点主目录为 X：\Inetpub\ftproot，其中“X”为 Windows Server 2003 系统所在卷的驱动器号。用户可以将所要发布的信息文件保存在 IIS 默认的主目录中，也可以将默认主目录更改为文件所在的目录，而不需要移动文件。

2. 虚拟目录

在网站管理中，如果用户需要通过主目录以外的目录发布信息文件，那就应当在 Web 站点或 FTP 站点的主目录下，创建虚拟目录。虚拟目录是站点管理员为本地计算机的真实目录或网络中其他计算机上的共享目录创建的一个别名，在客户机浏览器中，虚拟目录可以像主目录的真实子目录一样被访问，但它的实际物理位置并不处于所在站点的主目录中。

利用虚拟目录可以将 Web 站点或 FTP 站点中发布的信息文件分散保存到不同的分区或不同的计算机上，这一方面便于分别开发与维护，另一方面当信息文件移动到其他物理位置时，也不会影响站点原有的逻辑结构。

【任务实施】

任务实施1 安装应用程序服务器

为了主动防范恶意用户与黑客的攻击，在默认情况下 Windows Server 2003 并不会自动安装 IIS。在 Windows Server 2003 操作系统中，可以通过“Windows 组件向导”直接安装 IIS 组件，也可以利用集中管理工具安装。通过集中管理工具安装应用程序服务器的操作步骤如下。

(1) 依次选择“开始”→“程序”→“管理工具”→“管理您的服务器”命令，在“管理您的服务器”窗口中，单击“添加或删除角色”选项；在打开的“预备步骤”对话框中，单击“下一步”按钮，打开“服务器角色”对话框。

(2) 在“服务器角色”对话框中，选择安装“应用程序服务器”选项，单击“下一步”按钮，打开“应用程序服务器选项”对话框。

(3) 在“应用程序服务器选项”对话框中，根据需要选择要安装到服务器中的工具，单击“下一步”按钮，打开“选择总结”对话框。

(4) 在“选择总结”对话框中，单击“下一步”按钮，根据系统提示放入 Windows Server 2003 安装光盘，并指明路径，系统会自动完成相关组件的安装。安装完成后，将出现“此服务器现在是一台应用程序服务器”对话框。单击“完成”按钮，完成安装任务。

此时在系统管理工具中会增加“Internet 信息服务（IIS）管理器”选项，依次选择“开始”→“程序”→“管理工具”→“Internet 信息服务（IIS）管理器”命令，可以打开“Internet 信息服务（IIS）管理器”窗口，如图 6-48 所示。

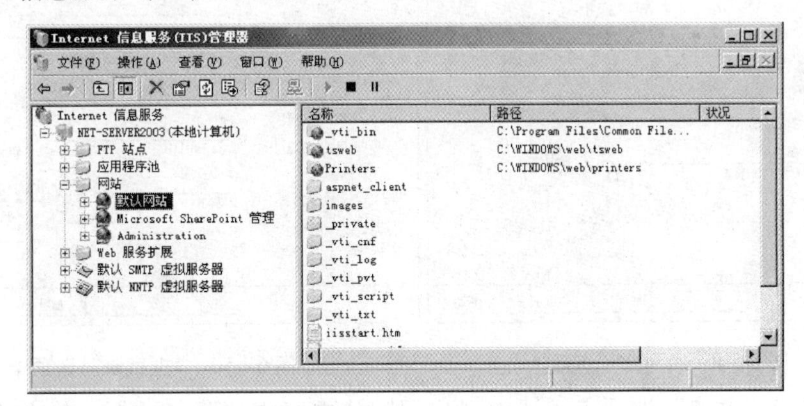

图 6-48 “Internet 信息服务（IIS）管理器”窗口

任务实施2 利用默认网站发布 Web 站点

IIS 安装完成后，系统会自动建立一个默认网站，用户可以直接利用其作为 Web 站点，发布信息文件。若 Web 站点的网页文件存放在服务器的 E：\test 目录中，其主页文件为“我的主页.html”，则利用默认网站发布该 Web 站点的操作步骤如下。

（1）在“Internet信息服务（IIS）管理器”窗口的左侧窗格中，选中“默认网站”，右击鼠标，在弹出的快捷菜单中选择“属性”命令，打开“默认网站属性”对话框。

（2）在“默认网站属性”对话框的“网站”选项卡中，通常IP地址栏显示的是默认值“（全部未分配）”，单击右侧的下拉箭头，指定网站的IP地址，如图6－49所示。

【注意】当服务器只有一个网站时，通常应指定网站的IP地址。如果该网站建立了多个虚拟网站，则应使用默认的值“（全部未分配）”，这样才能够使得该站点绑定所有虚拟站点或虚拟目录使用的IP地址。

（3）选择“主目录”选项卡，设置默认网站的主目录。在“此资源的内容来自”中，选中“此计算机上的目录”单选按钮，在“本地路径”文本框中输入Web站点的网页文件所在的目录E：\test，如图6－50所示。

【注意】在此可以设置主目录的权限访问控制。

- “脚本资源访问”：选中该复选框，表示允许Web客户读取网站的脚本源文件。
- “读取”：选中该复选框，表示允许Web客户阅读主目录中的文件。
- “写入”：选中该复选框，表示允许Web客户上传及更改主目录中的文件。
- “目录浏览”：选中该复选框，表示即使Web客户对主目录没有读取权限，也能够浏览主目录的内容，查看网站中的组织结构。
- “索引资源”：选中该复选框，表示Microsoft Index Server将该主目录包含在网站的全文检索中。

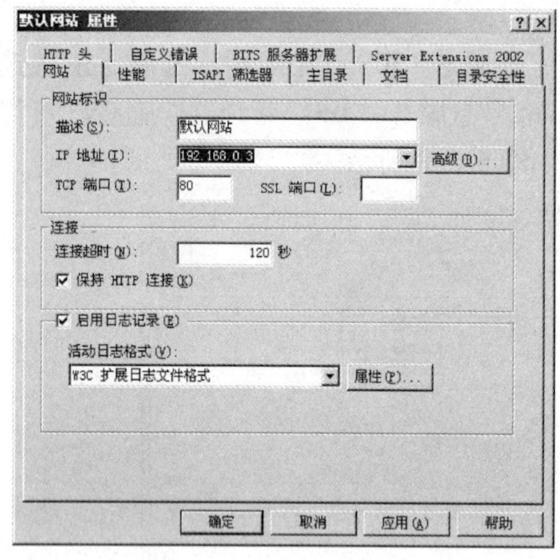

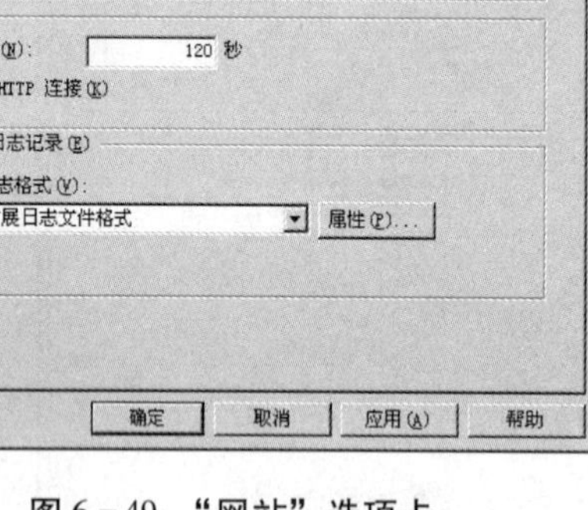

图6－49 “网站”选项卡

图6－50 “主目录”选项卡

（4）选择“文档”选项卡，选中“启用默认内容文档”复选框，单击“添加”按钮，打开“添加内容页”对话框，如图6－51所示。输入要发布的网站的主页文件名“我的主页.html”，单击“确定”按钮，返回“文档”选项卡。单击“上移”按钮，将添加的内容页移至第一位，如图6－52所示。

【注意】默认内容文档列表中是启用默认文档的顺序，使用“上移”和“下移”按钮可以调整列表的顺序，使用“删除”按钮可以将列表框中的默认内容文档删除。

图6-51 “添加内容页”对话框

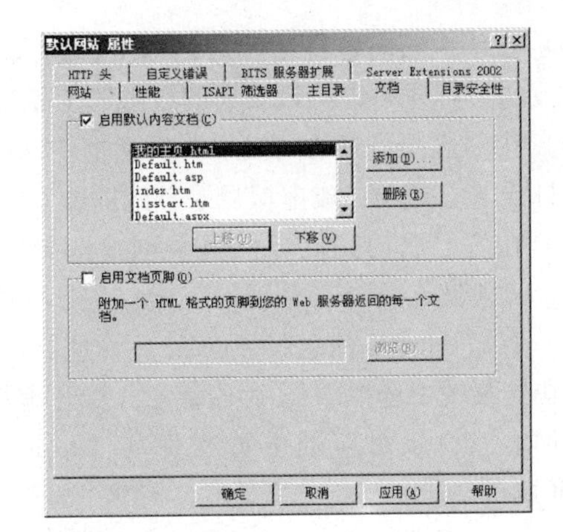

图6-52 “文档”选项卡

(5) 单击“应用”按钮，完成默认网站的主页发布任务。

此时在客户机浏览器的地址栏中输入“http：//域名（IP 地址）”，如 http：//www. xyz. com/，即可浏览所发布的主页。

【注意】 如果要使客户机可以利用域名来访问站点，需要为该站点设置 DNS 域名，将其与 IP 地址注册到 DNS 服务器内，并保证 DNS 服务系统运行正常。

任务实施3 创建虚拟目录

利用虚拟目录可以发布主目录以外的信息文件。如上例中利用默认网站发布的 Web 站点的另一部分网页文件存放在服务器的另一个目录 E：\tools 中，该部分的主页文件名为“tools 的主页 . html”，则使用虚拟目录将这一部分网页文件发布的操作步骤如下。

(1) 在“Internet 信息服务（IIS）管理器”窗口的左侧窗格中，选中要创建虚拟目录的网站（如默认网站），右击鼠标，在弹出的快捷菜单中依次选择“新建”→“虚拟目录”命令，打开“欢迎使用虚拟目录创建向导”对话框。

(2) 在“欢迎使用虚拟目录创建向导”对话框中，单击“下一步”按钮，打开“虚拟目录别名”对话框，如图6-53 所示。

(3) 在“虚拟目录别名”对话框中，输入虚拟目录的别名，单击“下一步”按钮，打开“网站内容目录”对话框，如图6-54 所示。

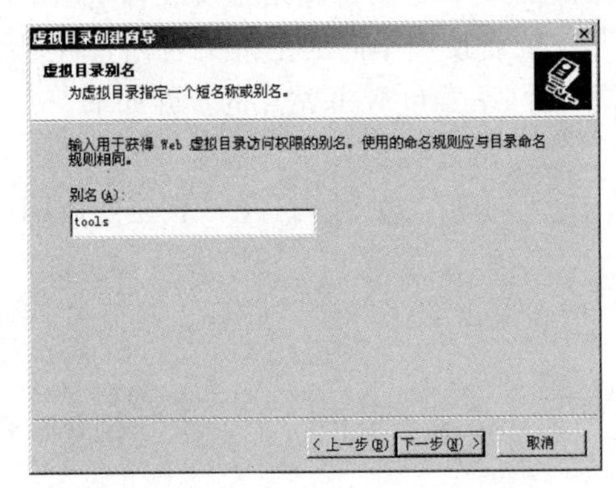

图6-53 “虚拟目录别名”对话框

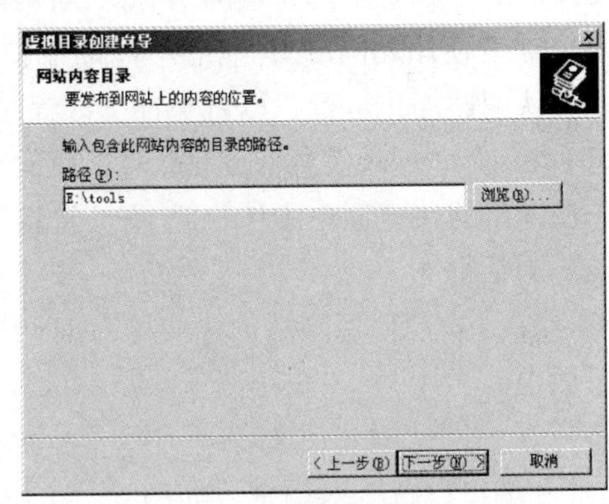

图6-54 “网站内容目录”对话框

（4）在“网站内容目录”对话框中，输入虚拟目录对应的实际物理位置，单击“下一步”按钮，打开“虚拟目录访问权限”对话框，如图6－55所示。

（5）在“虚拟目录访问权限”对话框中，设置虚拟目录的访问权限，单击“下一步”按钮，打开“已成功完成虚拟目录创建向导”对话框。

（6）在“已成功完成虚拟目录创建向导”对话框中，单击“完成”按钮，此时在“Internet 信息服务（IIS）管理器”窗口中，可以看到刚才创建的虚拟目录。

（7）在“Internet 信息服务（IIS）管理器”窗口中，选中该虚拟目录，右击鼠标，在弹出的快捷菜单中选择“属性”命令，打开虚拟目录的属性对话框。选择“文档”选项卡，添加虚拟目录对应的主页文件名“tools 的主页 .html”，并将其移至第一位，如图6－56所示。

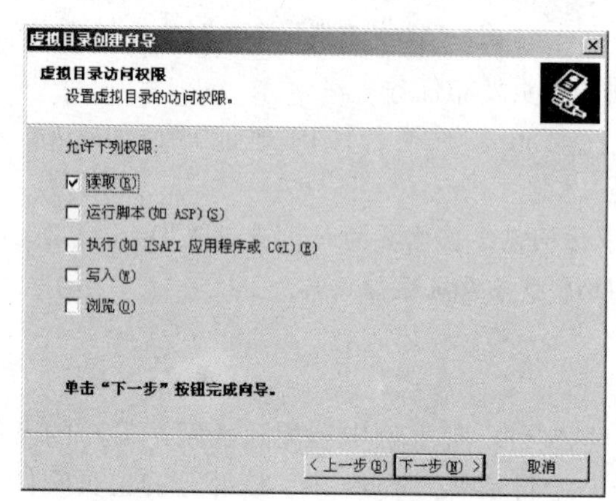

图6－55　“虚拟目录访问权限”对话框

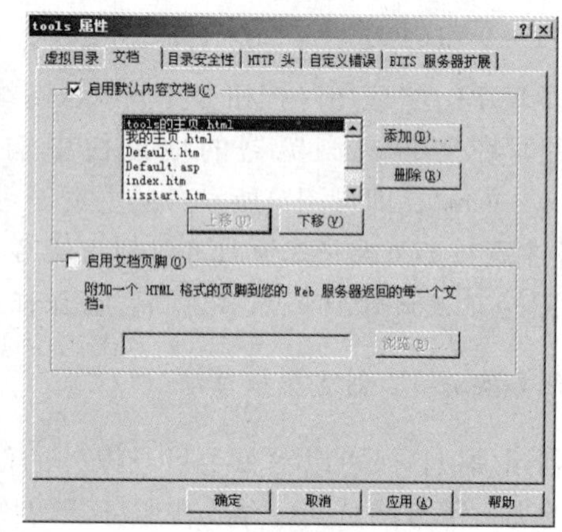

图6－56　虚拟目录属性的“文档”选项卡

（8）单击“应用”按钮，完成创建虚拟目录的任务。

此时在客户机浏览器的地址栏中输入“http：//域名（IP 地址）/虚拟目录别名”，即可浏览所发布的虚拟目录的主页。

任务实施4　通过新建网站发布 Web 站点

在 IIS 中除利用系统默认网站发布 Web 站点外，用户也可以新建网站发布 Web 站点，但需要注意的是如果要使新建网站和默认网站同时运行，这两个网站必须或者使用不同的 IP 地址，或者使用相同的 IP 地址不同的端口号，或者使用不同的主机头名称。否则就要首先使默认网站停止运行，以避免冲突。通过新建网站发布 Web 站点的步骤如下。

（1）在“Internet 信息服务（IIS）管理器”窗口的左侧窗格中，选中“网站”，右击鼠标，在弹出的快捷菜单中依次选择“新建”→“网站”命令，打开“欢迎使用网站创建向导”对话框。

（2）在“欢迎使用网站创建向导”对话框中，单击“下一步”按钮，打开“网站描述”对话框。

（3）在“网站描述”对话框中，输入网站描述信息，单击“下一步”按钮，打开“IP 地址和端口设置”对话框，如图6－57所示。

（4）在“IP 地址和端口设置”对话框中，设定网站的 IP 地址、端口号和主机头名

称，单击“下一步”按钮，打开“网站主目录”对话框，如图 6－58 所示。

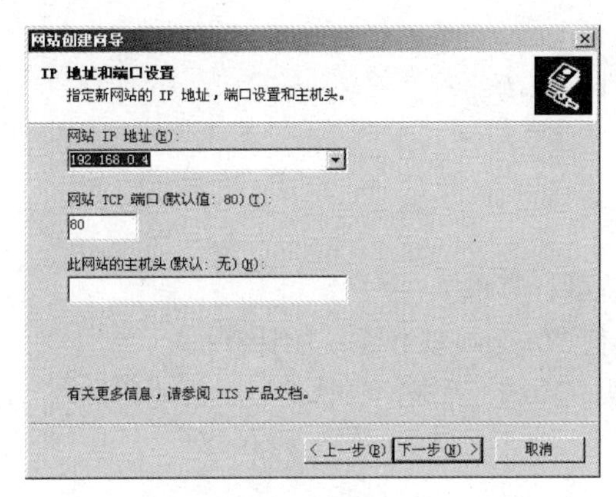

图 6－57　“IP 地址和端口设置”对话框

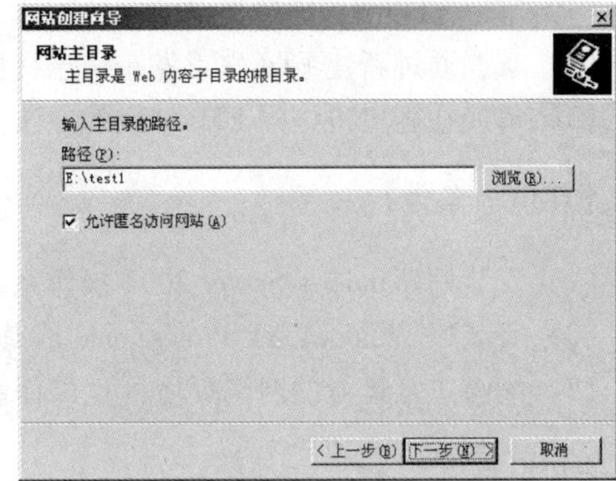

图 6－58　“网站主目录”对话框

（5）在“网站主目录”对话框中，输入第二个网站主目录的路径，单击“下一步”按钮，打开“网站访问权限”对话框，如图 6－59 所示。

（6）在“网站访问权限”对话框中，设置此网站的访问权限，单击“下一步”按钮，打开“已成功完成网站创建向导”对话框。

（7）在“已成功完成网站创建向导”对话框中，单击“完成”按钮，此时在“Internet 信息服务（IIS）管理器”窗口中，可以看到刚才创建的网站，如图 6－60 所示。

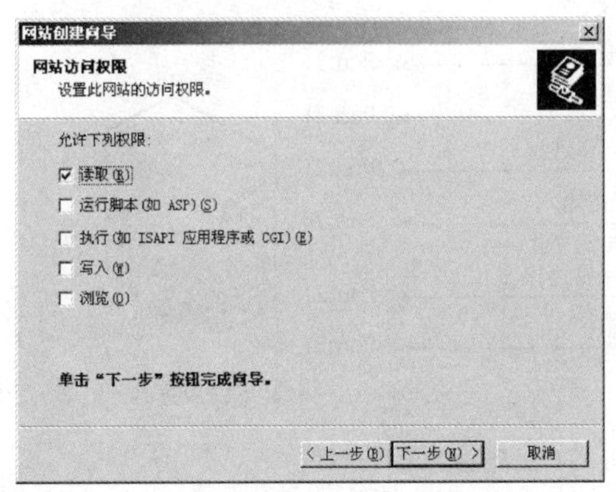

图 6－59　“网站访问权限”对话框

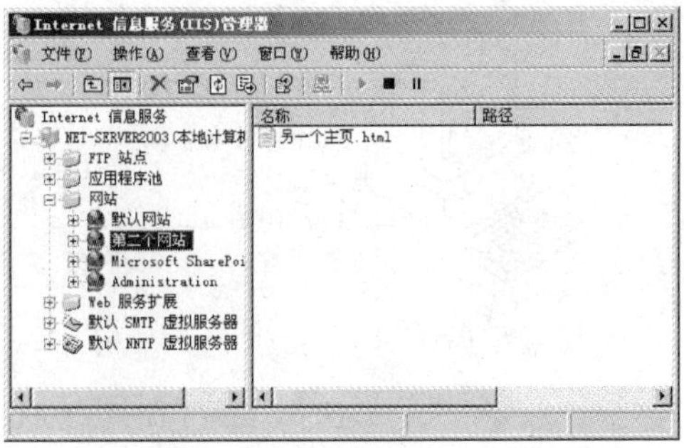

图 6－60　已创建的网站

（8）在“Internet 信息服务（IIS）管理器”窗口中，选中刚才创建的网站，右击鼠标，在弹出的快捷菜单中选择“属性”命令，打开该网站的属性对话框。选择“文档”选项卡，添加该网站对应的主页文件名，并将其移至第一位。

（9）单击“应用”按钮，完成创建网站的任务。

任务 6.5　配置 FTP 站点

【任务目的】

（1）理解 FTP 的作用和工作方式。

(2) 掌握利用默认 FTP 站点发布信息文件的方法。
(3) 掌握 FTP 站点虚拟目录的配置方法。
(4) 掌握通过新建 FTP 站点发布信息文件的方法。
(5) 掌握在客户机访问 FTP 站点的方法。

【工作环境与条件】

(1) 安装好 Windows Server 2003 操作系统的计算机。
(2) 安装好 Windows XP Professional 或其他 Windows 操作系统的计算机。
(3) 能够正常运行的网络环境(也可使用 VMware 等虚拟机软件)。

【相关知识】

FTP (File Transfer Protocol,即:文件传输协议) 是 Internet 上出现最早的一种服务,通过该服务可以在 FTP 服务器和 FTP 客户机之间建立连接,实现 FTP 服务器和 FTP 客户机之间的文件传输,文件传输包括从 FTP 服务器下载文件和向 FTP 服务器上传文件。目前 FTP 主要用于文件交换与共享、Web 网站维护等方面。

FTP 服务分为服务器端和客户机端,常用的构建 FTP 服务器的软件有 IIS 自带的 FTP 服务组件、Serv - U 以及 Linux 下的 vsFTP、wu - FTP 等。FTP 客户机访问 FTP 服务器的工作过程如图 6 - 61 所示。

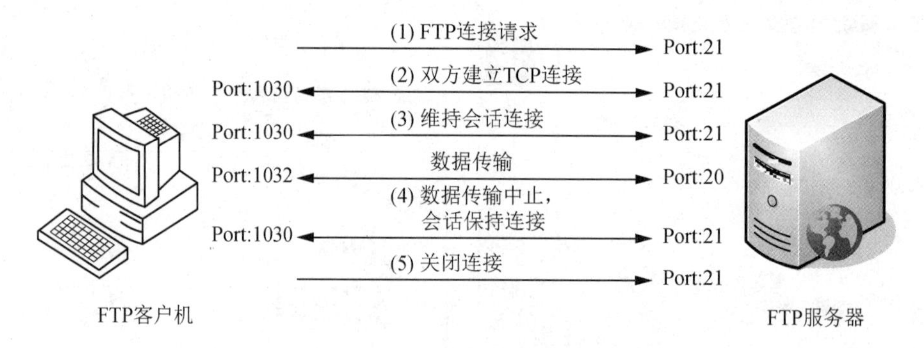

图 6 - 61 FTP 客户机访问 FTP 服务器的工作过程

FTP 协议使用的传输层协议为 TCP,客户机和服务器必须打开相应的 TCP 端口,以建立连接。FTP 服务器默认设置两个 TCP 端口 21 和 20。端口 21 用于监听 FTP 客户机的连接请求,在整个会话期间,该端口将始终打开。端口 20 用于传输文件,只在数据传输过程中打开,传输完毕后将关闭。FTP 客户机将随机使用 1024 ~ 65535 之间的动态端口,与 FTP 服务器建立会话连接及传输数据。

【任务实施】

任务实施 1 安装 FTP 服务

FTP 服务并不是应用程序服务器的默认安装组件。如果在安装应用程序服务器时没有安装 FTP 服务,则应通过"Windows 组件向导"安装 FTP 服务组件,操作步骤如下。

（1）依此选择“开始”→“设置”→“控制面板”命令，在“控制面板”窗口中选择“添加/删除程序”命令。在打开的对话框中，单击“添加/删除 Windows 组件”按钮，打开“Windows 组件”对话框，如图 6-62 所示。

（2）在“Windows 组件”对话框的“组件”列表框中选中“应用程序服务器”复选框，单击“详细信息”按钮，打开“应用程序服务器”对话框。

（3）在“应用程序服务器”对话框中，选中“Internet 信息服务（IIS）”复选框，单击“详细信息”按钮，打开“Internet 信息服务（IIS）”对话框，如图 6-63 所示。

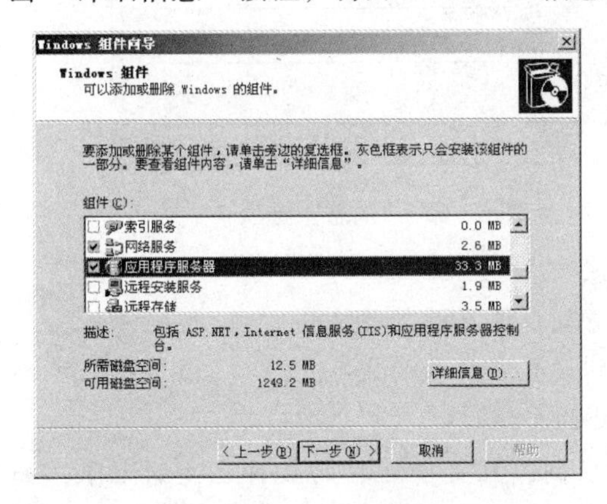

图 6-62　“Windows 组件”对话框

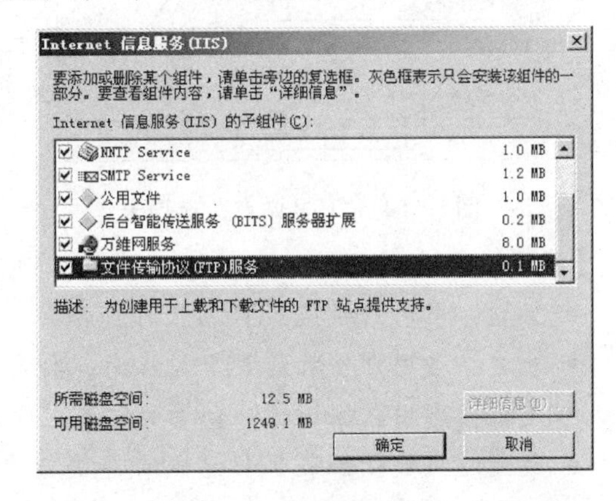

图 6-63　“Internet 信息服务（IIS）”对话框

（4）在“Internet 信息服务（IIS）”对话框中，选中“文件传输协议（FTP）服务”复选框，单击“确定”按钮，回到“Windows 组件”对话框。

（5）单击“下一步”按钮，根据系统提示放入 Windows Server 2003 安装光盘，并指明路径，系统会自动完成相关组件的安装。

此时依次选择“开始”→“程序”→“管理工具”→“Internet 信息服务（IIS）管理器”命令，可以看到在“Internet 信息服务（IIS）管理器”窗口左侧窗格的目录树中出现了 FTP 站点目录，并已经自动创建了一个默认 FTP 站点。

任务实施2　利用默认 FTP 站点发布信息文件

用户可以直接利用默认 FTP 站点发布信息文件。如果要发布的信息文件存放在服务器的 E：\FTP 目录中，那么利用默认 FTP 站点发布这些信息文件的操作步骤如下。

（1）在“Internet 信息服务（IIS）管理器”窗口左侧窗格中，选中“默认 FTP 站点”，右击鼠标，在弹出的快捷菜单中选择“属性”命令，打开“默认 FTP 站点属性”对话框。

（2）在“默认 FTP 站点属性”对话框的“FTP 站点”选项卡中，IP 地址栏通常显示的是默认值“（全部未分配）”，单击右侧的下拉箭头，指定该 FTP 站点的 IP 地址。在该选项卡中也可以设置站点使用的 TCP 端口以及连接数量限制，如图 6-64 所示。

（3）选择“消息”选项卡，在该选项卡的“标题”、“欢迎”、“退出”和“最大连接数”等文本框中输入相关文字，如图 6-65 所示。

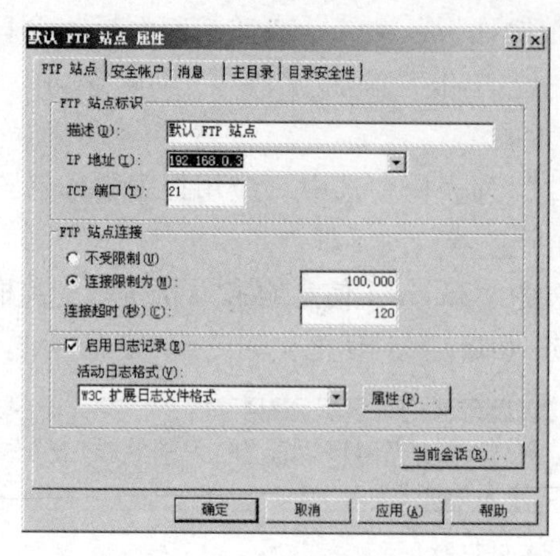

图 6-64 “FTP 站点”选项卡

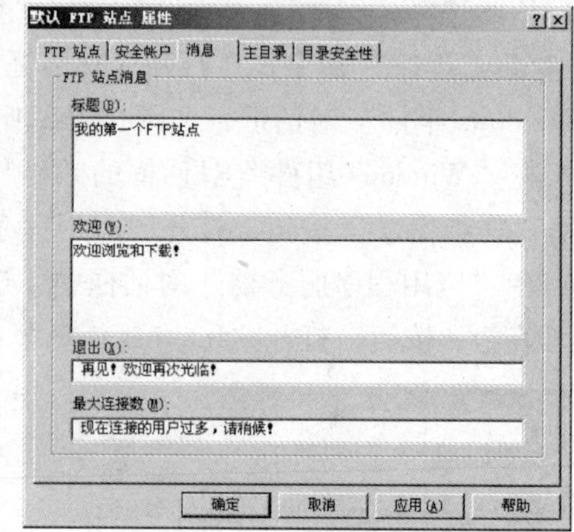

图 6-65 “消息”选项卡

【注意】

● 标题：当用户连接 FTP 站点时，会首先看到设置在此处的文字。

● 欢迎：当用户登录到 FTP 站点时，会看到设置在此处的文字。

● 退出：当用户注销时，会看到设置在此处的文字。

● 最大连接数：如果 FTP 站点有连接数量限制，且目前连接的数目已达到上限，如果此时用户连接 FTP 站点，会看到设置在此处的文字。

（4）选择“主目录”选项卡，设置默认 FTP 站点的主目录。在“此资源的内容来源”中，选中“此计算机上的目录”单选按钮，在“本地路径”文本框中输入所要发布的信息文件所在的目录 E：\FTP，如图 6-66 所示。

【注意】在此可以设置主目录的权限访问控制。

● 读取：用户可以读取主目录内的文件，即可以下载文件。

● 写入：用户可以在主目录内添加、修改文件，即可以上传文件。

● 记录访问：将连接到此 FTP 站点的行为记录到日志文件内。

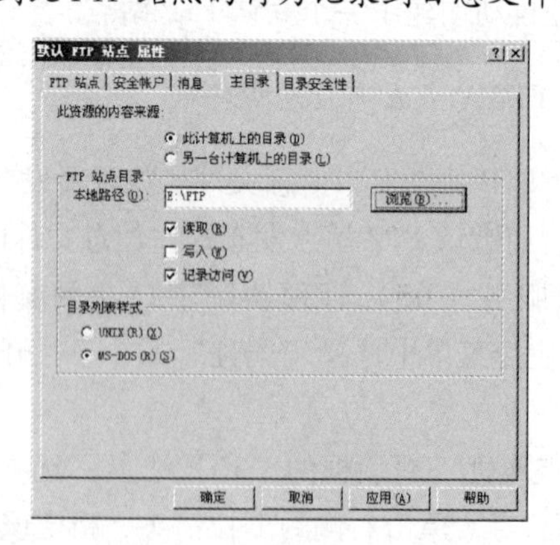

图 6-66 “主目录”选项卡

（5）单击“应用”按钮，完成设置。

此时在客户机浏览器的地址栏中输入“ftp：//域名（IP 地址）”，如 ftp：//www.xyz.com/，即可浏览该 FTP 站点主目录中的内容。

任务实施3　创建虚拟目录

利用虚拟目录可以发布主目录以外的信息文件。如果上例中除了利用默认 FTP 站点发布 E：\FTP 目录的信息文件外，还想利用该站点发布 E：\document 中的信息文件，则操作步骤如下。

（1）在“Internet 信息服务（IIS）管理器”窗口的左侧窗格中，选中要创建虚拟目录的 FTP 站点（如默认 FTP 站点），右击鼠标，在弹出的快捷菜单中依次选择“新建”→“虚拟目录”命令，打开“欢迎使用虚拟目录创建向导”对话框。

（2）在“欢迎使用虚拟目录创建向导”对话框中，单击“下一步”按钮，打开“虚拟目录别名”对话框。

（3）在“虚拟目录别名”对话框中，输入虚拟目录的别名，单击“下一步”按钮，打开“FTP 站点内容目录”对话框，如图 6－67 所示。

（4）在“FTP 站点内容目录”对话框中，输入虚拟目录对应的实际物理位置，单击“下一步”按钮，打开“虚拟目录访问权限”对话框，如图 6－68 所示。

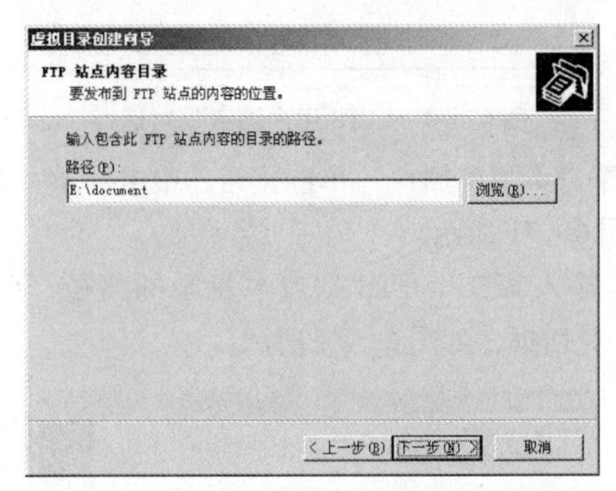

图 6－67　“FTP 站点内容目录”对话框

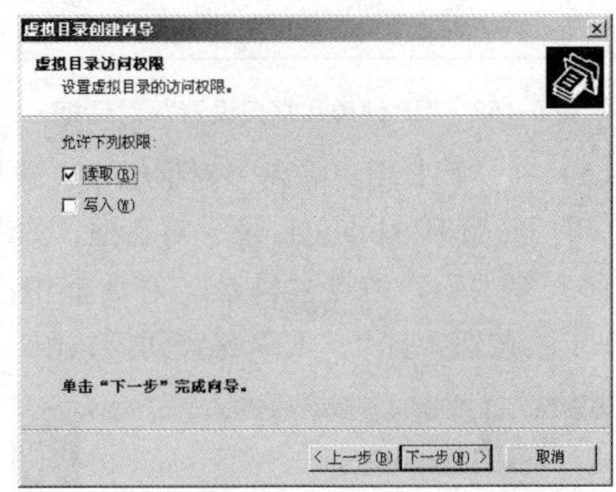

图 6－68　“虚拟目录访问权限”对话框

（5）在“虚拟目录访问权限”对话框中，设置虚拟目录的访问权限，单击“下一步”按钮，打开“已成功完成虚拟目录创建向导”对话框。单击“完成”按钮，此时在“Internet 信息服务（IIS）管理器”窗口中，可以看到刚才创建的虚拟目录。

此时在客户机浏览器的地址栏中输入“ftp：//域名（IP 地址）/虚拟目录别名”，即可浏览该 FTP 站点虚拟目录中的内容。

任务实施4　通过新建 FTP 站点发布信息文件

在 IIS 中也可以通过新建 FTP 站点发布信息文件，但与发布 Web 站点相同，如果要使新建 FTP 站点和默认 FTP 站点同时运行，这两个站点需要使用不同的 IP 地址，或者使用相同的 IP 地址不同的端口号。否则就需要先使默认 FTP 站点停止运行，以避免冲突。通过新建 FTP 站点发布信息文件的步骤如下。

（1）在“Internet 信息服务（IIS）管理器”窗口左侧窗格中，选中“FTP 站点”，右击鼠标，在弹出的快捷菜单中依次选择“新建”→“FTP 站点”命令，打开“欢迎使用 FTP 站点创建向导”对话框。

（2）在“欢迎使用 FTP 站点创建向导”对话框中，单击“下一步”按钮，打开“FTP 站点描述”对话框。

（3）在“FTP 站点描述”对话框中，输入 FTP 站点描述信息，单击“下一步”按钮，打开“IP 地址和端口设置”对话框，如图 6－69 所示。

（4）在“IP 地址和端口设置”对话框中，设定 FTP 站点 IP 地址和端口号，单击“下一步”按钮，打开“FTP 用户隔离”对话框，如图 6－70 所示。

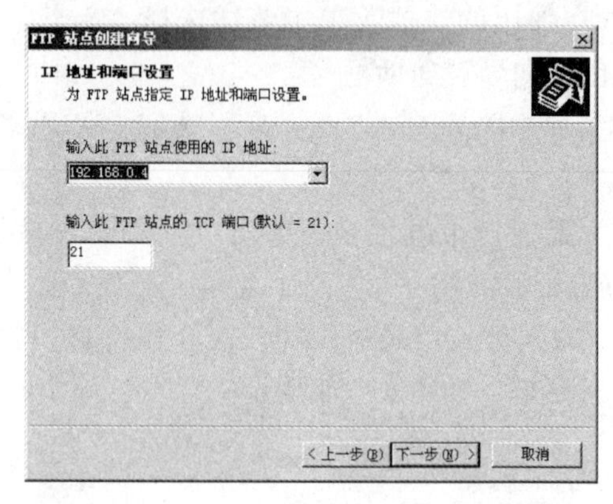

图 6－69 “IP 地址和端口设置”对话框

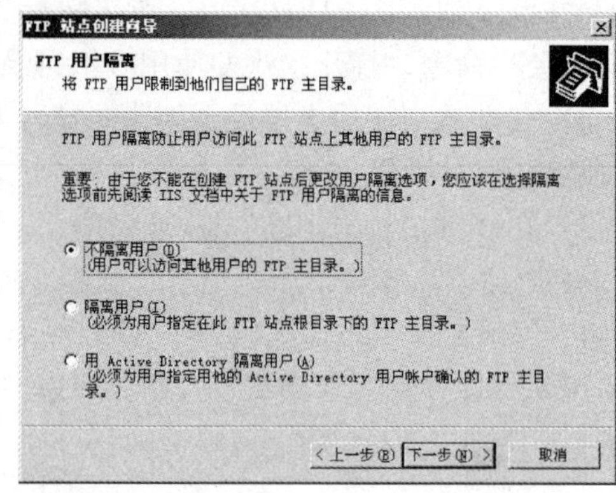

图 6－70 “FTP 用户隔离”对话框

（5）在“FTP 用户隔离”对话框中，选择“不隔离用户”单选按钮，单击“下一步”按钮，打开“FTP 站点主目录”对话框，如图 6－71 所示。

（6）在“FTP 站点主目录”对话框中，输入第二个 FTP 站点主目录的路径，单击“下一步”按钮，打开“FTP 站点访问权限”对话框，如图 6－72 所示。

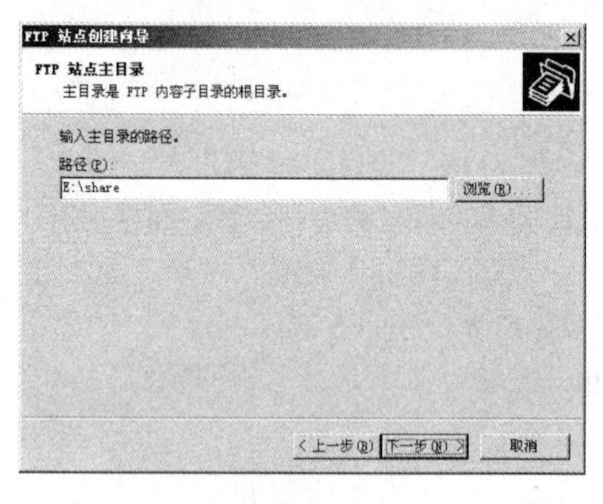

图 6－71 “FTP 站点主目录”对话框

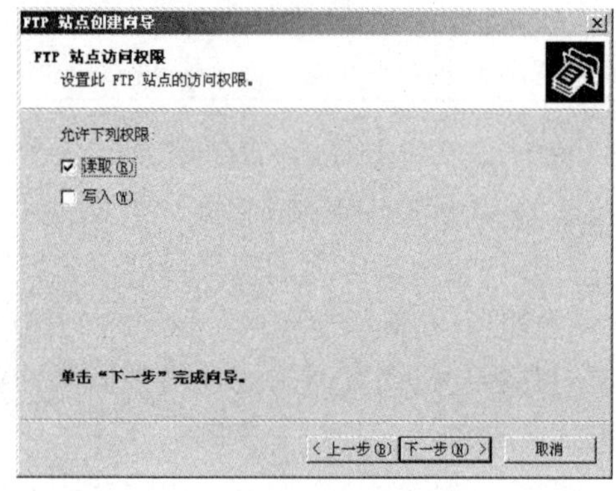

图 6－72 “FTP 站点访问权限”对话框

（7）在“FTP 站点访问权限”对话框中，设置此 FTP 站点的访问权限，单击“下一步”按钮，打开“已成功完成 FTP 站点创建向导”对话框。单击“完成”按钮，此时在“Internet 信息服务（IIS）管理器”窗口中，可以看到刚才创建的 FTP 站点。

任务实施 5　在客户端访问 FTP 站点

在默认情况下，FTP 服务器允许客户机浏览器使用匿名访问和用户访问两种访问方式。采用匿名访问时用户不需要输入用户名和密码，自动使用 anonymous 作为用户名进行

访问。采用用户访问时，用户要按照服务器提供的用户名和密码登录服务器。如使用用户账户 zhangsan 登录，则应在客户机浏览器中输入 ftp：//zhangsan@ www. xyz. com/，在弹出的对话框中输入相应的密码即可。

客户端在访问 FTP 站点时，还可以使用专门的 FTP 客户端软件，如 Cute FTP、Flash-fxp 等。另外，在 Windows 系统中还支持使用命令行方式，图 6 - 73 给出了使用命令行方式访问 FTP 站点的基本操作过程。

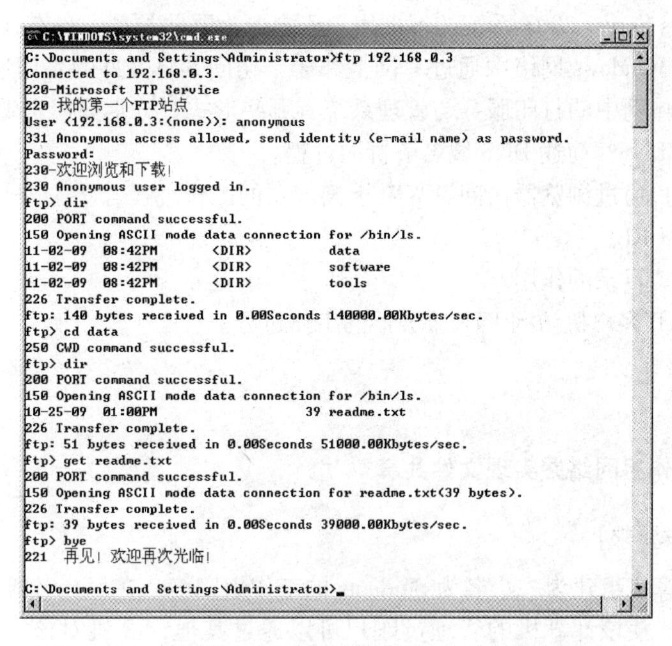

图 6 - 73　使用命令行方式访问 FTP 站点的基本操作过程

(1) 依次选择"开始"→"程序"→"附件"→"命令提示符"命令，打开命令提示符窗口。

(2) 在命令提示符窗口的操作如下。

- 使用命令："ftp IP（或域名）"连接 FTP 服务器，此时会出现 FTP 站点的标题信息。
- 在 User 提示符下输入匿名用户账户 anonymous。
- 在 Password 提示符下，按 Enter 键或输入任意合法邮件地址，此时会出现 FTP 站点的欢迎信息。
- 成功登录后，在 ftp 提示符下，输入 dir 命令后可以显示 FTP 站点主目录所有的文件和目录名称。
- 在 ftp 提示符下，输入"cd 目录名（如 cd data）"命令后可以进入 FTP 站点主目录下的子目录。
- 在 ftp 提示符下，输入"get 文件名（如 get readme. txt）"命令后可以下载文件。
- 在 ftp 提示符下，输入 bye 命令，退出登录，此时会出现 FTP 站点的退出信息。

除上述命令外，使用命令行方式访问 FTP 站点还可以使用其他的命令，具体使用方法请参阅 Windows 系统的帮助文件，这里不再赘述。

习 题 6

1. 思考问答

(1) 简述 Windows 工作组网络的基本特点。

(2) Windows Server 2003 系统的本地用户账户分为哪些类型? 各有什么特征?

(3) 简述在 Windows 网络中通过“网上邻居”访问共享文件的工作过程。

(4) 目前局域网中的打印服务与管理系统有哪些形式? 分别如何实现?

(5) 什么是 DNS? 简述 DNS 域名解析的过程。

(6) 简述用户通过浏览器访问 WWW 上某网页的工作过程。

(7) 什么是 URL?

(8) 简述虚拟目录的作用。

(9) 简述 FTP 客户机访问 FTP 服务器的工作过程。

2. 技能操作

(1) 组建工作组网络并实现文件共享

【内容及操作要求】

把所有的计算机组建为一个名为 Students 的工作组网络，在每台计算机的 D 盘上创建一个共享文件夹，使该计算机的管理员账户可以通过其他计算机对该文件夹进行完全控制，使该计算机的其他账户可以通过其他计算机读取该文件夹中的文件。

【准备工作】

安装 Windows Server 2003 或以上版本 Windows 操作系统的计算机 3 台；组建局域网所需的其他设备。

【考核时限】

30min。

(2) 共享打印机

【内容及操作要求】

在局域网中实现打印机共享，要求局域网中的所有计算机都可以使用一台打印机直接打印文件。

【准备工作】

安装 Windows Server 2003 或以上版本 Windows 操作系统的计算机 3 台；组建局域网所需的其他设备；打印机及其附件（驱动程序、连接电缆等）。

【考核时限】

30min。

(3) 配置 DNS 服务器

【内容及操作要求】

在1台安装 Windows Server 2003 操作系统的计算机上安装并配置 DNS 服务器，要求网络中的所有计算机可以通过域名相互访问。

【准备工作】

3台安装 Windows Server 2003 操作系统的计算机；2台安装 Windows XP Professional 操作系统的计算机；能够连通的局域网。

【考核时限】

30min。

(4) 配置 Web 站点

【内容及操作要求】

在安装 Windows Server 2003 操作系统的计算机上发布1个 Web 站点，要求该站点可以使用域名 www. qd. com 进行访问。

【准备工作】

2台安装 Windows XP Professional 的计算机；1台安装 Windows Server 2003 操作系统的计算机；能够连通的局域网。

【考核时限】

30min。

(5) 配置 FTP 站点

【内容及操作要求】

在安装 Windows Server 2003 操作系统的计算机上发布1个 FTP 站点，使用户可以下载该计算机 D 盘上的文件，但不能更改 D 盘原有的内容。要求该站点可以使用域名 ftp. qd. com 进行访问。

【准备工作】

2台安装 Windows XP Professional 的计算机；1台安装 Windows Server 2003 操作系统的计算机；能够连通的局域网。

【考核时限】

30min。

项目 7　接入 Internet

广域网通常使用电信运营商建立和经营的网络，它的地理范围大，可以跨越国界到达世界上任何地方。电信运营商将其网络分次（拨号线路）或分块（租用专线）出租给用户以收取服务费用。个人计算机或局域网接入 Internet 时，必须通过广域网的转接。采用何种接入技术从很大程度上决定了局域网与外部网络进行通信的速度。本项目的主要目标是了解常用的接入技术，能够利用 ADSL、光纤以太网等常见接入技术实现个人计算机或小型局域网与 Internet 的连接。

任务 7.1　选择接入技术

【任务目的】

（1）了解广域网的设备和常见技术。
（2）了解接入网的基本知识。
（3）能够合理的选择接入技术。

【工作环境与条件】

（1）正常联网并接入 Internet 的 PC。
（2）本地区各 ISP 提供的接入服务的相关资料。

【相关知识】

7.1.1　广域网设备

广域网主要是为了实现大范围内的远距离数据通信，因此广域网在网络特性和技术实现上与局域网存在明显的差异。

广域网中的设备多种多样。通常把放置在用户端的设备称为客户端设备（CPE，全称为 Customer Premise Equipment），又称为数据终端设备（DTE，全称为 Data Terminal Equipment）。DTE 是广域网中进行通信的终端系统，如路由器、终端或 PC。大多数 DTE 的数据传输能力有限，两个距离较远的 DTE 不能直接连接起来进行通信。所以，DTE 首先应使用铜缆或者光纤连接到最近服务提供商的中心局 CO（Central Office）设备，再接入广域网。从 DTE 到 CO 的这段线路称为本地环路。在 DTE 和 WAN 网络之间提供接口的设备称为数据电路终端设备（DCE，全称为 Data Circuit - terminal Equipment），如 WAN 交换机或调制解调器（Modem）。DCE 将来自 DTE 的用户数据转变为广域网设备可接受的形式，提供网络内的同步服务和交换服务。DTE 和 DCE 之间的接口要遵循物理层协议即物理层的接口标准，如RS - 232、X. 21、V. 24、V. 35 和 HSSI 等。当通信线路为数字线路时，设备

还需要一个信道服务单元（CSU，全称为 Channel Service Unit）和一个数据服务单元（DSU，全称为 Data Service Unit），这两个单元往往合并为同一个设备，内建于路由器的接口卡中。而当通信线路为模拟线路时，则需要使用调制解调器。图 7－1 所示的示例说明了 DTE 和 DCE 之间的关系。

图 7－1　DTE 和 DCE 示例

常用的广域网设备有以下几种。

- 路由器：提供诸如局域网互联、广域网接口等多种服务，包括局域网和广域网的设备连接端口。
- WAN 交换机：连接到广域网中，进行语音、数据资料及视频通信。WAN 交换机是多端口的网络设备，通常进行帧中继、X. 25 及交换百万位数据服务（SMDS）等流量的交换。WAN 交换机通常工作于 OSI 参考模型的数据链路层。
- 调制解调器：包括针对各种语音级服务的不同接口，负责数字信号和模拟信号的转换。计算机在发送数据时，先由 Modem 把数字信号转换为相应的模拟信号，这个过程称为“调制”。经过调制的信号通过模拟通信线路传送到另一台计算机之前，也要经由接收方的 Modem 负责把模拟信号还原为计算机能识别的数字信号，这个过程称为“解调”。
- 通信服务器：汇聚拨入和拨出的用户通信。

7.1.2　广域网技术

广域网能够提供路由器、交换机以及它们所支持的局域网之间的数据分组/帧交换。OSI 参考模型同样适用于广域网，但广域网只定义了下三层，即物理层、数据链路层和网络层。

- 物理层：物理层协议主要描述如何面对广域网服务提供电气、机械、规程和功能特性。广域网的物理层描述的连接方式，分为电路交换连接、分组交换连接、专用或专线连接 3 种类型。广域网之间的连接无论采用何种连接方式，都使用同步或异步串行连接。还有许多物理层标准定义了 DTE 和 DCE 之间接口的控制规则，例如 RS－232、RS－449、X. 21、V. 24、V. 35 等。
- 数据链路层：广域网数据链路层定义了传输到远程站点的数据的封装格式，并描述了在单一数据路径上各系统间的帧传送方式。
- 网络层：网络层的主要任务是设法将源节点发出的数据包传送到目的节点，从而向传输层提供最基本的端到端的数据传送服务。常见的广域网网络层协议有 CCITT 的 X. 25 协议和 TCP/IP 协议中的 IP 协议等。

1. 电路交换广域网

电路交换是广域网的一种交换方式，即在每次会话过程中都要建立、维持和终止一条专用的物理电路。公共电话交换网和综合业务数字网（ISDN）都是典型的电路交换广域网。

（1）公共电话交换网

公共电话交换网（Public Switched Telephone Network，简称 PSTN）是以电路交换技术为基础的用于传输话音的网络。PSTN 概括起来主要由 3 部分组成：本地环路、干线和交换机。其中干线和交换机一般采用数字传输和交换技术，而本地环路（也称用户环路）即用户到最近的交换局或中心局这段线路，基本上采用模拟线路。由于 PSTN 的本地回路是模拟的，因此当两台计算机要通过 PSTN 传输数据时，中间必须经双方 Modem 实现计算机数字信号与模拟信号的相互转换。

（2）综合业务数字网

综合业务数字网（Integrated Services Digital Network，简称 ISDN）是一个数字电话网络国际标准，是一种典型的电路交换网络系统。它通过普通的铜缆以更高的速率和质量传输话音和数据。ISDN 具有以下特点。

- 利用一对用户线可以提供电话、传真、可视图文用数据通信等多种业务。若用户需要更高速率的信息，可以使用一次群用户接口，连接用户交换机、可视电话、会议电视或计算机局域网。此外 ISDN 用户在每一次呼叫时，都可以根据需要选择信息速率、交换方式等。
- 能够提供端到端的数字连接，具有优良的传输性能。
- ISDN 使用标准化的用户接口，该接口有基本速率接口和一次群速率接口。基本速率接口有两条 64kb/s 的信息通路和一条 16kb/s 的信令通路，简称 2B + D；一次群接口有 30 条 64kb/s 的信息通路和一条 64kb/s 的信令通路，简称 30B + D。标准化的接口能够保证终端间的互通。1 个 ISDN 的基本速率用户接口最多可以连接 8 个终端，而且使用标准化的插座，易于各种终端的接入。
- 用户可以根据需要，在一对用户线上任意组合不同类型的终端，例如可以将电话机、传真机和 PC 连接在一起，可以同时打电话，发传真或传送数据。
- ISDN 的终端可以在通信过程中暂停正在进行的通信，然后在需要时再恢复通信。用户可以在通信暂停后将终端移至其他的房间，插入插座后再恢复通信，同时还可以设置恢复通信的身份密码。
- ISDN 是通过电话网的数字化发展而成的，因此只需在已有的通信网中增添或更改部分设备即可以构成 ISDN 通信网，节省了投资。

2. 分组交换广域网

与电路交换相比，分组交换（也称包交换）是针对计算机网络设计的交换技术，可以最大限度地利用带宽，目前大多数广域网是基于分组交换技术的。

（1）X. 25 网络

X. 25 网络是第一个公共数据网络，是一种比较容易实现的分组交换服务，其数据分组包含 3 字节头部和 128 字节数据部分。X. 25 网络运行 10 年后，在 20 世纪 80 年代被帧中继网络所取代。

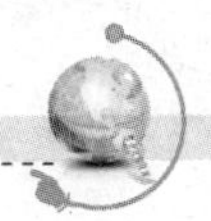

(2) 帧中继

帧中继（Frame Relay）是一种用于连接计算机系统的面向分组的通信方法，主要用于公共或专用网上的局域网互联以及广域网连接。帧中继的主要特点如下。

• 使用光纤作为传输介质，因此误码率极低，能实现近似无差错传输，减少了进行差错校验的开销，提高了网络的吞吐量。

• 帧中继是一种宽带分组交换，使用复用技术时，其传输速率可高达44.6Mb/s。但是帧中继不适合于传输诸如话音、电视等实时信息，仅限于传输数据。

(3) ATM

ATM（Asynchronous Transfer Mode，即：异步传输模式）又叫信元中继，是在分组交换基础上发展起来的一种传输模式。ATM是一种采用具有固定长度的分组（信元）的交换技术，每个信元长53字节，其中头部占5字节，主要完成寻址的功能。之所以称其为异步，是因为来自某一用户的、含有信息的各个信元不需要周期性出现，也就是不需要对发送方的信号按一定的步调（同步）进行发送，这是ATM区别于其他传输模式的一个基本特征。ATM是一种面向连接的技术，信元通过特定的虚拟电路进行传输，虚拟电路是ATM网络的基本交换单元和逻辑通道。当发送端想要和接收端通信时，首先要向接收端发送要求建立连接的控制信号，接收端通过网络收到该控制信号并同意建立连接后，一个虚拟电路就会被建立，当数据传输完毕后还需要释放该连接。

ATM技术的主要特点有以下几点。

• ATM是一种面向连接的技术，采用小的，固定长度的数据传输单元，时延小，实时性较好。
• 各类信息均采用信元为单位进行传送，能够支持多媒体通信。
• 采用时分多路复用方式动态地分配网络，网络传输延迟小，适应实时通信的要求。
• 没有链路对链路的纠错与流量控制，协议简单，数据交换率高。
• ATM的数据传输率在155Mb/s ~ 2.4Gb/s。

(4) MPLS

MPLS（Multi-Protocol Label Switching，即：多协议标签交换）是一种用于快速数据包交换和路由的体系，它为网络数据流量提供了目标、路由、转发和交换等能力。MPLS独立于第二层和第三层协议，它提供了一种方式，将IP地址映射为简单的具有固定长度的标签，用于不同的包转发和包交换技术。MPLS是现有路由和交换协议的接口，如IP、ATM、帧中继、资源预留协议（RSVP）、开放最短路径优先（OSPF）等等。

3. DDN

DDN（Digital Data Network，即：数字数据网）是一种利用数字信道提供数据通信的传输网，它主要提供点到点及点到多点的数字专线或专网。DDN由数字通道、DDN结点、网管系统和用户环路组成。DDN的传输介质主要有光纤、数字微波、卫星信道等。DDN采用了计算机管理的数字交叉连接技术，为用户提供半永久性连接电路，即DDN提供的信道是非交换、用户独占的永久虚电路。一旦用户提出申请，管理员便可以通过软件命令改变用户专线的路由或专网结构，而无须经过物理线路的改造扩建工程，因此DDN极易

根据用户的需要，在约定的时间内接通所需带宽的线路。DDN 为用户提供的基本业务是点到点的专线。从用户角度来看，租用一条点到点的专线就是租用了一条高质量、高带宽的数字信道。

DDN 专线与电话专线的区别在于：电话专线是固定的物理连接，而且电话专线是模拟信道，带宽窄、质量差、数据传输率低；而 DDN 专线是半固定连接，其数据传输率和路由可随时根据需要申请改变。另外，DDN 专线是数字信道，其质量高、带宽宽，并且采用热冗余技术，具有路由故障自动迂回功能。

DDN 与分组交换网的区别在于：DDN 是一个全透明的网络，采用同步时分复用技术，不具备交换功能，利用 DDN 的主要方式是定期或不定期地租用专线，适合于需要频繁通信的 LAN 之间或主机之间的数据通信。DDN 网提供的数据传输率一般为 2Mb/s，最高可达 45Mb/s 甚至更高。

4. SDH

SDH（Synchronous Digital Hierarchy，即：同步数字系列）是一种将复接、线路传输及交换功能融为一体、并由统一网管系统操作的综合信息传送网络。它建立在 SONET（同步光网络）协议基础上，可实现网络有效管理、实时业务监控、动态网络维护、不同厂商设备间的互通等多项功能，能大大提高网络资源利用率、降低管理及维护费用、实现灵活可靠和高效的网络运行与维护。

SDH 传输系统在国际上有统一的帧结构，数字传输标准速率和标准的光路接口，使网管系统互通，因此有很好的横向兼容性，形成了全球统一的数字传输体制标准，提高了网络的可靠性。SDH 有多种网络拓扑结构，有传输和交换的性能，它的系列设备的构成能通过功能块的自由组合，实现了不同层次和各种拓扑结构的网络，十分灵活。SDH 属于 OSI 模型的物理层，并未对高层有严格的限制，因此可在 SDH 上采用各种网络技术，支持 ATM 或 IP 传输。

由于以上所述的众多特性，SDH 在广域网和专用网领域得到了巨大的发展。各大电信运营商都已经大规模建设了基于 SDH 的骨干光传输网络，一些大型的专用网络也采用了 SDH 技术，架设系统内部的 SDH 光环路，以承载各种业务。

7.1.3 Internet 与 Internet 接入网

1. Internet

Internet，中文正式译名为因特网，又叫做国际互联网。它是由使用公用语言互相通信的计算机连接而成的全球网络。1995 年 10 月 24 日，“联合网络委员会”（FNC）通过了一项关于“Internet”的决议，“联合网络委员会”认为，下述语言反映了对“Internet”这个词的定义。

Internet 指的是全球性的信息系统，体现为以下几点。

- 通过全球性的唯一的地址逻辑地连接在一起。这个地址是建立在“Internet 协议”（IP）或今后其他协议基础之上的。

• 可以通过“传输控制协议”（TCP）和“Internet 协议”（IP），或者今后其他接替的协议或与“Internet 协议”（IP）兼容的协议来进行通信。

• 让公共用户或者私人用户使用高水平的服务。这种服务是建立在上述通信及相关的基础设施之上的。

“联合网络委员会”是从技术的角度来定义 Internet 的，这个定义至少揭示了 3 个方面的内容：首先，Internet 是全球性的；其次，Internet 上的每一台主机都需要有“地址”；最后，这些主机必须按照共同的规则（协议）连接在一起。

2. Internet 接入网

作为承载 Internet 应用的通信网，宏观上可划分为接入网和核心网两大部分。接入网（AN，全称为 Access Network）主要用来完成用户接入核心网的任务。在 ITU－T 建议 G. 963 中接入网被定义为：本地交换机（即端局）与用户端设备之间的连接部分，通常包括用户线传输系统、复用设备、数字交叉连接设备和用户/网络接口设备。

在当今核心网已逐步形成以光纤链路为基础的高速信道情况下，国际权威专家把宽带综合信息接入网比做信息高速公路的“最后一英里”，并认为它是信息高速公路中难度最高、耗资最大的一部分，是网络基础建设的瓶颈。

Internet 接入网分为主干系统、配线系统和引入线 3 部分。其中主干系统为传统电缆和光缆；配线系统也可能是电缆或光缆，长度一般为几百米；而引入线通常为几米到几十米，多采用铜线。接入网的物理参考模型如图 7－2 所示。

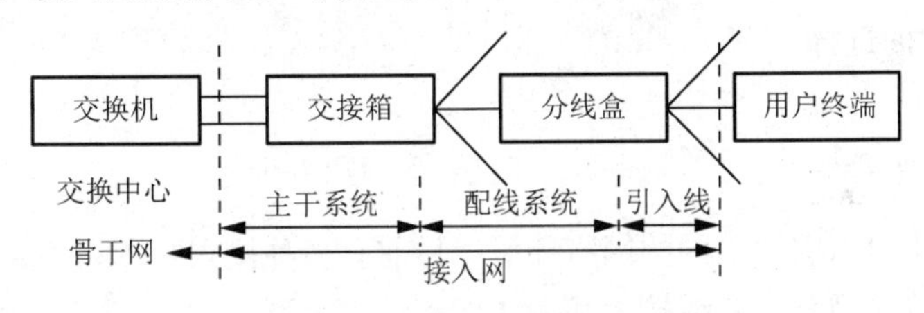

图 7－2　接入网的物理参考模型

3. ISP、ICP 和 IDC

ISP 是用户接入 Internet 的服务代理和用户访问 Internet 的入口点。ISP（Internet Service Provider）就是 Internet 服务提供者，具体是指为用户提供 Internet 接入服务、为用户制定基于 Internet 的信息发布平台以及提供基于物理层技术支持的服务商，包括一般意义上所说的网络接入服务商（IAP）、网络平台服务商（IPP）和目录服务提供商（IDP）。ISP 是用户和 Internet 之间的桥梁，它位于 Internet 的边缘，用户通过某种通信线路连接到 ISP，借助 ISP 与 Internet 的连接通道便可以接入 Internet，如图 7－3 所示。

各国和各地区都有自己的 ISP，在我国具有国际出口线路的 4 大 Internet 运营机构（CHINANET、CHINAGBN、CERNET、CASNET）在全国各地都设置了自己的 ISP 机构。CHINANET 是我国电信部门经营管理的基于 Internet 网络技术的中国公用 Internet 网，通过 CHINANET 的灵活接入方式和遍布全国各城市的接入点，可以方便地接入国际 Internet，

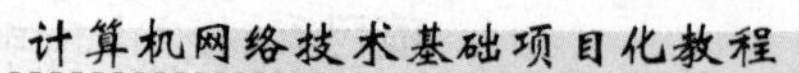

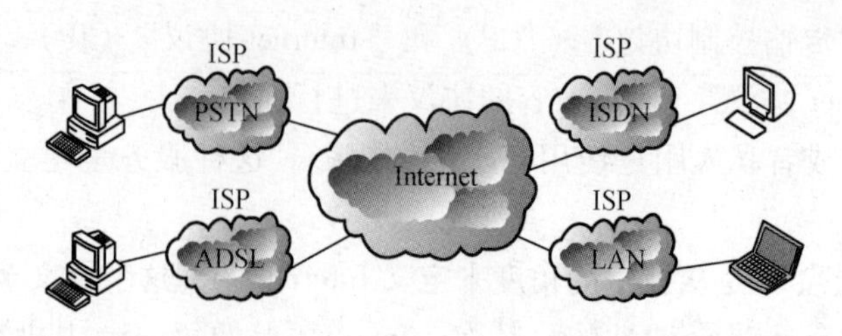

图 7-3　通过 ISP 接入 Internet

享用 Internet 上的丰富资源和各种服务。CHINANET 由核心层、区域层和接入层组成，核心层主要提供国内高速中继通道和连接接入层，同时负责与国际 Internet 的互联；接入层主要负责提供用户端口以及各种资源服务器。

ICP（Internet Content Provider，即：Internet 内容提供商）指利用 ISP 线路，通过设立的网站向广大用户综合提供信息业务和增值业务，允许用户在其域名范围内进行信息发布和信息查询，像新浪、搜狐、163 等都是国内知名的 ICP。

IDC（Internet Data Center，即：Internet 数据中心）是电信部门利用已有的 Internet 通信线路、带宽资源，建立标准化的电信专业级机房环境，为企业、政府提供服务器托管、租用以及相关增值等方面的全方位服务。通过使用电信的 IDC 服务器托管业务，企业或政府单位无须再建立自己的专门机房、铺设昂贵的通信线路，也无须高薪聘请网络工程师，即可解决自己使用 Internet 的许多专业需求。IDC 主机托管主要应用范围是网站发布、虚拟主机和电子商务等。

7.1.4　接入技术的选择

1. 接入技术的分类

针对不同的用户需求和不同的网络环境，目前有多种接入技术可供选择。按照传输介质的不同，可将接入网分为有线接入和无线接入两大类型，如表 7-1 所示。

表 7-1　接入网类型

<table>
<tr><td rowspan="9">有线接入</td><td rowspan="4">铜　缆</td><td>PSTN 拨号：56kb/s</td></tr>
<tr><td>ISDN：单通道 64kb/s，双通道 128kb/s</td></tr>
<tr><td>ADSL：下行 256kb/s ~ 8Mb/s，上行 1Mb/s</td></tr>
<tr><td>VDSL：下行 12Mb/s ~ 52Mb/s，上行 1Mb/s ~ 16Mb/s</td></tr>
<tr><td rowspan="3">光　纤</td><td>Ethernet：10/100/1000Mb/s，10Gb/s</td></tr>
<tr><td>APON：对称 155Mb/s，非对称 622Mb/s</td></tr>
<tr><td>EPON：1Gb/s</td></tr>
<tr><td rowspan="2">混　合</td><td>HFC（混合光纤同轴电缆）：下行 36Mb/s，上行 10Mb/s</td></tr>
<tr><td>PLC（电力线通信网络）：2Mb/s ~ 100Mb/s</td></tr>
</table>

续 表

无线接入	固　定	WLAN：2Mb/s ~ 56Mb/s
	激　光	FSO（自由空间光通信）：155Mb/s ~ 10Gb/s
	移　动	GPRS（无线分组数据系统）：171. 2kb/s

从表7－1可以看出，不同的接入技术需要不同的设备，能提供不同的传输速度，用户应根据实际需求选择合适的接入技术。从目前的情况来看，电信运营商采用的主要宽带接入策略是在新建小区大力推行综合布线，通过以太网接入；而对旧住宅区及商业楼宇中的分散用户则主要利用已有的铜缆电话线，提供ADSL或其他合适的DSL接入手段；对于用户集中的商业大楼，则采用综合数据接入设备或直接采用光纤传输设备。

2. ISP的选择

用户能否有效地访问Internet与所选择的ISP直接相关，选择ISP时应注意以下方面。

（1）ISP所在的位置

在选择ISP时，首先应考虑本地的ISP，这样可以减少通信线路的费用，得到更可靠的通信线路。

（2）ISP的性能

- 可靠性：ISP能否保证用户与Internet的顺利连接，在连接建立后能否保证连接不中断，能否提供可靠的域名服务器、电子邮件等服务。
- 出口带宽：ISP的所有用户将分享ISP的Internet连接通道，如果ISP的出口带宽比较窄，可能成为用户访问Internet的瓶颈。

（3）ISP的服务质量

对ISP服务质量的衡量是多方面的，如所能提供的增值服务、技术支持、服务质量和收费标准等。增值服务是指为用户提供接入Internet以外的一些服务，如根据用户的需求定制安全策略、提供域名注册服务等。技术支持除了保证一天24小时的连续运行外，还涉及到能否为客户提供咨询或软件升级等服务。ISP的服务质量与其经营理念、服务历史及客户情况等有关。目前ISP常见的收费标准包括按传输的信息量收费、按与ISP建立连接的时间收费或按照包月、包年等形式收费。

【任务实施】

任务实施1　了解本地ISP提供的接入业务

了解本地区主要ISP的基本情况，通过Internet登录其网站或走访其业务厅，了解该ISP能提供哪些宽带业务，了解这些宽带业务的主要技术特点和资费标准，思考这些宽带业务分别适合于什么样的用户群。

任务实施2　了解本地家庭用户使用的接入业务

走访本地区采用不同接入技术接入Internet的家庭用户，了解其所使用的接入设备及相关费用，了解使用相应接入技术访问Internet时的速度和质量。

任务实施3 了解本地局域网用户使用的接入业务

走访本地区采用不同接入技术接入 Internet 的局域网用户（如学校、网吧、企事业单位等），了解其所使用的接入设备及相关费用，了解使用相应接入技术访问 Internet 时的速度和质量。

任务7.2 利用 ADSL 接入 Internet

【任务目的】

（1）了解 ADSL 技术的基本知识。
（2）熟悉常见的 ADSL 接入方式。
（3）掌握使用外置 ADSL Modem 将计算机接入 Internet 的方法。

【工作环境与条件】

（1）已经申请的 ADSL 服务。
（2）ADSL Modem 及相关设备。
（3）安装 Windows 操作系统的 PC。

【相关知识】

7.2.1 DSL 技术

DSL（Digital Subscriber Line，即：数字用户线路）技术是基于普通电话线的宽带接入技术。它可以在电话线上分别传送数据和语音信号，其中数据信号并不通过电话交换设备。DSL 有许多模式，如 ADSL、RADSL、HDSL 和 VDSL 等，一般称为 xDSL。它们主要的区别体现在信号传输速度和距离的不同以及上行速率和下行速率对称性的不同这两个方面。

HDSL 与 SDSL 支持对称的 T1/E1 传输。其中 HDSL 的有效传输距离为 3～4km，且需要 2～4 对铜质双绞电话线；SDSL 最大有效传输距离为 3km，只需一对铜线。与非对称式传输相比，对称 DSL 更适用于企业点对点连接应用，如文件传输、视频会议等。

VDSL、ADSL 和 RADSL 属于非对称式传输。其中 VDSL 技术是 xDSL 技术中最快的一种，但其传输距离只在几百米以内；ADSL 在一对铜线上支持上行速率 640kb/s 到 1Mb/s，下行速率 256kb/s 到 8Mb/s，有效传输距离在 3～5km；RADSL 能够提供的速度与 ADSL 基本相同，但它可以根据铜线的质量优劣和传输距离动态调整用户的访问速度。

7.2.2 ADSL 技术的特点

ADSL（Asymmetric Digital Subscriber Line，即：非对称数字用户线路）是一种非对称的 DSL 技术，所谓非对称是指用户线的上行速率与下行速率不同，上行速率低，下行速率高，特别适合传输多媒体信息业务，如视频点播（VOD）、多媒体信息检索和其他交互式业务。

传统的电话线系统使用的是铜线的低频部分（4kHz 以下频段）。而 ADSL 采用 DMT（离散多音频）技术，将原来电话线路 0kHz 到 1.1MHz 频段划分成 256 个频宽为 4.3kHz

的子频带。其中，4kHz 以下频段用于传送传统电话业务，20kHz 到 138kHz 的频段用来传送上行信号，138kHz 到 1.1MHz 的频段用来传送下行信号。DMT 技术可以根据线路的情况调整在每个信道上所调制的比特数，以便充分地利用线路。由上述可知，对于原先的电话信号而言，仍使用原先的频带，而基于 ADSL 的业务，使用的是话音以外的频带。所以，原先的电话业务不受任何影响。

ADSL 技术具有以下特点。

- 可直接利用现有用户电话线，节省投资。
- 可享受高速的网络服务，为用户提供上、下行不对称的传输带宽。
- 上网同时可以打电话，互不影响，ADSL 传输的数据并不通过电话交换机，所以上网时不需要另交电话费。
- 安装简单，只需要在普通电话线上加装 ADSL Modem，在电脑上装上网卡即可。
- ADSL 的数据传输速率是根据线路的情况自动调整的，它以“尽力而为”的方式进行数据传输。

7.2.3 ADSL 通信协议

利用 ADSL 接入的方式主要有 PPPoA、PPPoE 虚拟拨号方式、专线方式和路由方式 4 种，每种方式支持的协议是不一样的。一般用户多采用 PPPoA、PPPoE 虚拟拨号方式，用户没有固定的 IP 地址，使用 ISP 分配的用户账户进行身份验证。而企业用户更多地选择静态 IP 地址的专线方式和路由方式。

1. PPPoE 协议

PPPoE（Point to Point Protocol over Ethernet）的中文名称为“以太网的点到点连接协议”，这个协议是为了满足越来越多的宽带上网设备和越来越快的网络之间的通信而制定的标准，它基于两个被广泛接受的标准：Ethernet 和 PPP（点对点拨号协议）。PPPoE 的实质是以太网和拨号网络之间的一个中继协议，继承了以太网的快速和 PPP 拨号的简单、用户验证、IP 分配等优势。在实际应用上，PPPoE 利用以太网的工作机理，将 ADSL Modem 的以太网接口与计算机或局域网互联，在 ADSL Modem 中采用 RFC1483 的桥接封装方式对终端发出的 PPP 包进行 LLC/SNAP 封装后，通过连接两端的 PVC（Permanence Virtual Circuit，即：固定虚拟连接）在 ADSL Modem 与网络侧的宽带接入服务器之间建立连接，实现 PPP 的动态接入。PPPoE 接入利用在网络侧和 ADSL Modem 之间的一条 PVC 就可以完成以太网上多用户的共同接入，使用方便，实际组网方式也很简单，大大降低了网络的复杂程度。由于 PPPoE 具备了以上这些特点，所以成为了当前 ADSL 宽带接入的主流接入协议。

2. PPPoA 协议

PPPoA（Point to Point Protocol over ATM）的中文名称为“异步传输点到点连接协议”，适用于与 ATM（异步传输模式）网络连接。PPPoA 方式类似于专线接入方式，用户连接和配置好 ADSL Modem 后，在自己的计算机网络里设置好相应的 TCP/IP 协议以及网络参数，开机后，用户端和局端会自动建立一条链路，无须任何拨号软件，但需要输入相应的用户账户。目前普通用户基本上不采用 PPPoA 方式，该方式主要用于电信领域。

【任务实施】

ADSL 有多种接入方式，本次任务主要实现计算机通过 ADSL Modem 的直接接入。

任务实施 1　认识 ADSL Modem 和滤波分离器

1. 认识 ADSL Modem

在用户端，ADSL 接入方式的核心设备是 ADSL Modem，ADSL Modem 有内置和外置之分。内置 ADSL Modem 是一块内置板卡，受性能影响，现在已很少使用。外置 ADSL Modem 根据其提供的计算机接口可以分为以太网 RJ－45 接口类型和 USB 接口类型，目前常用的是以太网 RJ－45 接口类型，如图 7－4 所示。

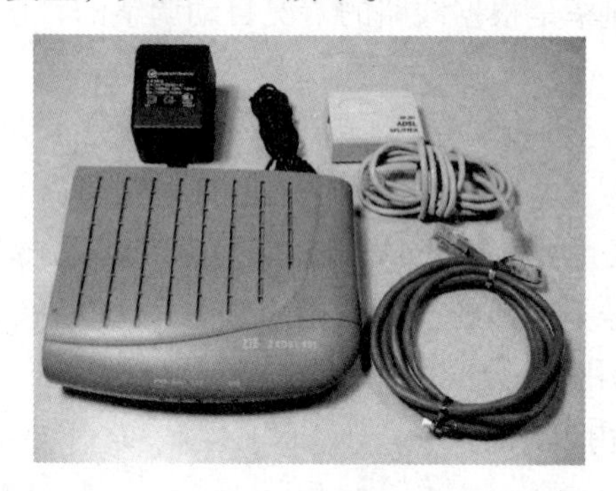

图 7－4　外置 ADSL Modem

在外置 ADSL Modem 上，可以看到一些接口，这些接口主要实现硬件的连接，常见外置 ADSL Modem 上的接口如图 7－5 所示。

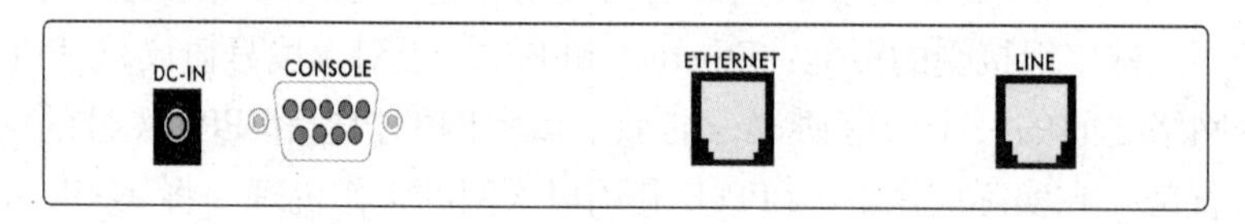

图 7－5　外置 ADSL Modem 的接口

- DC－IN：电源接口，连接电源适配器。
- CONSOLE：调试端口，可以连接计算机。
- ETHERNET：以太网接口，可以连接计算机的网卡。
- LINE：ADSL 接口，连接电话线。

在外置 ADSL Modem 上，还可以看到一些状态指示灯，通过状态指示灯可以判断设备的工作情况，常见外置 ADSL Modem 上的状态指示灯如图 7－6 所示。

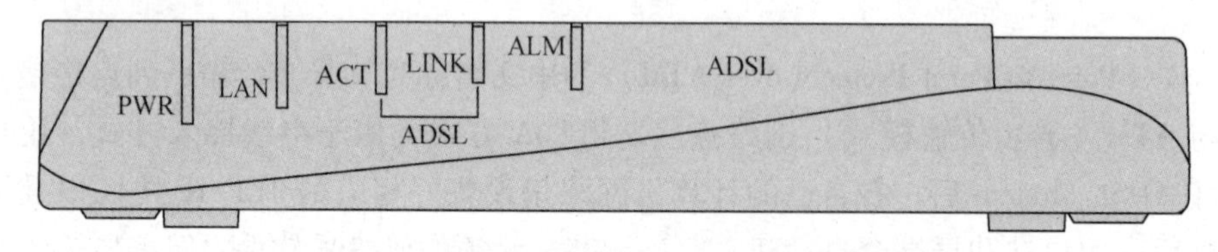

图 7－6　外置 ADSL Modem 的状态指示灯

- PWR：此灯常亮，表明设备通电。
- LAN：此灯常亮，表明以太网链路正常；闪烁，表示有数据传输。绿色，表示当前数据传输速率为10Mb/s；橙色，表示当前数据传输速率为100Mb/s。
- ACT：此灯闪烁，表明ADSL链路有数据流量。
- LINK：此灯常亮，表明ADSL链路正常。
- ALM：此灯常亮，表明ADSL设备故障。

2. 认识ADSL滤波分离器

如果希望上网的同时能通电话，那就需要在安装电话和ADSL Modem前使用滤波分离器。滤波分离器的作用是将ADSL电话线路中的高频信号和低频信号分离，使ADSL数据和语音能够同时传输，如图7－7所示。

通常在滤波分离器上会有3个电话线接口，一般都会有英文标注，在连接前请看清每个口的作用和位置，以免连接错误，这3个电话线接口的作用如图7－8所示。

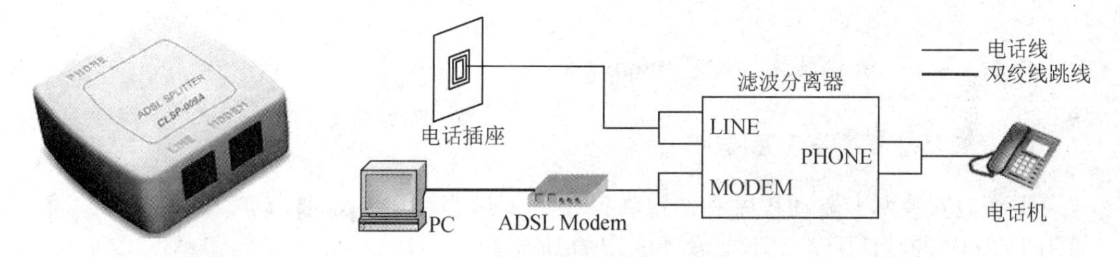

图7－7　ADSL滤波分离器　　　　图7－8　ADSL滤波分离器接口的连接

任务实施2　安装和连接硬件设备

1. 检查相应硬件，制作双绞线跳线

在进行ADSL硬件安装前，应检查是否准备好以下材料：一块10M或10M/100M自适应网卡、一个ADSL调制解调器；一个滤波器；另外还有两根两端做好RJ－11水晶头的电话线和一根两端做好RJ－45水晶头的双绞线跳线（交叉线）。

2. 安装ADSL滤波分离器

安装时先将来自电信局端的电话线接入滤波器的输入端（LINE），然后再用准备好两端做好RJ－11水晶头的电话线一头连接滤波器的语音信号输出口（PHONE），另一端连接电话机。需要注意的是在采用G. Lite标准的系统中由于减低了对输入信号的要求，就不需要安装滤波器了，这使得该ADSL Modem的安装更加简单和方便。

3. 安装ADSL Modem

用准备好的另一根两端做好RJ－11水晶头的电话线将滤波器的Modem口和ADSL Modem的ADSL接口连接起来，再用双绞线跳线（交叉线），一头连接ADSL Modem的Ethernet接口，另一头连接计算机网卡中的RI－45接口。这时候打开计算机和ADSL Modem的电源，如果两边对应的LED都亮了，那么硬件连接成功。

ADSL Modem 的硬件连接如图 7－9 所示。

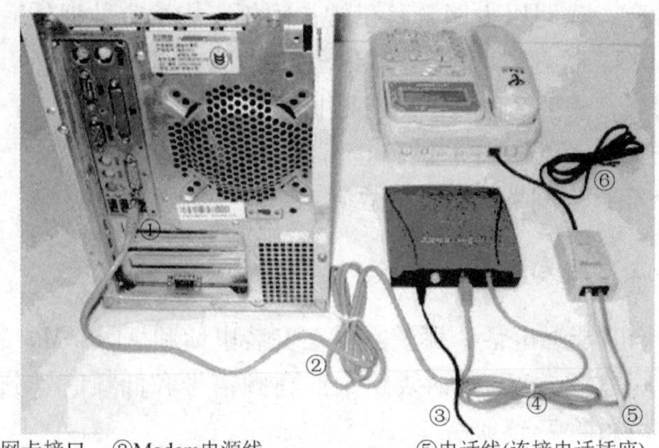

①网卡接口　③Modem电源线　⑤电话线(连接电话插座)
②双绞线跳线 ④电话线(连接Modem和分离器) ⑥电话线(连接电话机与分离器)

图 7－9　ADSL Modem 的硬件连接

任务实施 3　软件设置与访问 Internet

1. 安装驱动程序与设置网卡

正确地安装网卡驱动程序和协议，网卡的安装组件中一定要有 TCP/IP 协议，通常应使用 TCP/IP 的默认配置，不要设置固定的 IP 地址。

2. 安装 PPPoE 虚拟拨号软件

ADSL 的使用有虚拟拨号和专线接入两种方式。采用专线接入的用户只要开机即可接入 Internet。所谓虚拟拨号是指用 ADSL 接入 Internet 时需要输入用户名与密码。在 Windows 操作系统中建立 ADSL 拨号连接的方法与建立电话拨号连接一样，基本操作步骤如下。

（1）依次选择“开始”→“程序”→“附件”→“通讯”→“新建连接向导”命令，打开“欢迎使用新建连接向导”对话框，单击“下一步”按钮，打开“网络连接类型”对话框，如图 7－10 所示。

（2）在“网络连接类型”对话框中，选择“连接到 Internet”单选按钮，单击“下一步”按钮，打开“准备好”对话框，如图 7－11 所示。

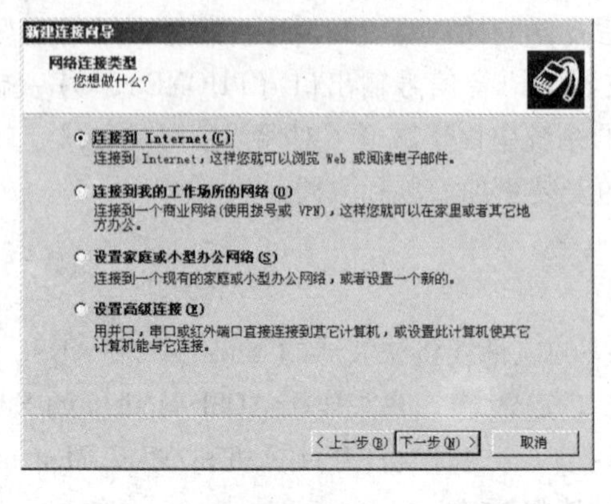

图 7－10　“网络连接类型”对话框

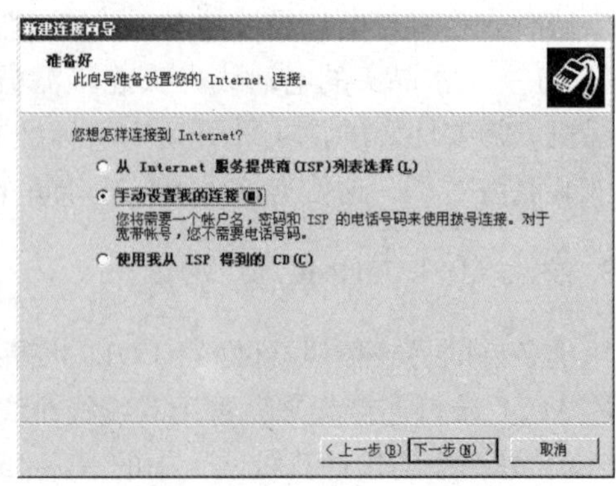

图 7－11　“准备好”对话框

(3) 在“准备好”对话框中选择“手动设置我的连接”单选按钮，单击“下一步”按钮，打开“Internet 连接”对话框，如图7－12所示。

(4) 在“Internet 连接”对话框中选择“用要求用户名和密码的宽带连接来连接”单选按钮，单击“下一步”按钮，打开“连接名”对话框，如图7－13所示。

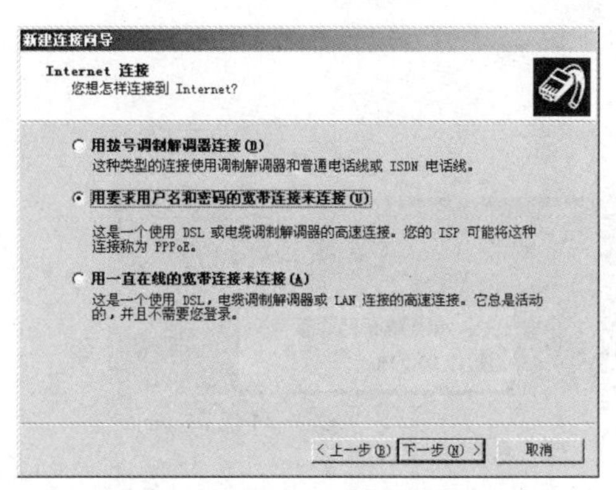

图7－12 “Internet 连接”对话框

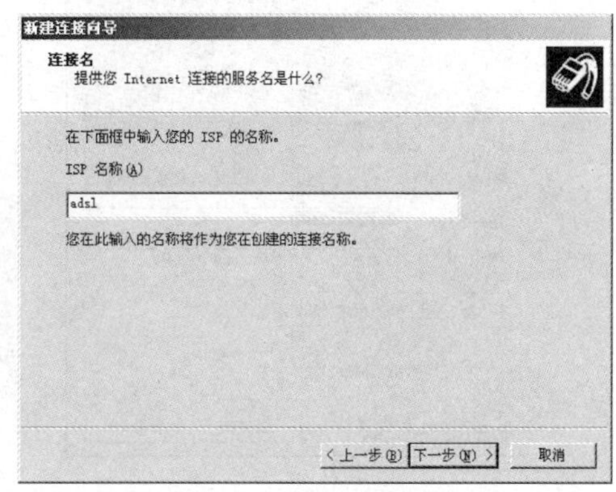

图7－13 “连接名”对话框

(5) 在“连接名”对话框中输入连接的名称，单击“下一步”按钮，打开“Internet 账户信息”对话框，如图7－14所示。

(6) 在“Internet 账户信息”对话框中的“用户名”文本框处填入申请的ADSL账户名，在“密码”与“确认密码”文本框处填入用户密码。用户名、密码是区分大、小写字母的，这里输入的资料必须正确，否则将不能成功登录。单击“下一步”按钮，打开“正在完成新建连接向导”对话框，如图7－15所示。

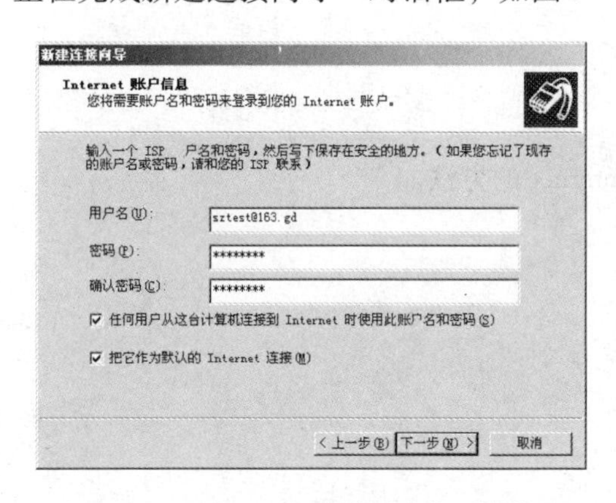

图7－14 “Internet 账户信息”对话框

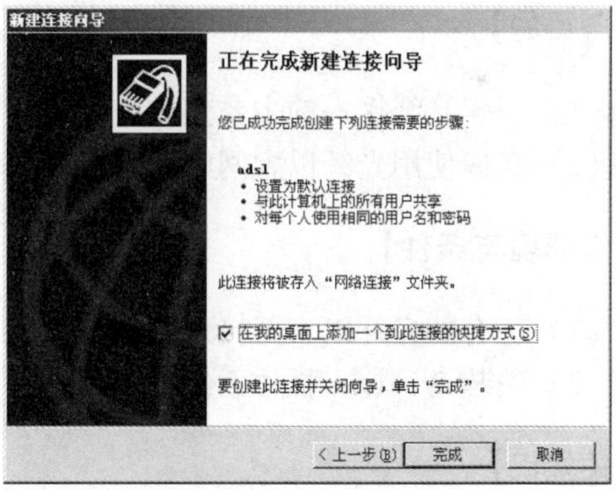

图7－15 “正在完成新建连接向导”对话框

(7) 在“正在完成新建连接向导”对话框中，选中“在我的桌面上添加一个到此连接的快捷方式”复选框，单击“完成”按钮，完成安装，此时在桌面上会添加所建网络连接的快捷方式。

3. 访问 Internet

在 Windows 系统中，利用 ADSL 虚拟拨号访问 Internet 的操作步骤如下。

(1) 双击桌面上的所建网络连接的快捷方式，系统会打开虚拟拨号连接窗口，如

图 7-16所示。

(2) 单击窗口左下角的“连接”按钮。如果连接成功，则在桌面任务栏的右下角会出现如图 7-17 所示的图标，此时就可以访问 Internet 了。

图 7-16 虚拟拨号连接窗口

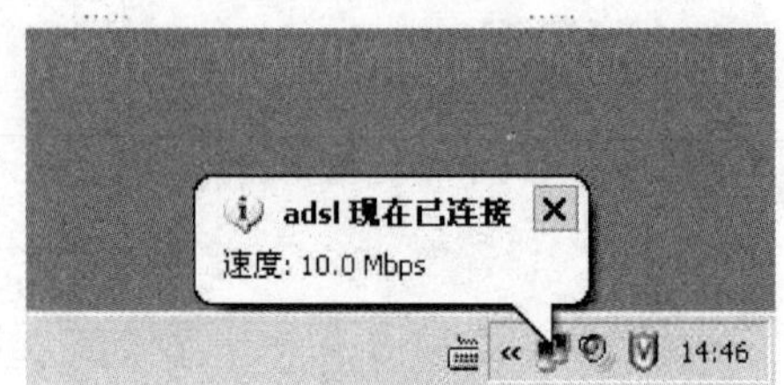

图 7-17 连接成功

【注意】在建立了虚拟拨号连接后，如果打开“网络连接”窗口，可以看到除本地连接外还增加了虚拟拨号连接。与本地连接相同，用户可以对虚拟拨号连接的属性进行查看和设置，也可以使用 ipconfig 或 ipconfig/all 命令查看计算机通过虚拟拨号连接所获得的 IP 地址信息。

任务 7.3 利用光纤以太网接入 Internet

【任务目的】

(1) 了解光纤接入的主要方式。

(2) 掌握使用光纤以太网将计算机接入 Internet 的方法。

【工作环境与条件】

(1) 已有的光纤以太网接入服务。

(2) 安装 Windows 操作系统的 PC。

【相关知识】

7.3.1 FTTx 概述

光纤由于其大容量、保密性好、不怕干扰和雷击、重量轻等诸多优点，正在得到迅速发展和应用。主干网线路迅速光纤化，光纤在接入网中的广泛应用也是一种必然趋势。光纤接入技术实际就是在接入网中全部或部分采用光纤作为传输介质，构成光纤用户环路(或称光纤接入网 OAN)，实现用户高性能宽带接入的一种方案。

光纤接入分为多种情况，可以表示为 FTTx，如图 7-18 所示。在图 7-18 中，OLT (Optical Line Terminal) 称为光线路终端，ONU (Optical Network Unit) 称为光网络单元。根

据ONU位置不同，目前有3种主要的光纤接入网，即FTTC（Fiber To The Curb，即：光纤到路边/小区）、FTTB（Fiber To The Building，即：光纤到楼）和FTTH（Fiber To The Home，即：光纤到户）。

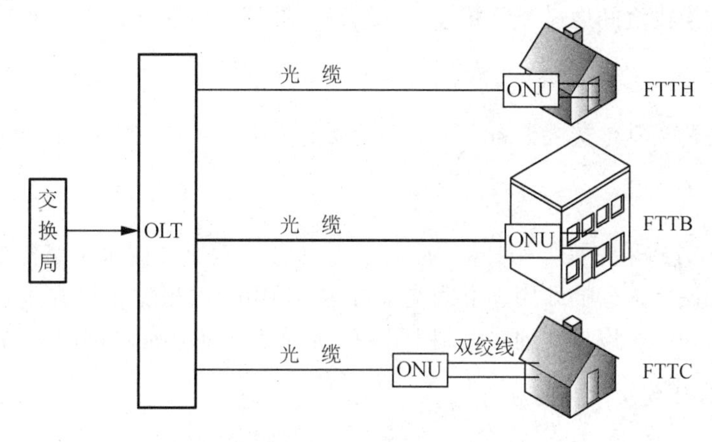

图7-18 光纤接入方式

1. FTTC

FTTC主要为住宅区的用户提供服务。它将光网络单元设备放置于路边机箱，可以从光网络单元接出同轴电缆传送CATV（有线电视）信号，也可以接出双绞线电缆传送电话信号或提供Internet接入服务。

2. FTTB

FTTB可以按服务对象分为两种，一种是为公寓大厦提供服务，另一种是为商业大楼提供服务。两种服务方式都将光网络单元设置在大楼的地下室配线箱处，只是公寓大厦的光网络单元是FTTC的延伸，而商业大楼是为中大型企业单位提供服务，因此必须提高传输的速率，以提供高速的电子商务、视频会议等宽带服务。

3. FTTH

对于FTTH，ITU（国际电信联盟）认为从光纤端头的光电转换器（或称为媒体转换器）到用户桌面不超过100m的情况才是FTTH。FTTH将光纤延伸到终端用户家里，从而为家庭用户提供多种宽带服务。从发展趋势来看，从本地交换机一直到用户全部为光纤连接，没有任何铜缆，也没有有源设备，是接入网发展的长远目标。

7.3.2 FTTx+LAN

因FTTx接入方式成本较高，就我国目前普通人群的经济承受能力和网络应用水平而言，并不完全适合。而将FTTx与LAN结合，可以大大降低接入成本，同时可以提供高速的用户端接入带宽，是目前比较理想的用户接入方式。基于光纤的LAN接入方式是一种利用光纤加双绞线方式实现的宽带接入方案，与其他接入方式相比，具有以下技术特点。

1. 网络可靠、稳定

实现千兆光纤到小区（大楼）中心交换机，楼道交换机和小区中心交换机、小区中心交换机和局端交换机之间通过光纤相连。网络稳定性高、可靠性强。

2. 用户投资少、价格便宜

用户不需要购买其他接入设备，只需一台带有网卡（NIC）的 PC 即可接入 Internet。

3. 安装方便

FTTx + LAN 方式采用星型拓扑结构，小区、大厦、写字楼内采用综合布线，用户主要通过双绞线接入网络，即插即用，上网速率可达 100Mb/s。根据用户群体对不同速率的需求，用户的接入速率可以方便地扩展到 1Gb/s，从而实现企业局域网间的高速互联。

4. 可支持各种多媒体网络应用

通过 FTTx + LAN 方式可以实现高速上网、远程办公、远程教学、远程医疗、VOD 点播、视频会议、VPN 等多种业务。

【任务实施】

与 ADSL 类似，利用光纤以太网接入 Internet 也有多种方式，本次任务主要实现计算机通过光纤以太网的直接接入。

任务实施 1　安装和连接硬件设备

对于采用 FTTx + LAN 方式接入 Internet 的用户，不需要购买其他接入设备，只需要将进入房间的双绞线接入计算机网卡即可，与局域网的连接方式完全相同。

任务实施 2　软件设置与访问 Internet

FTTx + LAN 的接入方式分为虚拟拨号（PPPoE）方式和固定 IP 方式。

虚拟拨号（PPPoE）方式大多面向个人用户开放，费用相对较低。用户无固定 IP 地址，必须到指定的开户部门开户并获得用户名和密码，使用专门的宽带拨号软件接入 Internet，目前大部分用户都采用这种方式。PPPoE 虚拟拨号软件的设置与 ADSL 接入的设置方式相同，用户只需要将 LAN 的双绞线接入网卡后，按照任务 7.2 所述的方法设置虚拟拨号软件，输入用户名和密码后即可访问 Internet。

固定 IP 方式多向企事业单位等拥有局域网的客户提供。用户有固定 IP 地址，费用可根据实际情况按点或按光纤带宽计收。用户在将 LAN 的双绞线接入网卡后，只要设置好相应的 IP 地址信息，不需要拨号就可以连入网络。

任务 7.4　实现 Internet 连接共享

【任务目的】

（1）了解实现 Internet 连接共享的主要方式。

（2）熟悉利用宽带路由器实现 Internet 连接共享的方法。

（3）熟悉使用代理服务器软件实现 Internet 连接共享的方法。

【工作环境与条件】

（1）已经申请的接入 Internet 的服务。

（2）几台联网的安装 Windows 操作系统的 PC。

（3）宽带路由器及其配件。

（4）代理服务器软件（本任务以 CCProxy 代理服务器软件为例，也可选择其他软件）。

【相关知识】

7.4.1 Internet 连接共享概述

如果一个局域网中的多台计算机需要同时接入 Internet，一般可以采取两种方式。一种方式是为每一台要接入 Internet 的计算机申请一个公有 IP 地址，并通过路由器将局域网与 Internet 相连，路由器与 ISP 通过专线（如 DDN）连接，这种方式的缺点是浪费 IP 地址资源、运行费用高，所以一般不采用。另一种方式是共享 Internet 连接，即只申请一个公有 IP 地址，局域网中所有的计算机共享这个 IP 地址接入 Internet。

要实现 Internet 连接共享可以通过硬件和软件两种方式。

1. 硬件方式

硬件方式是指通过路由器、宽带路由器、内置路由功能的 ADSL Modem 等实现 Internet 连接共享。使用硬件方式不但可以实现 Internet 连接共享，而且目前的宽带路由器都带有防火墙和路由功能，因此设置方便、操作简单、使用效果好，但硬件方式需要购买专门的接入设备，投资费用稍高。

2. 软件方式

软件方式主要通过代理服务器类和网关类软件实现 Internet 连接共享。常用的软件有 SyGate、WinGate、CCProxy、HomeShare、WinProxy、SinforNAT、ISA 等，Windows 操作系统中也内置了共享 Internet 工具“Internet 连接共享”。采用软件方式虽然方便性上不如硬件方式，而且对服务器的配置要求较高，但由于很多软件是免费的或系统自带的，并且可以对网络进行有效的管理和控制，因此目前也得到了广泛的应用。

7.4.2 ADSL Modem 路由方案

ADSL Modem 路由方案仅适用于家庭或小型办公网络，如果 ADSL Modem 拥有路由功能，即可实现 Internet 连接共享。采用该方案时，需要购置一台 100Mb/s 桌面式交换机，将所有的计算机和 ADSL Modem 都连接至该交换机，并启用 ADSL Modem 的路由功能，如图 7-19 所示。如果需要，还可以通过级联交换机的方式，扩展网络端口。

7.4.3 宽带路由器方案

宽带路由器是近几年来新兴的一种网络产品，它集成了路由器、防火墙、带宽控制和管理等功能，并内置多口 10M/100M 自适应交换机，方便多台机器连接内部网络与 Internet。

宽带路由器主要实现以下功能。

- 内置 PPPoE 虚拟拨号：宽带路由器内置了 PPPoE 虚拟拨号功能，可以方便地替代手工拨号接入。
- 内置 DHCP 服务器：宽带路由器都内置有 DHCP 服务器和交换机端口，可以为客户端自动分配 IP 地址信息，便于用户组网。
- NAT 功能：宽带路由器一般利用 NAT（网络地址转换）功能以实现多用户的共享接入，内部网络用户连接 Internet 时，NAT 将用户的内部网络 IP 地址转换成一个外部公共 IP 地址，当外部网络数据返回时，NAT 则将目标地址替换成初始的内部用户地址以便内部用户接收数据。

如果采用 ADSL 方式接入 Internet，并且 ADSL Modem 不具有路由功能，则可以将 ADSL Modem 与所有的计算机接入宽带路由器，当然也可直接选择集成了 ADSL Modem 功能的 ADSL 宽带路由器。当网络用户数量较大时，也可以先将所有计算机组成局域网，再将宽带路由器与交换机相连，如图 7－20 所示。如果采用 FTTx + LAN 方式接入 Internet，可以选择一台宽带路由器作为交换设备和 Internet 连接共享设备，如果需要，也可以通过级联交换机的方式，成倍地扩展网络端口。

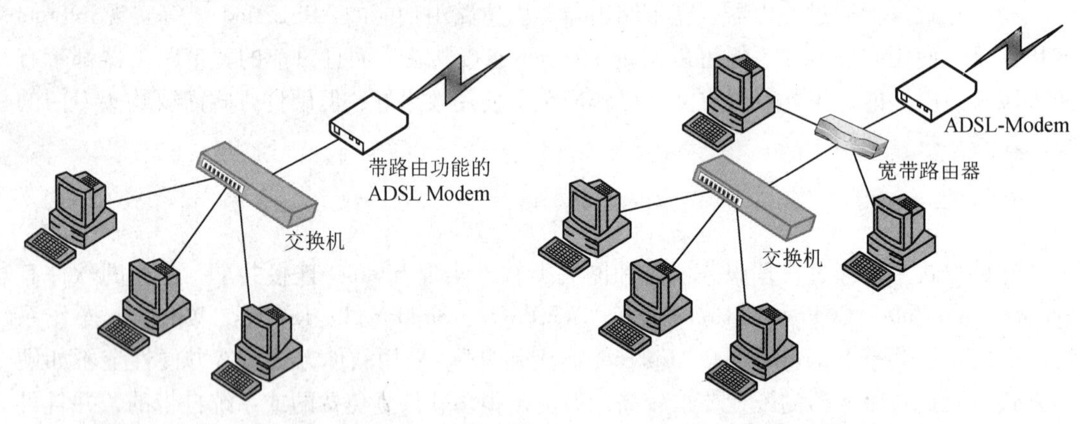

图 7－19　ADSL Modem 路由方案　　　　**图 7－20　宽带路由器方案**

另外目前有些宽带路由器提供了多个外部接口，能够同时支持 2～4 个 Internet 连接，可以把局域网内的各种传输请求，根据事先设定的负载均衡策略，分配到不同的宽带出口，从而实现智能化的信息动态分流，扩大了整个局域网的出口带宽，起到了带宽成倍增加的作用。

采用宽带路由器作为 Internet 连接共享设备，既可实现计算机之间的连接，又有效地实现了 Internet 连接共享。在该方案中，任何计算机均可随时接入 Internet，不受其他计算机的影响，适用于家庭或小型办公网络，以及网吧和其他中小型网络。

7.4.4　无线路由器方案

无线路由器（Wireless Router）是将单纯性无线AP和宽带路由器合二为一的扩展型产品，它具备宽带路由器的所有功能，如支持DHCP客户端、支持防火墙、支持NAT等。利用无线路由器可以实现小型无线网络中的Internet连接共享，实现ADSL和光纤以太网的无线共享接入。图7-21所示为利用无线路由器实现ADSL共享接入的连接方案。

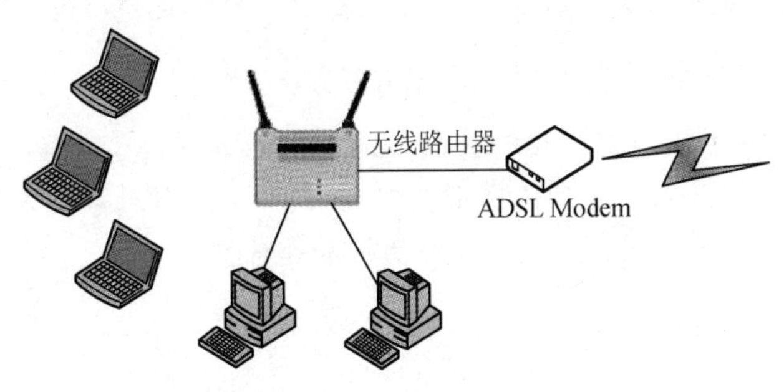

图7-21　无线路由器方案

7.4.5　代理服务器方案

代理服务器（Proxy Server），处于客户机与服务器之间，对于服务器来说，代理服务器是客户机，对于客户机来说，代理服务器是服务器。它的作用很像现实生活中的代理服务商。在一般情况下，使用网络浏览器直接去连接Internet站点取得网络信息时，是直接联系到目的站点服务器，然后由目的站点服务器把信息传送回来。代理服务器是介于客户端和Web服务器之间的另一台服务器，有了它之后，浏览器不是直接到Web服务器去取回网页而是向代理服务器发出请求，信号会先送到代理服务器，由代理服务器来取回浏览器所需要的信息并传送给浏览器。代理服务器主要有以下功能。

- 代理服务器可以代理Internet的多种服务，如WWW、FTP、E-mail、DNS等。
- 通常代理服务器都具有缓冲的功能，就好像一个大的Cache，它有很大的存储空间，它不断将新取得数据储存到它本机的存储器上，如果浏览器所请求的数据在它本机的存储器上已经存在而且是最新的，那么它就不重新从Web服务器取数据，而直接将存储器上的数据传送给用户的浏览器，这样就能显著提高浏览速度和效率。
- 代理服务器主要工作在OSI参考模型的对话层，可以起到防火墙的作用，在代理服务器可以设置相应限制，以过滤或屏蔽某些信息。另外目的网站只知道访问来自于代理服务器，因此可以隐藏局域网内部的网络信息，从而提高局域网的安全性。
- 客户访问权限受到限制时，而某代理服务器的访问权限不受限制，刚好在客户的访问范围之内，那么客户可通过代理服务器访问目标网站。

如果要使用代理服务器实现Internet连接共享，可先使用交换机组建局域网，然后将其中一台作为代理服务器。代理服务器应配置两块网卡，一块通过连接ADSL Modem或光纤以太网接入Internet，另一块接入局域网。此时其他计算机可通过代理服务器接入Internet，如图7-22所示。

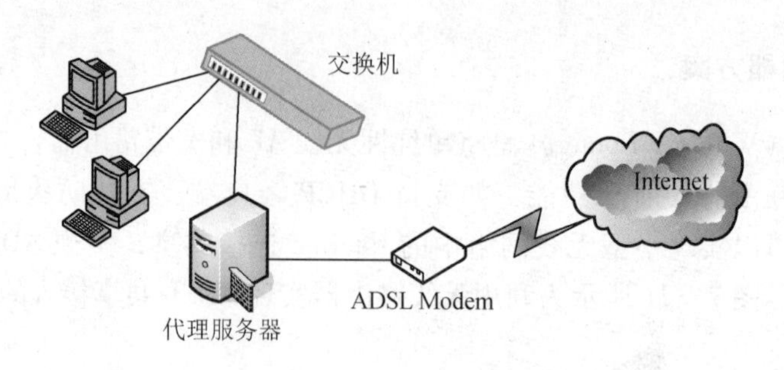

图 7-22 代理服务器方案

【注意】以上给出了小型局域网实现 Internet 连接共享的典型方案，目前的大中型局域网主要通过企业级路由器或代理服务器群集实现与 Internet 的连接，其实现成本较高，设置也比较复杂，这里不作介绍，请参阅相关的技术资料。

【任务实施】

任务实施 1 利用宽带路由器实现 Internet 连接共享

目前市场上的宽带路由器产品很多，不同的宽带路由器设置方法有所不同，下面以 TP-LINK 的 TL-R410+有线宽带路由器为例，实现 Internet 连接共享。

1. 认识宽带路由器

TL-R410+宽带路由器是专为小型办公室和家庭用户设计的，功能实用、易于管理。在 TL-R410+宽带路由器前面板，可以看到一些指示灯，如图 7-23 所示。

图 7-23 TL-R410+宽带路由器前面板

- PWR：电源指示灯，此灯亮表示设备已经通电。
- SYS：系统状态指示灯，此灯闪烁表示系统正常。
- 1/2/3/4：局域网状态指示灯，分别对应相应局域网端口。灯亮表示相应端口已正常连接；灯闪烁表示相应端口正在进行数据传输。
- WAN：广域网状态指示灯，灯亮表示该端口已正常连接；灯闪烁表示该端口正在进行数据传输。

在 TL-R410+宽带路由器后面板，主要可以看到一些接口，如图 7-24 所示。

图 7-24 TL-R410+宽带路由器后面板

- POWER：电源接口，用来连接电源，为路由器供电。

- RESET：复位按钮，用来使设备恢复到出厂默认设置。
- WAN：广域网接口，该接口为RJ-45接口，用来连接光纤以太网或ADSL Modem。
- 1/2/3/4：局域网接口，TL-R410+宽带路由器提供4个RJ-45局域网接口，可以用来连接局域网中的交换机或计算机的网卡。

2. 硬件连接

TL-R410+宽带路由器提供了一个广域网接口和4个局域网接口。如果需要接入Internet的计算机数量在4台以下，可直接将各计算机通过双绞线跳线（直通线），接入宽带路由器的局域网接口；如果接入Internet的计算机数量超过4台，可先使用交换机组建局域网，然后将交换机级联至路由器的局域网接口。如果使用的是ADSL接入方式，则应通过双绞线跳线（交叉线）将ADSL Modem接入宽带路由器的广域网接口；如果使用的是光纤以太网接入方式，可将双绞线直接接入宽带路由器的广域网接口。连接完毕后，接通设备电源，此时宽带路由器系统将开始启动，相应的指示灯将被点亮。

3. 设置用户计算机

TL-R410+宽带路由器支持DHCP功能，但默认情况下，该功能并没有开启。因此应为用户计算机分配静态IP地址，以实现其与宽带路由器之间的相互访问。由于TL-R410+宽带路由器与内网连接时，默认的IP地址为192.168.1.1，因此为用户计算机设置的IP地址可以为192.168.1.x（2≤x≤254），子网掩码为255.255.255.0，默认网关为192.168.1.1，DNS服务器IP设置可咨询本地的ISP。设置完毕后，此时局域网已经连通，可以在任意一台计算机上运行ping命令，测试局域网连通性。

4. 设置宽带路由器

在局域网内部的任意一台计算机上都可以通过浏览器对宽带路由器进行设置，基本设置步骤如下。

（1）打开IE浏览器，在地址栏中输入http：//192.168.1.1，然后按Enter键，此时会出现“连接到192.168.1.1”对话框。

（2）在“连接到192.168.1.1”对话框中，输入默认的用户名和密码，单击“确定”按钮，此时会进入宽带路由器设置的主界面，如图7-25所示。

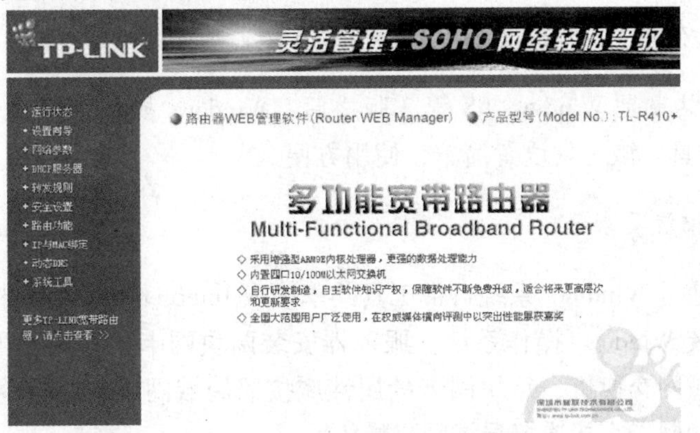

图7-25 宽带路由器设置的主界面

（3）默认情况下，系统会自动出现“设置向导”对话框，若未出现可单击主界面左侧的“设置向导”按钮。在“设置向导”对话框中，单击“下一步”按钮，打开选择上网方式对话框，如图7－26所示。

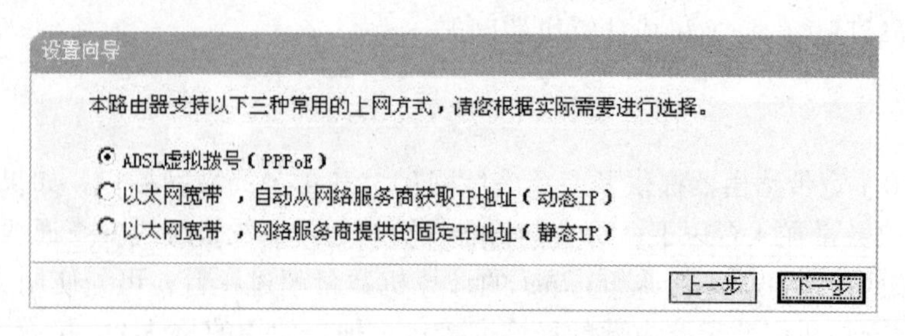

图7－26 选择上网方式对话框

（4）在选择上网方式对话框中选择上网方式，如采用PPPoE虚拟拨号方式，则选择“ADSL虚拟拨号（PPPoE）”单选按钮，单击“下一步”按钮，打开设置上网账号和口令对话框，如图7－27所示。

设置向导

您申请ADSL虚拟拨号服务时，网络服务商将会给您提供上网帐号及口令，请填入相应的输入框。如果您不慎遗忘了或不太清楚如何填写，请向您的网络服务商咨询。

上网账号：test

上网口令：●●●●●●●●●

上一步 下一步

图7－27 设置上网账号和口令对话框

（5）在设置上网账号和口令对话框中，输入相应的账号和口令，单击“下一步”按钮，打开完成设置向导对话框，单击“完成”按钮，完成设置。此时网络中所有的计算机都能够接入Internet了。

【注意】以上只给出了宽带路由器最基本的设置，其他设置可查阅用户手册，这里不再赘述。另外不同品牌型号的宽带路由器设置方法并不相同，设置前应仔细阅读相应的产品说明和用户手册。

任务实施2 使用Windows自带的Internet连接共享

Internet连接共享是Windows 98第2版之后，Windows操作系统内置的一个多机共享接入Internet的工具，该工具设置简单，使用方便。

1. 网络环境配置要求

多台计算机通过Windows系统自带工具共享接入Internet的网络结构可参照图7－22。所有的计算机安装Windows操作系统。服务器安装两块网卡，一块网卡连接Internet，另一块网卡连接局域网交换机，每块网卡的属性应按照局域网或Internet接入方式的要求进行配置。客户机的网卡直接连接局域网交换机。

2. 服务器端设置

服务器的操作步骤如下。

（1）右击桌面上的“网上邻居”图标，从快捷菜单中选择“属性”命令，打开“网络连接”窗口。

（2）在“网络连接”窗口中右击Internet连接图标，从快捷菜单中选择“属性”命令，打开其“属性”对话框，选择“高级”选项卡。选中“Internet连接共享”选项组中的“允许其他网络用户通过此计算机的Internet连接来连接”复选框，如图7－28所示。

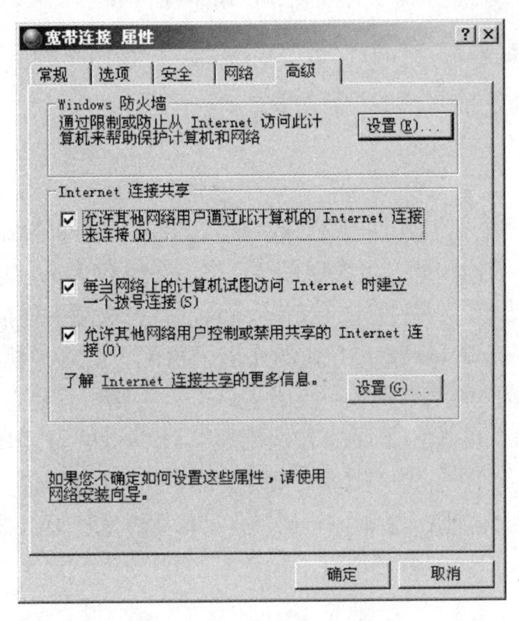

图7－28　“高级”选项卡

（3）单击“确定”按钮，弹出“网络连接”提示对话框，如图7－29所示。单击“是”按钮，关闭对话框，此时已经在服务器上启用了Internet连接共享功能。

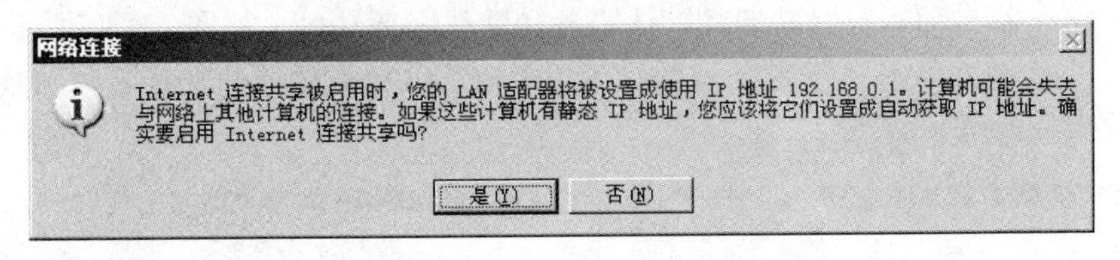

图7－29　“网络连接”提示对话框

启用Internet连接共享功能后，会对服务器的系统设置进行如下修改。

- 内部网卡的IP地址设为192.168.0.1，子网掩码为255.255.255.0。
- 创建IP路由。
- 启用DNS代理。
- 启用DHCP分配器，范围从192.168.0.2～192.168.0.254，子网掩码为255.255.255.0。
- 启动Internet连接共享服务。
- 启动自动拨号。

3. 客户机端设置

在客户端只需要为相应的局域网连接设置 IP 地址信息即可，设置时可以采用自动获取 IP 地址的方式，也可以设置静态 IP 地址。需要注意的是，如果使用自动获取 IP 地址的方式，则所有客户机都应采用该方式，以避免冲突；如果设置静态 IP 地址，则客户机的 IP 地址应为 192.168.0.2 ~ 192.168.0.254，子网掩码为 255.255.255.0，默认网关和 DNS 服务器 IP 地址为 192.168.0.1。

任务实施 3　利用代理服务器软件实现 Internet 连接共享

代理服务器软件的种类很多，在这里以 CCProxy 代理服务器软件为例，介绍使用代理服务器软件实现 Internet 连接共享的设置方法。

1. 网络环境配置要求

多台计算机通过代理服务器软件 CCProxy 共享 Internet 的网络结构与使用 Windows 自带工具共享 Internet 的网络结构相同，可参照图 7-22。安装 CCProxy 之前必须确认局域网的连通性，服务器安装两块网卡，一块网卡连接 Internet，另一块网卡连接局域网交换机，每块网卡的属性应按照局域网或 Internet 接入方式的要求进行配置。客户机的网卡直接连接局域网交换机。服务器连接局域网的网卡一般不要设置网关，否则很容易造成路由冲突。

局域网的 IP 地址信息可按照下面的方法配置：计算机的 IP 地址可设为 192.168.0.1、192.168.0.2、192.168.0.3、…192.168.0.254，其中 192.168.0.1 为服务器的 IP 地址，其他为客户机的 IP 地址；子网掩码为 255.255.255.0；默认网关为空；DNS 为 192.168.0.1。

2. 在代理服务器上安装和运行 CCProxy

在安装 CCProxy 之前，服务器必须连接好硬件并建立 Internet 连接。CCProxy 的安装非常简单，双击 CCProxy 安装文件，启用 CCProxy 安装向导，按照向导提示操作即可，安装完成后 CCProxy 将自动运行，并启动默认服务和默认服务端口，如图 7-30 所示。

在图 7-30 中，单击“设置”按钮，可以看到 CCProxy 启动的默认服务和默认服务端口，如图 7-31 所示。

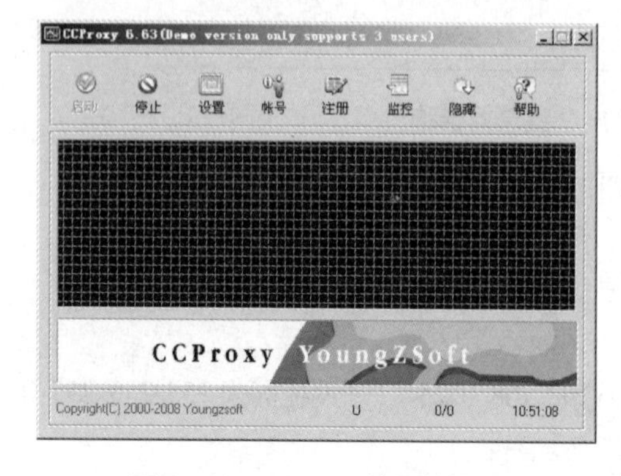

图 7-30　CCProxy 的运行界面

图 7-31　CCProxy 启动的默认服务和默认服务端口

如果在启动时没有出现任何错误信息，那么安装成功，就可以直接设置客户端实现共享接入 Internet。当然如果想对客户端进行相应的控制和管理功能，可以对 CCProxy 进行相关的设置，具体设置方法请参考《CCProxy 使用手册》。

3. 客户端的设置

在确认客户端与服务器能够互相访问的前提下，可以对客户端相应网络软件进行设置，这里以 IE 浏览器为例介绍客户端网络软件的设置方法。

（1）打开 IE 浏览器，单击“工具”按钮，选择“Internet 选项”。在“Internet 选项”对话框中单击“连接”选项卡，单击“局域网设置”按钮，打开“局域网（LAN）设置”对话框，在“代理服务器中”选中“为 LAN 使用代理服务器（这些设置不会应用于拨号或 VPN 连接）”复选框，如图 7－32 所示。

（2）单击“高级”按钮，打开“代理服务器设置”对话框，在该对话框中输入各服务要使用的代理服务器地址和端口，注意应按照所设服务器的 IP 地址及相应服务对应端口进行设置，如图 7－33 所示。

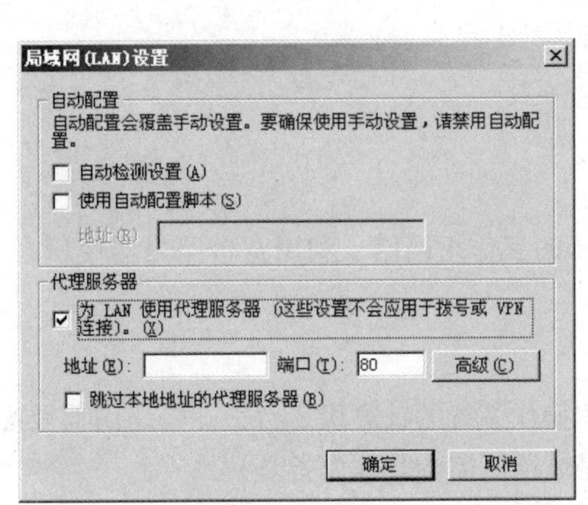

图 7－32　“局域网（LAN）设置”对话框

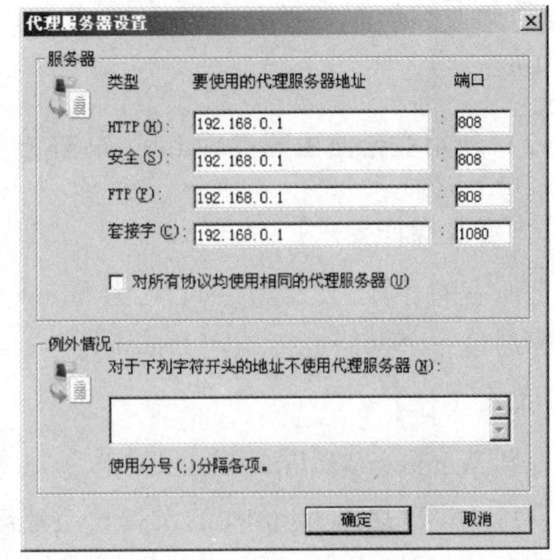

图 7－33　“代理服务器设置”对话框

（3）单击“确定”按钮，完成设置。

客户端其他软件的设置可参考《CCProxy 客户端设置说明书》，这里不再赘述。

习　题　7

1. 思考问答

（1）常见的广域网技术有哪些？各有什么特点？

（2）接入网由哪几部分组成？各部分采用什么传输介质？

（3）选择 ISP 时应注意哪些方面的问题？

（4）ADSL 技术具有哪些特点？

（5）什么是 PPPoE？简述其特点和作用。

（6）FTTx 通常包括哪些类型？

（7）对于家庭或小型办公网络，目前主要可以采用哪些方式实现 Internet 连接共享？

（8）什么是代理服务器？代理服务器可以实现哪些功能？

2. 技能操作

（1）安装与配置 ADSL Modem

【内容及操作要求】

使一台计算机能通过 ADSL Modem 成功接入 Internet，同时能接听电话，以虚拟拨号方式接入 Internet。

【准备工作】

一台安装 Windows XP Professional 或以上版本操作系统的计算机；一个外置 ADSL Modem 及其驱动程序安装盘；一个分离器；一部电话机；一块网卡；一把十字旋具。

【考核时限】

30min。

（2）利用宽带路由器实现 Internet 连接共享

【内容及操作要求】

把所有的计算机组建为一个名为 Students 的工作组网络，利用宽带路由器使所有计算机能够通过一个网络连接访问 Internet。

【准备工作】

安装 Windows XP Professional 或以上版本操作系统的计算机 3 台；宽带路由器及配件，能将 1 台计算机接入 Internet 的设备；组建局域网所需的其他设备。

【考核时限】

45min。

（3）利用代理服务器实现 Internet 连接共享

【内容及操作要求】

把所有的计算机组建为一个名为 Networks 的工作组网络，利用代理服务器使所有计算机能够通过一个网络连接访问 Internet。

【准备工作】

安装 Windows XP Professional 或以上版本操作系统的计算机 3 台；能将 1 台计算机接入 Internet 的设备；组建局域网所需的其他设备。

【考核时限】

45min。

项目 8　保障网络安全

随着计算机网络应用的不断普及，网络资源和网络应用服务日益丰富，计算机网络安全问题已经成为网络建设和发展中的热门话题。在计算机网络建设中，必须采取相应措施，保证网络系统连续可靠正常地运行，网络服务不中断；并且应保护系统中的硬件、软件及数据，使其不因偶然的或者恶意的原因而遭受到破坏、更改、泄露。本项目的主要目标是了解常用的网络安全技术；熟悉常见网络扫描工具；掌握在 Windows 系统下文件备份和还原的设置方法；理解防火墙和防病毒软件的作用并能够正确安装使用。

任务 8.1　了解常用网络安全技术

【任务目的】

（1）了解计算机网络面临的安全风险。
（2）了解常见的网络攻击手段。
（3）理解计算机网络采用的主要安全措施。

【工作环境与条件】

（1）校园网工程案例及相关文档。
（2）企业网工程案例及相关文档。
（3）能够接入 Internet 的 PC。

【相关知识】

8.1.1　计算机网络安全的内容

计算机网络的安全性问题实际上包括两方面的内容：一是网络的系统安全，二是网络的信息安全。由于计算机网络最重要的资源是它向用户提供的服务及所拥有的信息，因而计算机网络的安全性可以定义为：保障网络服务的可用性和网络信息的完整性。前者要求网络向所有用户有选择地随时提供各自应得到的网络服务，后者则要求网络保证信息资源的保密性、完整性、可用性和准确性。可见建立安全的局域网要解决的根本问题是如何在保证网络的连通性、可用性的同时对网络服务的种类、范围等进行适当的控制以保障系统的可用性和信息的完整性不受影响。

目前影响计算机网络安全的因素是多方面的，主要包括以下几点。

- 来自外部的不安全因素。即网络上存在的攻击。
- 来自网络系统本身的不安全因素。如网络中存在着硬件、软件、通信、操作系统或其他方面的缺陷与漏洞，给网络攻击者以可乘之机，也为一些网络爱好者编制攻击程序提供了练习场所。

• 网络管理者缺乏对网络安全的警惕性，忽视网络安全，或对网络安全技术缺乏了解，没有制定切实可行的网络安全策略和措施。

8.1.2 常见的网络攻击手段

网络攻击是指某人非法使用或破坏某一网络系统中的资源，以及非授权使得网络系统丧失部分或全部服务功能的行为。通常可以把网络攻击活动分为远程攻击和本地攻击。远程攻击一般是指攻击者通过 Internet 对目标主机发动的攻击，其主要利用网络协议或网络服务的漏洞达到攻击的目的。本地攻击主要是指本单位的内部人员或通过某种手段已经入侵到本地网络的外部人员对本地网络发动的攻击。

目前网络攻击通常采用以下手段。

1. 扫描攻击

扫描是网络攻击的第一步，主要是利用专门工具对目标系统进行扫描，以获得操作系统种类或版本、IP 地址、域名或主机名等有关信息，然后分析目标系统可能存在的漏洞，找到开放端口后进行入侵。扫描主要包括主机扫描和端口扫描，常用的扫描方法有手工扫描和工具扫描。

2. 安全漏洞攻击

安全漏洞攻击主要是利用操作系统或应用软件自身具有的 Bug 进行攻击。例如可以利用目标操作系统收到了超过它所能接收到的信息量时产生的缓冲区溢出进行攻击等。

3. 口令入侵

通常要攻击目标时，必须破译用户的口令，只要攻击者能猜测用户口令，就能获得系统访问权。要破解用户的口令通常可以采用以下方式。

• 通过网络监听，使用 Sniffer 等工具捕获主机间通信来获取口令。

• 暴力破解，利用 John the Ripper、L0pht Crack5 等工具破解用户口令。

• 利用管理员失误。在网络安全中，人是薄弱的一环，因此应提高用户，特别是网络管理员的安全意识。

4. 木马程序

木马是一个通过端口进行通信的网络客户机/服务器程序，可以通过某种方式使木马程序的客户端驻留在目标计算机里，可以随计算机启动而启动，从而实现对目标计算机远程操作。常见的木马包括 BO（BackOriffice）、冰河、灰鸽子等。

5. DoS 攻击

DoS（Denial of Service，即：拒绝服务攻击）的主要目标是使目标主机耗尽系统资源（带宽、内存、队列、CPU 等），从而阻止授权用户的正常访问（慢、不能连接、没有响应），最终导致目标主机死机。DoS 攻击包含了多种攻击手段，如表 8－1 所示。

表8-1　常见的DoS攻击

DoS攻击名称	说　明
SYN Flood	TCP连接需进行3次握手，SYN Flood攻击时只进行其中的前两次（SYN与SYN/ACK），不进行第三次握手（ACK），连接队列处于等待状态，大量的这样的等待，占满全部队列空间，系统挂起。60秒后系统将自动重新启动，但此时系统已崩溃。
Ping of Death	IP应用的分段使大包不得不重装配，从而导致系统崩溃。 偏移量+段长度>65535，系统崩溃，重新启动，内核转储等。
Teardrop	分段攻击。利用了重装配错误，通过将各个分段重叠来使目标系统崩溃或挂起。
Smurf	攻击者向广播地址发送大量欺骗性的ICMP ECHO请求，这些包被放大，并发送到被欺骗的地址，大量的计算机向一台计算机回应ECHO包，目标系统将会崩溃。

8.1.3　常用网络安全措施

计算机网络安全是一个涉及面非常广的问题，除了技术和应用层次之外，还包括管理和法律等方面。所以，计算机网络的安全性是不可判定的，只能针对具体的攻击来讨论其安全性。企图设计绝对安全可靠的网络也是不可能的。解决网络安全问题必须进行全面的考虑，包括：采取安全的技术、加强安全检测与评估、构筑安全体系结构、加强安全管理、制定网络安全方面的法律和法规等。从技术上，目前计算机网络主要采用的安全措施有以下几种。

1. 访问控制

访问控制就是对用户访问网络资源的权限进行严格的认证和控制。例如，进行用户身份认证，对口令加密、更新和鉴别，设置用户访问目录和文件的权限，控制网络设备配置的权限等。

2. 数据加密

加密是保护数据安全的重要手段。加密是通过特定算法和密钥，将明文（初始普通文本）转换为密文（密码文本），从而保障隐私，避免资料外泄给第三方，即使对方取得该信息，也不能阅读已加密的资料。

3. 数字签名

简单地说，所谓数字签名就是附加在数据单元上的一些数据，或是对数据单元所作的密码变换。这种数据或变换可以使数据单元的接收者能够确认数据单元的来源和数据单元的完整性并保护数据，防止被人伪造、篡改和否认。

4. 数据备份

数据备份是容灾的基础，是指为防止系统出现操作失误或系统故障导致数据丢失，而将全部或部分数据集合从应用主机的硬盘或磁盘阵列复制到其他的存储介质的过程。

5. 病毒防御

局域网计算机之间需要共享信息和文件，为计算机病毒在网络的传播带来了可乘之机，因此必须为局域网构建安全的病毒防御方案，有效控制病毒的传播和爆发。

6. 系统漏洞检测与安全评估

系统漏洞检测与安全评估系统可以探测计算机网络上每台主机乃至网络设备的各种漏洞，从系统内部扫描安全漏洞和隐患，对系统提供的网络应用和服务及相关的协议进行分析和检测，从而使管理员可以采取相应措施保障网络安全。

7. 部署防火墙

防火墙是在两个网络之间实施安全策略要求的访问控制系统，它决定了外界的哪些用户可以访问内部的哪些服务，以及哪些外部服务可以被内部用户访问。要使防火墙有效，所有来自和去往 Internet 的信息都必须经过防火墙，接受防火墙的检查。防火墙只允许授权的数据通过，并且防火墙本身也必须能够免于渗透。

8. 部署 IDS

IDS（Intrusion Detection Systems，即：入侵检测系统）可以依照一定的安全策略，对网络、系统的运行状况进行监视，尽可能发现各种攻击企图、攻击行为或者攻击结果，以保证网络系统资源的机密性、完整性和可用性。根据信息来源，IDS 可分为基于主机的 IDS 和基于网络的 IDS，根据检测方法又可分为异常入侵检测和滥用入侵检测。不同于防火墙，IDS 是一个监听设备，没有跨接在任何链路上，因此，对 IDS 的部署，唯一的要求是 IDS 应当挂接在所有其所关注流量都必须流经的链路上。

9. 部署 IPS

IPS（Intrusion Prevention System，即：入侵防御系统）突破了传统 IDS 只能检测不能防御入侵的局限性，提供了完整的入侵防护方案。IPS 大致可以分为基于主机的入侵防御（HIPS）、基于网络的入侵防御（NIPS）和应用入侵防御（AIP）。实时检测与主动防御是 IPS 的核心设计理念，也是其区别于防火墙和 IDS 的立足之本。IPS 能够使用多种检测手段，并使用硬件加速技术进行深层数据包分析处理，能高效、准确地检测和防御已知、未知的攻击，并可实施丢弃数据包、终止会话、修改防火墙策略、实时生成警报和日志记录等多种响应方式。

10. 部署 VPN

VPN（Virtual Private Network，即：虚拟专用网络）是通过公用网络（如 Internet）建

立的一个临时的、专用的、安全的连接，使用该连接可以对数据进行几倍加密达到安全传输信息的目的。VPN 是对企业内部网的扩展，可以帮助远程用户、分支机构、商业伙伴及供应商同企业内部网建立可靠的安全连接，保证数据的安全传输。

11. 部署 UTM

UTM（Unified Threat Management，即：统一威胁管理）是指由硬件、软件和网络技术组成的具有专门用途的设备，主要提供一项或多项安全功能，同时将多种安全特性集成于一个硬件设备里，形成标准的统一威胁管理平台。UTM 设备应具备的基本功能包括网络防火墙、网络入侵检测和防御以及防病毒网关等。

【任务实施】

任务实施1　分析校园网采用的网络安全技术

考察所在学校的校园网，查阅校园网的相关技术文档，分析校园网可能出现的安全隐患，了解校园网所采用的主要安全措施，了解校园网所采用的主要网络安全防御系统的基本功能、特点以及部署和使用情况。

任务实施2　分析其他计算机网络采用的网络安全技术

根据具体条件，找出一项计算机网络应用的具体实例，查阅该网络的相关技术文档，分析该网络可能出现的安全隐患，了解该网络所采用的主要安全措施，了解该网络所采用的主要网络安全防御系统的基本功能、特点以及部署和使用情况。

任务8.2　使用网络扫描工具

【任务目的】

（1）了解网络安全扫描技术的基本知识。
（2）了解端口扫描技术的基本知识。
（3）熟悉常用网络扫描工具 SuperScan 的使用方法。

【工作环境与条件】

（1）安装好 Windows Server 2003 或其他 Windows 操作系统的计算机。
（2）能够正常运行的网络环境（也可使用 VMware 等虚拟机软件）。
（3）网络扫描工具 SuperScan。

【相关知识】

8.2.1　网络安全扫描技术

网络安全扫描技术是一种基于 Internet 远程检测目标网络或本地主机安全性脆弱点的

技术。通过网络安全扫描，管理员能够发现所维护服务器的端口分配情况、服务开放情况、相关服务软件的版本和这些服务及软件存在的安全漏洞。网络安全扫描技术采用积极的、非破坏性的办法来检验系统是否有可能被攻击崩溃。它利用了一系列的脚本模拟对系统进行攻击，并对结果进行分析，这种技术通常被用来进行模拟攻击实验和安全审计。

1. 网络安全扫描的步骤

一次完整的网络安全扫描可分为以下 3 个阶段。

- 第 1 阶段：发现目标主机或网络。
- 第 2 阶段：发现目标后进一步搜集目标信息，包括操作系统类型、运行的服务以及服务软件的版本等。如果目标是一个网络，还可以进一步发现该网络的拓扑结构、路由设备以及各主机的信息。
- 第 3 阶段：根据搜集到的信息判断或者进一步测试系统是否存在安全漏洞。

2. 网络安全扫描技术的分类

网络安全扫描技术包括有 Ping 扫射（Ping Sweep）、操作系统探测（Operating System Identification）、访问控制规则探测（Firewalking）、端口扫描（Port Scan）以及漏洞扫描（Vulnerability Scan）等。这些技术在网络安全扫描的 3 个阶段中各有体现。Ping 扫射主要用于网络安全扫描的第 1 阶段，可以帮助管理员识别目标系统是否处于活动状态。操作系统探测、访问控制规则探测和端口扫描用于网络安全扫描的第 2 阶段，其中操作系统探测是对目标主机运行的操作系统进行识别；访问控制规则探测用于获取被防火墙保护的远端网络的资料；而端口扫描是通过与目标系统的 TCP/IP 端口连接，查看该系统处于监听或运行状态的服务。网络安全扫描第 3 阶段采用的漏洞扫描通常是在端口扫描的基础上，对得到的信息进行相关处理，进而检测出目标系统存在的安全漏洞。

8.2.2　端口扫描技术

端口扫描技术和漏洞扫描技术是网络安全扫描技术中的两种核心技术，并且广泛运用于当前较成熟的网络扫描器中。一个端口就是一个潜在的通信通道，也就是一个入侵通道。通过对目标计算机进行端口扫描，可以得到许多有用的信息，从而为网络管理和保障网络安全提供了一种手段。

1. 端口扫描技术的原理

端口扫描技术主要是向目标主机的各服务端口发送探测数据包，通过对目标主机响应的分析来判断相应服务端口的状态，从而得知目标主机当前提供的服务或其他信息。端口扫描也可以通过捕获本地主机或服务器的流入流出 IP 数据包来监视本地主机的运行情况。当然端口扫描技术仅能帮助管理员发现目标主机的某些内在弱点，并不能提供进入目标主机的详细步骤。

2. 端口扫描技术的类型

端口扫描技术主要有以下类型。

（1）全连接扫描

全连接扫描是TCP端口扫描的基础，常用的全连接扫描有TCP connect（）扫描和TCP反向ident扫描等。其中TCP connect（）扫描的实现原理为：扫描主机通过TCP协议的3次握手与目标主机的指定端口建立一次完整的连接。若连接成功建立，并且目标主机响应扫描主机的SYN/ACK连接请求，则表明目标端口处于监听（打开）状态。如果目标端口处于关闭状态，则目标主机会向扫描主机发送RST的响应。

（2）半连接（SYN）扫描

若端口扫描没有完成完整的TCP连接，在扫描主机和目标主机指定端口建立连接时只完成了前两次握手，在第3步时，扫描主机中断了本次连接，这样的端口扫描称为半连接扫描，也称为间接扫描。现有的半连接扫描有TCP SYN扫描等。

【任务实施】

目前常见的网络扫描软件有SuperScan、PortScanner、Xscan等。SuperScan是一款功能强大的基于连接的TCP端口扫描工具。

任务实施1 利用SuperScan进行网络扫描

在Windows操作系统中，SuperScan的安装方法与一般软件相同，这里不再赘述。需要注意的是，由于SuperScan有可能引起网络包溢出，因此某些防病毒软件可能将其识别为DoS（拒绝服务攻击）的代理软件。

利用SuperScan对网络中的计算机进行扫描的操作步骤为：打开SuperScan主界面，默认为“扫描”选项卡，允许输入一个或多个主机名或IP地址。也可以选择“从文件读取IP地址”。输入主机名或IP地址后，单击“开始”按钮，SuperScan将对目标主机进行扫描，如图8-1所示。

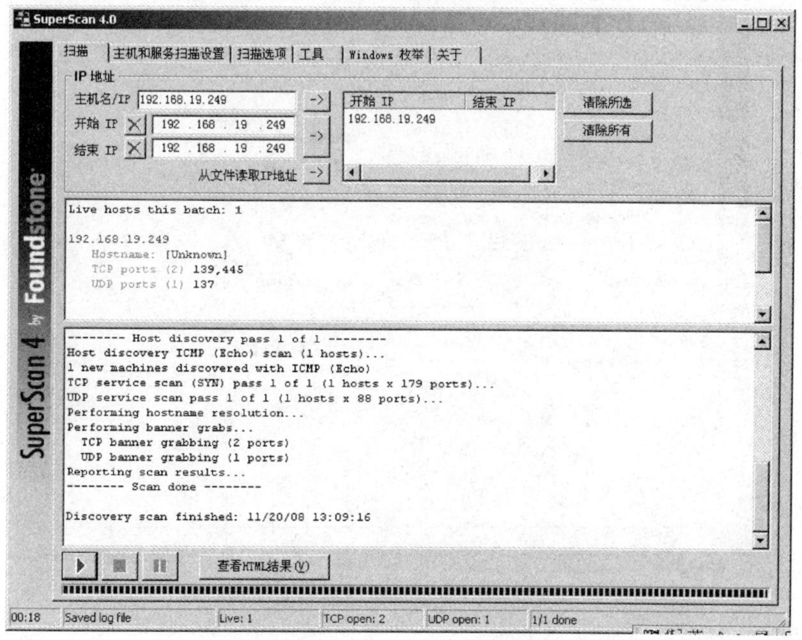

图8-1 SuperScan开始扫描

扫描进程结束后，SuperScan 将提供一个主机列表，其中包括每台扫描过的主机被发现的开放端口信息。SuperScan 还可以提供以 HTML 格式显示信息的功能，如图 8－2 所示。

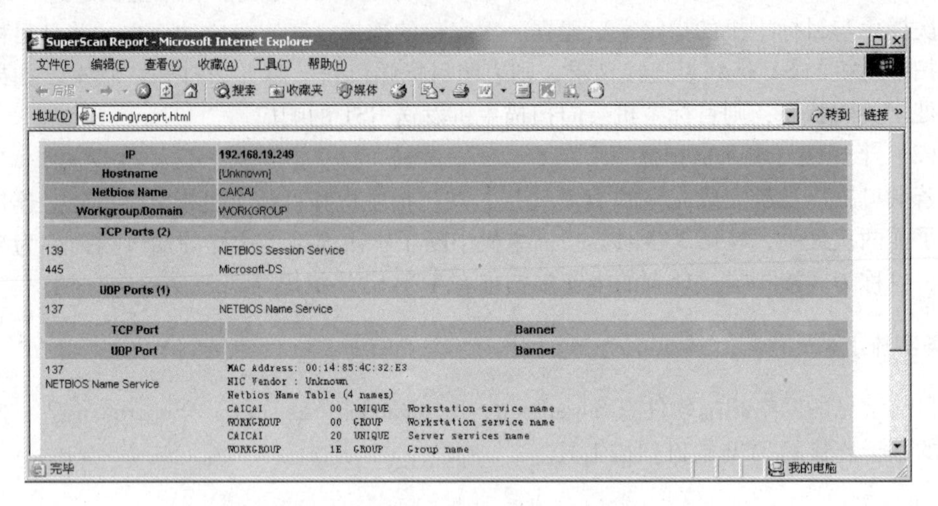

图 8－2 以 HTML 格式显示扫描信息

任务实施 2 对 SuperScan 相关选项进行设置

1.“主机和服务器扫描设置”选项卡

通过“主机和服务器扫描设置”选项卡可以在扫描的时候看到更多的信息，如图 8－3所示。

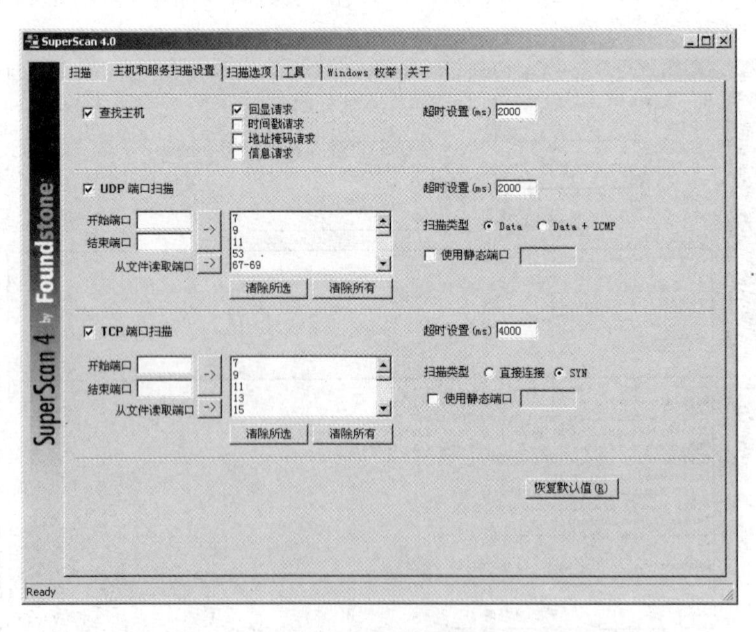

图 8－3 “主机和服务器扫描设置”选项卡

在选项卡顶部是“查找主机”选项。默认情况下发现主机的方法是通过“回显请

求”，也能够通过“时间戳请求”、“地址掩码请求”和“信息请求”来查找主机。通常选择的选项越多，那么扫描用的时间就越长。如果试图尽量多地收集一个明确的主机的信息，建议首先执行一次常规的扫描以发现主机，然后再利用可选的请求选项来扫描。

在选项卡的下部，包括“UDP 端口扫描”和“TCP 端口扫描”选项。实际上 SuperScan 最初开始扫描的仅仅是那些最普通的常用端口。原因是有超过 65000 个的 TCP 和 UDP 端口，若对每个可能开放端口的 IP 地址，进行超过 130000 次的端口扫描，需要很长的时间。

2.“扫描选项”选项卡

通过“扫描选项”的设置可以进一步控制扫描进程，如图 8－4 所示。

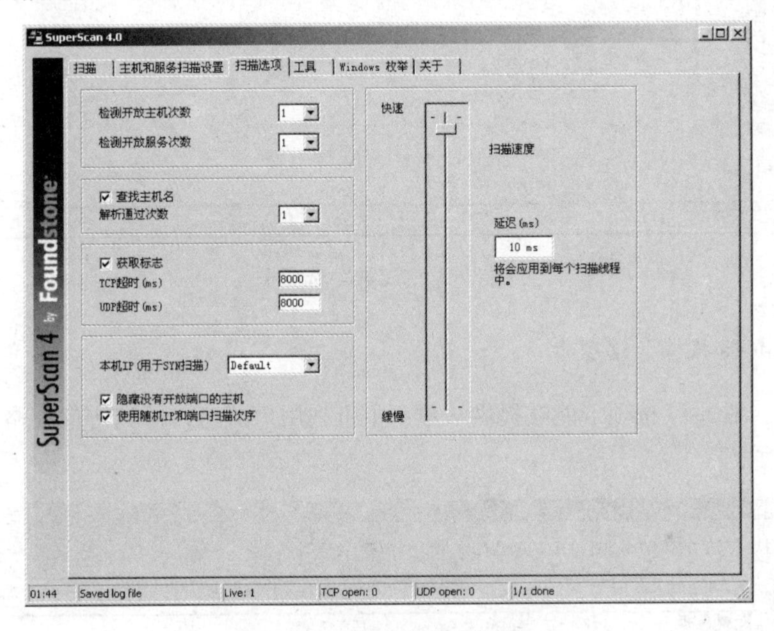

图 8－4　“扫描选项”选项卡

其中检测开放主机次数、检测开放服务次数以及查找主机名中的解析通过次数，默认设置值为 1。一般来说设置为该值足够了，除非连接不太可靠。

获取标志是根据显示一些信息尝试得到远程主机的回应，默认的延迟是 8000 毫秒。如果所连接的主机较慢，这个时间就显得不够长。

旁边的滚动条是扫描速度调节选项，能够利用它来调节 SuperScan 在发送每个包所要等待的时间。当扫描速度设置为最快时，有包溢出的潜在可能，所以一般不应将扫描速度设为最快。

3.“工具”选项卡

“工具”选项卡允许很快地得到一个明确的主机信息。正确输入主机名或者 IP 地址和默认的连接服务器，然后单击要得到相关信息的按钮，如图 8－5 所示。通过“工具”选项卡可以 ping 一台服务器，也可以发送一个 HTTP 请求。

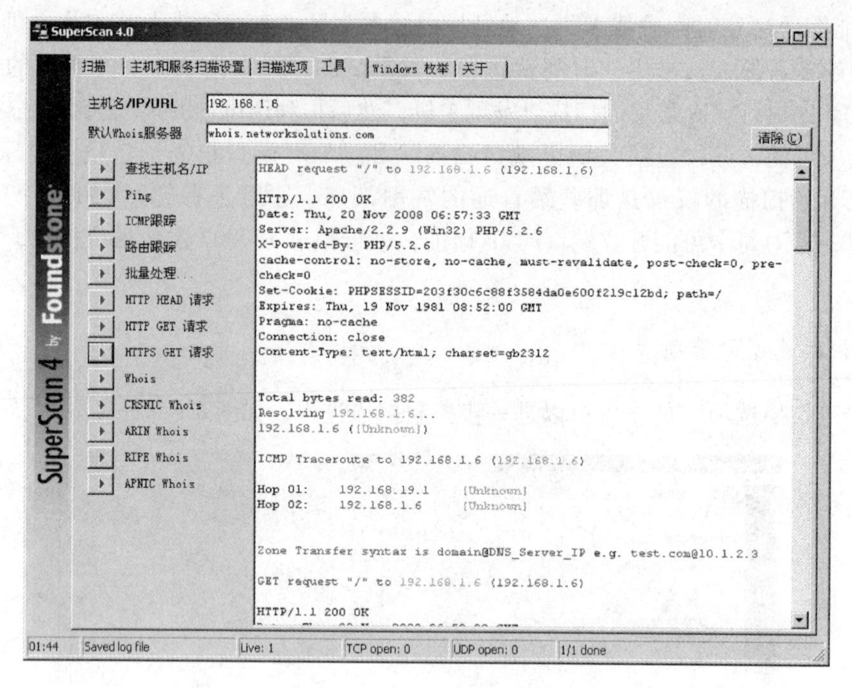

图 8-5 “工具”选项卡

4.“Windows 枚举”选项卡

“Windows 枚举”选项卡能够提供从单个主机到用户群组，再到协议策略的所有信息，如图 8-6所示。

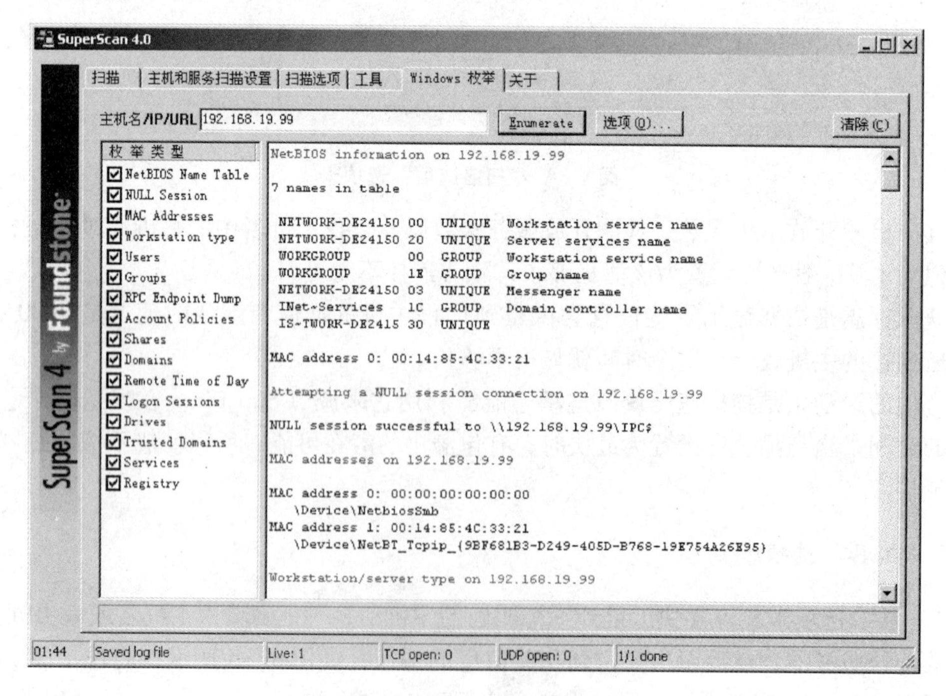

图 8-6 “Windows 枚举”选项卡

任务实施3　对端口扫描进行防范

端口扫描技术不仅可以用于网络安全管理，同样也可以用于网络攻击。对目标主机而言，任何端口都可能成为网络攻击的目标，因此防范端口扫描的基本方法是关闭闲置和有潜在危险的端口。在 Windows 系统中可以采用以下操作方法。

1. 通过停止服务，关闭相应端口

在 Windows 系统运行过程中，会启动很多网络服务，这些服务会使用系统分配的默认端口，因此只要将一些闲置的服务关闭，其对应的端口也会被关闭。

操作步骤如下。

(1) 依次选择“开始”→“程序”→“管理工具”→“服务”命令，打开“服务”窗口，如图 8－7 所示。

(2) 在“服务”窗口中，可以看到系统提供的服务及状态，要停止某一服务，只需选中该服务，单击窗口上方的“停止”按钮即可。

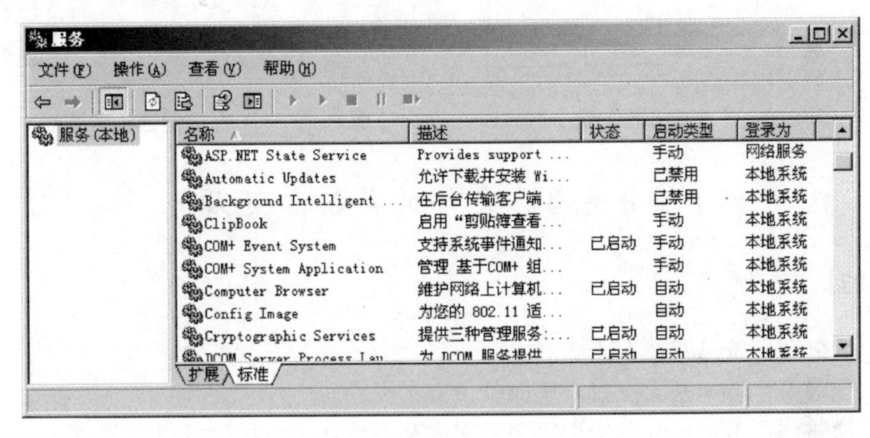

图 8－7　“服务”窗口

2. 利用“TCP/IP 筛选”功能

在 Windows 系统中，可以通过“TCP/IP 筛选”功能对本地计算机的 IP 数据包进行控制，只开启系统基本网络通信所需要的端口。

操作步骤如下。

(1) 在“本地连接属性”对话框中选择“Internet 协议（TCP/IP）”，单击“属性”按钮，打开“Internet 协议（TCP/IP）属性”对话框。

(2) 单击“高级”按钮，打开“高级 TCP/IP 设置”对话框，选择“选项”选项卡，如图 8－8 所示。

(3) 在“可选的设置”中选择“TCP/IP 筛选”，单击“属性”按钮，打开“TCP/IP 筛选”对话框。

(4) 在该对话框中选中“启用 TCP/IP 筛选”复选框，输入允许开启的端口即可，如图 8－9 所示。

【注意】对端口扫描进行防范还可以通过探测端口扫描行为来实现，也就是当发现端口扫描行为时，立即屏蔽相应端口，从而保证安全。但这种方法很难由用户手工完成，需要依靠防火墙、入侵检测系统等工具实现。

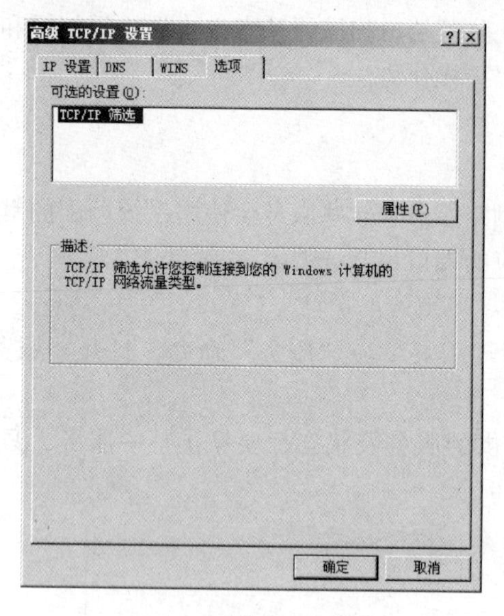

图 8-8 “选项”选项卡

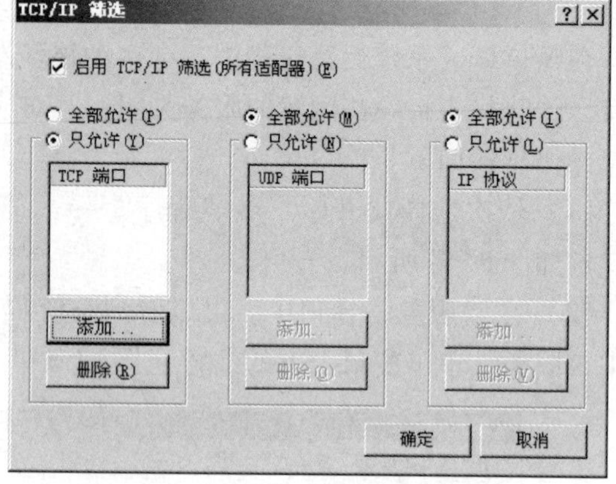

图 8-9 “TCP/IP 筛选”对话框

任务 8.3　文件的备份与还原

【任务目的】

(1) 了解文件备份的基本方法。
(2) 理解 Windows 系统主要采用的备份方案。
(3) 能够利用 Windows 备份程序完成文件和系统状态数据的备份和还原。

【工作环境与条件】

(1) 安装好 Windows Server 2003 或其他 Windows 操作系统的计算机。
(2) 能够正常运行的网络环境（也可使用 VMware 等虚拟机软件）。

【相关知识】

存储在磁盘内的数据，很可能会因为各种原因而丢失，例如火灾、地震、文件不小心被误删除、文件被恶意删除、病毒感染或硬盘故障等，这可能会造成无法弥补的严重损失。然而如果能在平时就定期地将磁盘内的数据备份起来，并存放在安全的地方，那么当发生意外时，就能够利用这些备份数据，将计算机内的数据还原，恢复网络的正常运行。Windows 操作系统提供了专门的备份工具，可以帮助用户完成系统的备份和还原。

8.3.1　文件备份的基本方法

对于管理员来说，如果需要恢复丢失或被修改了的文件，那么他必须有最近的文件副

本。备份文件就是将所需要的文件拷贝到光盘、磁带或磁盘等存储介质上，并将它们保存在远离服务器的安全场所。要完成日常的文件备份工作，需要解决以下问题。

1. 选择备份设备

选择备份设备应根据文件系统的规模、文件的重要性来决定。一般的网络操作系统都支持光盘、活动硬盘、磁带与软盘等多种存储介质与相应的备份设备。在大中型应用系统及重要数据备份上，一般应选择光盘或活动硬盘作为备份的存储介质。

2. 选择备份程序

备份程序可以由网络操作系统提供，也可以使用第三方开发的软件。在选择第三方开发的软件时应注意以下几个问题。

- 支持哪种网络操作系统?
- 支持何种备份设备?
- 备份设备是安装在服务器上，还是安装在工作站上?
- 如果网络中有多个文件服务器，能否从单个文件服务器的备份设备上完成多个服务器的备份?

3. 建立备份制度

在建立好备份系统后，需要为文件备份制定一张计划表，规定多长时间做一次备份以及是否每一次都要备份所有文件。建立备份制度计划表的第一件事是选择需要备份的文件和备份的时间。例如，可以选择每月备份一次网络用户、打印服务程序和打印队列的地址、口令与属性信息；每周进行一次所有文件的全部备份，每天做一次仅从上次备份以来修改过的文件的备份。在制订备份计划时，还应考虑采用多少个备份版本，以及备份的介质存放在什么地方。

4. 确定备份工作执行者

文件备份必须由指定的人员完成，因此必须确定备份工作执行者，并使其具有相应的文件操作权限。

8.3.2 Windows 系统的备份标记

在规划备份的任务时，如果某些文件在昨天已经备份了，而且今天也没有修改该文件，为了减少备份的数据量与所消耗的时间，则不需要重新再备份这些文件。在 Windows 操作系统可以通过文件或文件夹的“存档”属性，判断其是否被修改过。

任何一个新建的文件，其“存档”属性会被设置，当利用某种备份类型将该文件备份后，该“存档”属性就会被清除，表示该文件已经被备份过了。但是如果在备份完成后，这个文件又被修改，则“存档”属性又会被设置。因此 Windows 备份就可以利用该属性判断文件是否被修改过，以便决定是否需要再次备份该文件。

8.3.3 Windows 系统的备份类型

Windows 操作系统支持 5 种备份类型，用户可以根据自己需要选择相应的备份类型。表 8－2 对这 5 种备份类型进行了对比。

表 8－2 Windows 操作系统的备份类型

类　型	执行操作	备份前是否检查标记	备份后是否清除标记
正常备份	备份所有选定的文件	否	是
增量备份	只备份自上次正常或增量备份以来创建或更改的文件（只备份有存档标记的文件）	是	是
差异备份	只备份自上次正常或增量备份以来创建或更改的文件（只备份有存档标记的文件）	是	否
副本备份	备份所有选定的文件	否	否
每日备份	当天创建或更改过的所有选定文件	否	否

对于 Windows 操作系统所支持的备份类型，应注意以下问题。

- “正常备份”是最完整的备份方式，因为所有被选定的文件与文件夹都会被备份（无论此时其“存档”属性是否被设置），所以备份时最浪费时间，但它却会最快、最容易地被还原，因为备份数据内存储着最新、最完整的数据。
- 如果临时需要将硬盘内的数据复制出来，但是却不想破坏所指定的备份计划，则可以采用“副本备份”的方式，因为可以将所有选定的文件都备份起来，但是却不会更改其“存档”属性。
- 由于“差异备份”的方式在备份完成后，文件的“存档”属性不会改变，也就是仍然是被设置，因此下一次再执行“差异备份”或“增量备份”时，该文件仍然会被再重复备份一次。
- 由于“增量备份”的方式在备份完成后，文件的“存档”属性会被清除，因此下一次再执行“增量备份”或“差异备份”时，该文件不会被再重复备份一次，这是与“差异备份”不同的地方。
- 由于“每日备份”的方式只会备份当日修改过的文件，因此前几天所修改过的文件，即使其“存档”属性仍然是被设置的状态，它们也不会被备份。

8.3.4 Windows 系统的备份方案

一般来说，“差异备份”与“增量备份”都不会单独地被使用，而会与“正常备份”组合使用，目前在 Windows 操作系统中可以采用“正常备份＋差异备份”和“正常备份＋增量备份”两种方案。

（1）正常备份＋差异备份

图 8－10 给出了一个“正常备份＋差异备份”的备份方案。由图可知，该方案为在每星期一执行“正常备份”，而星期二至星期五执行“差异备份”操作。若星期一执行“正

常备份”后，星期二进行了更新，则星期二执行“差异备份”时只备份更新的数据。若星期三也进行了更新，则星期三执行“差异备份”时除了备份当日更新的数据外，还要备份星期二更新的数据。如果要将数据还原，则需要前一次执行“正常备份”的备份数据和前一次执行“差异备份”的备份数据。

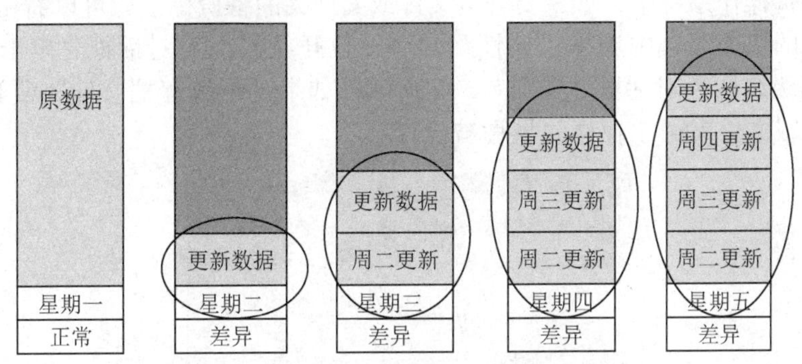

注：网格图示代表不做备份的数据。灰色图示代表需要备份的数据。

图8-10 “正常备份+差异备份”的备份方案

“差异备份”与“正常备份”的配合，可以不需要每天执行“正常备份”的任务，从而减少每天进行“正常备份”所增加的数据量与时间，又可以完整地将数据备份。

（2）正常备份+增量备份

图8-11给出了一个“正常备份+增量备份”的备份方案。由图可知，该方案为在每星期一执行“正常备份”，而星期二至星期五执行“增量备份”操作。若星期一执行“正常备份”后，星期二进行了更新，则星期二执行“增量备份”时只备份更新的数据。若星期三也进行了更新，则星期三执行“增量备份”时只备份当日更新的数据，不再备份星期二更新的数据。如果要将数据还原，则需要前一次执行“正常备份”的备份数据，以及前一次执行“正常备份”后，所有执行“增量备份”的备份数据。

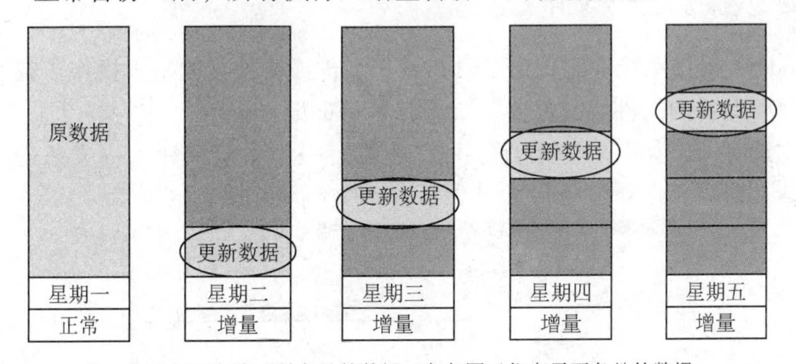

注：网格图示代表不做备份的数据。灰色图示代表需要备份的数据。

图8-11 “正常备份+增量备份”的备份方案

“增量备份”与“正常备份”的组合，也可以不需要每天执行“正常备份”的任务，从而减少每天进行“正常备份”所增加的数据量与时间，又可以完整地将数据备份。

【任务实施】

任务实施1　查看备份标记

在 Windows 操作系统中，如果要查看文件或文件夹的备份标记，可以右击该文件或文件夹，在弹出的快捷菜单中选择“属性”命令，打开“属性”对话框。单击“高级”按钮，打开“高级属性”对话框，如图 8－12 所示。如果“可以存档文件”复选框被选中，则表明该文件或文件夹的“存档”属性被设置。

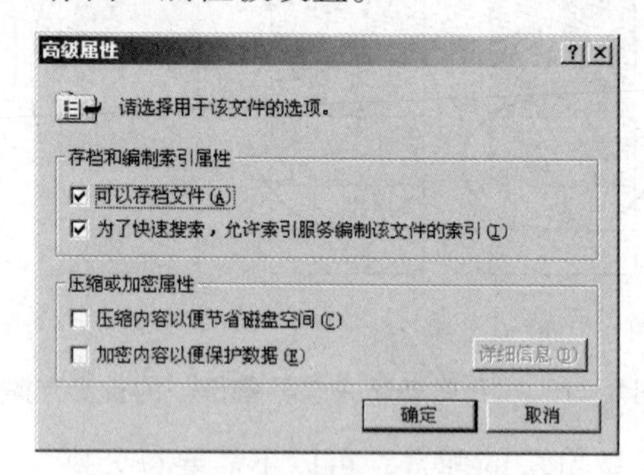

图 8－12　“高级属性”对话框

可以通过以下步骤验证系统对“存档”属性的自动设置。

- 创建一个文件。
- 检查该文件的“存档”属性（此时“存档”属性被设置）。
- 手动清除该文件的“存档”属性。
- 修改该文件的内容。
- 再检查该文件的“存档”属性（此时“存档”属性又被自动设置）。

任务实施2　备份文件或文件夹

利用 Windows 操作系统中的备份工具，备份文件或文件夹的基本操作步骤如下。

（1）选择要备份的文件或文件夹，查看其备份标记。

（2）依次选择“开始”→“程序”→“附件”→“系统工具”→“备份”命令，打开“备份工具”窗口，选择“备份”选项卡，如图 8－13 所示。

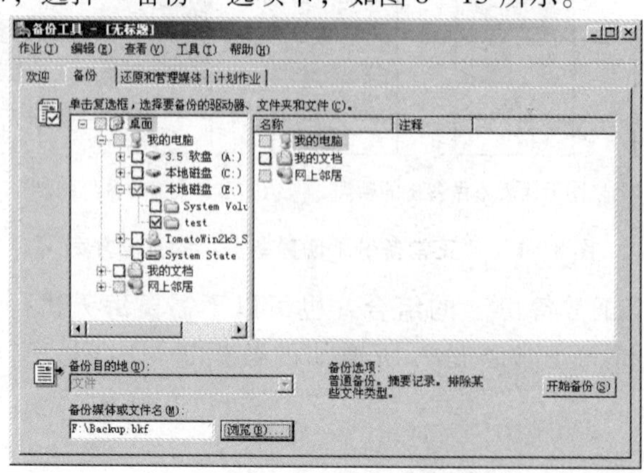

图 8－13　“备份工具”窗口

(3) 在“备份”选项卡中，通过选中在“单击复选框，选择要备份的驱动器、文件夹和文件”中的文件或文件夹左边的复选框，指定要备份的文件或文件夹。

(4) 在“备份目的地”中，默认情况下“文件”将被选中，如果连接有磁带设备，可单击某个磁带设备。

(5) 在“备份媒体或文件名”中，输入备份文件（.bkf）的路径和文件名。

(6) 单击“开始备份”按钮，打开“备份作业信息”对话框，如图8-14所示。

(7) 在“备份作业信息”对话框中，单击“高级”按钮，打开“高级备份选项”对话框，如图8-15所示。设置“备份类型”后，单击“确定”按钮，返回“备份作业信息”对话框。

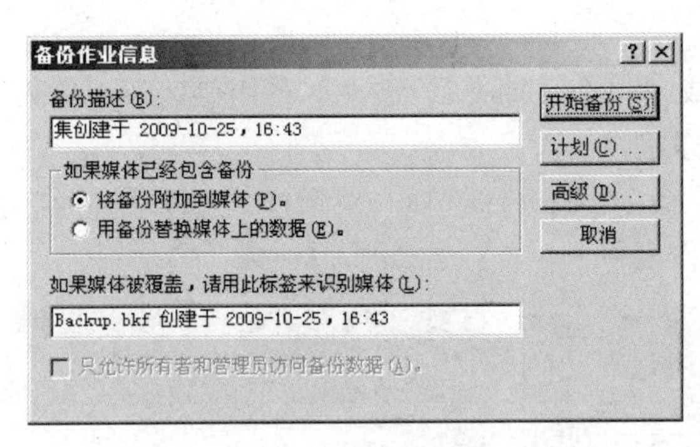

图8-14 “备份作业信息”对话框

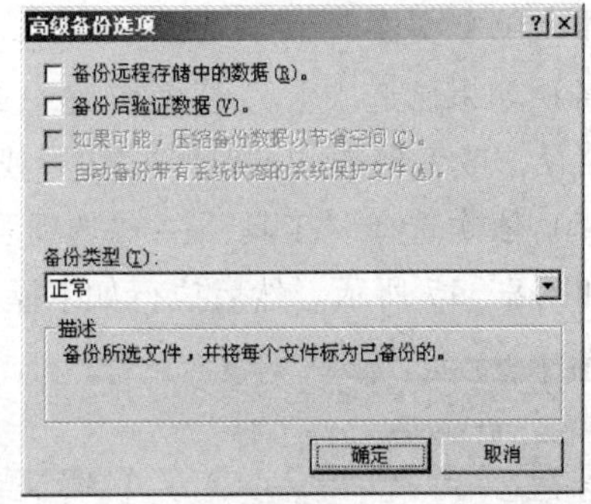

图8-15 “高级备份选项”对话框

(8) 设置“备份作业信息”对话框中的其他信息后，单击“开始备份”按钮，此时系统将开始备份所选择的文件或文件夹，在弹出的“备份进度”对话框中将显示备份的进度。

(9) 完成备份后，选择已备份的文件或文件夹，查看其备份标记。

任务实施3 备份系统状态数据

备份系统状态数据的操作方法与备份文件与文件夹基本相同。

(1) 依次选择“开始”→“程序”→“附件”→“系统工具”→“备份”命令，打开“备份工具”窗口，选择“备份”选项卡。

(2) 在“备份”选项卡中，选中“单击复选框，选择要备份的驱动器、文件夹和文件”中的“系统状态（System State）”复选框。

(3) 设定“备份目的地”和“备份媒体或文件名”，单击“开始备份”按钮进行备份，其余步骤与备份文件与文件夹相同，不再赘述。

【注意】 Windows 操作系统的系统状态数据通常包括启动文件、注册表和 COM+类注册数据库。

任务实施4 还原文件和文件夹

利用 Windows 操作系统中的备份工具，还原文件或文件夹的基本操作步骤如下。

(1) 依次选择“开始”→“程序”→“附件”→“系统工具”→“备份”命令，打开“备份工具”窗口，选择“还原和管理媒体”选项卡。

（2）在“还原和管理媒体”选项卡的“扩展所需的媒体项目，选择要还原的项目，右键单击某个媒体项目查看其选项”中，通过单击文件或文件夹左边的复选框，选中要还原的文件或文件夹，如图8-16所示。

（3）在“将文件还原到”中，执行以下操作之一。

- 如果要将备份的文件或文件夹还原到备份时它们所在的文件夹，则选择“原位置”。跳到第（5）步。
- 如果要将备份的文件或文件夹还原到指派位置，并保留备份数据的文件夹结构，则选择“替换位置”。所有文件夹和子文件夹将出现在指派的替换文件夹中。
- 如果要将备份的文件或文件夹还原到指派位置，不保留已备份数据的文件夹结构，则选择“单个文件夹”。

（4）如果已选中了“替换位置”或“单个文件夹”，需在“备用位置”中输入文件夹的路径，或者单击“浏览”按钮寻找文件夹。

（5）依次选择“工具”→“选项”命令，打开“选项”对话框，选择“还原”选项卡，如图8-17所示。然后执行如下操作之一。

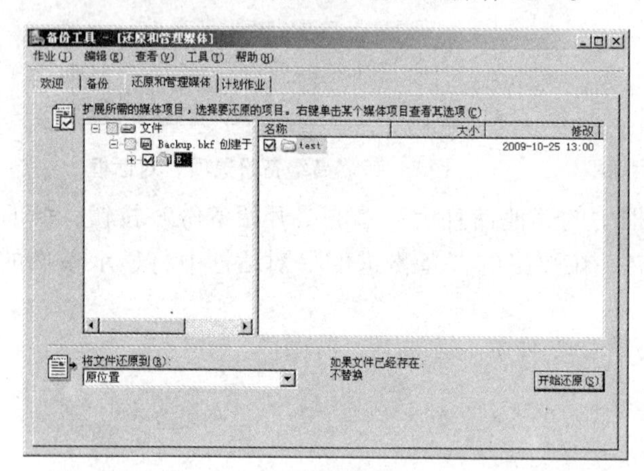

图8-16 “还原和管理媒体”选项卡

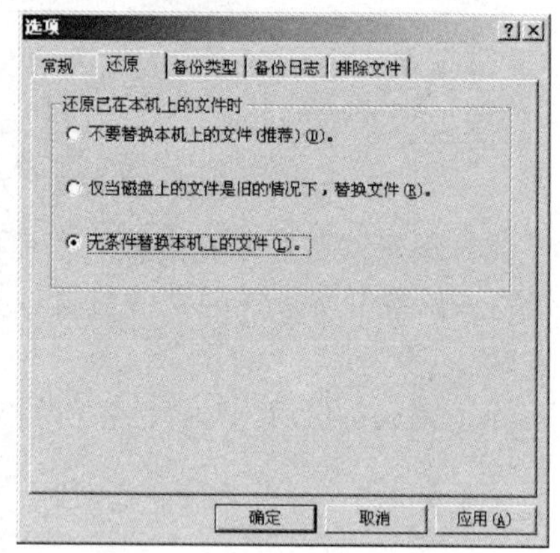

图8-17 “还原”选项卡

- 如果不想还原操作覆盖硬盘上的文件，则选中“不要替换本机上的文件”单选按钮。
- 如果想让还原操作用备份的新文件替换硬盘上的旧文件，则选中“仅当磁盘上的文件是旧的情况下，替换文件”单选按钮。
- 如果想还原操作替换磁盘上的文件，而不管备份文件是新或旧，则选中“无条件替换本机上的文件”单选按钮。

（6）单击“确定”按钮，接受已设置的还原选项，回到“还原和管理媒体”选项卡。

（7）单击“开始还原”按钮，弹出“确认还原”对话框。如果想更改高级还原选项，例如还原安全机制设置、可移动存储数据库、交接点数据，则单击“高级”按钮。完成设置高级还原选项后，单击“确定”按钮。若不想更改高级还原选项，则直接单击“确定”按钮启动还原操作。

任务实施5　使用备份计划自动完成备份

利用 Windows 操作系统中的备份工具，可以使用备份计划自动完成备份。例如管理员计划在每周一的22:00由系统自动完成备份指定文件夹的工作，可采用以下操作方法。

(1) 依次选择“开始”→“程序”→“附件”→“系统工具”→“备份”命令，打开“备份工具”窗口，选择“计划作业”选项卡，如图8-18所示。

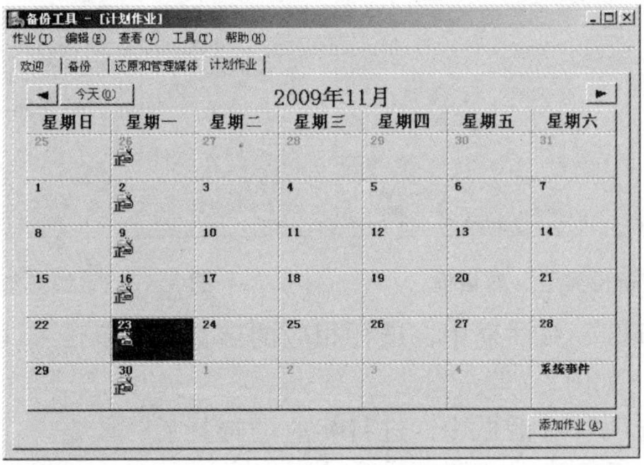

图8-18　“计划作业”选项卡

(2) 在“计划作业”选项卡中，单击“添加作业”按钮，打开“欢迎使用备份向导”对话框。

(3) 在“欢迎使用备份向导”对话框中，单击“下一步”按钮，打开“要备份的内容”对话框。

(4) 在“要备份的内容”对话框中，选中“备份选定的文件、驱动器或网络数据”单选框，单击“下一步”按钮，打开“要备份的项目”对话框，如图8-19所示。

(5) 在“要备份的项目”对话框中，选择要备份的文件夹，单击“下一步”按钮，打开“备份类型、目标和名称”对话框，如图8-20所示。

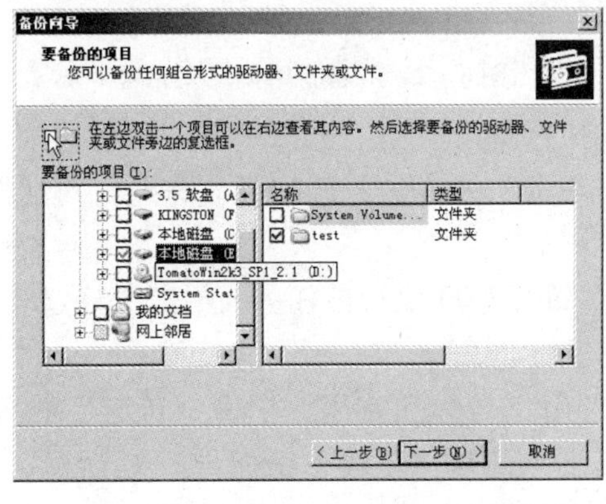

图8-19　“要备份的项目”对话框

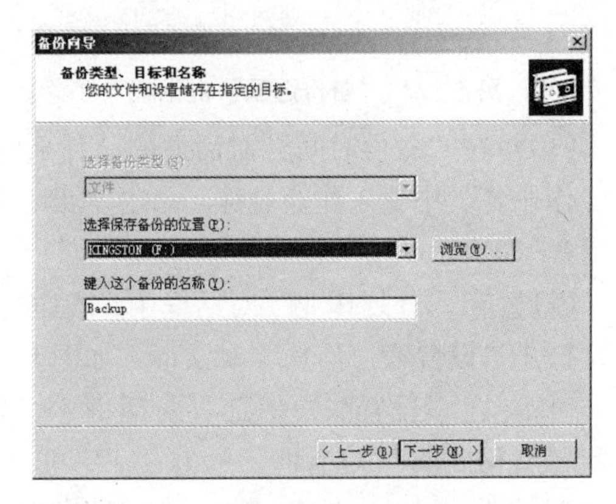

图8-20　“备份类型、目标和名称”对话框

(6) 在“备份类型、目标和名称”对话框中，设定相应的信息，单击“下一步”按钮，打开“备份类型”对话框，如图8-21所示。

（7）在“备份类型”对话框中，设置备份类型，单击“下一步”按钮，打开“如何备份”对话框，如图 8－22 所示。

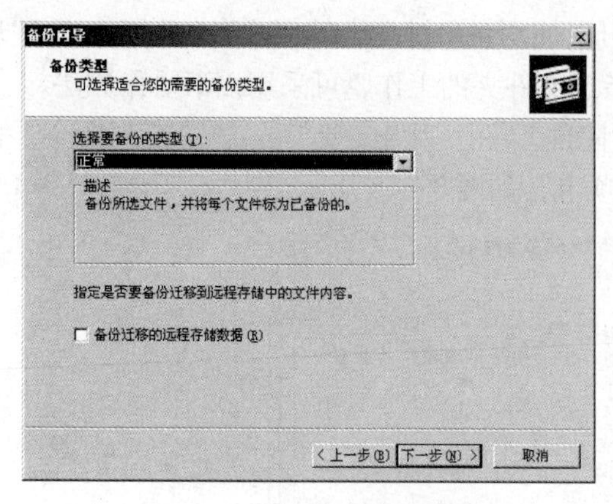

图 8－21 **“备份类型”对话框**

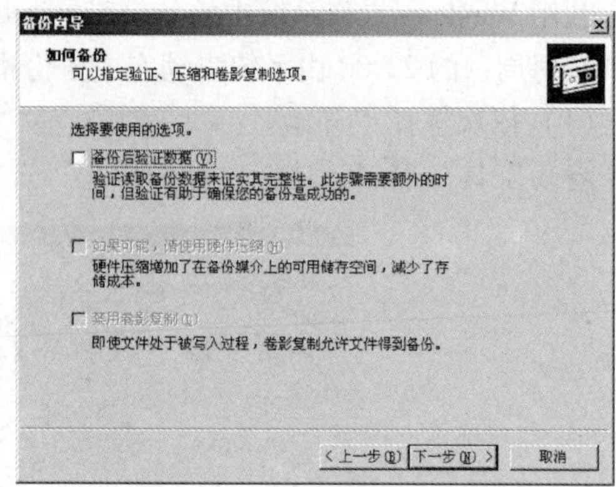

图 8－22 **“如何备份”对话框**

（8）在“如何备份”对话框中，进行相应的选择后，单击“下一步”按钮，打开“备份选项”对话框，如图 8－23 所示。

（9）在“备份选项”对话框中，进行相应的选择后，单击“下一步”按钮，打开“备份时间”对话框，如图 8－24 所示。

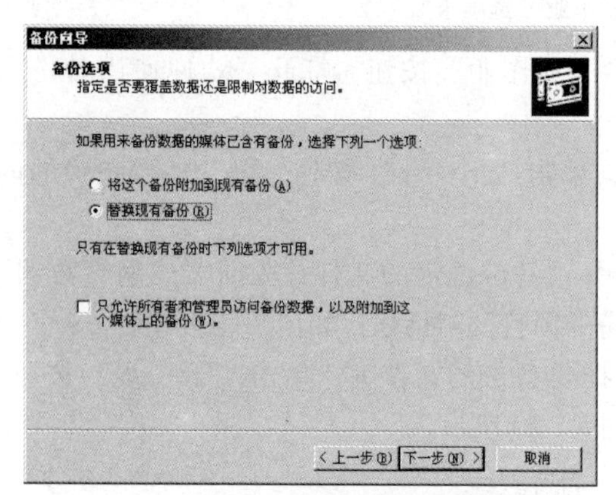

图 8－23 **“备份选项”对话框**

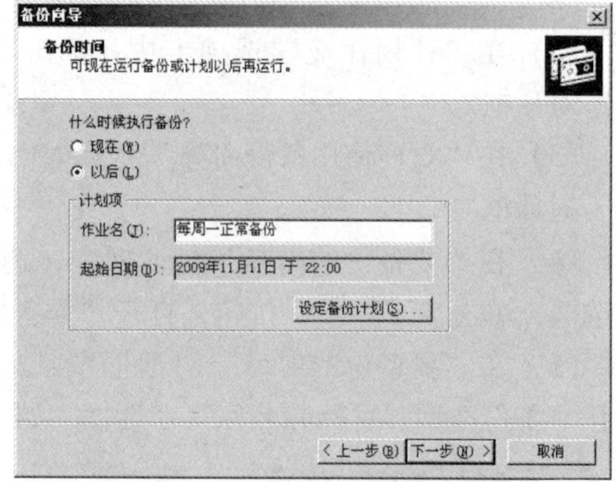

图 8－24 **“备份时间”对话框**

（10）在“备份时间”对话框的“什么时候执行备份”中，选择“以后”单选按钮，在“作业名”中输入作业名称，单击“设定备份计划”按钮，打开“计划作业”对话框，如图 8－25所示。

（11）在“计划作业”对话框中，设定每周一的 22:00 执行该任务，单击“确定”按钮，打开“设置账户信息”对话框，如图 8－26 所示。

（12）在“设置账户信息”对话框中，输入用户名称和密码，单击“确定”按钮，返回“备份时间”对话框，单击“下一步”按钮，打开“完成备份向导”对话框，单击“完成”按钮，完成设定，此后在每周一的 22:00 系统将自动完成相应的备份工作。

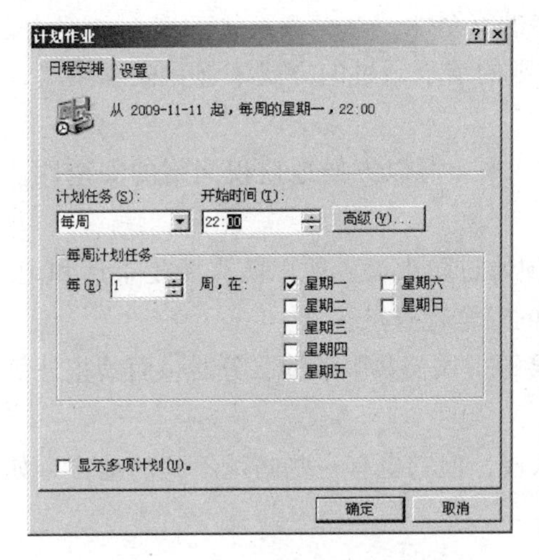

图8-25　“计划作业”对话框

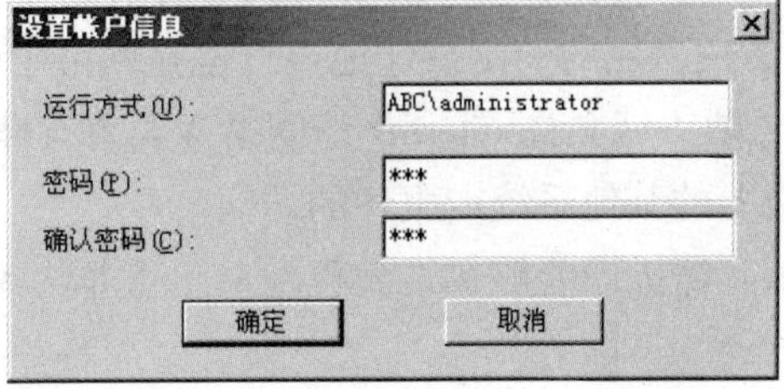

图8-26　“设置账户信息”对话框

任务8.4　认识和设置防火墙

【任务目的】

（1）了解防火墙的功能和类型。

（2）理解防火墙组网的常见形式。

（3）掌握 Windows 系统内置防火墙的启动和设置方法。

【工作环境与条件】

（1）安装好 Windows Server 2003 或其他 Windows 操作系统的计算机。

（2）能够正常运行的网络环境（也可使用 VMware 等虚拟机软件）。

（3）校园网或其他网络工程案例及相关文档。

【相关知识】

8.4.1　防火墙的功能

防火墙作为一种网络安全技术，最初被定义为一个实施某些安全策略保护一个安全区域（局域网），用以防止来自一个风险区域（Internet 或有一定风险的网络）的攻击的装置。随着网络技术的发展，人们逐渐意识到网络风险不仅来自于网络外部还有可能来自于网络内部，并且在技术上也有可能有更多的实施方式，所以现在通常将防火墙定义为“在两个网络之间实施安全策略要求的访问控制系统”。

一般说来，防火墙可以实现以下功能。

- 防火墙能防止非法用户进入内部网络，禁止安全性低的服务进出网络，并抗击来自各方面的攻击。
- 能够利用 NAT（网络地址变换）技术，既实现了私有地址与公有地址的转换，又隐藏了内部网络的各种细节，提高了内部网络的安全性。

- 能够通过仅允许“认可的”和符合规则的请求通过的方式来强化安全策略，实现计划的确认和授权。
- 所有经过防火墙的流量都可以被记录下来，可以方便地监视网络的安全性，并产生日志和报警。
- 由于内部和外部网络的所有通信都必须通过防火墙，所以防火墙是审计和记录Internet使用费用的一个最佳地点，也是网络中的安全检查点。
- 防火墙允许Internet访问WWW和FTP等提供公共服务的服务器，而禁止外部对内部网络上的其他系统或服务的访问。

虽然防火墙能够在很大程度上阻止非法入侵，但它也有一些防范不到的地方，如以下几个方面。

- 防火墙不能防范不经过防火墙的攻击。
- 目前，防火墙还不能非常有效地防止感染了病毒的软件和文件的传输。
- 防火墙不能防御数据驱动式攻击，当有些表面无害的数据被邮寄或复制到主机上并被执行而发起攻击时，就会发生数据驱动攻击。

8.4.2 防火墙的实现技术

目前大多数防火墙都采用几种技术相结合的形式来保护网络不受恶意的攻击，其基本技术通常分为包过滤和应用层代理两大类。

1. 包过滤型防火墙

数据包过滤技术是在网络层对数据包进行分析、选择，选择的依据是系统内设置的过滤逻辑，称为访问控制表。通过检查数据流中每一个数据包的源地址、目的地址、所用端口号、协议状态等因素，或它们的组合来确定是否允许该数据包通过。如果检查数据包所有的条件都符合规则，则允许进行路由；如果检查到数据包的条件不符合规则，则阻止通过并将其丢弃。数据包检查是对IP层的首部和传输层的首部进行过滤，一般要检查下面几项。

- 源IP地址。
- 目的IP地址。
- TCP/UDP源端口。
- TCP/UDP目的端口。
- 协议类型（TCP包、UDP包、ICMP包）。
- TCP报头中的ACK位。
- ICMP消息类型。

图8-27给出了一种包过滤型防火墙的工作机制。

例如，FTP使用TCP的20和21端口。如果包过滤型防火墙要禁止所有的数据包只允许特殊的数据包通过，则可设置防火墙规则如表8-3所示。

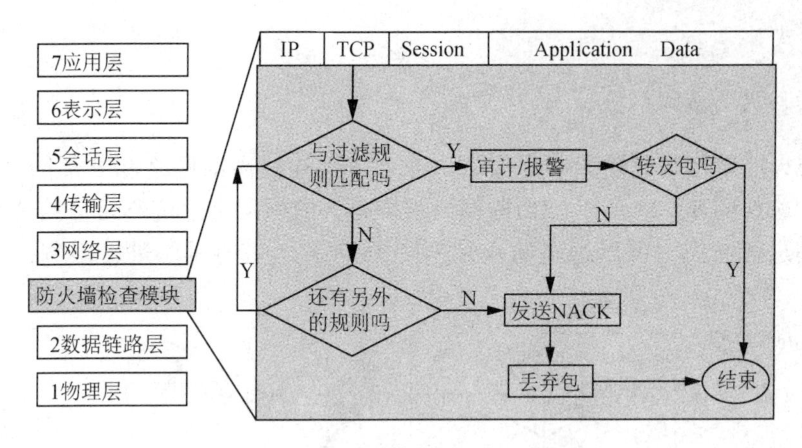

图 8-27 包过滤型防火墙的工作机制

表 8-3 包过滤型防火墙规则示例

规则号	功 能	源 IP 地址	目标 IP 地址	源端口	目标端口	协 议
1	Allow	192.168.1.0	*	*	*	TCP
2	Allow	*	192.168.1.0	20	*	TCP

第一条规则是允许地址在 192.168.1.0 网段内，而其源端口和目的端口为任意的主机进行 TCP 的会话。

第二条规则是允许端口为 20 的任何远程 IP 地址都可以连接到 192.168.10.0 的任意端口上。本条规则不能限制目标端口是因为主动的 FTP 客户端是不使用 20 端口的。当一个主动的 FTP 客户端发起一个 FTP 会话时，客户端是使用动态分配的端口号。而远程的 FTP 服务器只检查 192.168.1.0 这个网络内端口为 20 的设备。有经验的黑客可以利用这些规则非法访问内部网络中的任何资源。

2. 应用层代理防火墙

应用层代理防火墙技术是在网络的应用层实现协议过滤和转发功能。它针对特定的网络应用服务协议使用指定的数据过滤逻辑，并在过滤的同时，对数据包进行必要的分析、记录和统计，形成报告。这种防火墙能很容易运用适当的策略区分一些应用程序命令，像 HTTP 中的“put”和“get”等。应用层代理防火墙打破了传统的客户机/服务器模式，每个客户机/服务器的通信需要两个连接：一个是从客户端到防火墙，另一个是从防火墙到服务器。这样就将内部和外部系统隔离开来，从系统外部对防火墙内部系统进行探测将变得非常困难。

应用层代理防火墙能够理解应用层上的协议，进行复杂一些的访问控制，但其最大的缺点是每一种协议需要相应的代理软件，使用时工作量大，当用户对内外网络网关的吞吐量要求比较高时，应用层代理防火墙就会成为内外网络之间的瓶颈。

8.4.3 防火墙的组网方式

根据网络规模和安全程度要求不同，防火墙组网有多种形式，下面给出常见的几种防

火墙组网形式。

1. 边缘防火墙结构

边缘防火墙结构是以防火墙为网络边缘，分别连接内部网络和外部网络（Internet）的网络结构，如图 8－28 所示。当选择该结构时，内外网络之间不可直接通信，但都可以和防火墙进行通信，可以通过防火墙对内外网络之间的通信进行限制，以保证网络安全。

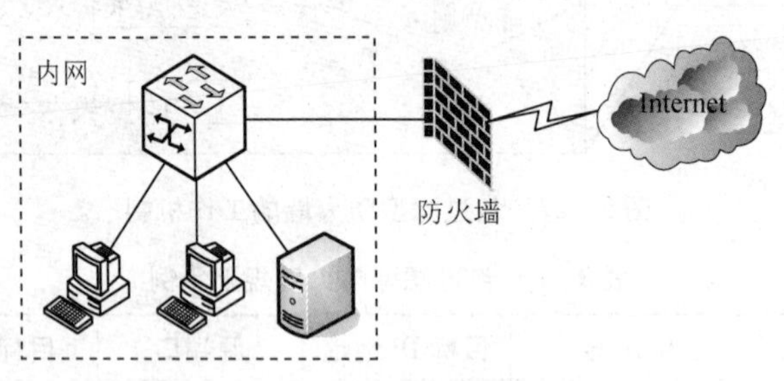

图 8－28　边缘防火墙结构

2. 三向外围网络结构

在三向外围网络结构中，防火墙有 3 个网络接口，分别连接到内部网络、外部网络和外围网络（也称 DMZ 区、网络隔离区或被筛选的子网），如图 8－29 所示。

外围网络是为了解决安装防火墙后外部网络不能访问内部网络服务器的问题，而设立的一个非安全系统与安全系统之间的缓冲区，这个缓冲区位于企业内部网络和外部网络之间的小网络区域内，在这个小网络区域内可以放置一些必须公开的服务器设施，如 Web 服务器、FTP 服务器和论坛等。通过外围网络，可以更加有效地保护内部网络。

3. 前端防火墙和后端防火墙结构

在这种结构中，前端防火墙负责连接外围网络和外部网络，后端防火墙负责连接外围网络和内部网络，如图 8－30 所示。当选择该结构时，如果攻击者试图攻击内部网络，必须破坏两个防火墙，必须重新配置连接 3 个网的路由，难度很大。因此这种结构具有很好的安全性，但成本较高。

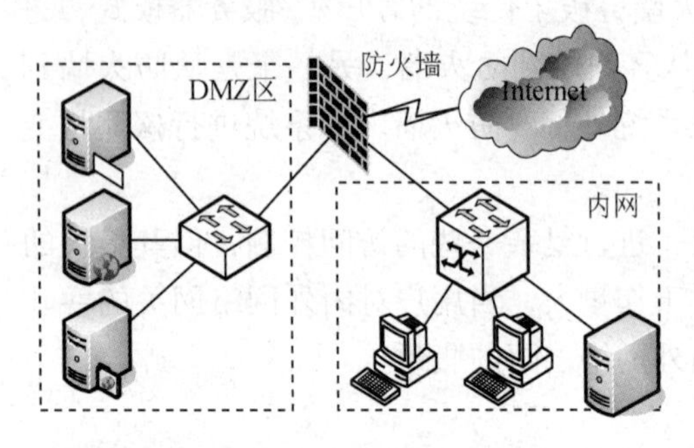

图 8－29　三向外围网络结构

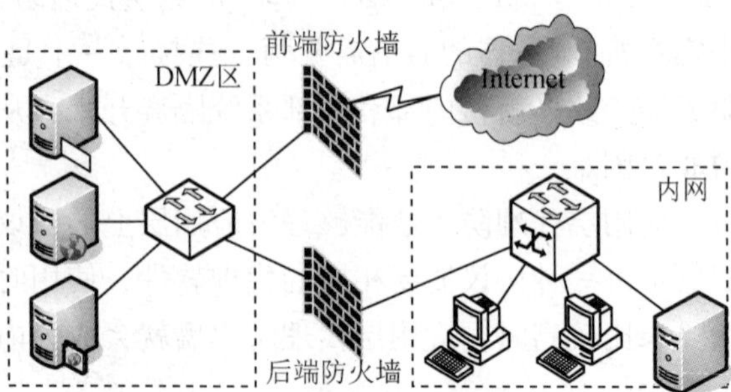

图 8－30　前端防火墙和后端防火墙结构

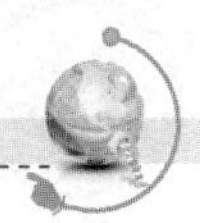

8.4.4　Windows 防火墙

Windows 防火墙将限制从其他计算机发送到本地计算机的信息，使用户可以更好地控制计算机上的数据，并针对那些未经邀请而尝试连接到本地计算机的用户或程序（包括病毒和蠕虫）提供了一条防线。

Windows 防火墙通过阻止未授权用户通过网络或 Internet 访问来帮助和保护计算机。当 Internet 或网络上的某人尝试连接到本地计算机时，这种尝试被称为未经允许的请求。当本地计算机收到未经允许的请求时，Windows 防火墙会阻止该连接。如果用户所运行的程序（如即时消息程序或多人网络游戏）需要从 Internet 或网络接收信息，那么防火墙会询问用户阻止连接还是取消阻止（允许）连接。如果用户选择取消阻止连接，Windows 防火墙将创建一个“例外”，这样当该程序日后需要接收信息时，防火墙将允许该连接。由此可见在默认情况下，Windows 防火墙只阻截所有传入的未经允许的流量，对主动请求传出的流量不作理会，而第三方防火墙一般都会对两个方向的访问进行监控和审核，这一点是它们之间最大的区别。

【任务实施】

任务实施1　启用 Windows 防火墙

在 Windows 系统中，启用其自带防火墙的操作步骤如下。

（1）在“网络连接”窗口中，用鼠标右击要启用防火墙的网络连接，在弹出的快捷菜单中选择“属性”命令。

（2）在“本地连接属性”对话框中单击“高级”选项卡，如图 8－31 所示。

（3）单击“设置”按钮，打开“Windows 防火墙”对话框，如图 8－32 所示。

（4）若要启用 Windows 防火墙，选中“启用”单选框，若要禁用 Windows 防火墙，选中“关闭”单选框。

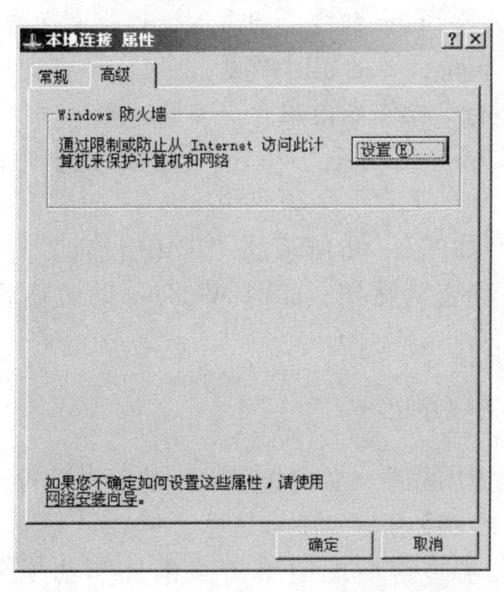

图 8－31　“本地连接属性高级”选项卡

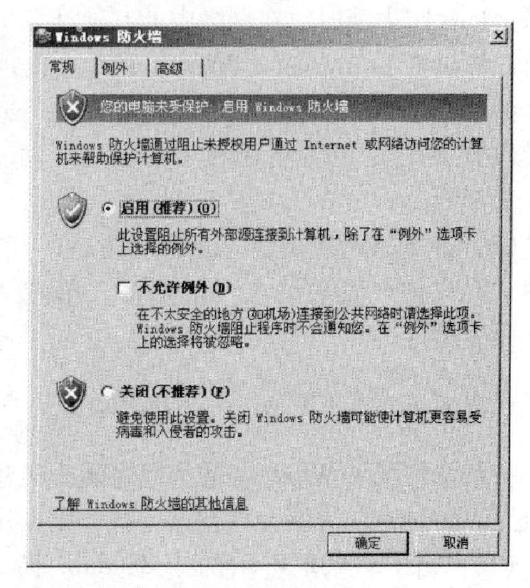

图 8－32　“Windows 防火墙”对话框

在开启 Windows 防火墙后，访问网络时经常可以看到类似于图 8－33 所示的画面。

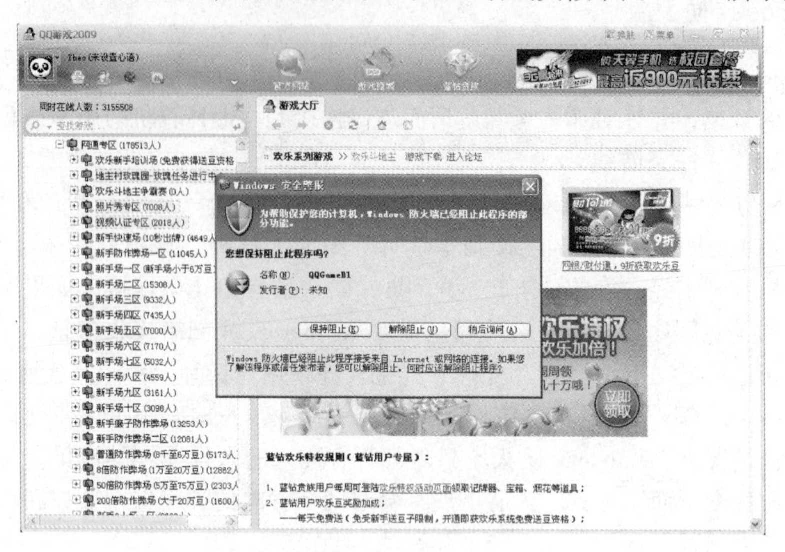

图 8－33 Windows 安全警报

从图 8－33 可以看出，Windows 防火墙对本地计算机向外的访问请求是不做任何处理的，就好像没有防火墙一样，用户登录到 QQ 游戏平台，实际上已经完成了对外的访问；而当需要将游戏信息下载到本地计算机时（即有外部访问请求），防火墙会弹出“Windows 安全警报”对话框，阻止未授权用户通过网络或 Internet 访问本地计算机。

Windows 防火墙开启后，可以在网络中的另一台计算机上对本地计算机执行 ping 命令，如果出现“Request timed out”信息时，则表示防火墙已经生效。当然也可以通过网络扫描工具对本地计算机进行扫描，默认情况下应没有打开的端口。

任务实施 2 设置 Windows 防火墙允许 ping 命令运行

在 Windows 防火墙的默认设置中是不允许 ping 命令运行的，也就是说当本地计算机开启 Windows 防火墙时，在网络中的其他计算机运行 ping 命令，向本地计算机发送数据包，本地计算机将不会应答，其他计算机上会出现 ping 命令的超时错误。

如果要让 Windows 防火墙允许 ping 命令运行，操作步骤如下。

（1）在图 8－32 所示的“Windows 防火墙”对话框中单击“高级”选项卡，如图 8－34所示。

（2）在 ICMP 中单击“设置”按钮，打开如图 8－35所示的“ICMP 设置”对话框，选中“允许传入回显请求”复选框，单击“确定”按钮，此时 Windows 防火墙将允许 ping 命令运行。

任务实施 3 设置 Windows 防火墙允许应用程序运行

在默认情况下 Windows 防火墙将阻止某些应用程序（如 QQ 程序）的正常运行，如果要设置 Windows 防火墙允许程序运行，则操作步骤如下。

（1）在图 8－32 所示的“Windows 防火墙”对话框中单击“例外”选项卡，如图 8－36所示。

（2）在“例外”选项卡中，列出了Windows防火墙允许进行传入网络连接的程序和服务。

（3）单击“添加程序”按钮，打开“添加程序”对话框，如图8-37所示。

（4）在程序列表中，选择允许运行的程序，单击“确定”按钮，将其填加到“例外”选项卡，该程序就可以正常运行了。

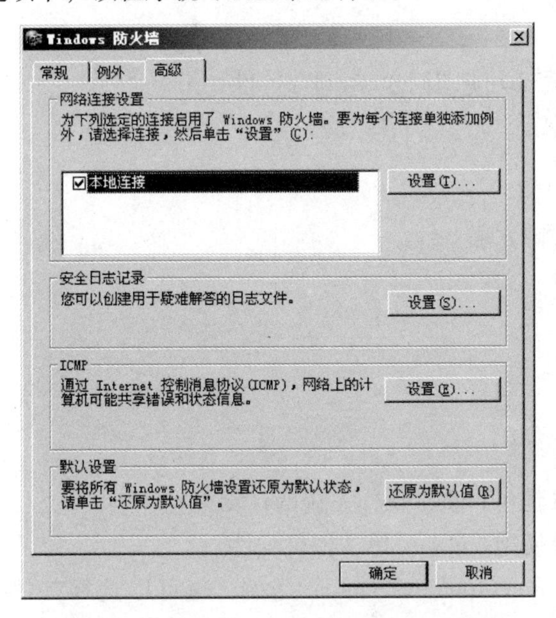

图8-34 “Windows防火墙高级”选项卡

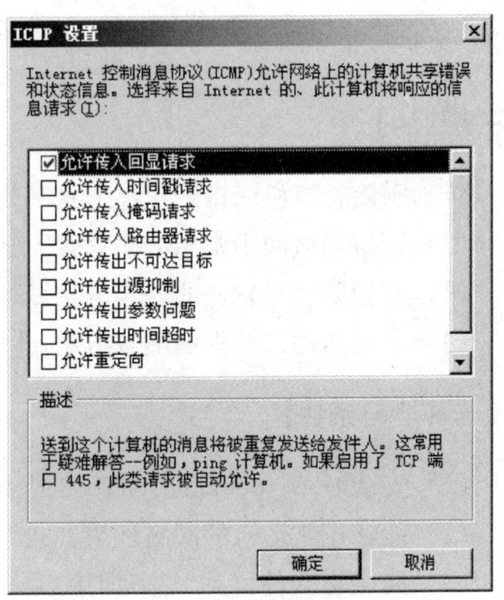

图8-35 “ICMP设置”对话框

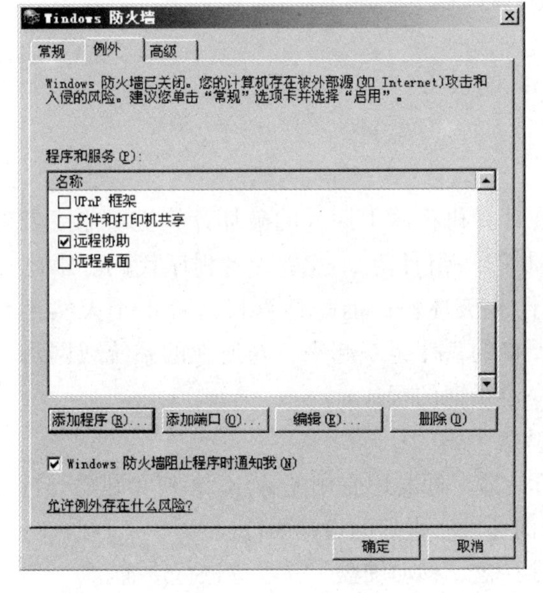

图8-36 “Windows防火墙例外”选项卡

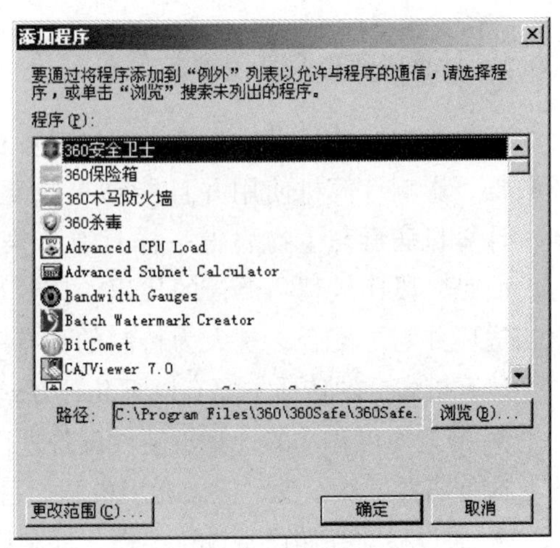

图8-37 “添加程序”对话框

任务实施4 认识企业级网络防火墙

Windows防火墙并不是网络防火墙。企业级网络防火墙可以分为硬件防火墙和软件防火墙。一般说来，软件防火墙具有比硬件防火墙更灵活的性能，但是需要相应硬件平台和操作系统的支持；而硬件防火墙经过厂商的预先包装，启动及运作要比软件防火墙快得多。请根据实际情况，参观校园网或企业网，了解该网络所使用的网络防火墙产品，了解该网络防火墙的特点以及在实际网络中的部署情况，体会网络防火墙的功能和组网方法。

任务8.5　安装和使用防病毒软件

【任务目的】

（1）了解计算机病毒的传播方式和防御方法。

（2）理解局域网中常用的防病毒方案。

（3）掌握防病毒软件的安装方法。

（4）掌握防病毒软件的配置方法。

【工作环境与条件】

（1）安装好 Windows Server 2003 或其他 Windows 操作系统的计算机。

（2）能够正常运行的网络环境（也可使用 VMware 等虚拟机软件）。

（3）防病毒软件（本次实训中以 Norton AntiVirus Online 为例，也可以选择其他软件）。

（4）校园网或其他网络工程案例及相关文档。

【相关知识】

8.5.1　计算机病毒及其传播方式

一般认为，计算机病毒是指编制或者在计算机程序中插入的破坏计算机功能或者破坏数据，影响计算机使用并且能够自我复制的一组计算机指令或者程序代码。由此可知，计算机病毒与生物病毒一样具有传染性和破坏性；但是计算机病毒不是天然存在的，而是一段比较精巧严谨的代码，按照严格的秩序组织起来，与所在的系统或网络环境相适应并与之配合，是人为特制的具有一定长度的程序。

计算机病毒的传播主要有以下几种方式。

- 通过不可移动的计算机硬件设备进行传播，即利用专用的 ASIC 芯片和硬盘进行传播。这种病毒虽然很少，但破坏力极强，目前还没有很好的检测手段。
- 通过移动存储设备进行传播，即利用 U 盘、移动硬盘、软盘等进行传播。
- 通过计算机网络进行传播。随着 Internet 的发展，计算机病毒也走上了高速传播之路，通过网络传播已经成为计算机病毒传播的第一途径。计算机病毒通过网络传播的方式主要有通过共享资源传播、通过网页恶意脚本传播、通过电子邮件传播等。
- 通过点对点通信系统和无线通道传播。

8.5.2 计算机病毒的防御

1. 防御计算机病毒的原则

为了使用户计算机不受病毒侵害，或是最大程度地降低损失，通常在使用计算机时应遵循以下原则，做到防患于未然。

- 建立正确的防毒观念，学习有关病毒与防病毒知识。
- 不要随便下载网络上的软件，尤其是不要下载那些来自无名网站的免费软件，因为这些软件无法保证没有被病毒感染。
- 使用防病毒软件，及时升级防病毒软件的病毒库，开启病毒实时监控。
- 不使用盗版软件。
- 不随便使用他人的U盘或光盘，尽量做到专机专盘专用。
- 不随便访问不安全的网络站点。
- 使用新设备和新软件之前要检查病毒，未经检查的外来文件不能复制到硬盘，更不能使用。
- 养成备份重要文件的习惯，有计划地备份重要数据和系统文件，用户数据不应存储到系统盘上。
- 按照防病毒软件的要求制作应急盘/急救盘/恢复盘，以便恢复系统急用。在应急盘/急救盘/恢复盘上存储有关系统的重要信息数据，如硬盘主引导区信息、引导区信息、CMOS的设备信息等。
- 随时注意计算机的各种异常现象，一旦发现应立即使用防病毒软件进行检查。

2. 计算机病毒的解决方法

不同类型的计算机病毒有不同的解决方法。对于普通用户来说，一旦发现计算机中毒，应主要依靠防病毒软件对病毒进行查杀。查杀时应注意以下问题。

- 在查杀病毒之前，应备份重要的数据文件。
- 启动防病毒软件后，应对系统内存及磁盘系统等进行扫描。
- 发现病毒后，一般应使用防病毒软件清除文件中的病毒，如果可执行文件中的病毒不能被清除，一般应将该文件删除，然后重新安装相应的应用程序。
- 某些病毒在Windows系统正常模式下可能无法完全清除，此时可能需要通过重新启动计算机、进入安全模式或使用急救盘等方式运行防病毒软件进行清除。

8.5.3 局域网防病毒方案

通过计算机网络传播是目前计算机病毒传播的主要途径，目前在局域网中主要可以采用以下两种防病毒方案。

（1）分布式防病毒方案

分布式防病毒方案如图8-38所示。在这种方案中，局域网的服务器和客户机分别安装单机版的防病毒软件，这些防病毒软件之间没有任何联系，甚至可能是不同厂家的产品。

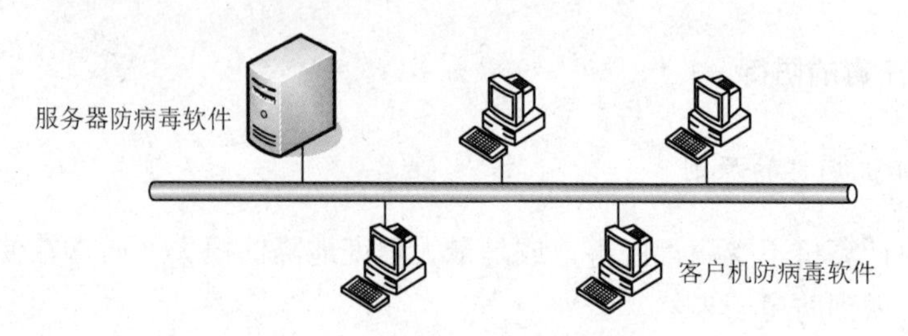

图 8-38　分布式防病毒方案

分布式防病毒方案的优点是用户可以对客户机进行分布式管理，客户机之间互不影响，而且单机版的防病毒软件价格比较便宜。其主要缺点是没有充分利用网络，客户机和服务器在病毒防护上各自为战，防病毒软件之间无法共享病毒库。每当病毒库升级时，每个服务器和客户机都需要不停下载新的病毒库，对于有上百台或更多计算机的局域网来说，这一方面会增加局域网对 Internet 的数据流量，另一方面也会增加网络管理的难度。

（2）集中式防病毒方案

集中式防病毒方案如图 8-39 所示。集中式防病毒方案通常由防病毒软件的服务器端和工作站端组成，通常可以利用网络中的任意一台主机构建防病毒服务器，其他计算机安装防病毒软件的工作站端并接受防病毒服务器的管理。

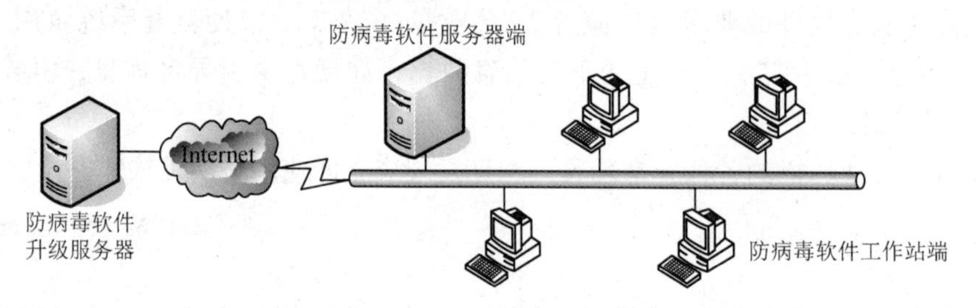

图 8-39　集中式防病毒方案

在集中式防病毒方案中，防病毒服务器自动连接 Internet 的防病毒软件升级服务器下载最新的病毒库升级文件，防病毒工作站自动从局域网的防病毒服务器下载并更新自己的病毒库文件，因此不需要对每台客户机进行维护和升级，就能够保证网络内所有计算机的病毒库的一致和自动更新。

一般情况下对于大中型局域网应该采用集中式防病毒方案；而对于采用对等模式组建的小型局域网，考虑到成本等因素，一般应采用分布式防病毒方案。

【任务实施】

任务实施 1　安装防病毒软件

在对等网中主要采用分布式防病毒方案，也就是在网络中的计算机上分别安装单机版的防病毒软件。本次实训中以 Symantec（赛门铁克）公司的 Norton AntiVirus Online 为例，完成单机版的防病毒软件的安装和设置。具体安装步骤如下。

（1）安装之前，应关闭计算机上所有打开的程序。如果计算机上安装了其他防病毒程序，应首先进行删除，否则在安装开始时会出现一个面板，提示用户将其删除。

（2）购买或下载 Norton AntiVirus Online，双击该软件的安装图标，打开“感谢您选择 Norton AntiVirus Online”对话框，如图 8－40 所示。

图 8－40　“感谢您选择 Norton AntiVirus Online”对话框

（3）在“感谢您选择 Norton AntiVirus Online”对话框中，单击“自定义安装”链接，打开“请选择 Norton AntiVirus Online 的安装目录”对话框，如图 8－41 所示。

图 8－41　“请选择 Norton AntiVirus Online 的安装目录”对话框

（4）在“请选择 Norton AntiVirus Online 的安装目录”对话框中，选择安装目录后，单击“确定”按钮，返回“感谢您选择 Norton AntiVirus Online”对话框。单击“用户授权许可协议”链接，可以阅读用户授权许可协议。

（5）设置好安装路径，并接受许可协议后，可在“感谢您选择 Norton AntiVirus Online”对话框中，单击“同意并安装”按钮，开始产品安装过程。

（6）安装完成后，会出现“安装已完成”对话框，提示用户安装完成。安装完成后，Norton AntiVirus Online 将自动运行，其主界面如图 8－42 所示。

图 8-42　Norton AntiVirus Online 主界面

Norton AntiVirus Online 运行后，将连接 Internet，并提示用户激活服务。如果在首次出现提示时未激活服务，则会定期收到“需要激活”警报，用户可以直接从“需要激活”警报激活服务，也可以使用主窗口的“支持”下拉列表中的“激活”链接。

任务实施 2　设置和使用防病毒软件

不同厂商生产的防病毒软件，使用方法有所不同，下面以 Norton AntiVirus Online 为例完成其设置和基本操作。

1. 更新防病毒数据库

保持防病毒数据库的更新是确保计算机得到可靠保护的前提条件。因为每天都会出现新的病毒、木马和恶意软件，有规律地更新对持续保护计算机的信息是很重要的。可以在任意时间启动 Norton AntiVirus Online 的更新运行，具体操作方法是在 Norton AntiVirus Online 主界面单击“运行 LiveUpdate 更新”链接，打开 Norton LiveUpdate 窗口，此时系统自动通过 Internet 或用户设置的更新源进行更新，如图 8-43 所示。

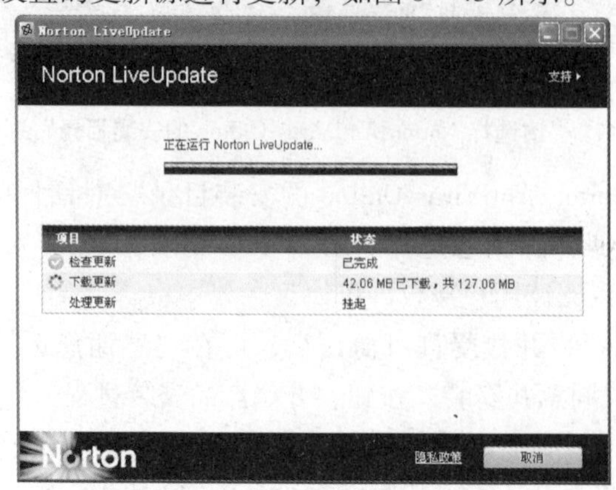

图 8-43　Norton LiveUpdate 窗口

2. 在计算机上扫描病毒

扫描病毒是防病毒软件最重要的功能之一，可以防止由于一些原因而没有检测到的恶意代码蔓延。Norton AntiVirus Online 提供以下几种病毒扫描方式。

- 全面系统扫描：对系统进行彻底扫描以删除病毒和其他安全威胁。它会检查所有引导记录、文件和用户可访问的正在运行的进程。
- 快速扫描：通常是对病毒及其他安全风险主要攻击的计算机区域进行扫描。
- 自定义扫描：根据需要扫描特定的文件、可移动驱动器、计算机的任何驱动器或者计算机上的任何文件夹或文件。

如果要进行全面系统扫描，则操作步骤如下。

(1) 在 Norton AntiVirus Online 主界面的“电脑防护”窗格中，单击“立即扫描”链接，打开“电脑扫描”窗格，如图 8－44 所示。

图 8－44 “电脑扫描”窗格

(2) 在“电脑扫描”窗格中，单击“全面系统扫描”按钮，打开“全面系统扫描”窗口，如图 8－45 所示。此时 Norton AntiVirus Online 将对计算机进行全面系统扫描。

(3) 可以在“全面系统扫描”窗口中，单击“暂停”按钮，暂时挂起全面系统扫描；也可单击“停止扫描”按钮，终止全面系统扫描。

(4) 扫描完成后，在“结果摘要”选项卡中如果没有需要注意的项目，可单击“完成”按钮结束扫描；如果有需要注意的项目，可在“需要注意”选项卡中查看风险。

3. 访问“性能”窗口

Norton AntiVirus Online 的系统智能分析功能可用于查看和监视系统活动。系统智能分析会在“性能”窗口中显示相关信息。用户可以访问“性能”窗口，查看重要的系统活动、CPU 使用情况、内存使用情况和诺顿特定后台作业的详细信息。

图 8-45 “全面系统扫描”窗口

（1）查看系统活动的详细信息

用户可以在“性能”窗口中查看过去 3 个月内所执行的或发生的系统活动的详细信息。这些活动包括应用程序安装、应用程序下载、磁盘优化、威胁检测、性能警报及快速扫描等。操作步骤如下。

- 在 Norton AntiVirus Online 主窗口中，单击“性能”链接，打开“性能”窗口。
- 在“性能”窗口事件图的顶部，单击某个月份的相应选项卡以查看详细信息。
- 在事件图中，将鼠标指针移动到某个活动的图标或条带上，在出现的弹出式窗口中，查看该活动的详细信息，如图 8-46 所示。

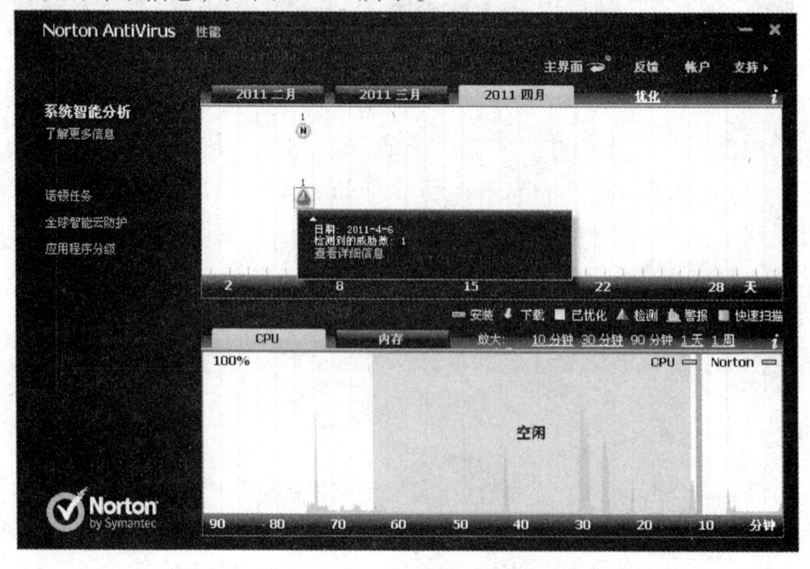

图 8-46 “性能”窗口

● 如果弹出式窗口中出现“查看详细信息”选项，可单击该选项查看其详细信息。

（2）查看 CPU 图和内存图

Norton AntiVirus Online 可监视整体系统 CPU 和内存的使用情况以及诺顿特定的 CPU 和内存使用情况。如果要查看 CPU 的使用情况，可在“性能”窗口中打开 CPU 选项卡；如果要查看内存的使用情况，可在“性能”窗口中打开“内存”选项卡。如果要获得放大视图，可单击“放大”选项旁边的“10 分钟”或“30 分钟”；如果要获得默认性能时间，可单击“放大”选项旁边的“90 分钟”。

4. 使用诺顿智能扫描查看文件

通过“诺顿智能扫描”可以查看计算机上相关文件的详细信息，包括文件名、信任级别、社区使用情况、资源使用情况和文件安装日期等。操作步骤为：在 Norton AntiVirus Online 主窗口的“电脑防护”窗格中，单击“应用程序分级”链接，打开“应用程序分级”窗口，如图 8－47 所示。该窗口将显示诺顿智能扫描的相关信息，也可从下拉列表中选择选项查看文件类别。

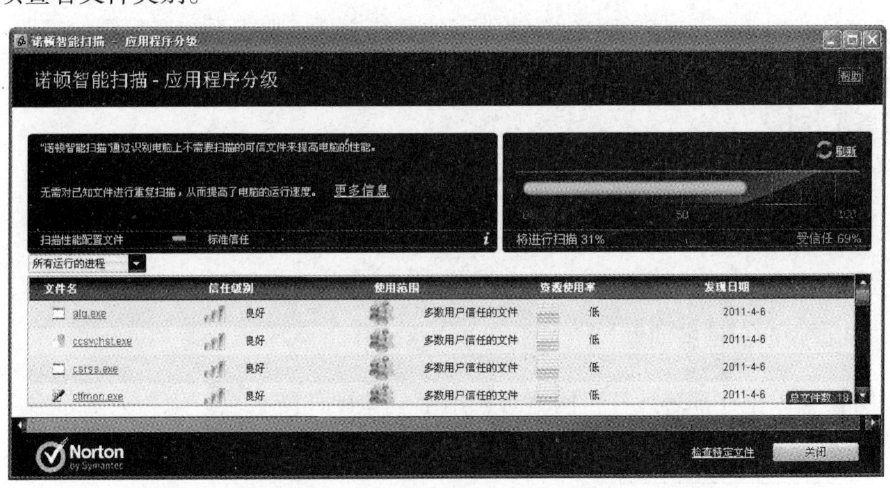

图 8－47　“应用程序分级”窗口

【注意】 限于篇幅，以上只完成了 Norton AntiVirus Online 最基本的设置和操作，更具体的内容请参考其自带的帮助文件。有条件的话，可安装并设置其他厂商的防病毒软件，思考不同防病毒软件在设置和操作上的异同点。

任务实施 3　认识企业级防病毒系统

根据实际情况，参观校园网或企业网，了解该网络所使用的企业级防病毒系统，了解系统的特点以及在实际网络中的部署情况，体会企业级防病毒系统的功能和部署方法。

习　题　8

1. 思考问答

（1）简述目前网络中常见的攻击手段。

（2）从技术上说，目前计算机网络主要采用了哪些安全措施？

（3）简述网络安全扫描的基本步骤。

（4）简述文件备份的基本方法。

（5）简述正常备份与差异备份的区别。

（6）什么是防火墙？防火墙可以实现哪些功能？

（7）根据网络规模和安全程度要求不同，防火墙组网有哪些形式？

（8）什么是计算机病毒？计算机病毒主要有哪些传播方式?、

（9）目前局域网防病毒方案可以有哪两种选择？各有什么特点？

2. 技能操作

（1）Windows Server 2003 系统备份

【内容及操作要求】

备份 Windows Server 2003 服务器 C：\下的系统文件，要求系统在每周的星期一 20:00 自动完成正常备份，每周的星期二到星期五自动完成差异备份。

【准备工作】

1 台安装 Windows Server 2003 企业版的计算机。

【考核时限】

30min。

（2）阅读说明后回答问题

【说明】某单位在部署计算机网络时采用了一款硬件防火墙，该防火墙带有 3 个以太网接口，其网络结构如图 8－48 所示。

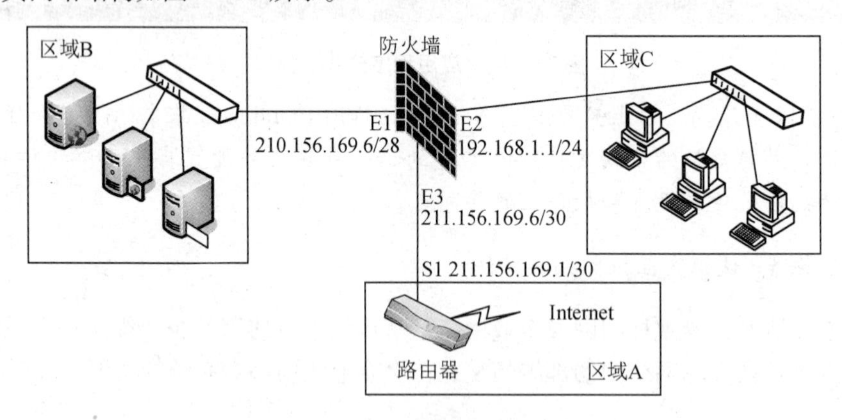

图 8－48　某单位网络结构

【问题 1】什么是 DMZ 区？图 8－48 中哪个区域适合设置为 DMZ 区？

【问题 2】防火墙包过滤规则的默认策略为拒绝，表 8－4 给出了防火墙的包过滤规则配置。若要求内部所有主机能使用 IE 浏览器访问外部 IP 地址为 202. 117. 118. 23 的 Web

服务器，请为表8－4中①～④空缺处选择正确答案。

表8－4 防火墙的包过滤规则配置

序 号	策 略	源地址	源端口	目的地址	目的端口	协 议	方 向
1	①	②	Any	202.117.118.23	80	③	④

① 备选答案：A. 允许　B. 拒绝

② 备选答案：A. 192.168.1.0/24　B. 211.156.169.6/30　C. 202.117.118.23/24

③ 备选答案：A. TCP　B. UDP　C. ICMP

④ 备选答案：A. E3→E2　B. E2→E3　C. E1→E2

【问题3】内部网络经由防火墙采用NAT方式与外部网络通信，请为表8－5中的⑤～⑦空缺处选择正确答案。

表8－5 采用NAT方式与外部网络通信配置

源地址	源端口	目的地址	协 议	转换端口	转换后地址
192.168.1.0/24	Any	⑤	Any	⑥	⑦

⑤ 备选答案：A. 192.168.1.0/24　B. Any　C. 202.117.118.23/24

⑥ 备选答案：A. E1　B. E2　C. E3

⑦ 备选答案：A. 192.168.1.1　B. 210.156.169.6　C. 211.156.169.6

【问题4】若防火墙启动了HTTP代理服务，通过缓存提高客户机的浏览速度，代理服务器端口为3128，要使客户机PC1使用HTTP代理服务，则在如图8－49所示的客户机浏览器代理服务器设置的“地址”文本框和“端口”文本框中应输入什么内容？

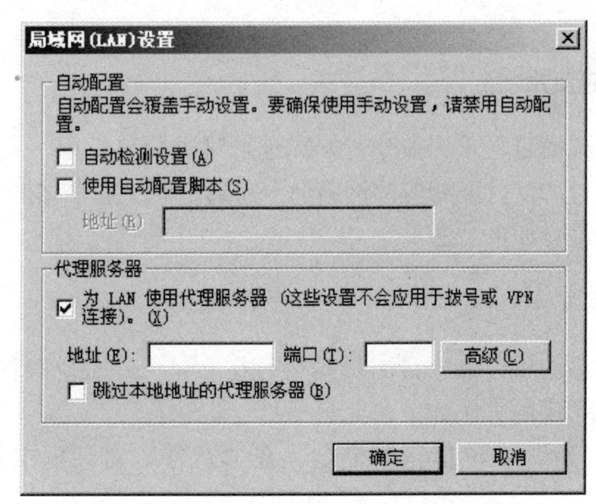

图8－49 客户机浏览器代理服务器设置

【问题5】NAT和HTTP代理分别工作在（　⑧　）和（　⑨　）。

⑧ 备选答案：A. 网络层　B. 应用层　C. 服务层

⑨ 备选答案：A. 网络层　B. 应用层　C. 服务层

项目9　网络运行维护

在计算机网络的使用过程中，如果对网络维护不当，会导致网络传输速度下降等问题，从而使网络不能发挥其应有的作用。网络运行维护的主要任务是监控网络的运行状况，探求网络故障产生的原因，消除故障并防止故障的再次发生，从根本上保证计算机网络的安全畅通。本项目的主要目标是能够使用网络命令监视网络的运行状况；能够使用Windows自带的工具监视和优化服务器性能；能够处理常见的计算机网络故障。

任务9.1　使用网络命令监视网络运行状况

【任务目的】

（1）掌握Windows系统命令行方式的使用技巧。

（2）掌握Windows系统常用网络命令的使用方法。

（3）能够使用Windows系统常用网络命令监视网络运行状况。

【工作环境与条件】

（1）安装好Windows Server 2003或其他Windows操作系统的计算机。

（2）能够正常运行的网络环境（也可使用VMware等虚拟机软件）。

【相关知识】

9.1.1　命令行模式的使用

相对于图形化方式而言，采用命令行方式进行管理简单易用、灵活方便。Windows操作系统提供了对命令行的支持和相应的网络命令，通过网络命令诊断网络故障和进行网络维护是一种最基本和最方便的方法。

1. 进入命令行模式

在Windows操作系统中，命令行工具是运行在cmd.exe命令解释程序的提示符下的，要打开命令提示符，常用的方法如下。

- 依次单击“开始”→“运行”命令，在“运行”对话框中输入cmd，然后单击“确定”按钮。
- 依次单击“开始”→“程序”→“附件”→“命令提示符”命令。

2. 命令行模式的使用技巧

Windows操作系统在命令行模式中附带了一些特别功能，以帮助用户提高操作效率。

（1）在命令行模式下查看帮助

Windows 系统对相应命令提供了比较完备的帮助信息，要获得某命令的帮助信息，可以在命令行模式下，输入“命令名/?”，如图 9－1 所示。

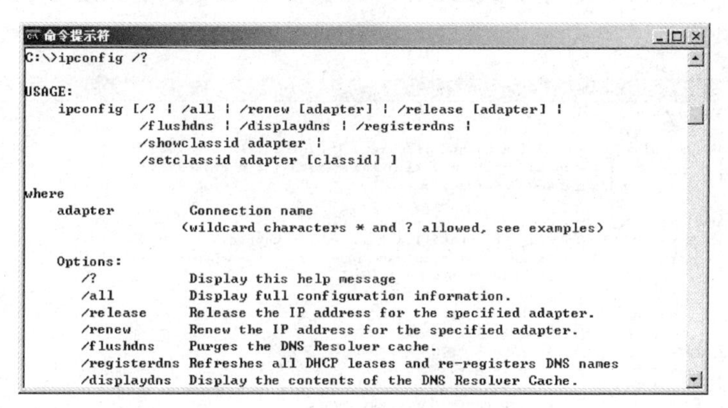

图 9－1　在命令行模式下查看帮助

（2）自动记忆功能

在命令行模式下，已经输入的多条命令会被系统自动记录下来，如果要调用前面或后面的曾经输入过的命令，只需要按键盘上的“↑”和“↓”两个方向键即可。

（3）快捷键的使用

在命令行模式中，可以使用以下快捷键以提高操作速度。

- Esc 键：清除当前光标所在的那行命令。
- F7 键：以图形列表框形式显示曾经输入的命令，可以通过“↑”和“↓”进行选择。每个曾经输入的命令前面都会有一个编号。
- F9 键：提示输入曾经输入过的命令的编号，输入后就可以直接运行该命令。
- Ctrl＋C 组合键：终止命令运行。
- Alt＋F7 组合键：删除保存命令的历史记录。

9.1.2　ping 命令

简单的说，ping 就是一个测试程序，如果运行正确，大体上就可以排除网卡、Modem、电缆和路由器等存在的故障，从而减小了问题的范围。但由于可以自定义所发数据包的大小及数量，因此 ping 也可以被用作 DoS 攻击的工具，例如可以利用数百台高速接入网络的计算机向服务器连续发送大量 ping 数据包而导致其瘫痪。

按照默认设置，Windows 操作系统运行的 ping 命令将发送 4 个 ICMP 回送请求数据包，每个数据包 32 个字节，如果一切正常，应能得到 4 个回送应答。ping 命令能够以 ms（毫秒）为单位显示发送回送请求到返回回送应答之间的时间量。如果应答时间短，表示数据包不必通过太多的路由器或网络连接速度比较快。ping 命令还能显示 TTL 值，可以通过 TTL 值推算数据包经过了多少个路由器，计算方法为：源地点 TTL 起始值（通常为比返回 TTL 略大的一个 2 的乘方数）－返回时 TTL 值。例如，返回 TTL 值为 119，数据包离开源地址的 TTL 起始值为 128，那么可以推算出源地点到目标地点要通过 9 个路由器网段（128－119）；如果返回 TTL 值为 246，TTL 起始值是 256，那么源地点到目标地点要通过

10个路由器网段。

ping命令的基本使用格式是“ping　IP地址或主机名”。

ping命令后还可以有其他的参数，图9－2给出了ping命令可以使用的参数，下面对常用的几个参数进行说明。

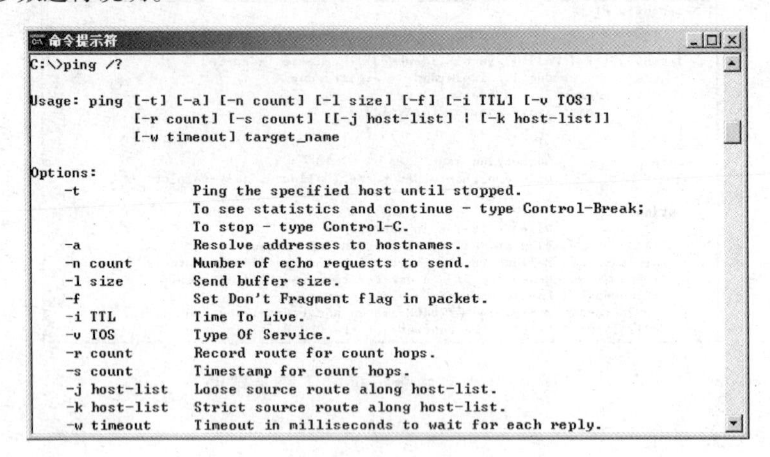

```
C:\>ping /?

Usage: ping [-t] [-a] [-n count] [-l size] [-f] [-i TTL] [-v TOS]
            [-r count] [-s count] [[-j host-list] | [-k host-list]]
            [-w timeout] target_name

Options:
    -t             Ping the specified host until stopped.
                   To see statistics and continue - type Control-Break;
                   To stop - type Control-C.
    -a             Resolve addresses to hostnames.
    -n count       Number of echo requests to send.
    -l size        Send buffer size.
    -f             Set Don't Fragment flag in packet.
    -i TTL         Time To Live.
    -v TOS         Type Of Service.
    -r count       Record route for count hops.
    -s count       Timestamp for count hops.
    -j host-list   Loose source route along host-list.
    -k host-list   Strict source route along host-list.
    -w timeout     Timeout in milliseconds to wait for each reply.
```

图9－2　ping命令可以使用的参数

- －t：连续对IP地址执行ping命令，直到被用户以Ctrl＋C中断。
- －a：以IP地址格式显示目标主机网络地址。
- －n count：指定要ping多少次，具体次数由count来指定，默认值为4。
- －l size：指定ping命令中发送的数据长度，默认值是32字节。

ping命令如果不能正常运行，通常会出现以下提示信息。

- Unknown host：表示目标主机的名字不能被转换为IP地址。故障原因主要有DNS服务器出现故障，该名字是不正确的，连接本机和目标主机的网络出现了问题等。
- Request time out：表示目标主机没有响应，数据包全部丢失。故障原因主要有本机或目标主机配置不当，目标主机没有正常工作，连接本机和目标主机的网络出现了问题等。
- Network unreachable：表示目标主机不可到达，故障原因主要是没有到达目标主机的路由，路由表配置有问题等。

9.1.3　arp命令

ARP是一个重要的TCP/IP协议，用于确定对应IP地址的网卡物理地址。arp命令主要用来查看本地计算机或另一台计算机的ARP高速缓存中的当前内容。此外，利用arp命令，也可以输入静态的网卡物理地址与IP地址对应关系，从而减少网络上的信息量。

按照默认设置，ARP高速缓存中的项目是动态的，每当向一个指定地点发送数据包且高速缓存中不存在对应项目时，ARP便会自动添加该项目。如果项目添加后不进一步使用，那么该项目就会在2至10分钟内失效，即从ARP高速缓存中删除。因此，需要通过arp命令查看高速缓存中某计算机物理地址与IP地址对应关系时，最好应先访问此台计算机（例如ping该计算机）。

在 arp 命令后添加不同的参数可以完成不同功能，图 9－3 给出了 arp 命令可以使用的参数，下面对常用的几个参数进行说明。

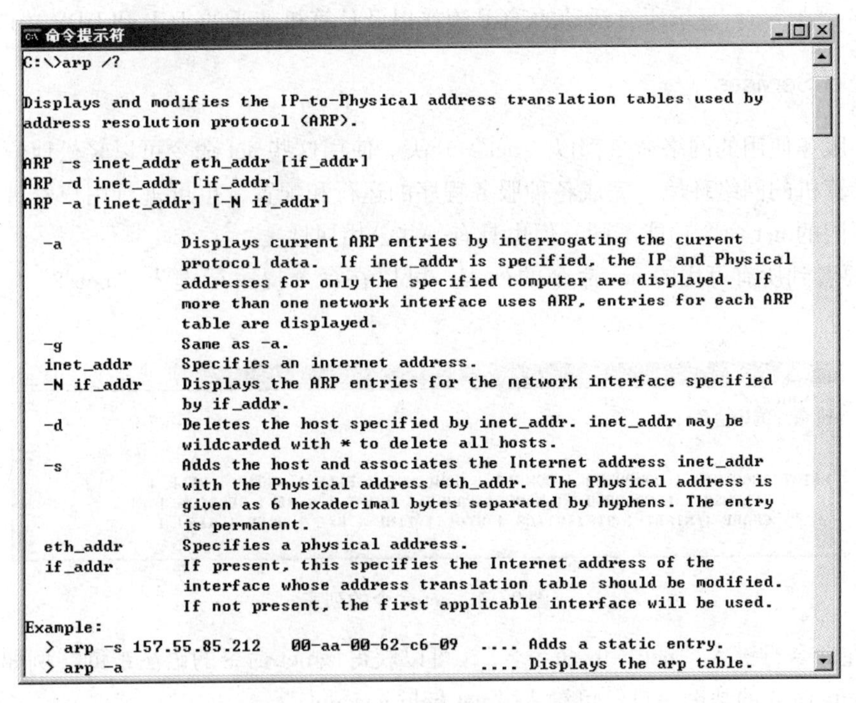

图 9－3 arp 命令可以使用的参数

- arp －a 或 arp －g：用于查看高速缓存中的所有项目。－a 和－g 参数的结果是一样的。
- arp －a IP：用于显示与该 IP 地址相关的 ARP 缓存项目。
- arp －s IP 物理地址：用于向 ARP 高速缓存中人工输入一个静态项目，该项目在计算机运行过程中将保持有效状态。
- arp －d IP：用于删除一个静态项目。

9.1.4 netstat 命令

netstat 命令可以用来显示活动的 TCP 连接、计算机侦听的端口、以太网统计信息、IP 路由表、IPv4 统计信息（对于 IP、ICMP、TCP 和 UDP 协议）以及 IPv6 统计信息（对于 IPv6、ICMPv6、通过 IPv6 的 TCP 以及通过 IPv6 的 UDP 协议）。使用时如果不带参数，将显示活动的 TCP 连接。netstat 命令使用的主要参数如下。

- netstat －n：显示活动的 TCP 连接，不过只以数字形式表现地址和端口号，却不尝试确定名称。
- netstat －s：按协议显示统计信息。默认情况下，显示 TCP、UDP、ICMP 和 IP 协议的统计信息。如果安装了 IPv6 协议，就会显示 IPv6 上的协议的统计信息。
- netstat －e：显示以太网统计信息，如发送和接收的字节数、数据包数。该参数可以与“－s”结合使用。

• netstat -r：显示 IP 路由表的内容，除了显示有效路由外，还显示当前有效的连接。

• netstat -a：显示所有活动的 TCP 连接以及计算机侦听的 TCP 和 UDP 端口。

9.1.5 Net Services

许多服务使用的网络命令都以“net”开头。使用这些 net 命令可以轻松地管理本地或者远程计算机的网络环境，完成各种服务程序的运行和配置，也可进行用户管理和登录管理等。不同的 net 命令功能不同，但也具有一些公用属性。

• 要看到所有可用的 net 命令的列表，可以在命令提示行键入“net/?”，如图 9-4 所示。

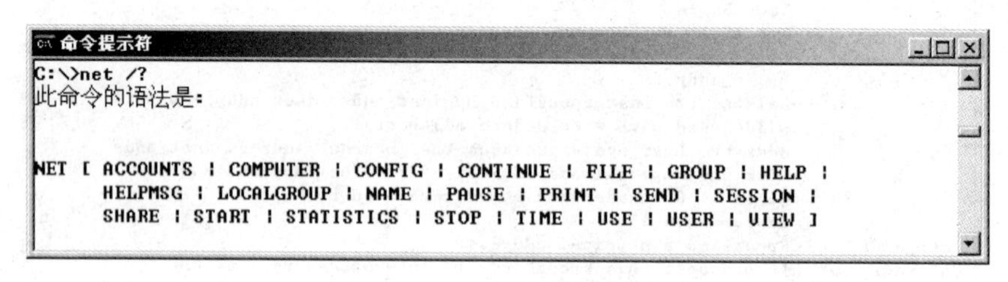

图 9-4　net 命令的列表

• 在命令行键入“net help 命令名”，可以获得该 net 命令的语法帮助。例如，要获得 net accounts 命令的帮助信息，可键入“net help accounts”。

• 所有 net 命令都接受/y（是）和/n（否）命令行选项。例如，net stop server 命令将提示用户确认并停止所有依赖的服务器服务，而 net stop server/y 将自动关闭服务器服务，无须用户确认。

• 如果服务名包含空格，则需要使用引号将其引起来。例如，若要启动网络登录服务，则应键入“net start “net logon””。

9.1.6 使用 netsh

netsh 是一个命令行脚本实用程序，可让用户从本地或远程显示或修改当前运行的计算机的网络配置。netsh 还提供了允许用户使用批处理模式对指定的计算机运行一组命令的脚本功能，而且可以将配置脚本以文本文件保存，以便存档或帮助配置其他服务器。

1. netsh 上下文

netsh 利用动态链接库（DLL）文件与其他操作系统组件交互操作，每个 DLL 文件都提供了称作上下文的功能集。这种上下文是一组与特定的网络组件相关的命令组，通过提供对服务、实用程序或协议的配置和监视支持以扩展 netsh 的功能。例如，Dhcpmon. dll 提供了用于配置和管理 DHCP 服务器的 netsh 上下文和命令集。

要运行 netsh 命令，必须从命令行模式启动 netsh 并切换到包含要使用命令的上下文中。用户可以使用的上下文取决于用户已安装的网络组件。例如，如果在 netsh 命令提示符下键入 dhcp，则将切换到 DHCP 上下文中，但如果没有安装 DHCP 组件，则系统将显示

“The following command was not found：dhcp.”。

2. 使用多个上下文

一个上下文中可以包含另一个上下文。例如，在路由选择上下文中，可以更改到 IP 和 IPX 子上下文。在 netsh 提示符下键入“?”或“help”可以显示此上下文中的命令列表，如图 9-5 所示。若要显示可以在某上下文中使用的命令和子上下文列表，可在 netsh 提示符下键入上下文名称，然后键入“/?”或“help”。例如，要显示可以在路由选择上下文中使用的子上下文和命令列表，可在 netsh 提示符下键入“routing/?”或“routing help”。

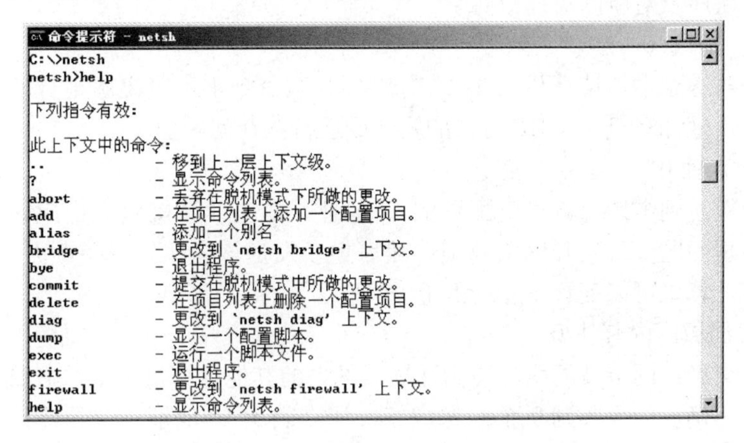

图 9-5　netsh 上下文中的命令列表

9.1.7　Telnet

Telnet 是常用的远程控制服务器的方法，为用户提供了在本地计算机上完成远程主机工作的能力。在终端使用者的计算机上使用 Telnet 程序，用它连接到服务器。终端使用者可以在 Telnet 程序中输入命令，这些命令会在服务器上运行，就像直接在服务器的控制台上输入一样。使用 Telnet 协议进行远程登录时需要满足以下条件：在本地计算机上必须装有包含 Telnet 协议的客户程序；必须知道远程主机的 IP 地址或域名；必须知道登录标识与口令。

Telnet 远程登录服务分为以下 4 个过程。

- 本地与远程主机建立连接。该过程实际上是建立一个 TCP 连接，用户必须知道远程主机的 IP 地址或域名，远程主机必须开启相应的服务和端口，Telnet 默认 TCP 端口为 23。
- 将本地终端上输入的用户名和口令及以后输入的任何命令或字符以 NVT（Net Virtual Terminal，即：网络虚拟终端）格式传送到远程主机。该过程实际上是从本地主机向远程主机发送一个 IP 数据包。
- 将远程主机输出的 NVT 格式的数据转化为本地所接受的格式送回本地终端，包括输入命令回显和命令执行结果。
- 最后，本地终端对远程主机进行撤消连接。该过程是撤销一个 TCP 连接。

【任务实施】

任务实施1　检查网络链路是否工作正常

网络运行维护中最多的一项工作就是检查网络链路是否正常，通常应使用ping命令完成这项工作。正常情况下，当使用ping命令来检验网络运行情况时，需要设置一些关键点作为ping的对象，如果所有结果都正常，则可以相信网络基本的连通性和配置参数没有问题；如果某些ping命令出现运行故障，则可以根据关键点的位置去查找问题。下面给出一个典型的检测次序及对应的可能故障。

（1）ping 127.0.0.1

这个命令被送到本地计算机的TCP/IP组件，该命令永不退出本地计算机。如果出现异常，则表示本地计算机TCP/IP协议的安装或运行存在问题。

（2）ping 本机IP

这个命令被送到本地计算机所配置的IP地址，本地计算机始终都应该对该命令做出应答。如果出现问题，可断开网络电缆，然后重新发送该命令。如果断开后本命令正确，则表示另一台计算机可能配置了相同的IP地址。

（3）ping 局域网内其他IP

这个命令会经过网卡及网络电缆到达局域网中的其他计算机，如果收到回送应答表明本地网络运行正确。如果收到0个回送应答，那么表示IP地址、子网掩码设置不正确或网络连接有问题。

（4）ping 网关IP

这个命令如果应答正确，表示局域网中的网关路由器正在运行并能够做出应答。

（5）ping 远程IP

如果收到应答，表示成功地使用了默认网关。对于接入Internet的用户则表示能够成功地访问Internet。

（6）ping 域名

检验本地主机与DNS服务器的连通性，如果这里出现故障，则表示DNS服务器的IP地址配置不正确或DNS服务器有故障，也可以利用该命令实现域名对IP地址的转换功能。

【注意】 当计算机通过域名访问时首先会通过DNS服务器得到域名对应的IP地址，然后才能进行访问。在执行“ping 域名”时应重点查看是否得到了域名对应的IP地址。

如果上面所列出的所有ping命令都能正常运行，表明当前计算机的本地和远程通信都基本没有问题了。但是，这些命令的成功并不表示所有的网络配置都没有问题，例如，某些子网掩码错误有可能无法检测到。另外有时候ping命令不成功的原因并不是网络基本配置的问题，而可能是由于网络中安装了防火墙，屏蔽了ping命令的运行。

任务实施2　实现IP地址和MAC地址绑定

使用arp命令可以实现IP地址和MAC地址的绑定，从而避免IP地址冲突，具体步骤如下。

（1）打开命令行窗口，输入命令“arp -s IP地址网卡物理地址”，将主机的IP地址和对应的物理地址作为一个静态条目加入ARP高速缓存。

（2）输入命令 arp －a，可以看到相应 IP 地址的项目类型为 static（静态），如图 9－6 所示。

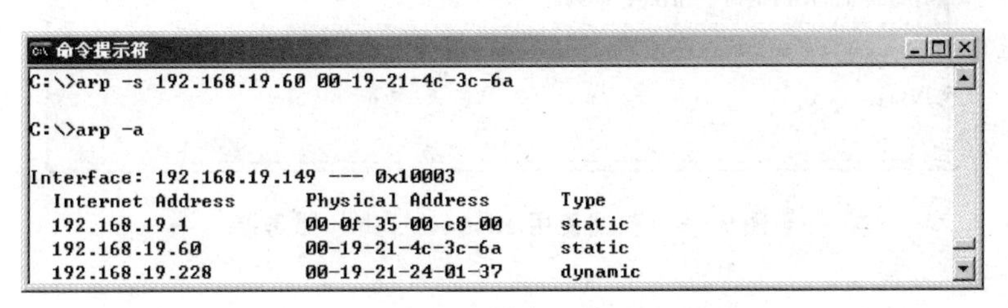

图 9－6　实现 IP 地址和 MAC 地址的绑定

【注意】使用 arp 命令将 IP 地址与 MAC 地址绑定后，该项目在计算机重新启动前不会失效，当计算机重新启动后，该静态项目就会消失，此时需要重新添加。

任务实施 3　利用 Telnet 远程登录计算机

Telnet 的设置包括服务器设置和客户机设置，具体操作过程如下。

1. Telnet 服务器端的设置

在默认情况下，Windows 系统中的 Telnet 服务是禁止的，因此如果想使用 Telnet 远程登录，必须首先在服务器端将 Telnet 服务启动。

（1）依次单击“开始”→“程序”→“管理工具”→“服务”命令，打开“服务”控制台，在服务控制台中，可以看到 Telnet 服务，在默认情况下，该服务是禁用的。

（2）右击 Telnet 服务，选择“属性”命令，在弹出的“属性”对话框中，选择“启动类型”为“手动”，单击“应用”按钮，在服务状态中单击“启动”按钮，启动 Telnet 服务。

2. Telnet 客户机端的设置

（1）在命令行模式中输入“telnet 目标计算机的 IP 或域名”。

（2）按 Enter 键，会进入图 9－7 所示的画面，系统提示用户将把密码发送到 Internet 区内的另一台远程计算机上，用户需选择是否继续。

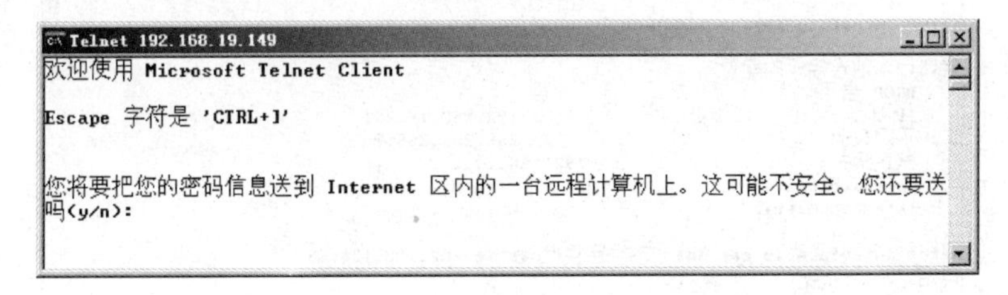

图 9－7　远程登录系统提示信息

（3）键入“y”，系统会提示输入远程计算机的登录口令，若无口令可直接登录，登录后会进入如图 9－8 所示画面，此时已完成 Telnet 远程登录，用户可以在窗口中输入相应的命令实现对目标计算机的操作和控制。

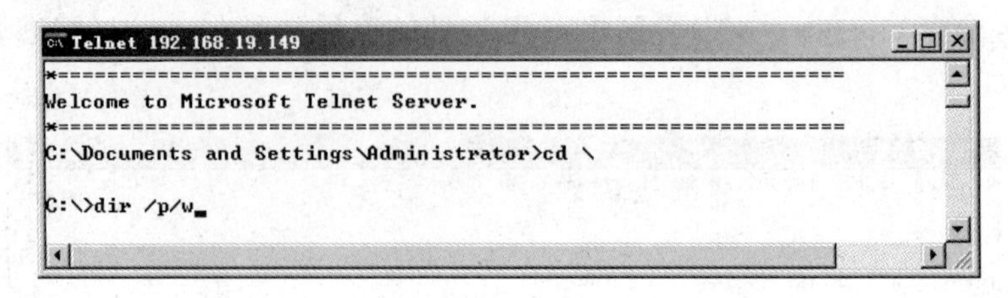

图 9－8　欢迎使用 Microsoft Telnet 服务器

任务实施 4　利用命令行模式设置 IP 地址信息

可以通过命令行方式设置当前计算机的 IP 地址、子网掩码和默认网关，指定 DNS 服务器的 IP 地址，具体操作步骤如下。

（1）打开命令行窗口，输入命令 netsh，按 Enter 键，进入 netsh 命令模式。

（2）输入命令 interface，按 Enter 键，进入 interface 上下文。

（3）输入命令 ip，按 Enter 键，进入 IP 上下文。

（4）在 IP 上下文中，输入命令"set address '本地连接名称' static　IP 地址　子网掩码　默认网关　跃点数"，稍等片刻，窗口显示"确定"两字，表示修改成功，设定了新的静态 IP 地址、子网掩码和默认网关，可以输入命令"show address"查看相应配置信息。

（5）同样在 IP 上下文中，输入命令"set dns "本地连接名称" static DNS 服务器 IP 地址"，稍等片刻，窗口显示"确定"两字，表示修改成功，设定了新的首选 DNS 服务器的 IP 地址，可以输入命令 show config 查看更详细的配置信息。

（6）设置完毕后，可以输入命令 quit，退出 netsh 环境。

设置当前计算机的 IP 地址信息的配置过程如图 9－9 所示。当然在设置完毕后，也可在命令行窗口中输入 ipconfig/all 查看刚才所做的设置。

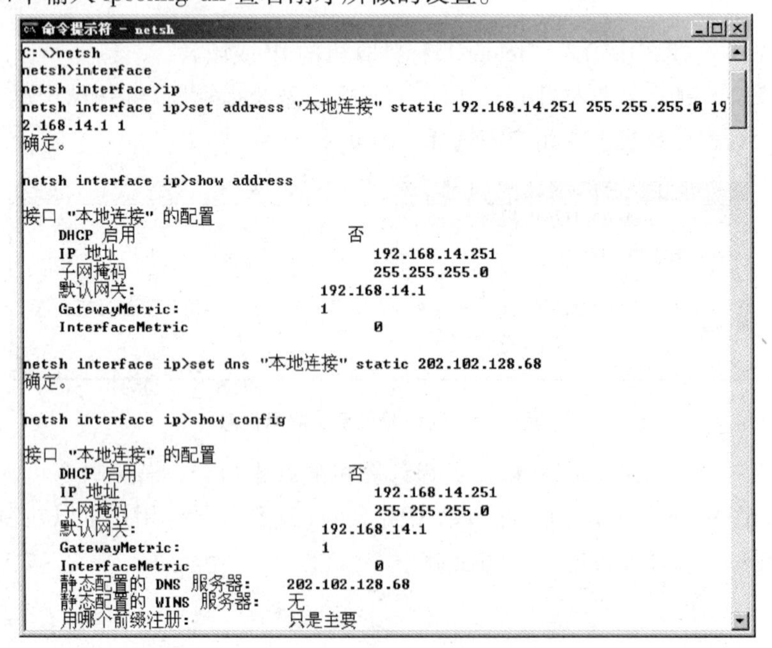

图 9－9　利用命令行模式设置 IP 地址信息

任务实施5　查看网络共享资源

可以在命令行模式下查看当前计算机所在工作组或域中有哪些计算机，具体步骤如下。

（1）打开命令行窗口，输入命令 net view，不带任何参数，则将显示当前计算机所在工作组或域的计算机列表，如图9-10所示。

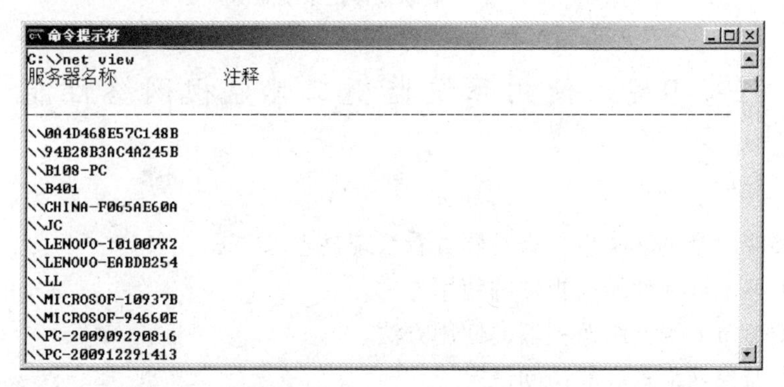

图9-10　查看当前计算机所在工作组的计算机列表

（2）如果要查看某台计算机提供的共享资源，可以输入命令“net view \\计算机名称”，如图9-11所示。

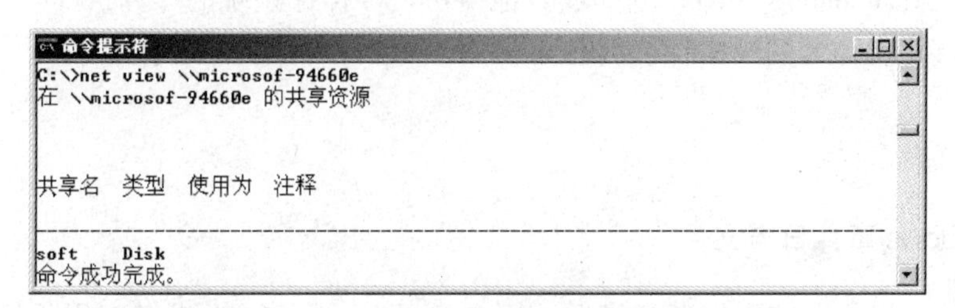

图9-11　查看某台计算机提供的共享资源

任务实施6　监控当前系统服务

如果要查看计算机当前启动的服务，可以输入命令 net start，如图9-12所示。

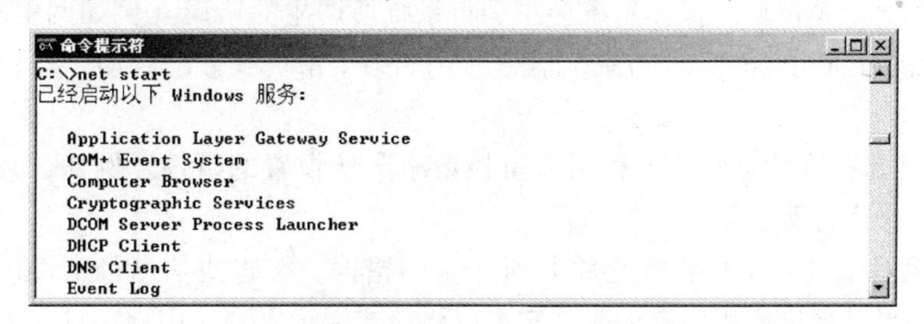

图9-12　查看计算机当前启动的服务

如果要停止某项服务，可以输入命令“net stop 服务名”；如果要启动某项服务，可以输入命令“net start 服务名”，如图9-13所示。

【注意】限于篇幅，这里只给出了 Windows 系统中部分网络命令的使用方法。要了解更多网络命令的作用和使用方法，请查阅 Windows 系统提供的帮助文档。

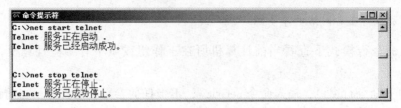

图9-13 启动或停止系统服务

任务9.2 使用系统监视工具监视网络性能

【任务目的】

(1) 能够使用Windows事件查看器查看系统日志。

(2) 熟悉Windows性能监视器的使用方法。

(3) 熟悉Windows网络监视器的使用方法。

(4) 能够监控网络资源的访问情况。

【工作环境与条件】

(1) 安装好Windows Server 2003或其他Windows操作系统的计算机。

(2) 能够正常运行的网络环境(也可使用VMware等虚拟机软件)。

【相关知识】

9.2.1 Windows事件日志文件

当Windows操作系统出现运行错误、用户登录/注销的行为或者应用程序发出错误信息等情况时,会将这些事件记录到"事件日志文件"中。管理员可以利用"事件查看器"检查这些日志,查看到底发生了什么情况,以便做进一步的处理。

在Windows操作系统中主要包括以下事件日志文件。

- 系统日志:Windows操作系统会主动将系统所产生的错误(例如网卡故障)、警告(例如硬盘快没有可用空间了)与系统信息(例如某个系统服务已启动)等信息记录到系统日志内。

- 安全日志:该日志会记录利用"审核策略"所设置的事件,例如,某个用户是否曾经读取过某个文件等。

- 应用程序日志:应用程序会将其所产生的错误、警告或信息等事件记录到该日志内。例如,如果某数据库程序有误时,它可以将该错误记录到应用程序日志内。

- 目录服务日志:该日志仅存在于域控制器内,会记录由活动目录所发出的诊断或错误信息。

除此之外,某些服务(例如DNS服务)会有自己的独立的事件日志文件。

9.2.2　Windows 性能监视器

Windows 性能监视器是在 Windows 系统中提供的系统性能监视工具。它包含两个预设管理单元:“系统监视器”和“性能日志和警报”。“系统监视器”用来收集并查看有关内存、磁盘、处理器、网络以及其他活动的实时数据。“性能日志和警报”可用来收集来自本地或远程计算机的性能数据，并可以配置日志以记录性能数据、设置系统警告，在特定计数器的数值超过或低于所限定阈值时发出通知。

【任务实施】

任务实施1　使用事件查看器

1. 查看事件日志

依次选择“开始”→“程序”→“管理工具”→“事件查看器”命令，打开“事件查看器”窗口，如图9－14所示。由图可知，该窗口的右侧窗格列出了计算机的系统日志，图中每一行代表了一个事件。它提供了以下信息。

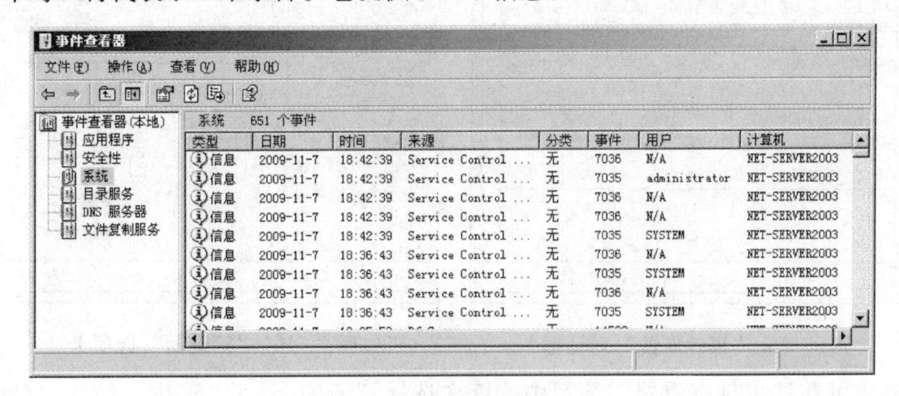

图9－14　“事件查看器”窗口

- 类型：此事件的类型，例如错误、警告、信息等。
- 日期与时间：此事件被记录的日期与时间。
- 来源：记录此事件的程序名称。
- 分类：产生此事件的程序可能会将其信息分类，并显示在此处。
- 事件：每个事件都会被赋予唯一的号码。
- 用户：此事件是由哪个用户所制造出来的。
- 计算机：发生此事件的计算机名称。

在每个事件之前都有一个代表事件类型的图标，这些图标的说明如下。

- 信息：描述应用程序、驱动程序或服务的成功操作。
- 警告：表示目前不严重，但是未来可能会造成系统无法正常工作的问题，例如，硬盘容量所剩不多时，就会被记录为“警告”类型的事件。
- 错误：表示比较严重，已经造成数据丢失或功能故障的事件，例如网卡故障、计算机名与其他计算机相同、IP 地址与其他计算机相同、某系统服务无法正常启动等。

- 成功审核：表示所审核的事件为成功的安全访问事件。
- 失败审核：表示所审核的事件为失败的安全访问事件。

如果要查看事件的详细内容，可直接双击该事件，打开“事件属性”对话框，如图9－15所示。

2. 查找事件

当首次启动事件查看器时，它自动显示所选日志中的所有事件，若要限制所显示的日志事件，可在“事件查看器”窗口中，依次选择“查看”→“筛选”命令，打开该日志的属性对话框的“筛选器”选项卡，如图9－16所示。在该对话框中，可指定需要显示的事件类型和其他事件标准，从而将事件列表缩小到易于管理的大小。

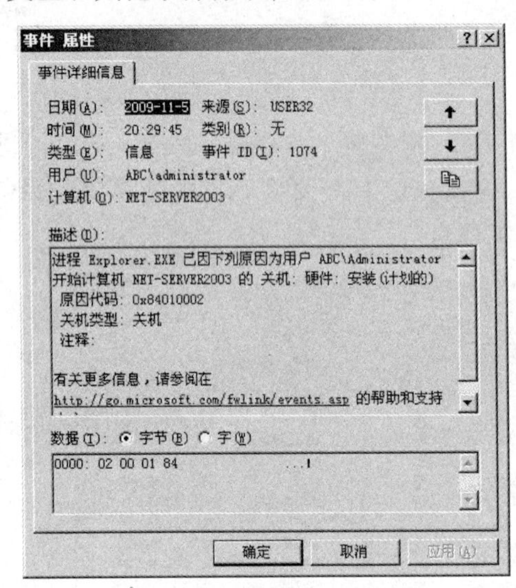

图9－15 “事件属性”对话框

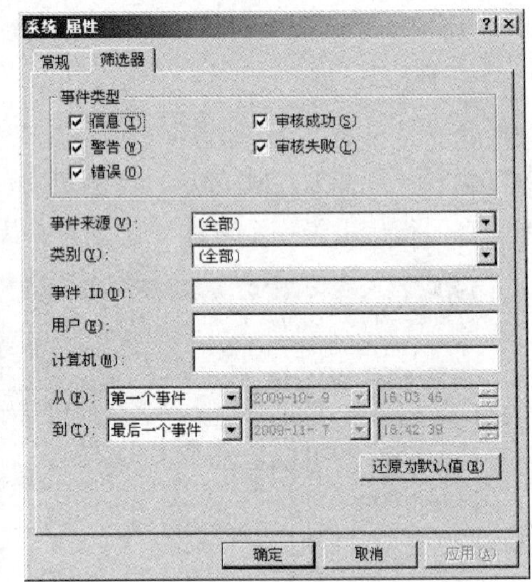

图9－16 “筛选器”选项卡

另外也可在“事件查看器”窗口中，依次选择“查看”→“查找”命令，打开“查找”对话框。在该对话框中，可设定相应的条件，查找特定事件。

3. 日志文件的设置

管理员可以针对每个日志文件更改其设置。如要设置日志文件的文件大小，可以在“事件查看器”窗口中，选中该日志文件，右击鼠标，在弹出的快捷菜单中选择“属性”命令，打开该日志文件的“属性”对话框，在该对话框中可以指定日志文件大小上限，单击“清除日志”按钮可以将该日志文件内的所有日志都清除。

如果要保存日志文件，则可在“事件查看器”窗口中，选中该日志文件，右击鼠标，在弹出的快捷菜单中选择“另存日志文件”命令，在弹出的对话框中选择存储日志文件的路径和文件格式，完成文件的存储。存储日志文件时可以选择以下文件格式。

- 事件日志：扩展名为.evt。以该格式存储的文件，可在“事件查看器”内通过执行“打开日志文件”的途径进行查看。
- 文本：扩展名为.txt，各数据之间利用制表符（Tab）进行分隔。以该格式存储的文件，可利用一般的文本处理器（例如记事本）进行查看，也可供电子表格、数据库等应

用程序来读取、导入。

• CSV 格式：扩展名为 . csv，各数据之间利用逗号进行分隔。以该格式存储的文件，可利用一般的文本处理器（例如记事本）进行查看，也可供电子表格、数据库等应用程序来读取、导入。

任务实施2　使用性能监视器

1. 使用系统监视器

依次选择"开始"→"程序"→"管理工具"→"性能"命令，打开"性能"窗口。性能监视器包含"系统监视器"和"性能日志和警报"两个管理单元，默认情况下会打开"系统监视器"，如图9－17所示。由图可见，系统监视器右边窗格显示并出现一个曲线图视窗和一个工具栏，界面有3个主要区域：曲线图区、图例和数值栏。

可以选择自动更新或手动更新曲线图区域中的数据。若手动更新，可使用"更新数据"按钮开始和停止数据收集间隔；单击"清除显示"按钮可删除所有的显示数据；若要将计数器添加到曲线图，可单击"添加"按钮并从"添加计数器"对话框中选择计数器。

时间栏（贯穿整个曲线图的竖向线条）的移动表示已过了一个更新间隔。无论更新间隔是多少，视窗都显示100个数据样本，必要时系统监视器会压缩日志数据以全部显示。若要查看日志中的压缩数据，可单击"属性"按钮，打开"来源"选项卡，选择一个日志文件，然后选择一个较短的时间范围，较短的时间范围所含数据较少，系统就不会减少数据点。

要使用系统监视器对系统的某项性能指标进行监视，必须添加该性能指标对应的计数器，添加计数器后，系统监视器开始在该曲线图区域将计数器数值转换成图。添加计数器的操作步骤如下所示。

（1）在系统监视器右边窗格的工具栏上单击"添加"按钮，打开"添加计数器"对话框。

（2）在"添加计数器"对话框中选择所要添加的计数器，如果要监视本地计算机网络接口每秒钟发送和接收的总字节数，可选择"使用本地计算机计数器"单选按钮；在"性能对象"下拉列表中选择 Network Interface（网络接口）；在"从列表选择计数器"中选择 Bytes Total/sec；在"从列表选择范例"中选择需要监视的网络接口。如图9－18所示。

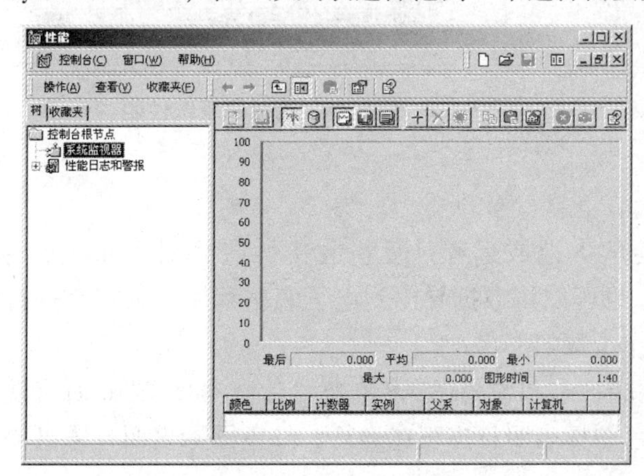

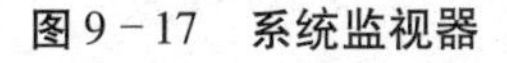
图9－17　系统监视器

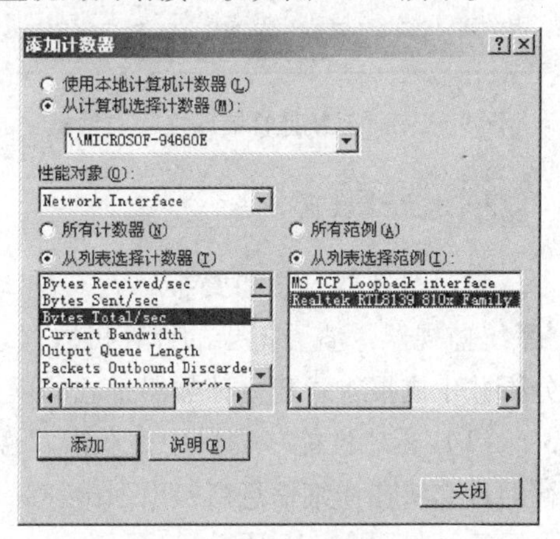

图9－18　"添加计数器"对话框

（3）单击“添加”按钮，完成计数器的添加。如果不再添加其他计数器，即可单击“关闭”按钮，关闭“添加计数器”对话框。

（4）在“系统监视器”的底部可以看到新添加的计数器。

（5）为了更清楚地反映监视结果，可以对“系统监视器”的属性进行修改。右击“系统监视器”详细信息窗格，选择“属性”命令，打开“系统监视器属性”对话框，如图9－19所示。

（6）在“数据”选项卡上，可指定要使用的选项，其中各选项的含义如下。

- “添加”按钮将打开“添加计数器”对话框，可以在此选择要添加的其他计数器。
- “删除”按钮将删除在计数器列表中选定的计数器。
- “颜色”选项可更改所选计数器的颜色。
- “比例”选项可在图形或直方图视图中更改所选计数器的显示比例。计数器数值的幂指数比例在.0000001到1000000.0之间。可以调整计数器比例设置以提高图形中计数器数据的可视性。更改比例不影响数值条中显示的统计数据。
- “宽度”选项可更改所选计数器的线宽。注意定义线宽能够确定可用的线条样式。
- “样式”选项可更改所选计数器的线条样式。只有使用默认线宽才能选择样式。

（7）如果网络接口有数据传输的话，“系统监视器”就会对计数器数值进行记录，并将其转换为图形显示，如图9－20所示。

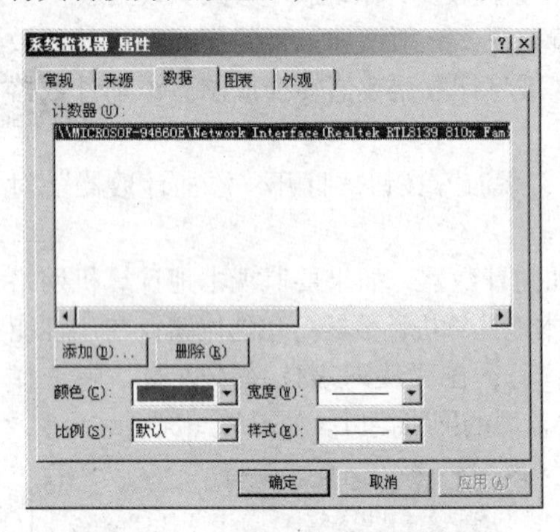

图9－19 “系统监视器属性”对话框

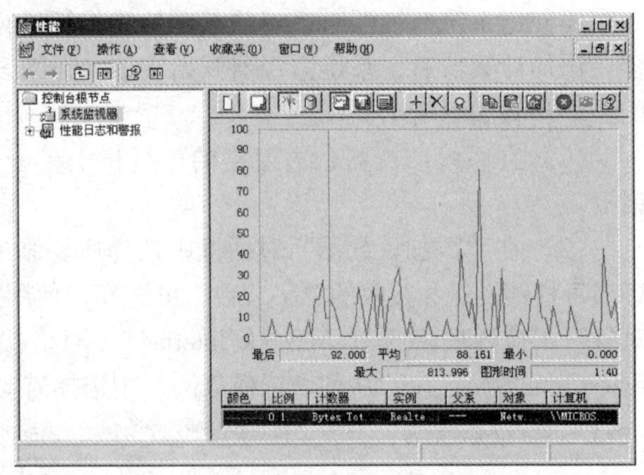

图9－20 系统监视器监视系统性能

2. 建立计数器日志

使用“性能日志和警报”可以自动从本地或远程计算机收集性能数据。可以使用“系统监视器”查看记录的计算机数据，也可以将数据导出到电子表格程序或数据库进行分析并生成报告。建立计数器日志的操作步骤如下。

（1）在“性能”窗口中，双击“性能日志和警报”，再单击“计数器日志”。所有现存的日志将在详细信息窗格中列出。绿色图标表明日志正在运行，红色图标表明日志已停止运行，如图9－21所示。

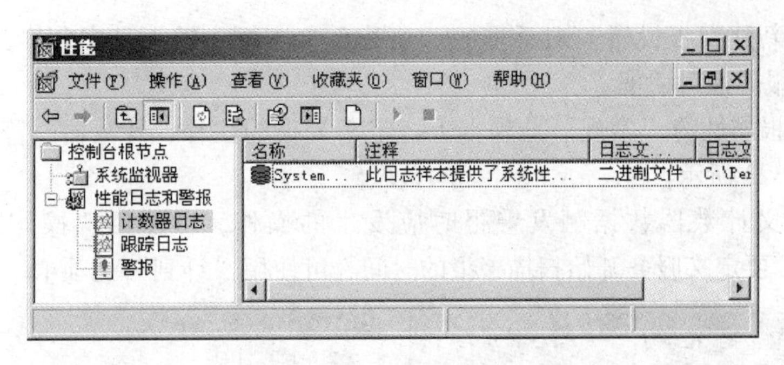

图9-21 “计数器日志”窗口

(2) 右击详细信息窗格中的空白区域，选择“新建日志设置”命令，打开“新建日志设置”对话框。

(3) 在“新建日志设置”对话框的“名称”文本框中键入日志名称，单击“确定”按钮，打开日志属性对话框，如图9-22所示。

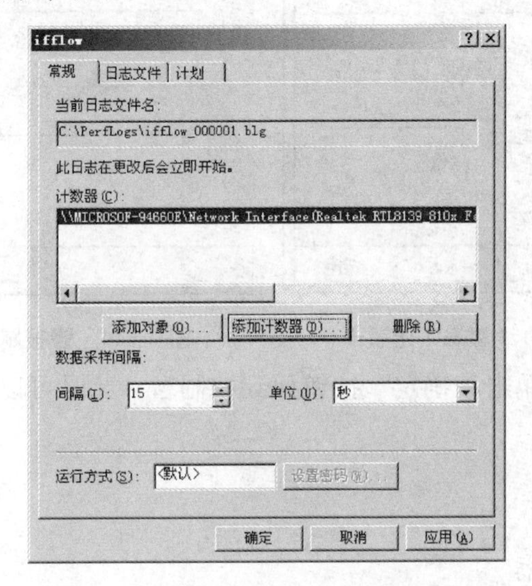

图9-22 日志属性对话框

(4) 在日志属性的“常规”选项卡上，单击“添加对象”按钮选择要添加的性能对象，或者单击“添加计数器”按钮选择要记录的单个计数器。

(5) 如果要更改默认的文件和计划的信息，可在“日志文件”选项卡和“计划”选项卡上进行更改。

(6) 设置完毕后，单击“确定”按钮后回到计数器日志窗口，此时可以看到所添加的计数器日志。

3. 建立计数器警报

(1) 在“性能”窗口中，双击“性能日志和警报”，再单击“警报”。已有的所有警报将在详细信息窗格中列出。绿色图标表明警报正运行，红色图标表明警报已停止。

(2) 右击详细信息窗格中的空白区域，选择“新建警报设置”命令，打开“新建警报设置”对话框。

(3) 在“新建警报设置”对话框的“名称”文本框中键入日志名称，单击“确定”按钮，打开警报属性对话框。

(4) 在警报属性的“常规”选项卡上，定义警报的注释、计数器、警报阈值和采样间隔，如图9-23所示。

(5) 要定义计数器数据触发警报时应发生的操作，可使用“操作”选项卡，如图9-24所示。要定义服务开始扫描警报的时间，可使用“计划”选项卡。

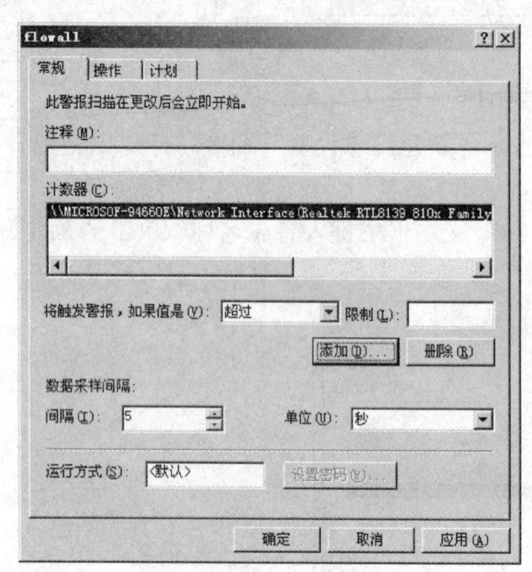

图9-23　警报属性的“常规”选项卡

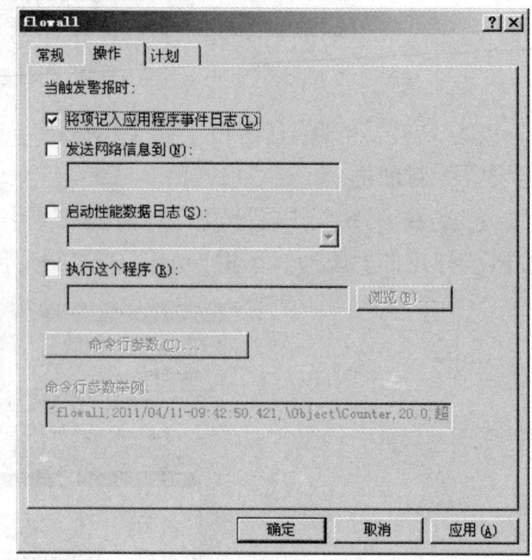

图9-24　警报属性的“操作”选项卡

(6) 设置完毕后，单击“确定”按钮回到控制台，此时可以看到所添加的警报，绿色表示已经启动。

4. 查看日志文件

(1) 使用事件查看器

设置了警报后，当计数器超过阈值，系统将记录该事件，默认情况下将记录在“应用程序”事件中，可以通过事件查看器查看。

(2) 直接查看

可以在“性能”窗口中更改日志文件类型为文本文件，文件扩展名为 . csv，此时生成的日志文件，可以直接用 Excel 进行查看和编辑。

任务实施3　使用网络监视器

网络监视器是 Windows Server 2003 等网络操作系统提供的监视工具。利用网络监视器可以捕获与分析网络上所传输的信息，从而可以诊断与避免各种类型的网络问题。下面主要在 Windows Server 2003 系统下运行和使用网络监视器。

1. 安装网络监视器

网络监视器并不是 Windows Server 2003 系统默认的安装组件。具体安装步骤如下。

（1）在“控制面板”窗口中选择“添加/删除程序”命令，在打开的对话框中，单击“添加/删除 Windows 组件”按钮，打开“Windows 组件”对话框。

（2）选中“管理与监视工具”后，单击“详细信息”按钮，选取“网络监视工具”，单击“确定”按钮，指明系统安装文件的路径，即可完成网络监视器的安装。

2. 运行网络监视器

安装完成后，可以通过依次选择“开始”→“程序”→“管理工具”→“网络监视器”命令，运行网络监视器。在第一次运行网络监视器时会出现一个警告框，提醒用户需要从计算机内选择一个网络接口，让网络监视器来捕获进出此网络接口的数据包信息。完成网络接口的选择后，会看到图 9－25 所示的画面。

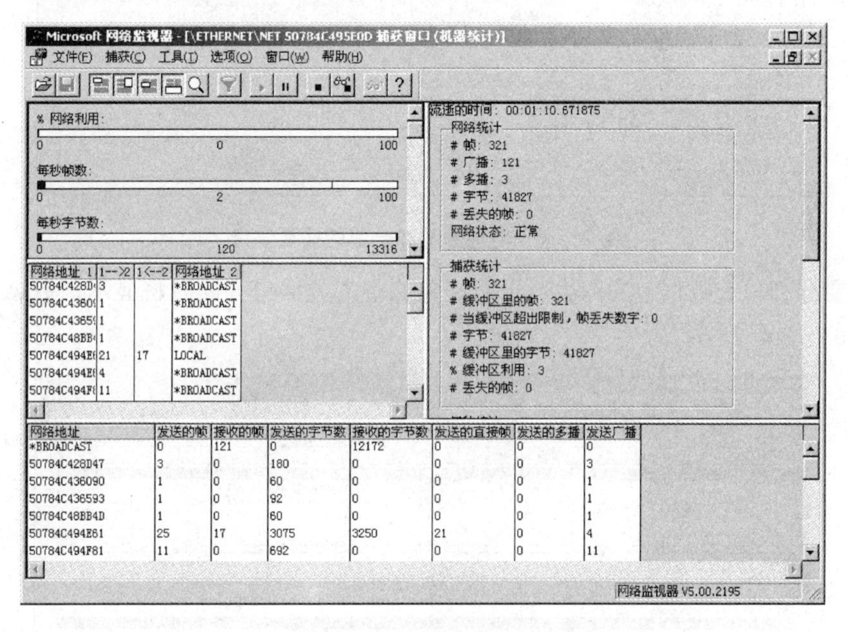

图 9－25　网络监视器

由图 9－25 可见，网络监视器由以下 4 个窗格组成。

- 图形窗格：以图形来显示网卡的带宽使用率，每秒钟所传送的帧数，每秒钟所传送的字节数量，每秒钟所传送的广播数据包数量，每秒钟所传送的多点传播数据包数量。
- 会话统计窗格：显示每两台计算机之间所传送的帧数量。
- 工作站统计窗格：显示在“网络地址”处的计算机，所传送与接收的数据包统计信息。网络监视器只会显示它所侦测到的前 128 个网络地址。
- 总体统计窗格：显示所有从此台计算机传送出去与接收进来的统计信息。

3. 捕获与检查数据包

单击网络监视器“捕获”菜单或工具栏上的“开始”按钮，就可以开始捕获从此台计算机的网卡所传出或接收的数据包。除“开始”按钮外，在“捕获”菜单和工具栏上还提供了“暂停”按钮、“停止”按钮、“检查”按钮和“停止并检查”按钮。

如果已经捕获了一段时间的数据包，可单击“停止并检查”按钮，此时将出现图 9－26所示的画面。在该画面中显示了所捕获的数据包的摘要信息，例如经过多少时间才捕获到此数据包、来源与目标 MAC 地址、通信协议、来源与目的计算机的其他地址等。

Microsoft 网络监视器 - [捕获: 1 (总结)]

帧	时间	源 MAC 地址	目标 MAC 地址	协议	描述
1	0.734375	50784C494FCB	*BROADCAST	ARP_RARP	ARP: Request, Target IP: 192.168.13.1
2	1.125000	50784C498056	*BROADCAST	ARP_RARP	ARP: Request, Target IP: 192.168.13.1
3	1.437500	50784C49532B	*BROADCAST	ARP_RARP	ARP: Request, Target IP: 192.168.13.1
4	1.734375	LOCAL	*BROADCAST	ARP_RARP	ARP: Request, Target IP: 192.168.13.1
5	2.546875	50784C4950CD	*BROADCAST	NBT	NS: Query req. for 403 <1C>
6	2.578125	50784C495006	*BROADCAST	ARP_RARP	ARP: Request, Target IP: 192.168.13.1
7	3.031250	50784C436593	*BROADCAST	NBT	NS: Query req. for C40304
8	3.031250	50784C498056	*BROADCAST	ARP_RARP	ARP: Request, Target IP: 192.168.13.19
9	3.078125	50784C498051	*BROADCAST	ARP_RARP	ARP: Request, Target IP: 192.168.13.1
10	3.296875	50784C4950CD	*BROADCAST	NBT	NS: Query req. for 403 <1C>
11	4.046875	50784C4950CD	*BROADCAST	NBT	NS: Query req. for 403 <1C>
12	4.734375	50784C494FCB	*BROADCAST	ARP_RARP	ARP: Request, Target IP: 192.168.13.1
13	5.437500	50784C49532B	*BROADCAST	ARP_RARP	ARP: Request, Target IP: 192.168.13.1
14	6.125000	50784C498056	*BROADCAST	ARP_RARP	ARP: Request, Target IP: 192.168.13.1
15	6.887500	50784C494F81	*BROADCAST	ARP_RARP	ARP: Request, Target IP: 192.168.13.1
16	6.734375	LOCAL	*BROADCAST	ARP_RARP	ARP: Request, Target IP: 192.168.13.1
17	7.781250	50784C428D47	*BROADCAST	ARP_RARP	ARP: Request, Target IP: 192.168.13.1
18	8.078125	50784C498051	*BROADCAST	ARP_RARP	ARP: Request, Target IP: 192.168.13.1
19	9.328125	50784C495710	LOCAL	SMB	C echo, Repeat 1 times
20	9.328125	LOCAL	50784C495710	SMB	R echo, Response # = 1
21	9.453125	50784C495710	LOCAL	TCP	.A...., len: 0, seq:1618496503-1618496503, ack:
22	10.125000	50784C498056	*BROADCAST	ARP_RARP	ARP: Request, Target IP: 192.168.13.1
23	10.593750	50784C495006	*BROADCAST	ARP_RARP	ARP: Request, Target IP: 192.168.13.1
24	10.734375	LOCAL	*BROADCAST	ARP_RARP	ARP: Request, Target IP: 192.168.13.1

网络监视器 V5.00.2195　F#: 1/393　Off: 0(x0)　L: 0(x0)

图 9－26　所捕获的数据包的摘要信息

如果要详细检查数据包的内容，可双击要检查的数据包，此时将显示该数据包的详细信息，如图 9－27 所示。

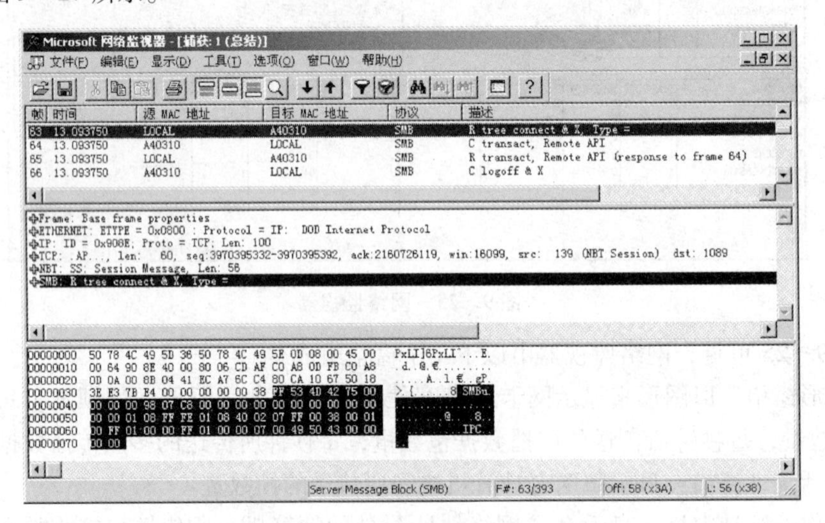

图 9－27　数据包的详细信息

利用图 9－27 所示的画面可以对所捕获的数据包进行分析，其中各项内容的含义如下。

- FRAME 为此帧的摘要说明文字，例如此数据包的编号、捕获时间、大小等。
- ETHERNET 为此数据包的 Ethernet 包头内容，例如此数据包的目的 MAC 地址、源 MAC 地址、通信协议的种类等。
- IP 为此数据包的 IP 包头内容，例如此数据包的目的 IP 地址、源 IP 地址、传输层通信协议的种类等。

• TCP为此数据包的TCP包头内容，例如此数据包的目的端口、源端口、相关控制信息等内容。

可以通过单击“文件”菜单中的“另存为”按钮，将所捕获的信息存盘，以备日后再读取和分析。

4. 设置捕获筛选器

可以通过“捕获筛选器”来指定要捕获的数据包，以避免捕获太多不相干的信息。操作步骤为：单击“捕获”菜单中的“筛选器”按钮，然后单击弹出的警告框的“确定”按钮，打开“捕获筛选程序”对话框，如图9－28所示。“捕获筛选程序”提供了3种筛选模式。

（1）以通信协议（SAP/ETYPE）来筛选

SAP/ETYPE表示Service Access Point/Ethernet Type，也就是将通过SAP或ETYPE的通信协议类型来选择筛选对象。在“捕获筛选程序”对话框中选择SAP/ETYPE，单击“编辑”按钮后，可以打开“捕获筛选程序SAP和ETYPE”对话框，如图9－29所示。默认会捕获所有通信协议的数据包。为了方便起见可以先单击“全部禁用”按钮，然后再选择要捕获的通信协议后单击“启用”按钮。

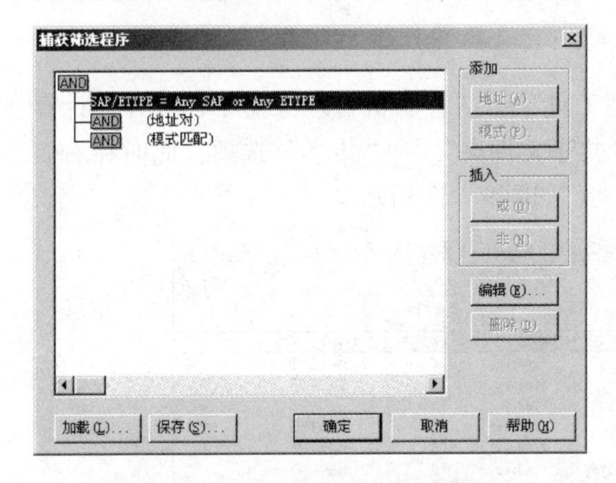

图9－28 “捕获筛选程序”对话框

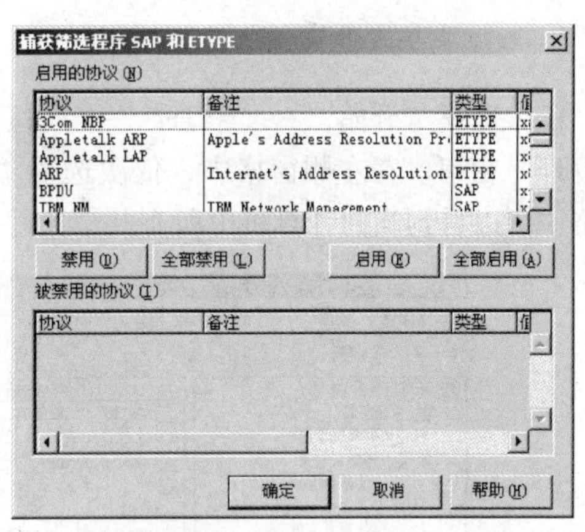

图9－29 “捕获筛选程序SAP和ETYPE”对话框

（2）以地址来筛选

可以利用地址来筛选捕获的数据包，例如可以设置只捕获从某台特定计算机所传送来的数据包。设置时需选取“地址对”后单击“地址”按钮，打开“地址表达式”对话框，如图9－30所示，选择要捕获发送数据包的计算机的地址。

也可以通过单击“地址表达式”对话框的“编辑地址”按钮，打开“地址数据库”对话框。用户可自行在地址数据库中新增、删除、修改地址信息，可以利用计算机名、IP地址以及Ethernet MAC地址等来新增地址信息。

（3）以信息模式来筛选

利用信息模式来筛选，就是指定只要在数据包内的特定位置，包含着特定模式的信息时，才捕获这个数据包。在“捕获筛选程序”对话框中选取“模式匹配”后单击“模式”按钮，打开“模式匹配”对话框，如图9－31所示。

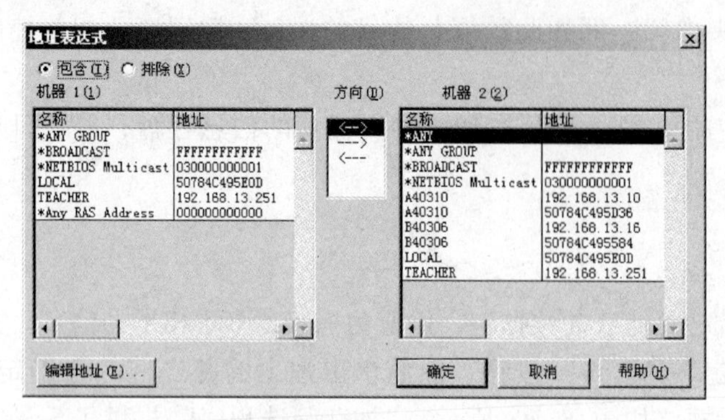

图 9－30 “地址表达式”对话框

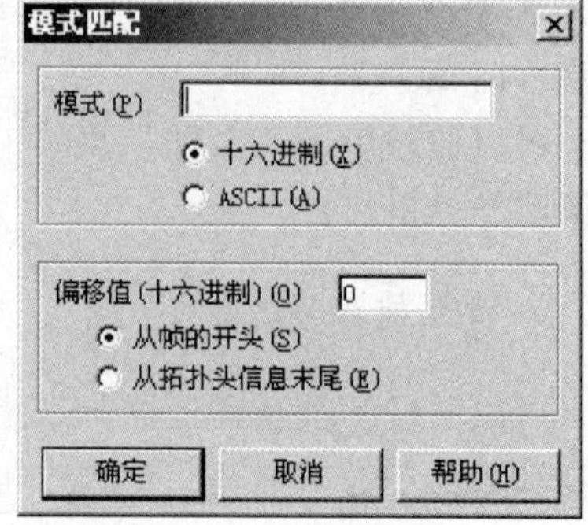

图 9－31 “模式匹配”对话框

- 模式：若数据包的指定位置包含此信息模式就捕获此数据包。
- 偏移值：设置寻找的起始位置，若选择“从帧的开头”则表示从此帧的开头来计算位移，例如对于以太网帧，前 6 个字节是“目的 MAC 地址”，因此“源 MAC 地址”是从位移为 6 处开始的。若选择“从拓扑头信息末尾”表示从拓扑头的末尾来计算位移。

任务实施 4 监控共享资源

1. 监控共享文件夹

依次选择“开始”→“程序”→“管理工具”→“计算机管理”命令，打开“计算机管理”窗口。在左侧窗格中，依次选择“共享文件夹”→“共享”选项，此时在右侧窗格中可以看到当前计算机中所有共享文件夹，如图 9－32 所示。

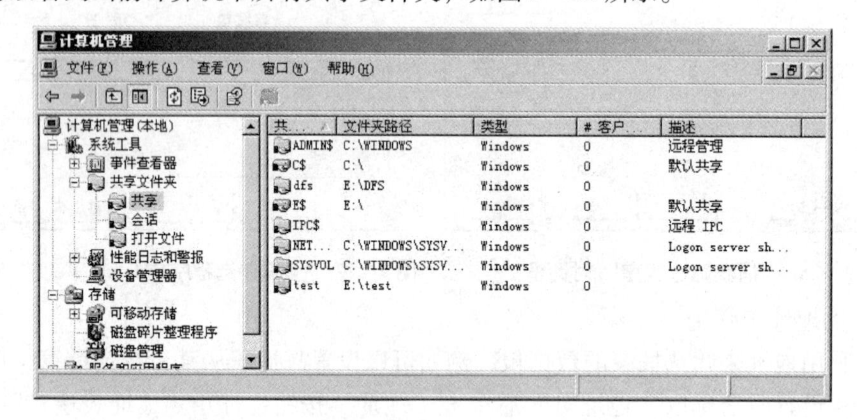

图 9－32 查看当前计算机中所有共享文件夹

如果要停止将文件夹共享给网络上的用户，可以右击共享文件夹，在弹出的快捷菜单中，选择“停止共享”命令。

如果要修改共享文件夹的设置，可以右击共享文件夹，在弹出的快捷菜单中，选择“属性”命令，打开共享文件夹的属性对话框。此处可以修改共享文件夹的允许连接的最多用户数目、共享权限、NTFS 权限、脱机文件的缓存设置等设置。

如果要新建共享文件夹，可以在“计算机管理”窗口的左侧窗格中，选中“共享”选项，右击鼠标，在弹出的快捷菜单中，选择“新建共享”命令，此时将打开“共享文

件夹向导”，引导用户完成共享文件夹的创建。

2. 监控与管理连接的用户

利用“共享文件夹”管理单元可以监控当前哪些用户在访问服务器上的共享文件夹，可以查看用户已连接了哪些资源，并可以断开用户，向计算机和用户发送管理性消息。

（1）查看当前对话

在“计算机管理”窗口的左侧窗格中，依次选择“共享文件夹”→“会话”选项，此时在右侧窗格中可以看到已经连接到该服务器的用户，如图9－33所示。

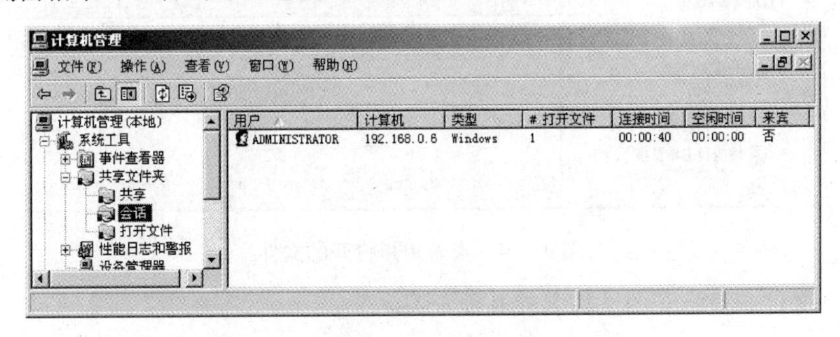

图9－33　查看已经连接到服务器的用户

- 用户：当前通过网络连接到本计算机的用户。
- 计算机：用户的计算机名或IP地址。
- 类型：运行在用户计算机上的操作系统。
- #打开文件：用户已经打开的文件数量。
- 连接时间：自用户建立当前会话后已经过去的时间。
- 空闲时间：用户仍在连接中，但自从用户上次访问这台计算机的资源后，已经有多久没有再访问资源了。
- 来宾：本计算机是否将用户作为内置的Gusets组账户成员进行身份验证。

（2）断开连接

在某些情况下，用户可能需要中断用户的连接，例如以下情况。

- 使共享文件夹权限更改立即生效。
- 释放繁忙计算机上的闲置连接，以便其他用户访问共享资源。用户完成访问资源后，用户与资源的连接将继续保持几分钟的活动状态，断开用户连接可立即释放连接。
- 关闭服务器。

如需中断用户的连接，可以在图9－33所示窗口中，选中要中断的用户连接，右击鼠标，在弹出的快捷菜单中，选择“关闭会话”命令即可。如果要中断全部的会话连接，可在“计算机管理”窗口的左侧窗格中，选中“会话”选项，右击鼠标，在弹出的快捷菜单中，选择“中断全部的会话连接”命令即可。

【注意】 断开用户连接后，用户可立即新建一个连接。如果断开一位当前正在从基于Windows的客户机访问共享文件夹的用户，客户端将自动重新建立与共享文件夹的连接。重新建立连接无须用户介入，除非更改权限以防止用户访问共享文件夹，或停止共享文件夹。

3. 监控被打开的文件

(1) 查看用户打开的文件

在“计算机管理”窗口的左侧窗格中，依次选择“共享文件夹”→“打开文件”选项，此时在右侧窗格中可以看到用户所打开的文件，如图9－34所示。

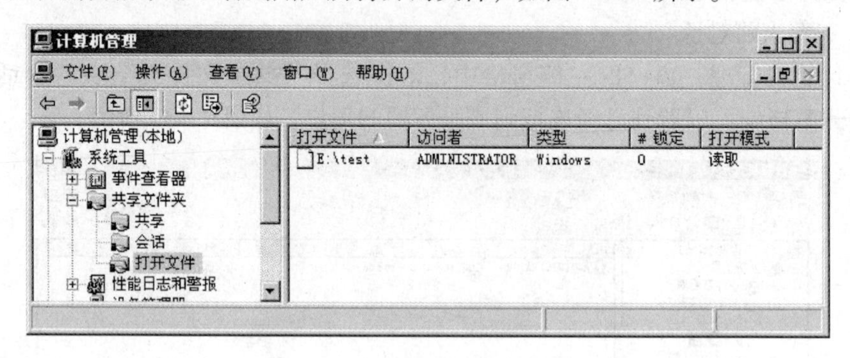

图9－34 查看用户打开的文件

- 打开文件：被打开的文件名或其他资源名。
- 访问者：打开该文件的用户账户名。
- 类型：用户登录的计算机上运行的操作系统。
- #锁定：该文件已经被锁定的次数。有的应用程序在访问文件时，会将文件锁定。
- 打开模式：用户的应用程序打开该文件的访问模式，如读取、写入等。

(2) 中断用户所打开的文件

要中断某个用户所打开的文件，可以在图9－34所示的窗口中，选中要中断的文件，右击鼠标，在弹出的快捷菜单中，选择“将打开的文件关闭”命令即可。如果要中断所有用户所打开的文件，可在“计算机管理”窗口的左侧窗格中，选中“打开文件”选项，右击鼠标，在弹出的快捷菜单中，选择“中断全部打开的文件”命令即可。

【注意】 通过将用户从文件上强制断开，可迫使用户重新打开文件。不过，如果没有提前通知用户保存更改，断开会话的方式可能会造成数据丢失。

4. 向用户发送管理性消息

中断用户会话或用户所打开的文件将导致用户数据丢失，因此应向用户发出直接警告，在中断前保存所有数据。执行该任务的一个办法是向用户发送管理性消息。

可以在“计算机管理”窗口的左侧窗格中，选中“共享文件夹”选项，右击鼠标，在弹出的快捷菜单中，依次选择“所有任务”→“发送控制台消息”命令。在“发送控制台消息”对话框中，选择相应的收件人，输入消息后，单击“发送”按钮即可向用户发送消息。

【注意】 向用户发送管理性消息也可以在命令行模式中使用 net send 命令，具体使用方法可参考 Windows 帮助文件。如果要拒绝接收消息，则只要依次运行“开始”→“程序”→“管理工具”→“服务”命令，在“服务”窗口中将 Messenger 服务停止即可。

任务9.3　处理常见计算机网络故障

【任务目的】

（1）了解处理计算机网络故障的基本步骤和方法。
（2）了解网络通信线路的常见故障和排除方法。
（3）了解网络设备的常见故障和排除方法。
（4）了解服务器与客户机的常见故障和排除方法。

【工作环境与条件】

（1）安装好 Windows Server 2003 或其他 Windows 操作系统的计算机。
（2）能够正常运行的网络环境（也可使用 VMware 等虚拟机软件）。
（3）设置好的故障现象或故障实例。
（4）相关诊断工具。

【相关知识】

9.3.1　处理计算机网络故障的基本步骤

虽然计算机网络故障的形式很多，但大部分计算机网络故障在处理时都可以遵守一定的步骤进行，而具体采用什么样的措施来排除故障，则要根据故障的实际情况而定。处理计算机网络故障的基本步骤如下。

1. 处理计算机网络故障前的准备工作

通常在处理计算机网络故障前需要完成以下准备工作。

- 了解网络的物理结构和逻辑结构。
- 了解网络中所使用的协议以及协议的相关配置。
- 了解网络操作系统的配置情况。

2. 识别故障现象

在准备排除故障之前，必须清楚知道计算机网络上到底出现了什么样的异常现象，这是成功排除故障的基本步骤。为了与故障现象进行对比，必须知道系统在正常情况下是如何工作的，否则是无法正确对故障进行定位的。在识别故障现象时，应该思考以下问题。

- 当被记录的故障现象发生时，正在运行什么进程。
- 这个进程以前运行过没有。
- 以前这个进程的运行是不是可以成功。
- 这个进程最后一次成功运行是什么时候。
- 从最后一次成功运行起，哪些进程发生了改变。

3. 对故障现象进行描述

在处理由用户报告的问题时，其对故障现象的详细描述显得尤为重要。通常仅凭用户对故障表面的描述，并不能得出结论。这时就需要管理员亲自操作，并注意相关的出错信息。此时可参考以下建议。

- 收集相关故障现象的信息内容并对故障现象进行详细描述，在这个过程中要注意细节，因为问题一般出在小的细节方面。
- 把所有的问题都记录下来。
- 不要急于下结论。

4. 列举可能导致故障的原因

应当考虑导致故障的所有可能原因，是网卡硬件故障，还是网络连接故障；是网络设备故障，还是TCP/IP协议设置不当等。

5. 缩小故障原因的范围

应根据出错的可能性将各种原因按优先级别进行排序，一个个先后排除，要把所列出的所有可能原因全部检查一遍。另外应注意不要只根据一次测试，就断定某一区域的网络运行是否正常。

6. 制订并实施排除故障的计划

当确定了导致问题产生的最有可能的原因后，要制订一个详细的故障排除操作计划。在确定操作步骤时，应尽量做到详细，计划越详细，按照计划执行的可能性就越大。

7. 排除故障结果的评估

故障排除计划实施后，应测试是否实现了预期目的。当没有产生预期的效果时，应首先撤销在试图解决问题过程中对系统做过的修改，否则会导致出现另外的人为故障。

9.3.2 处理计算机网络故障的基本方法

在解决计算机网络故障过程中，可以采用以下方法。

1. 硬件替换法

硬件替换法是一种常用的网络维护方法，其前提条件是知道可能导致故障产生的设备，并且有能够正常工作的其他设备可供替换。

采用硬件替换法的步骤相对比较简单。在故障进行定位后，用正常工作的设备替换可能有故障的设备，如果可以通过测试，则故障也就解决了。当然由于需要更换故障设备，必然需要一定的人力物力，因此在对设备进行更换之前必须仔细分析故障的原因。

在采用硬件替换法的时候，需遵循以下原则。

- 故障定位所涉及的设备数量不能太多。

- 确保可以找到能够正常工作的同类设备。
- 每次只可以替换一个设备，在替换第二个设备之前，必须确保前一个设备的替换已经解决了相应的问题。

2. 参考实例法

参考实例法是一种能够快速解决网络故障的方法，采用这种方法的前提条件是可以找到与发生故障的设备相同或类似的其他设备。

目前很多企业在购买计算机时，往往考虑到计算机系统的稳定性以及维护的方便性，从而选择相同型号的计算机，并设置相同或类似的参数。在这种情况下，当设备发生故障时，可以通过参考相同设备的配置来解决问题。

在采用参考实例法的时候，应注意遵守以下原则。

- 只有在可以找到与发生故障的设备相同或类似的其他设备的条件下，才可以使用参考实例法。
- 在对网络配置进行修改之前，要确保现用配置文件的可恢复性。
- 在对网络配置进行修改之前，要确保本次修改产生的结果不会造成网络中其他设备的冲突。

3. 错误测试法

错误测试法是一种通过测试而得出故障原因的方法。与其他方法相比，错误测试法可以节约更多时间，耗费更少的人力和物力。在下列情况下可以选择采用错误测试法。

- 凭借实际经验，能够对故障部位做出正确的推测，找出产生故障的可能原因，并能够提出相应的解决方法。
- 有相应的测试和维修工具，并能够确保所做的修改具有可恢复性。
- 没有其他可供选择的更好解决方案。

在采用错误测试法时需要遵守以下原则。

- 在更改设备配置之前，应该对原来的配置做好记录，以确保可以将设备配置恢复到初始状态。
- 如果需要对用户的数据进行修改，必须事先备份用户数据。
- 确保不会影响其他网络用户的正常工作。
- 每次测试仅做一项修改，以便知道该次修改是否能够有效解决问题。

【任务实施】

任务实施1　处理网络通信线路常见故障

在日常的网络维护中，网络通信线路的故障所占的比例较大，一个使用正常的网络突然发生不能上网的故障，通常是由网络通信线路故障引起的。

1. 了解常见的网络通信线路故障

目前小型局域网主要采用双绞线作为传输介质，主要出现的网络通信线路故障有以下几种。

（1）断线故障

因为双绞线断线（100Base－TX 中主要是双绞线电缆中的橙色对和绿色对）引起的故障只会影响到用户自身的工作，这种故障很容易查找。在 100Base－TX 中，交换机的每个端口都对应一个标志着“连接”的发光二极管，如果用户电缆连接和工作正常，连接指示灯将点亮，反之则不亮。此时应检查电缆的连接情况，通常在连接电缆时有两种倾向，太小心或太用力，因此在检查断线故障时应注意 RJ－45 连接器与 RJ－45 接口的接触情况。

（2）电缆过分弯曲引起的故障

由于双绞线电缆相当灵活，所以可以随意地将其弯曲以适应房间角落或障碍物处布线的需要，但这可能会导致不满足电缆最小曲率半径的要求。双绞线电缆过大的弯曲所引起的主要问题是使得电缆对噪声非常敏感，会造成电缆传输性能变差或传输错误增多，而且通常为循环冗余校验错误。电缆生产商通常会提供保证电缆最小曲率半径的电缆线槽或线管，在布线时应注意选用。

（3）双绞线种类错误引起的故障

双绞线电缆有多种类型，如果在电缆安装过程中出现使用低级别电缆或电缆类型不一致的情况，从而使网络不能达到预期的传输性能要求。在 100Base－TX 的网络中通常应选择 5 类以上的双绞线电缆，在布线施工前应进行相应的测试。

（4）电缆过长引起的故障

双绞线电缆的最远传输距离是 100m，如果超出该距离则会产生过大的衰减，从而影响传输性能。目前的双绞线电缆上一般每隔 50cm 都会有一个标记，所以很容易确定已经使用了多长的电缆。需要注意的是在目前的综合布线系统中，计算机和交换机并不是直接相连的，在 EIA/TIA568 A 标准中规定从信息插座到配线架之间的双绞线电缆最大长度为 90m，而从信息插座到计算机的跳线以及从配线架到交换机的跳线应不超过 5m。

（5）连接错误引起的故障

双绞线电缆与 RJ－45 连接器或 RJ－45 信息模块端接时可以选择两种标准 EIA/TIA568A 和 EIA/TIA568B，如果在同一网络中选择不同的连接标准可能会导致网络的连接故障。比如如果信息插座使用 568 A 标准，配线架使用 568 B 标准，此时计算机与交换机之间会出现连接故障。因此在同一网络中必须采用相同的标准进行布线。

（6）操作不当引起的故障

一些技术员在端接线缆的时候可能会剥除几厘米甚至更长的电缆外皮，解开双绞线线对的缠绕，虽然这样可以使得电缆终端的制作快速而简单，但这会导致很大的串扰以及对电磁干扰和射频干扰的敏感。因此在制作跳线过程中，严格遵守操作规程是非常重要的。

另外在制作双绞线跳线时，有时会遇到有质量问题的 RJ－45 连接器，而且一些便宜的压线工具操作起来比较难以掌握。因此为了更好地保证网络的传输性能，建议使用正规厂家生产的机压跳线。

2. 典型故障实例分析

（1）网络通信线路导致计算机运行变慢

故障现象：某用户的计算机最近出现了运行速度慢的故障，具体表现为，每移动一下

鼠标，都要等待一段时间后才能在屏幕上显示运行轨迹。经过现场检查发现，网卡指示灯闪烁，网卡安装正确，网络协议安装与配置也没有问题，而且能够 ping 通网络中的其他计算机，也能够进行 Web 浏览和收发 E－mail。从干净的系统软盘引导后，没有发现任何病毒。操作系统重新安装的时间也不长（只有两个月左右），只安装了几款常用的软件。

故障分析：能够与其他计算机进行正常通信，说明网卡和网络协议的安装没有问题。没有发现病毒，即运行速度跟病毒没有关系。操作系统安装的时间并不长，安装的软件不多，因此运行速度跟碎片文件过多或注册表文件太多等原因也是毫无关系的。于是怀疑是否是因为该计算机接收并且处理的数据包太多，从而占用了太多的 CPU 时间，导致计算机处理速度变慢。试着将双绞线跳线从计算机上拔掉，计算机的运行果然恢复了正常，看来问题就是出在网络通信线路上。

故障解决：使用双绞线电缆测试仪对双绞线跳线进行测试，结果发现该跳线的 1～8 线使用的分别是白橙，橙，白绿，绿，白蓝，蓝，白棕，棕。3，6 线来自两个线对，从而导致线缆中的串扰太大，数据包在传输过程中不断被破坏，接收双方反复发送和校验数据，使 CPU 负荷过重，系统运行速度变慢。按照 T568B 标准重新制作双绞线跳线，一切恢复正常。

（2）水晶头应压住外层绝缘皮

故障现象：由于经常拔插的原因，双绞线插头的线对被拽松了，导致接触不良，需要拔插几次才能实现网络连接。而且在网络使用过程中，经常出现偶尔的中断。

故障分析：导致线对被拽松的原因，是在压制水晶头时没有将双绞线的外层绝缘皮压住。制作双绞线跳线时应保留去掉外层绝缘皮在 13mm 左右，这个长度正好将双绞线的外层绝缘皮一同压制到 RJ－45 水晶头中，从而保证双绞线不从水晶头中脱落。

故障解决：可以对水晶头重新进行压制，使其金属片与双绞线的接触良好。如果想要彻底解决该故障就需要更换水晶头并按照要求重新进行压制。

任务实施2 处理网络设备常见故障

1. 了解网卡常见故障

（1）影响网卡工作的因素

网卡能否正常工作取决于网卡及与其连接的交换设备的设置，以及网卡工作环境所产生的干扰，如信号干扰、接地干扰、电源干扰、辐射干扰等。

计算机电源故障会导致网卡工作不正常，电源发生故障时产生的放电干扰信号可能会从网卡的输出端口进入网络，占用大量的网络带宽，破坏其他工作站的正常数据包，造成大量的重发帧和无效帧，严重影响网络系统的运行。接地干扰也会影响网卡的工作，接地不好时，静电因无处释放而在机箱上不断积累，从而使网卡的接地端电压不正常，这种情况严重时可能会击穿网卡上的控制芯片造成网卡的损坏。这种由网卡工作环境所产生的干扰时常存在，当干扰不严重时，网卡能勉强工作，用户往往感觉不到，但在进行大数据量通信时，在 Windows 系统中就可能出现“网络资源不足”的提示，造成死机现象。

网卡的设置也将直接影响其能否正常工作。网卡的工作方式可以分为全双工和半双工

方式，如果服务器、交换机、客户机的工作状态不匹配，就会出现大量的碰撞帧和一些FCS校验错误帧，访问速度将变得非常缓慢。这方面的错误往往是由于网络维护人员的疏忽造成的，大多数情况下他们都使用网卡的默认设置，而并不验证实际的工作状态。

一般来讲网卡的协议设置不容易出错，但有时会出现设置了多余协议以及网络工作协议不一致的情况。多协议的存在必然会耗用网络带宽，并产生冲突，因此，为了使网络工作效率达到最佳，网络维护人员需要经常监测网络协议的数量及其工作状态，对于无用的非工作协议要及时清理。

（2）网卡的故障诊断

一般来说，网卡损坏以后有多种表现形式，常见的一种是网卡不向网络发送任何数据，计算机无法上网，对整体网络运行基本没有破坏性，这种故障容易判断，也容易排除。另一种现象是网卡发生故障后向网络发送不受限制的数据包，这些数据包可能是正常格式的，也可能是非法帧或错误帧，这些数据包都可能对网络性能造成严重影响。

众所周知，广播帧是网络设备进行网络联络的一种手段，可以到达整个网络，但过量的广播将占用不必要的带宽，使网络运行速度明显变慢。网络中的站点会因接收大量的广播帧而导致网卡向主机的CPU频繁的申请中断，CPU的资源利用率迅速上升，使主机处理本地应用程序的速度大受影响。这种现象与病毒的发作非常类似，经常被当作病毒处理，但实际上问题并不在本机。此时如果对网络进行测试，可以发现网络的平均流量偏高，通过进一步的分析定位可以查出发送广播帧的计算机，更换网卡即可消除故障。

2. 了解交换机常见故障

交换机的故障一般可以分为硬件故障和软件故障。

（1）交换机硬件故障

① 电源故障

电源故障主要指由于外部供电不稳定、电源线路老化或者雷击等原因，导致交换机电源损坏或风扇停止或其部件损坏。通常这类问题很容易发现，如果交换机面板上的Power指示灯是绿色的，表明其在正常工作，如果该指示灯不亮，则说明交换机没有正常供电。针对这类故障，首先应该做好外部电源的设计，一般应引入独立的电力线来提供独立的电源，并添加稳压器来避免瞬时高压或低压现象，如果条件允许应使用UPS（不间断电源）来保证交换机的正常供电。在机房内应设置专业的避雷措施，来避免雷电对交换机的伤害。

② 端口故障

端口故障是交换机最常见的硬件故障，无论是光纤端口还是双绞线的RJ－45端口，在插拔接头时一定要非常小心。如果不小心将光纤插头弄脏，可能导致光纤端口污染而不能正常通信。很多人喜欢带电插拔插头，这在理论上是可以的，但这样也增加了端口的故障发生率。一般情况下，端口故障是某一个或者几个端口损坏，所以在排除了端口所连接的计算机的故障后，可以通过更换所连端口来判断其是否损坏。

③ 模块故障

交换机是由很多模块组成的，比如堆叠模块、管理模块、扩展模块等，一般这些模块发生故障的几率很小，不过一旦出现问题就会造成巨大的损失。通常如果插拔模块时不小

心，交换机搬运过程中受到碰撞，或者电源不稳定等情况，都可能导致此类故障的发生。在排除此类故障时，首先确保交换机及模块的电源正常工作，然后检查各个模块是否安装在正确的位置上，最后检查连接模块的线缆是否正常。在连接管理模块时，还要考虑它是否采用规定的连接速率，是否有奇偶校验，是否有数据流量控制等因素。连接扩展模块时，需要检查是否匹配通信模式等问题。如果确认模块有故障，应当联系供应商进行更换。

④ 背板故障

交换机的各个模块是接插在背板上的，如果环境潮湿，电路板受潮短路，或者元器件因高温、雷击等因素而受损都会造成电路板不能正常工作。在外部电源正常供电的情况下，如果交换机的各个内部模块都不能正常工作，则很有可能是背板出现的故障，如果确认背板有故障，则应联系供应商进行更换。

（2）交换机的软件故障

交换机的软件故障是指系统及其配置上的故障。

① 系统错误

交换机是硬件和软件的结合体，和常见的软件系统一样，交换机的软件系统也会存在着设计缺陷，存在着一些漏洞，可能会导致交换机出现满载、丢包或错包等情况。对于网络维护人员来说应养成经常浏览设备厂商网站的习惯，如果推出新的系统或者新的补丁要及时更新。

② 配置不当

由于不同类型交换机的配置不同，所以在配置交换机时很可能会出现配置错误，例如虚拟局域网划分不正确导致网络不通，端口被错误关闭，交换机与网卡的模式配置不匹配等。这类故障有时很难发现，需要一定的经验积累。如果不能确定，可以先恢复出厂的默认配置，然后再一步一步重新进行配置。每台交换机都有详细的用户手册，在配置之前认真阅读用户手册是网络维护人员必须养成的工作习惯。

③ 密码丢失

密码丢失一般在人为遗忘或交换机发生故障导致数据丢失后发生，通常需要通过一定的操作步骤来恢复或者重置系统密码，不同型号的交换机的操作步骤不同，可认真阅读交换机的用户手册。

④ 外部因素

由于病毒或者黑客攻击等情况的存在，有可能网络中的某台主机会发出大量的不符合封装规则的数据包，从而造成交换机的过分繁忙，致使正常的数据包来不及转发，进而导致交换机缓冲区溢出产生丢包现象。

总的来说，软件故障比硬件故障更难查找，更需要经验的积累，因此网络维护人员应在平时工作中养成记录日志的习惯，每当发生故障时，及时做好故障现象、故障分析过程、故障解决方案等情况的记录，以积累相关的经验。

（3）交换机故障的排除

交换机的故障多种多样，不同的故障有不同的表现形式。故障分析时要通过各种现象灵活地运用各种方法。表 9 - 1 列出了常见交换机故障诊断与解决的方法。

表 9-1 交换机故障诊断与解决的方法

故障现象	故障原因	解决方法
加电时所有指示灯不亮	电源连接错误或供电不正常	检查电源线和供电插座
LINK 指示灯不亮	网络线缆损坏或连接不牢；网络线缆过长或类型错误	更换网络线缆
LINK 指示灯闪烁	网络线缆制作不符合标准，网络线缆过长	更换或重做网络线缆
ACTIVE 指示灯快速闪烁，网络不通	网络线缆制作不符合标准	更换或重做网络线缆
网络能通，但传输速度变慢，有丢包现象	交换机与网络终端以太网接口工作模式不匹配	设置以太网接口工作模式使其匹配或将其设置为自适应工作模式
连接到交换机某一端口时工作正常，但换到其他端口暂时不通	当交换机的某一端口连接了新的设备，而该设备没有发送数据，交换机将学不到新的地址，因此该端口会暂时不通	一段时间后交换机的地址表会自动更新，该现象将自动消失。另外从该端口发送数据也会使交换机更新其地址表。
所有 ACTIVE 指示灯闪烁，网络速率变慢	广播风暴	检查网络连接是否形成环路，检查是否有站点发送大量的广播包
正常工作一段时间后停止工作	电源不正常 设备过热	检查电源是否有接触不良、电压过高或过低现象；检查周围环境；如果交换机配置了风扇，检查风扇是否正常工作

3. 典型故障实例分析

(1) 更换交换机后个别计算机速度变慢

故障现象：某局域网中使用的都是 Windows XP 操作系统，在更换了交换机后，个别计算机在“网上邻居”中可以看到共享文件，并可以打开共享文件夹，但是当把其中的共享文件复制到本地计算机时，不是失去响应就是速度非常慢，半小时才复制 35MB，而其他计算机间的共享访问很正常。

故障分析：既然其他计算机间的共享很正常，则说明网络设备和连接没有问题，故障原因应当在故障计算机到交换机端口这一部分，包括故障计算机、网卡、双绞线跳线和交换机的端口。通过双绞线跳线检查没有发现问题。将双绞线跳线接到交换机的另一个端口上，故障仍旧。将该网卡从该计算机上拆下，安装到其他计算机上，按照正常的方法安装驱动程序后，仍然不能正常使用，通过测试发现该网卡并没有损坏。从目前的情况来看很有可能是网卡的工作模式的原因。

故障解决：经过查看发现交换机端口使用的模式是 10/100Mb/s 自适应模式，网卡的工作模式是 10Mb/s 模式。从理论上来说，这样的设置是可以正常工作的，但并不能排除其他原因。将网卡的工作模式更改为 10/100Mbps 自适应模式，再次连接网络，故障排除。

（2）网卡故障导致网络风暴

故障现象：管理员发现图书馆电子阅览室计算机都无法接入 Internet，从文档中查找到用户的 IP 地址，用 ping 命令进行测试，发现全部连接超时。然后对图书馆的中心交换机进行 ping 测试却很正常。电子阅览室使用 Cisco Catalyst 2960 交换机，并通过一条双绞线与图书馆的中心交换机 Cisco Catalyst 3560 连接，经查看该交换机的级联端口没有明显异常。

故障分析：数量如此众多的计算机网卡不可能同时损坏，初步判断故障可能出在交换机、级联电缆和交换机端口上。首先使用双绞线电缆测试仪进行线缆测试，没有发现问题。将级联电缆插到 Cisco Catalyst 3560 交换机的另一个端口，故障仍未解决。再查看 Cisco Catalyst 2960 交换机的指示灯，凡是连接有线缆的端口，指示灯都亮。用备用交换机替换 Cisco Catalyst 2960 交换机，几分钟后计算机又无法访问 Internet 了，由此判断问题并非出在交换机上。于是怀疑故障是由网卡损坏而引起的广播风暴导致的。

故障解决：关闭 Cisco Catalyst 2960 交换机电源，然后使用命令“ping 127. 0. 0. 1”对机房内所有计算机逐一进行测试，当发现有网卡故障的计算机后，将其所连接的线缆拔掉，再次打开交换机的电源，网络恢复正常。接下来的事情就是为故障计算机更换一块新的网卡。

（3）改工作组名称后才能连接到网络

故障现象：某局域网扩建后，所有计算机都是通过代理服务器接入 Internet，部分计算机经常出现找不到局域网上的任何计算机的情况，也 ping 不通，但都能够接入 Internet。如果把计算机所在的工作组名字更改一下，可以非常快地连接到局域网。然而运行一段时间后又会出现同样的问题，只有再次修改工作组的名字，才可以连接到局域网。

故障分析：故障的根本原因在于同一广播域内的计算机数量太多，广播占用了大量宽带，从而导致网络故障。Internet 访问使用 TCP 或 UDP 协议，而 ping 命令使用的 ICMP 协议和发现“网上邻居”使用的 NetBEUI 协议全都是基于广播的，这就是为什么可以访问 Internet，却无法彼此 ping 通的原因。通常情况下，网络内的计算机数量多于 60 台时就应当划分 VLAN，特别是采用多协议的网络，更应当缩小广播域。

故障解决：利用交换机划分 VLAN，若无法划分，则可在网络中的计算机上只安装 TCP/IP 协议，而不再安装 NetBEUI、IPX/SPX 等网络协议，并最好禁用“文件和打印机的共享”。

任务实施3 处理网络服务器和工作站常见故障

1. 了解网络服务器常见故障

网络服务器的类型很多，其管理和维护比较复杂，需要掌握相关的设置技巧以及经验的积累。服务器的故障分为软件故障和硬件故障，其中软件故障通常占有较高的比例。导致服务器出现软件故障的原因有很多，常见的有服务器软件设置不当、服务器的系统软件或驱动程序存在漏洞、服务器应用程序有冲突等。

2. 了解网络工作站常见故障

工作站的故障也分为软件故障和硬件故障，其中软件故障也占有较高的比例。网络工作站常见故障主要有未安装网络协议、IP 地址冲突、IP 地址信息设置错误、系统设置和应用程序设置错误等。

3. 典型故障实例分析

（1）打开“网上邻居”的速度非常慢

故障现象：某小型局域网，8 台安装 Windows XP 的计算机通过交换机相连接，自动分配 IP 地址。网络中的计算机在打开“网上邻居”时速度非常慢，大概需要 10 多秒。

故障分析：自动获取 IP 地址只适用于有 DHCP 服务的网络。当采用自动获取 IP 地址时，计算机将首先发出 DHCP 请求，在网络中查找可用的 DHCP 服务器。如果没有找到 DHCP 服务器，计算机将自动采用 169.254.0.0 ~ 169.254.255.255 段的 IP 地址，子网掩码为 255.255.0.0，然后继续发送 DHCP 请求，这将会影响网络的响应速度。

故障解决：搭建 DHCP 服务器，或利用宽带路由器和代理服务器在网络中提供 DHCP 服务。当然也可采用静态 IP 地址分配。

（2）最多允许 10 个用户

故障现象：使用 Windows XP Professional 提供文件共享服务。测试中发现，共享文件夹时有一个“用户数限制”，选择“最多用户”，但客户机访问时发现系统只允许 10 台计算机同时访问，再更改用户数时才发现只能选择 10，若设置值超过 10，系统会自动改回。

故障分析：Windows XP Professional 系统在设置文件共享时允许并发访问的最大用户数就是 10 个，这是 Microsoft 的限制。使用 Windows Server 2003 等服务器版本就不会出现此类问题，可以采用添加用户许可证的方式，增加所允许连接的用户数量。

故障解决：当网络内的计算机数量超过 10 台时，建议安装一台 Windows Server 2003 专用服务器。

（3）显示“服务器没有事务响应”

故障现象：公司局域网大约有 30 台计算机，操作系统是 Windows XP Professional。网络刚开始运行时，网上邻居间访问很顺利，但近来在访问时经常显示“服务器没有事务响应”的提示，但这种问题是随机的。

故障分析：估计故障可能是由蠕虫病毒所导致的。在 Windows XP 网络中实现文件和打印共享时，往往会借助 139 端口和 445 端口进行通信，并且只有当 445 端口无响应时，才会使用 139 端口。因此在使用文件服务器和打印服务器的公司内部网络或对等网络环境中，都会使用 139 端口和 445 端口。事实上，一些蠕虫病毒也正是采用这两个端口进行病毒的传播，导致网络服务失败，甚至造成系统瘫痪和数据丢失的恶果。

故障解决：建议启用 Windows XP 内置的网络防火墙，以防止病毒的攻击。若欲实现文件资源共享时，可以借助 FTP 服务器，从而避免潜在的网络安全问题。

（4）Windows Server 2003 无法访问 Windows XP

故障现象：两台计算机分别安装 Windows Server 2003 和 Windows XP 系统。组建局域

网后，安装 Windows XP 的计算机可以浏览 Windows Server 2003 系统的共享资源，而安装 Windows Server 2003 的计算机却无法访问 Windows XP 系统的共享资源，系统提示拒绝访问，而且双方互相 ping 不通。如果两台计算机都使用 Windows Server 2003，双方都可以互相访问，没有任何问题。

故障分析：在 Windows XP 的默认设置下将启用内置防火墙，因此拒绝安装 Windows Server 2003 的计算机的访问，并且也无法被 ping 通。当双方都使用 Windows Server 2003 时，由于没有防火墙的限制，所以双方可以彼此访问。

故障解决：可关闭 Windows XP 的内置防火墙，或在防火墙设置中将"文件和打印机共享"设为例外。

习　题　9

1. 思考问答

（1）简述 Telnet 的作用和基本工作过程。
（2）在 Windows 操作系统中主要包括了哪些事件日志文件？
（3）简述处理计算机网络故障的基本步骤。
（4）简述处理计算机网络故障的基本方法。
（5）采用双绞线作为传输介质的计算机网络中主要出现的网络通信线路故障有哪些？
（6）交换机的常见故障主要有哪些？

2. 技能操作

（1）阅读说明后回答问题

【说明】一般情况下，可以使用 ping 命令来检验网络的运行情况，检测时通常需要设置一些关键点作为被 ping 的对象，如果所有都运行正确，可以相信基本的连通性和配置参数没有问题；如果某些 ping 命令出现运行故障，它也可以指明到何处去查找问题。

【问题1】ping 命令主要依据的协议是什么？

【问题2】如果用 ping 命令测试本地主机与目标主机（192.168.16.16）的连通性，要求发送 8 个回送请求且发送的数据长度为 128 个字节，请写出在本地主机应输入的命令。

【问题3】通常采用 ping 命令测试计算机与网络的连通性时，应采用什么样的检测次序？

【问题4】当使用 ping 命令测试本地计算机与某 Web 服务器之间的连通性时，系统显示 Request time out，但使用 IE 浏览器可以访问该服务器上发布的 Web 站点，请解释为什么会出现这种情况。

（2）TCP/IP 协议常用网络命令的使用

【内容及操作要求】

- 测试本地计算机的网络连通性。

- 查看本地计算机当前开放的所有端口。
- 查看当前网络中的共享资源。
- 使用本地计算机登录代理服务器，查看代理服务器启动的网络服务。
- 通过本地计算机在代理服务器端捆绑 IP 地址和 MAC 地址，以防止局域网内 IP 地址被盗用。

【准备工作】

安装 Windows Server 2003、Windows XP Professional 或以上版本操作系统的计算机若干台；局域网所需的其他设备。

【考核时限】

45min。

(3) 监视 FTP 服务器

【内容及操作要求】

在安装 Windows Server 2003 操作系统的计算机上发布 1 个 FTP 站点，通过性能监视器对该 FTP 站点的数据流量进行监视，监视内容分别为服务器每秒钟发送的字节数和服务器发送的文件数。要求能通过系统监视器直接监视曲线变化，也能够使用事件查看器和 Excel 查看相应的日志；当服务器每秒钟发送的字节数超过 500KB 时发出警报，警报应记录在日志中。

【准备工作】

2 台安装 Windows XP Professional 的计算机；1 台安装 Windows Server 2003 操作系统的计算机；能够连通的局域网。

【考核时限】

30min。

拓展项目　使用虚拟软件模拟网络环境

在计算机网络相关课程的学习中，需要由多台计算机以及交换机、路由器等网络设备构成的网络环境。另外如果在服务器及网络设备的安装和配置过程中出现了错误，很可能会出现各种各样的问题，甚至导致整个网络系统的崩溃。目前市场上出现了很多工具软件，利用这些工具软件可以在一台计算机上模拟网络连接、构建网络环境、完成网络的各种配置和测试，效果与物理网络基本相同。本项目的主要目标是掌握虚拟机软件VMware Workstation的基本使用方法；掌握网络模拟软件Cisco Packet Tracer的基本使用方法。

任务10.1　使用虚拟机软件VMware Workstation

【任务目的】

（1）掌握虚拟机软件VMware Workstation的安装方法。

（2）能够利用VMware Workstation配置虚拟机。

（3）理解VMware Workstation中提供的虚拟设备和网络连接方式。

【工作环境与条件】

（1）安装好Windows Server 2003或其他Windows操作系统的计算机。

（2）虚拟机软件VMware Workstation。

【相关知识】

虚拟机软件可以在一台计算机上模拟出多台计算机，每台模拟的计算机可以独立运行而互不干扰，完全就像真正的计算机那样进行工作，可以安装操作系统、安装应用程序、访问网络资源等。对于用户来说，虚拟机只是运行在物理计算机上的一个应用程序，但对于在虚拟机中运行的应用程序而言，它就像是在真正的计算机中进行工作。因此，当在虚拟机中进行软件测试时，如果系统崩溃，崩溃的只是虚拟机的操作系统，而不是物理计算机的操作系统，而且通过虚拟机的恢复功能，可以马上恢复到软件测试前的状态。另外，通过配置虚拟机网卡的有关参数，可以将多台虚拟机连接成局域网，构建出所需的网络环境。目前基于Windows平台的虚拟机软件主要有VMware、Virtual PC等。

VMware公司的VMware Workstation可以安装在用户的桌面计算机操作系统中，其虚拟出的硬件环境能够支持Microsoft Windows、Linux、Novell Netware、Sun Solaris等多种操作系统，而且还能通过添加不同的硬件实现磁盘阵列、多网卡等各种实验。对于企业的IT开发人员和系统管理员而言，VMware Workstation在虚拟网络、实时快照等方面的特点使其成为必不可少的工具。

【任务实施】

任务实施1　安装 VMware Workstation

在 Windows 操作系统中安装 VMware Workstation 的方法与安装其他软件基本相同，这里不再赘述。需要注意的是在安装 VMware Workstation 的过程中会默认添加如图 10 - 1 所示的 4 个 VMware 服务和 2 个虚拟网卡（分别为 VMware Virtual Ethernet Adapter for VMnet1 和 VMware Virtual Ethernet Adapter for VMnet8）。

服务

文件(F)　操作(A)　查看(V)　帮助(H)

服务(本地)

名称	描述	状态	启动...	登录为
VMware Authorization Service		已启动	自动	本地系统
VMware DHCP Service		已启动	自动	本地系统
VMware NAT Service		已启动	自动	本地系统
VMware Virtual Mount Manager Extended		已启动	手动	本地系统

扩展　标准

图 10 - 1　VMware Workstation 安装后添加的服务

任务实施2　新建与配置虚拟机

1. 新建虚拟机

如果要利用 VMware Workstation 新建一台 Windows Server 2003 虚拟机，则操作步骤如下。

（1）打开 VMware Workstation 主界面，如图 10 - 2 所示。

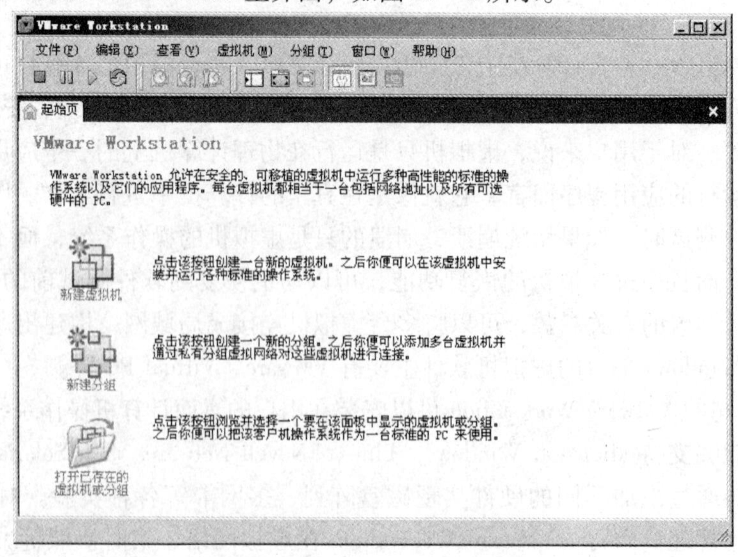

图 10 - 2　VMware Workstation 主界面

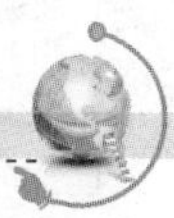

（2）在 VMware Workstation 主界面上，单击“新建虚拟机”链接，打开“欢迎来到新建虚拟机向导”对话框，如图 10－3 所示。

（3）在“欢迎来到新建虚拟机向导”对话框中，单击“下一步”按钮，打开“选择合适的配置”对话框，如图 10－4 所示。

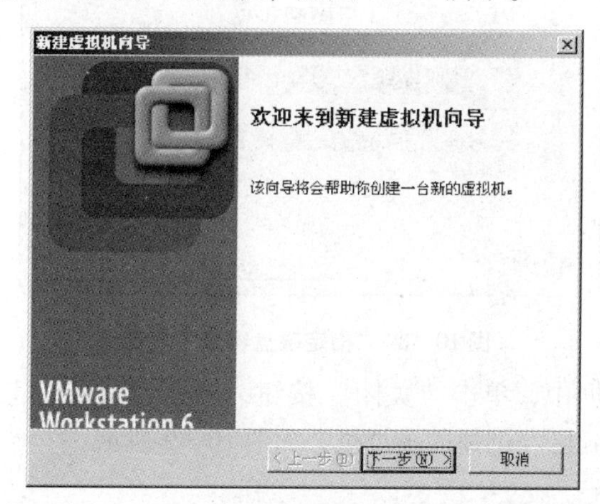

图 10－3　“欢迎来到新建虚拟机向导”对话框

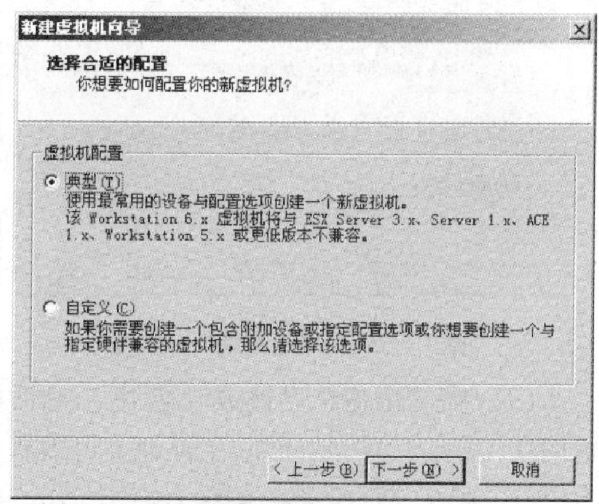

图 10－4　“选择合适的配置”对话框

（4）在“选择合适的配置”对话框中，选择“典型”单选按钮后，单击“下一步”按钮，打开“选择一个客户机操作系统”对话框，如图 10－5 所示。

（5）在“选择一个客户机操作系统”对话框中，选定将要为虚拟机安装的操作系统，单击“下一步”按钮，打开“虚拟机名称”对话框，如图 10－6 所示。

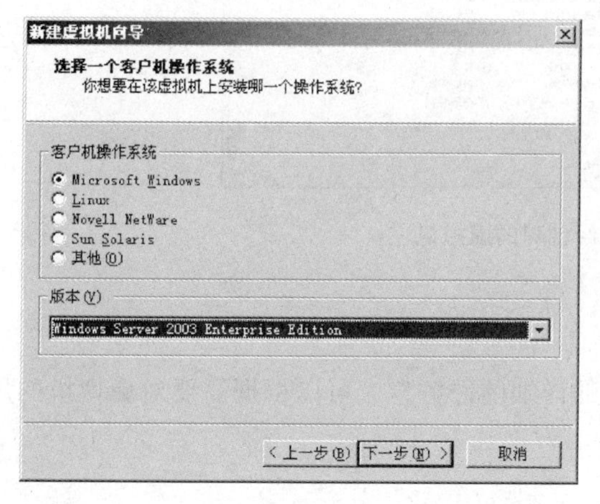

图 10－5　“选择一个客户机操作系统”对话框

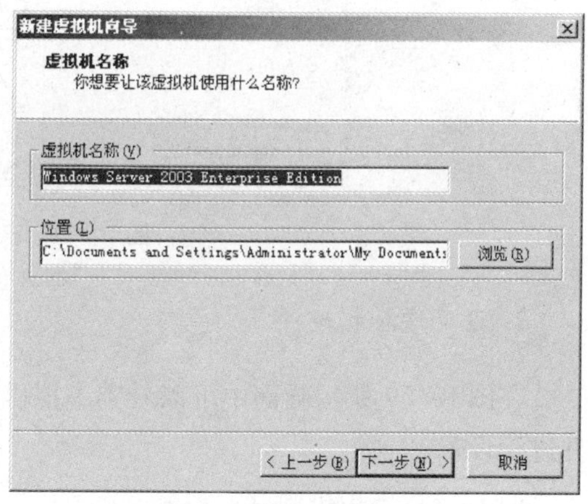

图 10－6　“虚拟机名称”对话框

（6）在“虚拟机名称”对话框中输入虚拟机的名称和文件保存位置，单击“下一步”按钮，打开“网络类型”对话框，如图 10－7 所示。

（7）在“网络类型”对话框中选择要添加的网络类型，默认选择“使用桥接网络”，也可选择其他方式。单击“下一步”按钮，打开“指定磁盘容量”对话框，如图 10－8 所示。

（8）在“指定磁盘容量”对话框中确定虚拟磁盘的容量，单击“完成”按钮，打开“虚拟机已被成功创建”对话框。

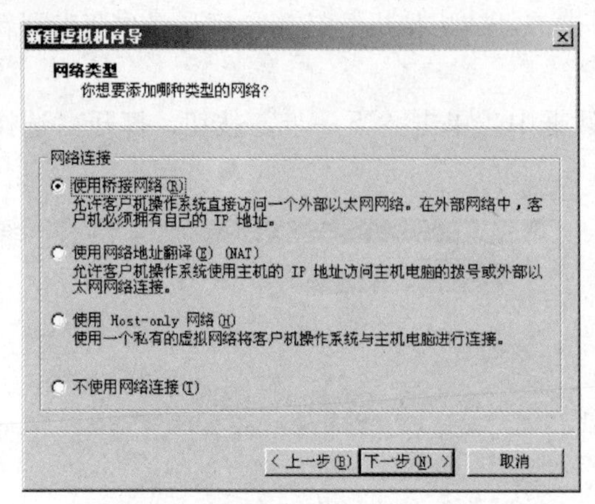

图 10-7 “网络类型”对话框

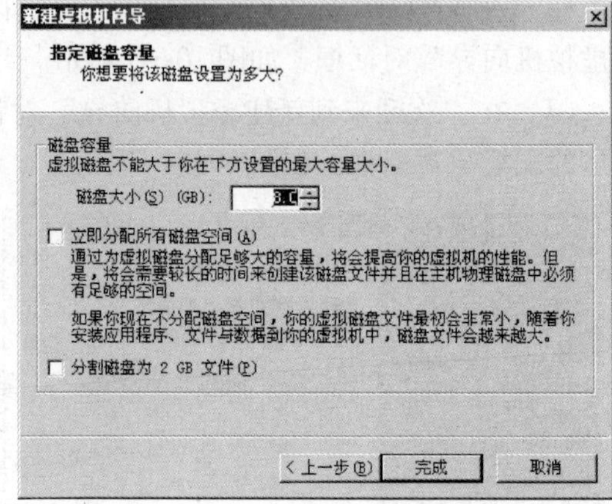

图 10-8 “指定磁盘容量”对话框

(9) 在“虚拟机已被成功创建”对话框中，单击“关闭”按钮，完成虚拟机创建。此时在 VMware Workstation 主界面上可以看到已经创建的虚拟机，如图 10-9 所示。

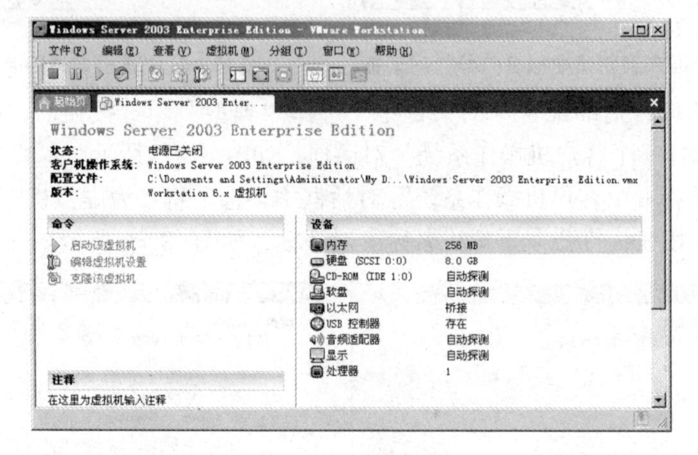

图 10-9 已经创建的虚拟机

2. 设置虚拟机硬件

在图 10-9 所示画面中可以看到虚拟机的详细硬件信息，可以根据需要对虚拟机的硬件进行设置。

(1) 设置虚拟机内存

VMware Workstation 默认设置的虚拟机内存较大，在开启多个虚拟机系统时运行速度会很慢。因此，可以根据物理内存的大小和需要同时启动的虚拟机的数量来调整虚拟机内存的大小。设置方法为：在图 10-9 所示的画面中，双击“内存”，打开“内存”对话框，如图 10-10 所示，通过滑动条即可设置内存大小。

(2) 设置虚拟机光驱

VMware Workstation 支持从物理光驱和光盘镜像文件（ISO）来安装系统和程序。如果要使用光盘镜像文件，可以在图 10-9 所示的画面中，双击 CD-ROM，打开 CD-ROM 对

话框，如图 10－11 所示，选中“使用 ISO 镜像”后，单击“浏览”按钮，确定光盘镜像文件路径即可。

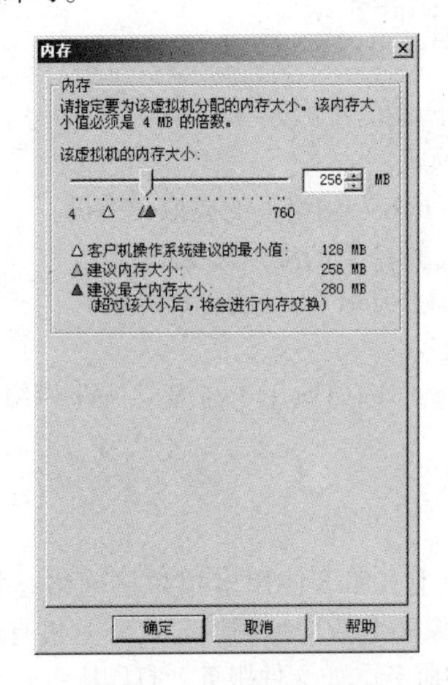

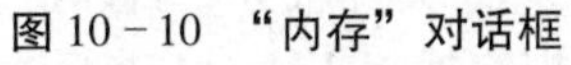
图 10－10 “内存”对话框

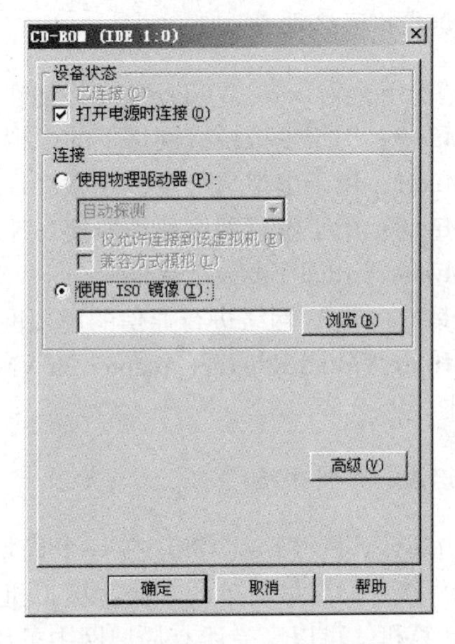

图 10－11　CD－ROM 对话框

（3）更改虚拟机的网络连接方式

如果要更改虚拟机的网络连接方式可以在图 10－9 所示的画面中，双击“以太网”，打开“以太网”对话框，选择相应的网络连接方式，单击“确定”按钮即可。

（4）添加移除硬件

如果要添加或移除虚拟机的硬件设备，可在图 10－9 所示的画面中单击“编辑虚拟机设置”链接，在打开的“虚拟机设置”对话框中，单击“添加”或“移除”按钮，根据向导操作即可。

3. 安装操作系统

设置好虚拟机后就可以在虚拟机上安装操作系统了，在图 10－9 所示的画面中单击“启动该虚拟机”链接，此时虚拟机将开始启动并进行操作系统的安装，安装过程与在物理计算机上的安装完全相同。

【注意】 默认情况下，如果将鼠标光标移至虚拟机屏幕，单击鼠标，此时鼠标和键盘将成为虚拟机的输入设备。如果要把鼠标和键盘释放到物理计算机，则应按 Ctrl + Alt 组合键。

4. 安装 VMware Tools

安装好操作系统后，可以安装 VMware Tools 来增强虚拟机操作系统的功能，如网卡速率、显示分辨率等。操作步骤为：在图 10－9 所示画面的菜单栏中依次选择“虚拟机”→“安装 VMware Tools”命令，此时系统将装载 VMware Tools 安装光盘，完成安装并重新启动虚拟机。

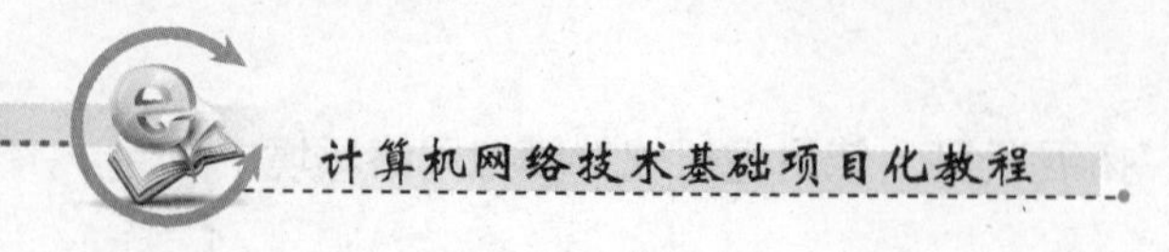

任务实施3　认识与配置虚拟机的网络连接

1. 认识虚拟网络设备

默认情况下，VMware Workstation 将创建以下虚拟网络设备。

- VMnet0：用于虚拟桥接网络下的虚拟交换机。
- VMnet1：用于虚拟只与主机互联（Host - only）网络下的虚拟交换机。
- VMnet8：用于虚拟网络地址转换（NAT）网络下的虚拟交换机。
- VMware Virtual Ethernet Adapter for VMnet1：Host OS（物理计算机）用于与虚拟主机互联（Host - only）网络进行通信的虚拟网卡。
- VMware Virtual Ethernet Adapter for VMnet8：Host OS 用于与虚拟 NAT 网络进行通信的虚拟网卡。

2. 认识虚拟桥接网络

如果物理计算机（Host OS）在一个局域网中，那么使用虚拟桥接网络是把虚拟机（Guest OS）接入网络最简单的方法。虚拟机就像一个新增加的、与真实主机有着同等物理地位的计算机，可以享受所有局域网中可用的服务，如文件服务、打印服务等。

在虚拟桥接网络中，物理计算机和虚拟机通过虚拟交换机 VMnet0 进行连接，它们的网卡处于同等地位，也就是说虚拟机的网卡和物理计算机的网卡一样，需要有在局域网中独立的标识和 IP 地址信息。图 10 - 12 给出了虚拟桥接网络的示意图，如果为 Host OS 设置 IP 地址为 192. 168. 1. 1/24，为 Guest OS 设置 IP 地址为 192. 168. 1. 2/24，此时 Host OS 和 Guest OS 将能够相互进行通信，并且也可以与局域网中的其他 Host OS 或 Guest OS 进行通信。

3. 认识虚拟网络地址转换（NAT）网络

当使用这种网络连接方式时，虚拟机在外部物理网络中没有独立的 IP 地址，而是与虚拟交换机和虚拟 DHCP 服务器一起构成了一个内部虚拟网络，由该 DHCP 服务器分配 IP 地址，并通过 NAT 功能利用物理计算机的 IP 地址去访问外部网络资源，图 10 - 13 给出了虚拟网络地址转换（NAT）网络的示意图。

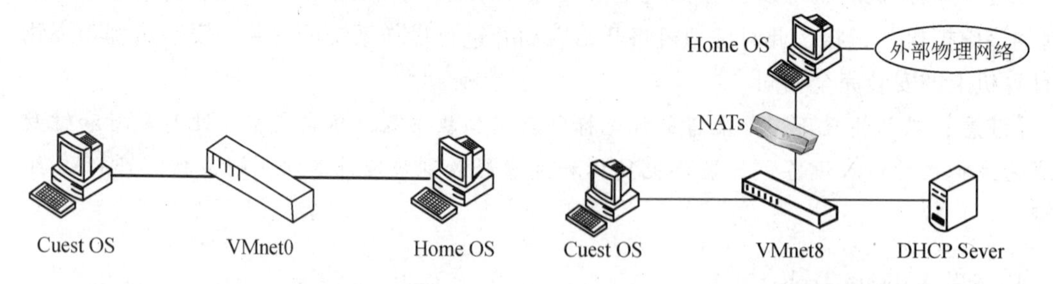

图 10 - 12　虚拟桥接网络的示意图　　图 10 - 13　虚拟网络地址转换网络的示意图

其中物理计算机通过虚拟网卡 VMware Virtual Ethernet Adapter for VMnet8 与虚拟交换机 VMnet8 相连，可以在命令提示符下使用 ipconfig/all 命令查看该网卡的 IP 地址信息，如图 10 - 14 所示。由图可知该网卡的 IP 地址是固定的，是在 VMware Workstation 安装过程中随机设置的，本例中为 192. 168. 203. 1/24。

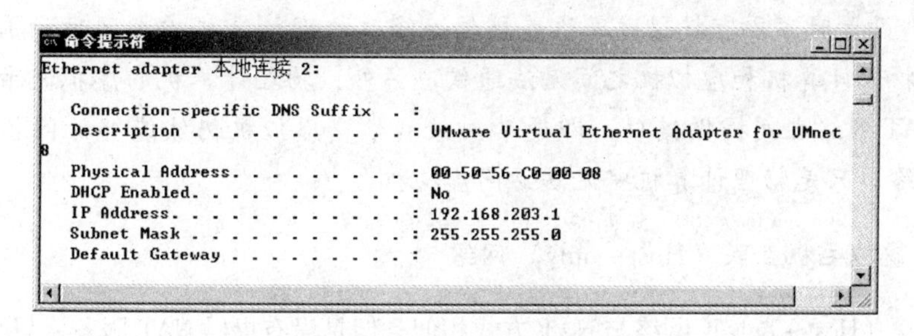

图 10－14　查看物理计算机虚拟网卡的 IP 地址

同样在虚拟机中，也可以在命令提示符下使用 ipconfig/all 命令查看其网卡的 IP 地址信息，如图 10－15 所示。由图可知虚拟机的 IP 地址为 192.168.203.128/24，与物理计算机的虚拟网卡 IP 地址的网络标识相同，可以相互通信。还可以看到虚拟机的 IP 地址是由 IP 地址为 192.168.203.254 的 DHCP 服务器提供的，需要注意的是这个服务器并不是真实存在的，而是通过物理计算机上的 VMware DHCP Service 服务虚拟出来的。另外还可以看到虚拟机的默认网关为 192.168.203.2，这是 NAT 设备的 IP 地址，该设备是由物理计算机上的 VMware NAT Service 服务虚拟出来的。可以在 VMware Workstation 主界面的菜单栏依次选择“编辑”→“虚拟网络设置”命令，打开“虚拟网络编辑器”对话框，即可对 DHCP 及 NAT 等虚拟网络设备进行查看和设置，如图 10－16 所示。

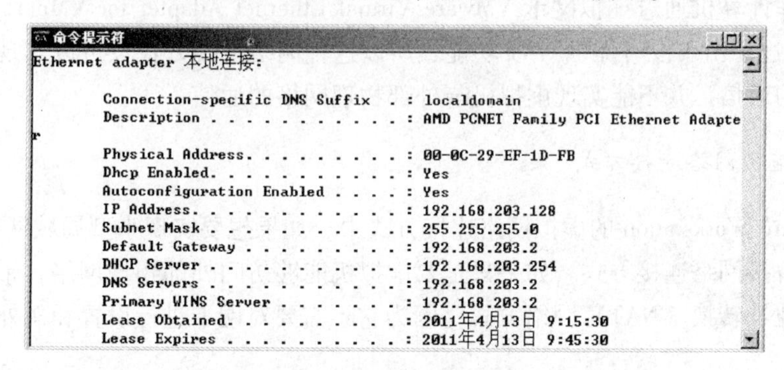

图 10－15　查看虚拟机的 IP 地址

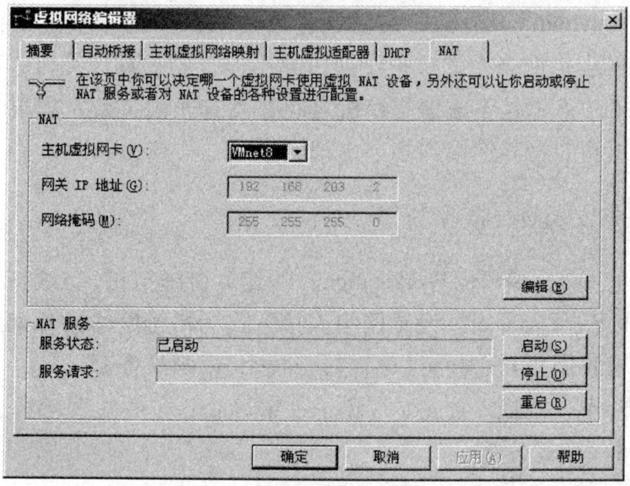

图 10－16　“虚拟网络编辑器”对话框

【注意】设置时不要直接通过网络连接属性修改物理计算机虚拟网卡的 IP 地址信息，否则会导致物理计算机和虚拟机之间无法通信。另外，物理计算机的虚拟网卡只是为物理计算机与 NAT 网络之间提供接口，即使禁用该网卡，虚拟机仍然能够访问物理计算机能够访问的网络，只是物理计算机将无法访问虚拟机。

4. 认识虚拟主机互联（Host - only）网络

主机互联（Host - only）网络与 NAT 方式相似，但是没有提供 NAT 服务，只是使用虚拟交换机 VMnet1 实现物理计算机、虚拟机和虚拟 DHCP 服务器间的连接，如图 10 - 17 所示。

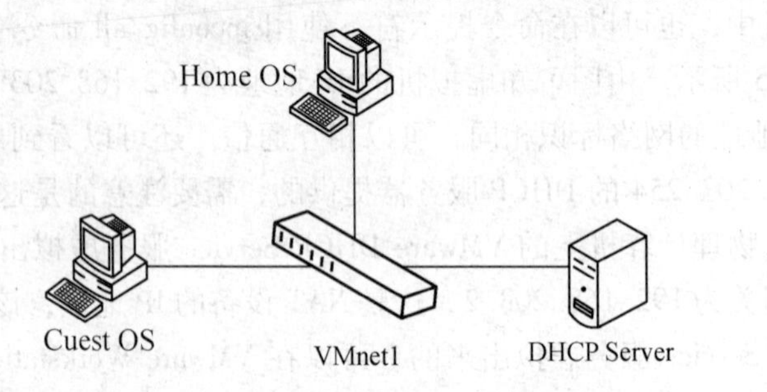

图 10 - 17　虚拟主机互联（Host - only）网络的示意图

其中物理计算机通过虚拟网卡 VMware Virtual Ethernet Adapter for VMnet1 与虚拟交换机 VMnet1 相连。由于没有提供 NAT 功能，所以这种网络连接方式只可以实现物理计算机与虚拟机间的通信，并不能实现虚拟机与外部物理网络的通信。

5. 选择虚拟网络连接方式

在 VMware Workstation 的虚拟网络连接方式中，如果想要实现小型局域网环境的模拟，应采用虚拟桥接网络连接方式。如果只是要虚拟机能够访问外部物理网络，最简单的是通过虚拟网络地址转换（NAT）网络方式，因为它不需要对网卡进行设置和额外的 IP 地址。

6. 认识组功能

从 VMware Workstation 5.0 开始，可以通过其提供的“组”功能，构建虚拟网络。利用“组”功能构建的虚拟网络中的虚拟交换机并不连接到物理计算机，而是独立于物理计算机和外部物理网络的，并且各虚拟交换机之间并没有连接关系。如果对虚拟机添加多块网卡，就可以利用组功能将其连接到多个虚拟网络。

7. 配置基于桥接方式的虚拟网络

在一台计算机上安装 VMware Workstation，新建 2 台虚拟机，分别安装 Windows Server 2003 和 Windows XP Pronfessional。设置网络连接方式为桥接网络，分别对物理计算机和虚拟机进行配置，要求它们相互之间可以通信，并能共享网络资源。

【注意】限于篇幅，以上只完成了 VMware Workstation 的基本操作，更详细的操作方法请参考相关的技术手册。

任务10.2　使用网络模拟软件 Cisco Packet Tracer

【任务目的】

（1）掌握网络模拟软件 Cisco Packet Tracer 的安装方法。

（2）能够利用 Cisco Packet Tracer 模拟网络环境。

（3）掌握 Cisco Packet Tracer 的基本操作方法。

【工作环境与条件】

（1）安装好 Windows Server 2003 或其他 Windows 操作系统的计算机。

（2）网络模拟软件 Cisco Packet Tracer。

【相关知识】

Packet Tracer 是由 Cisco 公司发布的一个辅助学习工具，为学习 Cisco 网络课程（如 CCNA）的用户设计、配置网络和排除网络故障提供了网络模拟环境。用户可以在该软件提供的图形界面上直接使用拖拽方法建立网络拓扑，并通过图形接口配置该拓扑中的各个设备。Packet Tracer 可以提供数据包在网络中传输的详细处理过程，从而使用户能够观察网络的实时运行情况。相对于其他的网络模拟软件，Packet Tracer 操作简单，更人性化，对网络设备（Cisco 设备）的初学者有很大的帮助。

【任务实施】

任务实施1　安装并运行 Cisco Packet Tracer

在 Windows 操作系统中安装 Cisco Packet Tracer 的方法与安装其他软件基本相同，这里不再赘述。运行该软件后可以看到如图 10－18 所示的主界面，表 10－1 对 Cisco Packet Tracer 主界面的各部分进行了说明。

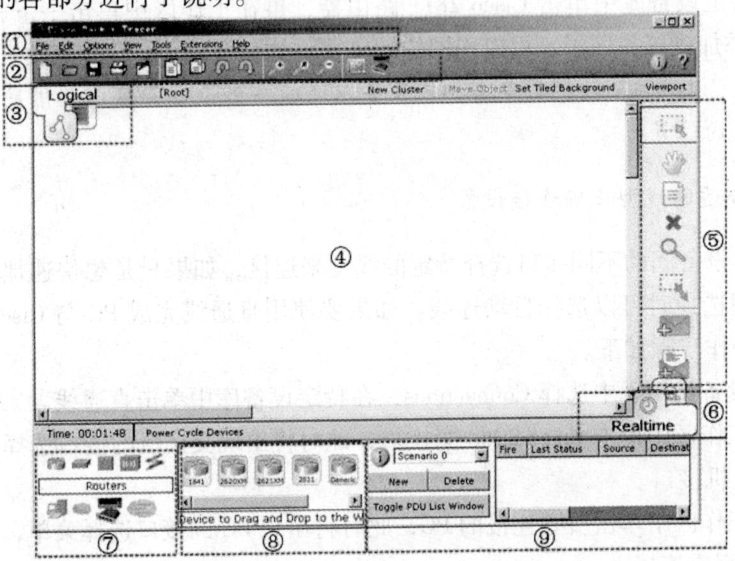

图 10－18　Cisco Packet Tracer 主界面

表 10－1　对 Cisco Packet Tracer 主界面的说明

序号	名　称	功　能
①	菜单栏	此栏中有文件、编辑和帮助等菜单项，在此可以找到一些基本的命令，如打开、保存、打印等
②	主工具栏	此栏提供了菜单栏中部分命令的快捷方式，还可以单击右边的网络信息按钮，为当前网络添加说明信息
③	逻辑/物理工作区转换栏	可以通过此栏中的按钮完成逻辑工作区和物理工作区之间的转换
④	工作区	此区域中可以创建网络拓扑，监视模拟过程查看各种信息和统计数据
⑤	常用工具栏	此栏提供了常用的工作区工具包括：选择、整体移动、备注、删除、查看、添加简单数据包和添加复杂数据包等
⑥	实时/模拟转换栏	可以通过此栏中的按钮完成实时模式和模拟模式之间的转换
⑦	设备类型库	在这里可以选择不同的设备类型，如路由器、交换机、HUB、无线设备、连接、终端设备等
⑧	特定设备库	在这里可以选择同一设备类型中不同型号的设备，它随设备类型库的选择级联显示
⑨	用户数据包窗口	用于管理用户添加的数据包

任务实施 2　建立网络拓扑

可在 Cisco Packet Tracer 的工作区建立所要模拟的网络环境，操作方法如下。

1. 添加设备

如果要在工作区中添加一台 Cisco 2811 路由器，则首先应在设备类型库中选择路由器，然后在特定设备库中单击 Cisco 2811 路由器，再在工作区中单击一下就可以把 Cisco 2811 路由器添加到工作区了。可以用同样的方式添加一台 Cisco 2960 交换机和两台 PC。

【注意】 可以按住 Ctrl 键再单击相应设备以连续添加设备，可以利用鼠标拖拽来改变设备在工作区的位置。

2. 选取合适的线型正确连接设备

可以根据设备间的不同接口选择特定的线型来连接，如果只是想快速地建立网络拓扑而不考虑线型选择时可以选择自动连线。如果要使用直通线完成 PC 与 Cisco 2960 交换机的连接，则操作步骤如下。

（1）在设备类型库中选择 Connections，在特定设备库中单击直通线。

（2）在工作区中单击 Cisco 2960 交换机，此时将出现交换机的接口选择菜单，选择所要连接的交换机接口。

（3）在工作区中单击所要连接的 PC，此时将出现 PC 的接口选择菜单，选择所要连接的 PC 接口，完成连接。

用相同的方法可以完成其他设备间的连接，如图 10－19 所示。

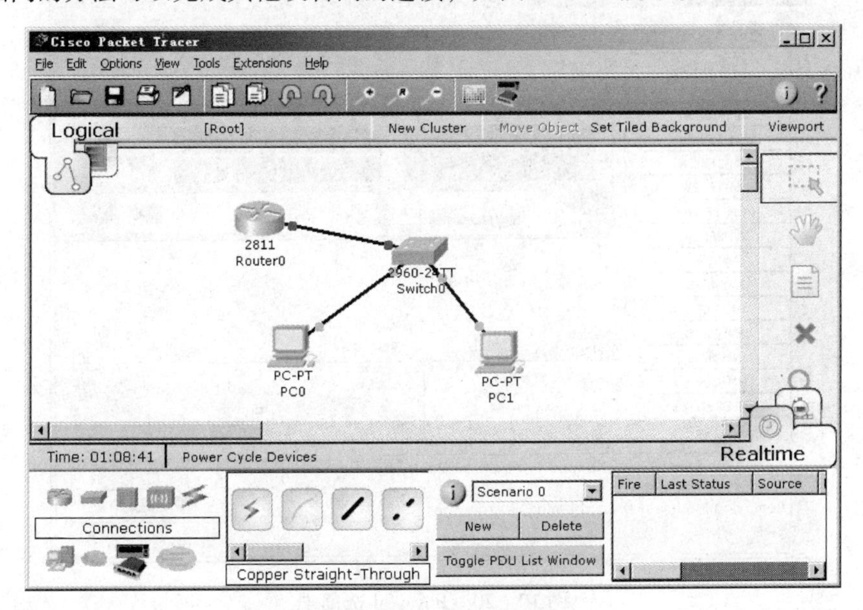

图 10－19　建立网络拓扑

在完成连接后可以看到各链路两端有不同颜色的圆点，其表示的含义如表 10－2 所示。

表 10－2　链路两端不同颜色圆点的含义

圆点状态	含　义
亮绿色	物理连接准备就绪，还没有 Line Protocol status 的指示
闪烁的绿色	连接激活
红色	物理连接不通，没有信号
黄色	交换机端口处于“阻塞”状态

任务实施 3　配置网络中的设备

1. 配置网络设备

在 Cisco Packet Tracer 中，配置路由器与交换机等网络设备的操作方法基本相同。如果要对图 10－19 所示网络拓扑中的 Cisco 2811 路由器进行配置，可在工作区单击该设备图标，打开路由器配置窗口，该窗口共有 3 个选项卡，分别为 Physical、Config 和 CLI。

（1）配置 Physical 选项卡

路由器配置窗口的 Physical 选项卡主要用于添加路由器的端口模块，如图 10－20 所示。Cisco 2811 路由器采用模块化结构，如果要为该路由器添加模块，则应先将路由器电源关闭（在 Physical 选项卡所示的设备物理视图中单击电源开关即可），然后在左侧的模块栏中选择要添加的模块类型，此时在右下方会出现该模块的示意图，用鼠标将模块拖动到设备物理视图中显示的可用插槽即可。至于各模块的详细信息，请参考帮助文件。

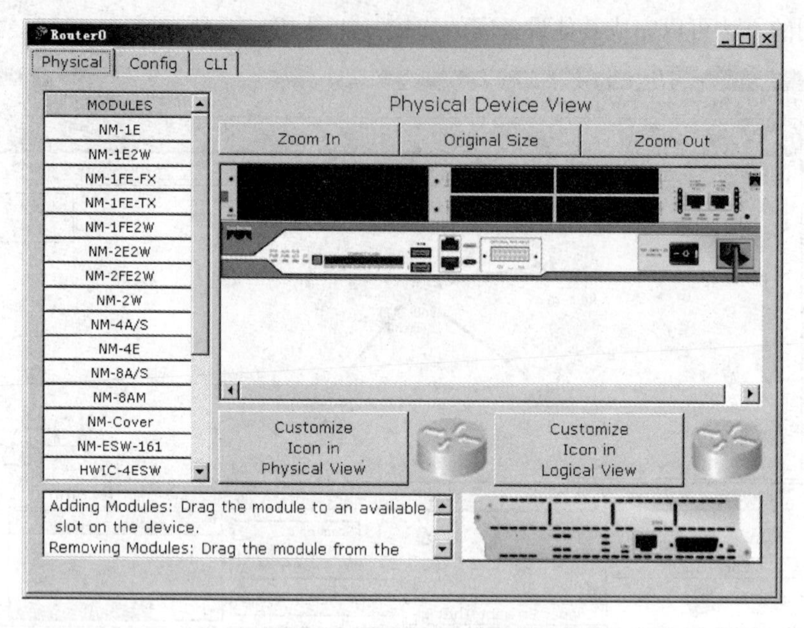

图 10－20　Physical 选项卡

（2）配置 Config 选项卡

Config 选项卡主要提供了简单配置路由器的图形化界面，如图 10－21 所示。在该选项卡中可以对全局信息、路由、交换和接口等进行配置。当进行某项配置时，在选项卡下方会显示相应的 IOS 命令。这是 Cisco Packet Tracer 的快速配置方式，主要用于简单配置，在实际设备中没有这样的方式。

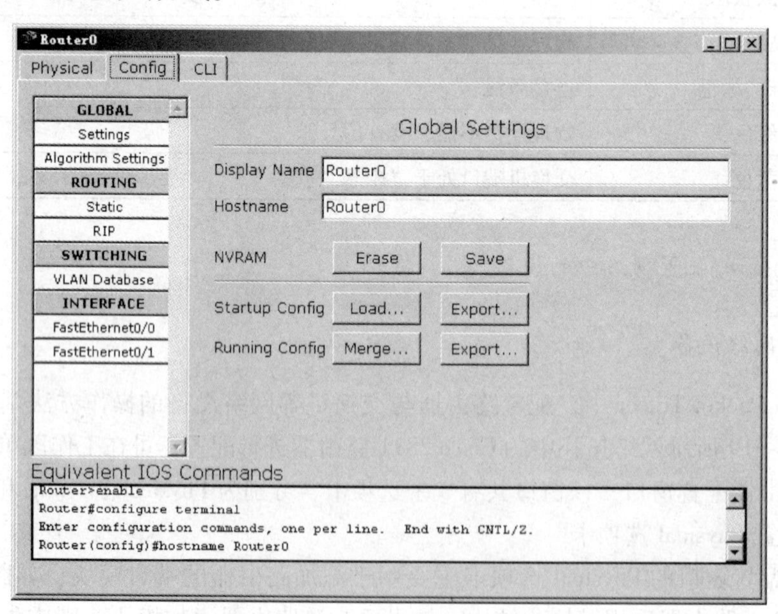

图 10－21　Config 选项卡

（3）配置 CLI 选项卡

CLI 选项卡是在命令行模式下对路由器进行配置的，这种模式和实际路由器的配置环

境相似，如图 10－22 所示。

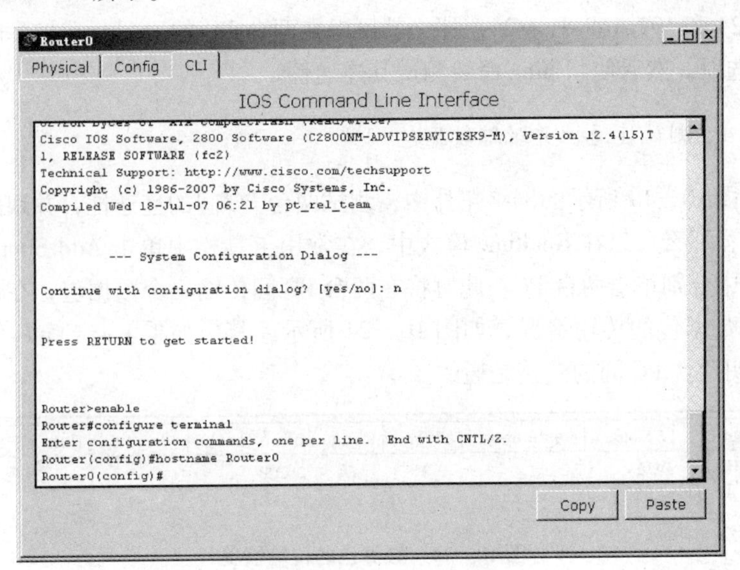

图 10－22　CLI 选项卡

2. 配置 PC

如果要对图 10－19 所示网络拓扑中的 PC 进行配置，可在工作区单击相应图标，打开 PC 配置窗口。该窗口包括 3 个选项卡，分别为 Physical、Config 和 Desktop。其中，Physical 和 Config 选项卡的作用与路由器相同，这里不再赘述。PC 的 Desktop 选项卡如图 10－23所示，其中的 IP Configuration 选项可以完成 IP 地址信息的设置，Terminal 选项可以模拟一个超级终端对路由器或者交换机进行配置，Command Prompt 选项相当于 Windows 系统中的命令提示符窗口。

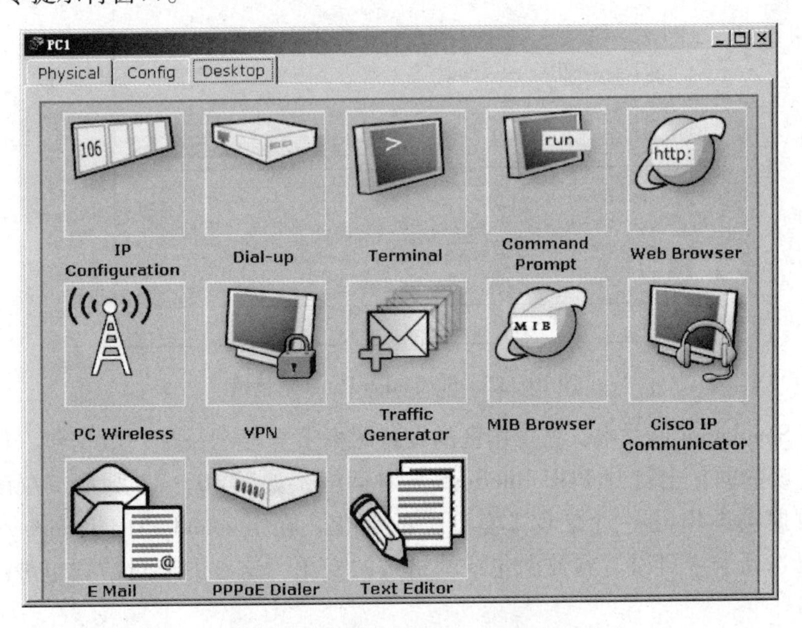

图 10－23　PC 的 Desktop 选项卡

例如，如果在图 10 - 19 所示的网络拓扑中将两台 PC 的 IP 地址分别设为 192. 168. 1. 1/24 和 192. 168. 1. 2/24，那么就可以在两台 PC 的 Desktop 选项卡中选择 Command Prompt 选项，然后使用 ping 命令测试其连通性。

任务实施 4　测试连通性并跟踪数据包

如果要在图 10 - 19 所示的网络拓扑中，测试两台 PC 间的连通性，并跟踪和查看数据包的传输情况，那么可以在 Realtime 模式中，在常用工具栏中单击 Add Simple PDU 按钮，然后在工作区中分别单击两台 PC，此时将在两台 PC 间传输一个数据包，在用户数据包窗口中会显示该数据包的传输情况，如图 10 - 24 所示。其中如果 Last Status 的状态是 Successful，则说明两台 PC 间的链路是通的。

Fire	Last Status	Source	Destination	Type	Color	Time (sec)	Periodic	Num	Edit	Delete
●	Successful	PC0	PC1	ICMP		0.000	N	0	(edit)	(delete)

图 10 - 24　数据包的传输情况

如果要跟踪该数据包，可在实时/模拟转换栏中选择 Simulation 模式，打开 Simulation Panel 对话框，如果单击 Capture/Forward 按钮，则将产生一系列的事件，这些事件将说明数据包的传输路径，如图 10 - 25 所示。

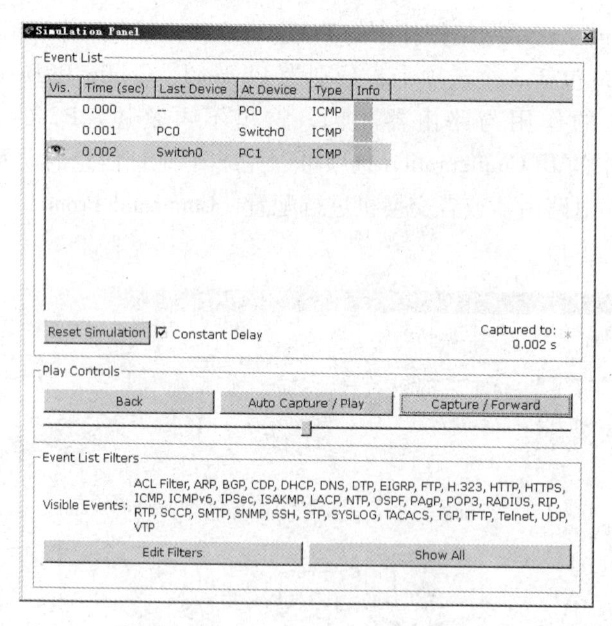

图 10 - 25　Simulation Panel 对话框

另外在 Simulation 模式中，在工作区的设备图标上会显示添加的数据包，如图 10 - 26 所示，单击该数据包会打开 PDU Information 对话框，如图 10 - 27 所示。在该对话框中可以看到数据包进出设备时在 OSI 模型上的变化，在 Inbound PDU Details 和 Outbound PDU Details 选项卡中可以看到数据包或帧格式的变化，这有助于对数据包进行更细致的分析。

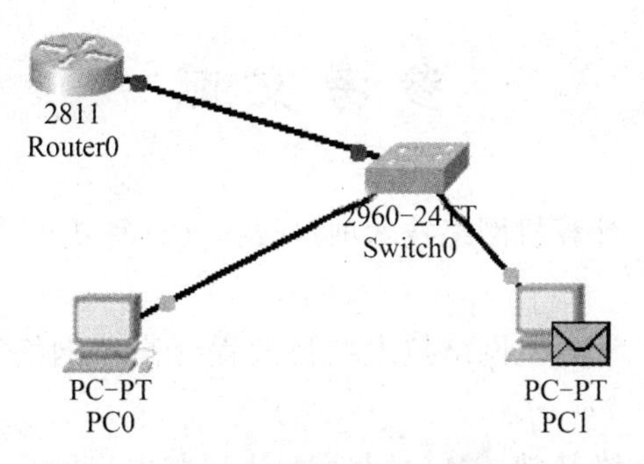

图 10－26　在设备图标上添加的数据包

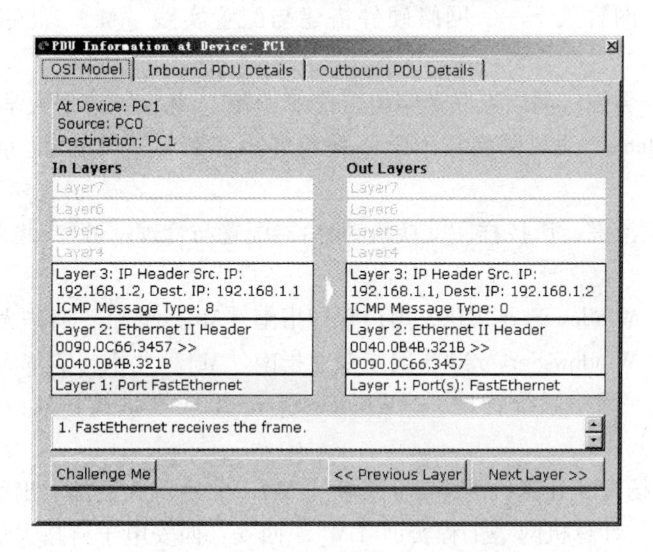

图 10－27　PDU Information 对话框

【注意】限于篇幅，以上只完成了 Cisco Packet Tracer 的基本操作，更详细的操作方法请参考相关的技术手册。

参 考 文 献

[1] 于鹏，丁喜纲. 计算机网络技术项目教程（计算机网络管理员级）[M]. 北京：清华大学出版社，2009

[2] 于鹏，丁喜纲. 计算机网络技术项目教程（高级网络管理员）[M]. 北京：清华大学出版社，2010

[3] 袁晖. 计算机网络基础 [M]. 北京：人民邮电出版社，2005

[4] 刘晓辉. 网管天下——网络硬件搭建与配置实践 [M]. 北京：电子工业出版社，2009

[5] 姜大庆，吴强. 网络互联及路由器技术 [M]. 北京：清华大学出版社，2008

[6] CiscoSystems. 思科网络技术学院教程（第 3 版）[M]. 北京：人民邮电出版社，2004

[7] 冯昊，黄治虎，伍技祥. 交换机/路由器配置与管理 [M]. 北京：清华大学出版社，2005

[8] 戴有炜. WindowsServer2003 用户管理指南 [M]. 北京：清华大学出版社，2004

[9] 戴有炜. WindowsServer2003 网络专业指南 [M]. 北京：清华大学出版社，2004

[10] 尚晓航. 网络系统管理——WindowsServer2003 实训篇 [M]. 北京：人民邮电出版社，2008

[11] 张晖，杨云. 计算机网络实训教程 [M]. 北京：人民邮电出版社，2008

[12] 周跃东. 计算机网络工程实训 [M]. 西安：西安电子科技大学出版社，2009

[13] 满昌勇. 计算机网络基础 [M]. 北京：清华大学出版社，2010

[14] 石硕. 计算机网络实验技术（第 2 版）[M]. 北京：电子工业出版社，2007

[15] 尹少华. 网络安全基础教程与实训（第 2 版）[M]. 北京：北京大学出版社，2010

[16] 成昊，王诚君. 计算机网络应用教程 [M]. 北京：科学出版社/北京科海电子出版社，2006

[17] 彭海深. 网络故障诊断与实训 [M]. 北京：科学出版社，2006